Mercedes Sportline, 23 Millimeter näher an der Straße.

▶ Wenn Mercedes-Benz eine spezielle Sportserie auflegt, geschieht das stets nach Art des Hauses: Mehr sein als scheinen heißt die Maxime, nach der wir die „Sportline" von Mercedes-Benz konzipiert haben.

Unsere Sportline-Karosserie enthält sich jeder Form von Flügeln oder Spoilern und duckt sich statt dessen elegant und effektiv auf die Straße. (Flügel und Spoiler bauen wir lieber an Sport- und Rennwagen, denn da gehören sie hin.) Äußerlich ist ein Sportline-Mercedes für den Laien nur an einem kleinen Emblem zu erkennen. Und für den Fachmann an seinem tiefergelegten Sportfahrwerk und den Leichtmetallfelgen mit 205/60 R15 Breitreifen.

▶ Sehr viel weitergehende Erkenntnisse gewinnt man allerdings, wenn man einmal einen Sportline-Mercedes fährt. Da wird aus den 23 Millimetern näher an der Straße pures Fahrvergnügen: Das um 20% straffere Fahrwerk und eine speziell auf den direkten Fahrbahnkontakt abgestimmte Servolenkung lassen nie Langeweile aufkommen. „Er wirkt auf kurvigen Landstraßen ausgesprochen agil und behende" – wie eine große Autozeitung vor kurzem über den Sportline-Mercedes schrieb.

▶ Auch die Ausstattung des Innenraums läßt einen keine Sekunde über den sportlichen Charakter des Sportline-Mercedes im unklaren. Das Lenkrad ist entsprechend der direkteren Lenkung kleiner und genau wie der Schalthebel mit handvernähtem Leder überzogen. Sportsitze vorn und hinten geben durch ihre ausgeprägte Seitenführung bei schneller Kurvenfahrt noch festeren Halt, schränken aber weder den Fahrer noch die Mitfahrer in ihrer Bewegungsfreiheit ein.

▶ Wie gesagt: Die Sportline wurde ganz nach Art des Hauses konzipiert. Und dort arbeiten auch die Ingenieure und Techniker, die den amtierenden Sportwagen-Weltmeister gebaut haben und das eine oder andere Siegerauto in der Deutschen Tourenwagen-Meisterschaft. Wenn die von Sport reden, dann meinen sie es ernst. Auch wenn sie dabei etwas leiser reden – ganz nach Art des Hauses.

Mercedes-Benz

Ihr guter Stern auf allen Straßen.

Dr.-Ing. Adam Zomotor

Fahrwerktechnik: Fahrverhalten

Kräfte am Fahrzeug, Bremsverhalten, Lenkverhalten, Testverfahren, Meßtechnik, Bewertungsmethoden, Versuchseinrichtungen, aktive Sicherheit, Unfallverhütung

Herausgeber: Prof. Dipl.-Ing. Jörnsen Reimpell

2., aktualisierte Auflage

Vogel Buchverlag

Dr.-Ing. Adam Zomotor

1933 in Budapest geboren, Studium und Diplomhauptprüfung an der TU Budapest, anschließend Assistent am Lehrstuhl für Technische Mechanik. 1957 Konstrukteur bei der Fa. Dinglerwerke AG in Zweibrücken. Ab 1958 Berechnungs- und Versuchsingenieur bei den Firmen Fulminawerk KG Franz Müller und Deutsche Perrot Bremse GmbH in Mannheim. Seit 1964 Versuchsingenieur, ab 1974 Abteilungsleiter im Pkw-Versuch der Mercedes-Benz AG, Stuttgart, Fachgebiete: Fahrverhalten und Fahrzeugschwingungstechnik. 1970 Promotion an der Universität Stuttgart. Ab 1986 Hauptabteilungsleiter Pkw-Versuch, Vorentwicklung-Konzepte und Fahrzeugdynamik, seit 1988 Fahrwerk-Vorentwicklung Systeme. Obmann des deutschen Arbeitsausschusses AA I9 des ISO TC22/SC9 «Fahrzeugdynamik und Fahrverhalten». Ab WS 86 Vorlesungen an der Universität Karlsruhe über Fahrzeugschwingungen als Lehrbeauftragter.

CIP-Kurztitelaufnahme der Deutschen Bibliothek

Zomotor, Adam:
Fahrwerktechnik: Fahrverhalten
/ Adam Zomotor. Hrsg.: Jörnsen Reimpell. – 2. Aufl. –
Würzburg: Vogel, 1991.
(Vogel-Fachbuch: Kraftfahrzeugtechnik)
ISBN 3-8023-0774-7

ISBN 3-8023-0774-7
2., aktualisierte Auflage. 1991

Umschlaggrafik:
Michael M. Kappenstein, Frankfurt/M.
Satz: Satz-Offizin Hümmer GmbH, Waldbüttelbrunn
Druck und Verarbeitung: Wilhelm Röck, Weinsberg

Vorwort

Der Band «Fahrverhalten» hat seit seiner Erscheinung 1987 so viele Leser gefunden, daß eine zweite Auflage nötig geworden ist. In der Zwischenzeit sind neue Systeme zur Verbesserung des Fahrverhaltens entwickelt worden, so daß einige Änderungen und Ergänzungen erforderlich waren.

Insbesondere bei den Allradlenkungen sind neue Lösungen auf dem Markt erschienen, die hier aufgenommen werden mußten. Weiterentwicklungen auf dem Gebiet der Meßgeräte fanden in dieser 2. Auflage ebenfalls ihren Niederschlag.

Auch die Fachbuchgruppe «Fahrwerktechnik» wurde um einige Bände reicher (siehe folgende Seite). Jeder einzelne Band schafft über sein eigentliches Thema hinaus weiterführende Bezüge zu den Themen der anderen Bände.

Der Stoff zu diesem Buch wurde während meiner längjährigen Tätigkeit im Pkw-Versuch der Mercedes-Benz AG gesammelt. Die Erfahrungen aus der Arbeit in verschiedenen Forschungsgremien, vor allem im Normungsausschuß ISO TC22/SC9 «Fahrzeugdynamik und Fahrverhalten» wurden hier mit verwertet.

Die in der Kraftfahrzeugtechnik tätigen Konstrukteure, Versuchsingenieure, Sachverständigen und Meister, aber auch Studierende an Hochschulen und Universitäten finden in diesem Buch die für sie interessanten Hinweise über das Fahrverhalten. Besonders für diejenigen, die sich in das Gebiet Fahrdynamik einarbeiten möchten, dürfte das Buch eine Hilfe sein.

An dieser Stelle möchte ich allen Firmen und Instituten, die mich mit Informationsmaterial unterstützten, herzlich danken. Dank schulde ich auch meinen Fachkollegen aus der Fahrdynamik, die durch Diskussionen zum Gelingen dieses Buches beigetragen haben. Insbesondere danke ich für die Durchsicht des Manuskripts und die wertvollen Anregungen den Herren Prof. Dipl.-Ing. J. Reimpell, Dipl.-Ing. R.-D. Schwalm, Dipl.-Ing. S. Neundorf, Dr. techn. P. Lugner und Dr.-Ing. M. Burckhardt. Schließlich danke ich der Mercedes-Benz AG, Stuttgart für die Genehmigung und Unterstützung dieser Arbeit.

Stuttgart

Adam Zomotor

Die Fachbuchgruppe «Fahrwerktechnik» (Herausgeber: Prof. Dipl.-Ing. Jörnsen Reimpell) umfaßt folgende Bände:

Jörnsen Reimpell, Grundlagen (ISBN 3-8023-0159-5)
Fahrwerk und Gesamtfahrzeug, Antriebsarten und Radaufhängungen, Achskinematik, Elastokinematik, Lenkanlage, Federung, Stoßdämpfer, Feder- und Dämpferbeine, Reifen und Räder, Konstruktionshinweise, Rechenbeispiele.

Helmut Stoll, Lenkanlagen und Hilfskraftlenkungen (ISBN 3-8023-0431-4)
Vorschriften, Anforderungen, Sicherheitseinrichtungen, Beurteilungskriterien und Baugruppen der Lenkanlage; pneumatische, elektrische und hydraulische Hilfskraftlenkungen, Pumpenbauarten, Lenkventile, geschwindigkeitsabhängige und lastabhängige Regelung, Auslegungskriterien.

Jörnsen Reimpell, Radaufhängungen (ISBN 3-8023-0738-0)
Lenker- und Radträgerlagerungen, Antriebswellen und -gelenke, Radlagerungen, Starr- und Verbundlenkerachsen, Einzelradaufhängungen: Vor- und Nachteile, Antriebseinfluß, Lenkbarkeit, Reifeneinfluß, Kinematik, Elastokinematik, Werkstoffe, Kosten, Konstruktions- und Berechnungshinweise.

Jörnsen Reimpell/Karlheinz Hoseus, Fahrzeugmechanik (ISBN 3-8023-0170-6)
Achslastverteilung, Einfluß von Dach- und Anhängelast, Schwerpunkt von Einzelmassen, Fahrzeugschwerpunkt, Massenträgheitsmomente, Fahrwiderstände, Fahrleistungen, Gangstufen, Rutschgrenzen, Kräfte und Momente in Starrachsen, Einzelradaufhängungen und Fahrwerksbauteilen, Berechnungsbeispiele.

Jörnsen Reimpell/Peter Sponagel, Reifen und Räder (ISBN 3-8023-0737-2)
Anforderungen, Technische Daten und Vorschriften, Scheibenräder und Felgen, Reifenbauarten und -eigenschaften: Ungleichförmigkeit, Reibungszahlen, Seitenführungs-/Brems-/Nässe-/Abroll- und Federungsverhalten, Auswahlkriterien des Fahrzeugherstellers, Reifen- und Radschäden.

Jörnsen Reimpell/Helmut Stoll, Stoß- und Schwingungsdämpfer (ISBN 3-8023-0202-8)
Stoßdämpferausführungen, Ventile, Last- und wegabhängige Dämpfungsänderung, verstellbare Dämpfungskräfte, Anschläge und Zusatzfedern, Konstruktionshinweise, Feder- und Dämpferbeine, Federbeineinsätze, Niveauregulierung, Lenkungs- und Motorschwingungsdämpfer, Hydrolager.

Manfred Burckhardt, Bremsdynamik und Pkw-Bremsanlagen (ISBN 3-8023-0184-6)
Anforderungen, Bremsvorgang, Bremsstabilität, Belastungsgrenzen, Bremskraftverteilung und -regelung, Bauteile der Bremsanlage, Bremsenauslegung bei Pkw und Anhänger, Hauptabmessungen, Volumenhaushalt, Konstruktionshinweise, Berechnungsbeispiele.

Manfred Burckhardt, Radschlupf-Regelsysteme (ISBN 3-8023-0477-2, erscheint 1992)
Reifenverhalten als Regelgröße, Nässe-Einfluß, Blockiervorgänge, Messung des Drehzustands der Räder, Anforderungen an Anti-Blockier- und Antriebs-Schlupf-Regelsysteme, Signalgewinnung, Einfluß der Antriebsart, Hydrauliksysteme, Sicherheit und Zuverlässigkeit der Elektronik, konstruktiver Aufbau, Regelverhalten, Leistungsfähigkeit, Berechnungsbeispiele.

Alfred Preukschat, Antriebsarten (ISBN 3-8023-0736-4)
Antriebskonzept: Standardbauweise, Vorderrad- und Allradantrieb, Heck- und Mittelmotor, Raumökonomie und passive Sicherheit, Gewichte, Traktion, Komfort, Fahrdynamik, Differentialsperren, Fahrzeugabmessungen, Gewichte, Lastverteilung, Massenträgheitsmomente, Anhängerbetrieb.

Adam Zomotor, Fahrverhalten (ISBN 3-8023-0774-7)
Kräfte am Fahrzeug, Brems-, Kurven- und Lenkverhalten: Einfluß von Seitenwind, Beladung, Antriebskonzept, Allradlenkung und Anhänger, Testverfahren, Meßtechnik, Bewertungsmethoden, Versuchseinrichtungen, aktive Sicherheit und Unfallverhütung.

Inhaltsverzeichnis

1 Einführung

1.1 Begriffsbestimmung

Der Begriff *Fahrverhalten* kann unter verschiedenen Gesichtspunkten bestimmt werden. Für den Fahrer ist das Fahrverhalten eine fahrzeugspezifische Eigenschaft. Er beurteilt, wie sein Fahrzeug auf seine Befehle reagiert und wie es sich im Grenzbereich beherrschen läßt. Der Verkehrspsychologe wird unter Fahrverhalten im allgemeinen das menschliche Verhalten beim Führen eines Fahrzeugs verstehen. Er interessiert sich für die Handlungen des Fahrers unter den psychischen und physischen Belastungen beim Fahren in verschiedenen Verkehrssituationen. Für die Auslegung von Straßenführungen ist dagegen der Bewegungsablauf des Fahrzeugs auf der Fahrbahn wichtig. Fahrverhalten ist in diesem Fall die Art, wie verschiedene Fahrer ihr Fahrzeug z. B. in Straßenkurven bewegen.

Alle diese Betrachtungsweisen erfassen aber noch nicht den ganzen Bereich des Fahrverhaltens, sondern nur Teilbereiche, die auch als Fahrzeug- oder Fahrerverhalten bezeichnet werden können.

Seit in Verbindung mit dem Unfallgeschehen in der Mitte der 60er Jahre die Begriffe *aktive* und *passive Sicherheit* eingeführt worden sind, wird das Fahrverhalten der *aktiven Sicherheit* zugeordnet. Dies bedeutet, daß ein gutes Fahrverhalten zur Vermeidung von Unfällen beiträgt. Weil auf das Unfallgeschehen neben Fahrer und Fahrzeug auch die Umweltbedingungen einen Einfluß haben, muß aus der Sicht der Unfallverhütung das Verhalten des Gesamtsystems *Fahrer – Fahrzeug – Umwelt* betrachtet werden. Auf Aktionen des Fahrers folgen Reaktionen des Fahrzeugs, die auf den Fahrer einwirken und ihn zu neuen Aktionen veranlassen. Auf beide wirken Störungen und Umweltbedingungen, wie z. B. die Beschaffenheit der Fahrbahnoberfläche oder die Witterung, und beeinflussen die Handlungen des Fahrers sowie den Bewegungsablauf des Fahrzeugs. Ein solches System bildet einen *geschlossenen Regelkreis.*

Der Begriff Fahrverhalten beinhaltet demnach *das Gesamtverhalten des geschlossenen Regelkreises Fahrer – Fahrzeug – Umwelt.*

1.2 Geschichtlicher Überblick

In der Geschichte des Automobils wurde dem Fahrverhalten bereits von Anfang an große Wichtigkeit beigemessen. Zahlreiche Veröffentlichungen und ausgeklügelte Konstruktionen aus jener Zeit zeugen vom Wunsch nach fahrsicheren Autos.

Als vor 100 Jahren, am 3. Juli 1886, KARL BENZ seinen Motorwagen zum erstenmal vor der Öffentlichkeit fuhr und damit der uralte Menschheitstraum vom «Wagen ohne Pferde» verwirklicht wurde, liefen die Autos kaum schneller als eine Pferdekutsche. Die 90er Jahre brachten, insbesondere im Hinblick auf die Pariser Weltausstellung an der Jahrhundertwende, eine rasante Entwicklung. Der französische Graf DE DION schuf 1893 die auch heute noch bekannte leichte Antriebsachse mit konstantem Sturz und geringer Spuränderung. AMÉDÉE BOLLÉE, der Sohn des bekannten Dampfwagenpioniers, erfand 1898 die Doppelquerfederachse, die Urform der Schwingachse. Dies war die Geburtsstunde der unabhängigen Radaufhängung. Einen großen Einfluß auf die Entwicklung hatte auch der Übergang von Vollgummibereifung zum *Hochdruckluftreifen* in den Jahren 1897/98, nachdem in Frankreich von den Gebrüdern MICHELIN die Grundlage hierzu geschaffen worden war. Der luftgefüllte Reifen war bereits 1845 von R. W. THOMSON erfunden, aber nicht angewendet worden. Diese Erfindung geriet bald in Vergessenheit. Der Fahrzeugluftreifen wurde dann 1888 von DUNLOP wieder zum Patent angemeldet.

Die Geschwindigkeitsrekorde stiegen unaufhaltsam. 1895 konnten mit Mühe und Not 30 km/h gefahren werden, im Jahr 1900 wurde bereits eine Geschwindigkeit von 90 km/h, vier Jahre später von 170 km/h erreicht. Damals war nur der deutsche elektrische Schnellbahnwagen mit 206,7 km/h schneller.

Um 1900 kam der wichtigste Fortschritt im Kraftwagenbau aus Deutschland. Der österreichisch-ungarische Generalkonsul in Nizza, EMIL JELLINEK, der auch selbst Rennen fuhr, bestellte bei der Daimler-Motoren-Gesellschaft einen neuen Wagentyp mit tieferliegendem Schwerpunkt, größerem Radstand und höherer Motorleistung. Dieser neue Wagen sollte nach seiner 11jährigen Tochter «Mercedes» heißen. Gleichzeitig verpflichtete er sich, die ersten 36 Wagen abzunehmen. Beim ersten Auftreten in der Woche von Nizza im März 1901 siegte der Mercedeswagen mit seiner optimalen Grundkonzeption bezüglich Fahrleistung, Straßenlage, Lenkung und Radführung. Mit seinem 35-PS-Motor erreichte er Geschwindigkeiten von über 86 km/h. Die Konzeption des alten Kutschenwagens wurde verlassen, die «Ära Mercedes» begann. Tatsächlich wurde dieser Wagen das Vorbild des internationalen Starrachswagenbaus.

Die größten Sorgen bereitete den Konstrukteuren im allgemeinen das *Schleudern* des Autos bei schnellen Lenkbewegungen und beim Bremsen, besonders in Kurven. Verschiedene Antigleitvorrichtungen wurden zum Patent angemeldet, die ähnlich den heutigen Schneeketten am Reifen montiert waren. Aus dieser Zeit stammen die ersten Aufzeichnungen über eine Prüfung mit «forcierten Schleuderversuchen»; sie wurde «Side-Slip-Trials» genannt. In einem Wettbewerb für «Gleitschutzvorrichtungen und Pneumatikschützer» im Mai 1904 in England hatten die Fahrzeuge zum

Vergleich auf einer eingefetteten Holzbohlenbahn, im Gelände der Firma CLEMENT TALBOT Limited, scharfe Zickzackkurse zu fahren. Die Geschwindigkeit betrug 15 bis 20 englische Meilen. Dies war der erste Slalomtest.

Ab 1904 sind mehrere Veröffentlichungen über die Theorie des Seitenschleuderns der Motorwagen erschienen. E. RUMPLER, B. STERNBERG, F.J. KELVIN, F. HUTH, C. EBERHARDT, G. WEISS und andere haben sich mit diesem Thema ausführlich befaßt (siehe «Der Motorwagen», Jahrgang VII-X).

Es wurde damals schon erkannt, daß ein «Feststellen», d.h. Blockieren der Hinterräder beim Bremsen, zu Instabilität führt. Ganz besonders die Frage: «Wieviel und welche Räder des Kraftwagens soll man treiben und lenken?» haben die Ingenieure bewegt. Dr. FRITZ HUTH faßte die Erkenntnisse in einem Vortrag vor der Berliner Automobiltechnischen Gesellschaft im Februar 1907 treffend zusammen:

«1. Alle Mittel, die die Reibung am Boden vergrößern, dienen nicht nur dem Antriebe, sondern auch der Lenkung und vermindern das Schleudern.
2. Es ist vorteilhaft, *alle vier Räder* des Wagens zu lenken.
3. Der *Antrieb aller vier Räder* ist stets vorteilhaft und unter Umständen geboten.
4. Bei Zweiradantrieb ist der Vorderradantrieb dem Hinterradantrieb nur so unwesentlich überlegen, daß die bei Zweiradlenkung sich ergebende Komplikation des Antriebs der Lenkräder nicht lohnt.
5. Der Schwerpunkt des Fahrzeugs soll möglichst in der Mitte liegen.
6. Es ist wünschenswert, daß genaue Untersuchungen über den Zusammenhang zwischen Reibung und Belastung bei den verschiedenen Bereifungen und Straßenzuständen angestellt werden.»

Die Bedeutung von *Allradantrieb* und *Vierradlenkung*, die heute zu den wichtigsten Möglichkeiten zur Optimierung des Fahrverhaltens gehören, wurde also bereits in den Anfängen des Automobilbaus erkannt. Im Zusammenhang mit dem Problem des Seitenschleuderns ist es interessant, daß 1907 zum erstenmal der Begriff *Übersteuern* (oversteer) in einer Arbeit von LANCHESTER auftauchte. Das *Untersteuern* kam erst viel später dazu.

Um die Fahrsicherheit zu erhöhen, wurden frühzeitig Versuche mit Allradbremsen angefangen. 1910 bauten in England verschiedene Firmen serienmäßig *Vierradbremsen*, die aber noch nicht ganz befriedigten. Pionierarbeit leisteten auf diesem Gebiet HENRY PERROT und ORESTE FRASCHINI, Turin. Bereits 1911 wurde der Nesseldorfer Wagentyp S 6, später Tatra, serienmäßig an allen vier Rädern mit mechanischen Bremsen ausgerüstet. Aber erst nach dem ersten Weltkrieg begann der Siegeszug der Vierradbremse. 1922 erschienen bei DÜSENBERG und 1925 bei CHRYSLER hydraulische Vierradbremsen.

Anfang der 20er Jahre kamen die *Niederdruckreifen* von der Firma MICHELIN auf den Markt, erstmals serienmäßig 1923 beim CITROËN. Mit der Niederdruck-Bereifung trat völlig unerwartet eine neue sicherheitsmindernde Erscheinung, das *Flattern* der gelenkten Räder, auf. Mit den ersten Bugradfahrwerken im Flugzeugbau zeigte sich auch dort das Problem des Flatterns. Durch eingehende Untersuchungen von Fahrzeug- und Flugzeugingenieuren wurde die Ursache dieser selbsterregten Schwingung in den elastischen Eigenschaften des Luftreifens gefunden. Die mathematische und praktische Lösung des Problems der Selbsterregung dauerte bis Ende der 40er Jahre. SENSAUD DE LAVAUD arbeitete in Paris eine exakte mathematische Theorie über die Kopplung zwischen Flattern und Wanken aus. Von ihm stammt das wichtige Schwingachspatent aus dem Jahr 1928. Er hat zum erstenmal gezeigt, wie die Achsen bei einem Fahrzeug mit unabhängigen Rädern ausgebildet sein müssen, um ein Schlingern des Wagens zu vermeiden. Seit DE LAVAUD ist die nach vorn abfallende Wankachse bekannt. Das heißt, daß das Wankzentrum der Vorderachse möglichst in Bodennähe und das der Hinterachse in der Höhe der Aufhängepunkte der Federn sein sollte.

Im Mercedes-Benz-Typ 380, der 1933 auf den Markt kam, wurde dieses Prinzip verwirklicht. Zum erstenmal wurden die Vorderräder an Querlenkern mit Quernachgiebigkeit und ungeführten Schraubenfedern aufgehängt. Das Rad konnte durch die Nachgiebigkeit in den Lenkerlagern bei einem Stoß nach hinten ausweichen, damit war eine gewisse Schrägfederung verwirklicht. Die ersten Merkmale einer *Elastokinematik* zeichneten sich ab.

In den 30er Jahren begannen auch die fahrdynamischen Untersuchungen im heutigen Sinn. Es wurde erkannt, daß der Luftreifen unter Seitenkraft schräg zu der Felgenebene unter dem sogenannten *Schräglaufwinkel* abrollt und damit die Bewegung des Fahrzeugschwerpunkts bei Kurvenfahrt nicht in Richtung der Fahrzeuglängsachse, sondern unter einem *Schwimmwinkel* dazu verläuft. Mit den nun bekannten Reifeneigenschaften konnte ein neuer Begriff, das *Eigenlenkverhalten*, erklärt werden. Das bereits seit LANCHESTER bekannte Übersteuern wurde durch die Begriffe Untersteuern und neutrales Verhalten ergänzt. MAURICE OLLEY hat in seinen fundamentalen Arbeiten als erster die verschiedenen Weisen des Steuerverhaltens definiert. Er verglich die Schräglaufwinkel an der Vorderachse mit denen an der Hinterachse und ordnete größeren Schräglaufwinkeln vorn *Untersteuern* und größeren Schräglaufwinkeln hinten *Übersteuern* zu. Ein neutrales Verhalten ergibt sich nach seiner Definition, wenn die Schräglaufwinkel vorn und hinten gleich groß sind. Der Inhalt dieser Begriffe wandelte sich während der Jahre, er wurde immer wieder nach den neuesten Erkenntnissen erweitert und verfeinert. Im Abschnitt 4.2.4 wird gezeigt, daß auch nach der heutigen Definition des *Eigenlenkgradienten* in DIN 70000 die Ansätze von OLLEY ihre Gültigkeit behalten haben. Eine Ergänzung ist dann notwendig, wenn die kinematischen und elastischen Lenkeffekte der Achsen und das nichtlineare Verhalten berücksichtigt werden sollen.

Ebenfalls aus dieser Zeit, Ende der 30er, Anfang der 40er Jahre, sind die ersten Messungen des Fahrverhaltens bekannt. STONEX hat bei stationärer Kreisfahrt das Untersteuern in Lenkwinkel je Querbeschleunigungseinheit ausgedrückt. Er hat bereits auch instationäre Vorgänge meßtechnisch untersucht. Von ihm stammt der sogenannte Checkerboard Test, der Vorgänger der heutigen Lenkwinkelsprungmessung.

Das Fahrverhalten wurde immer häufiger auch von der theoretischen Seite her untersucht. 1940 erschien eine grundlegende Arbeit von RIEKERT und SCHUNCK:

«Zur Fahrmechanik des gummibereiften Kraftfahrzeugs». Die Autoren haben ein mathematisches Fahrzeugmodell mit den Freiheitsgraden Drehen des Fahrzeugs um seine Hochachse und Seitenverschiebung (Gieren und Schwimmen) aufgestellt und analytisch gelöst. Basierend auf diesen ersten praktischen und theoretischen Arbeiten, folgte in den nächsten Jahren eine große Anzahl von Untersuchungen und Veröffentlichungen. Eine wichtige zusammenfassende Arbeit soll hier noch aus den USA von MILLIKEN, WHITCOMB und SEGEL aus dem Jahr 1956 erwähnt werden: «Research in Automobil Stability and Control and in Tire Performance». Sie haben die Stabilität des Automobils im stationären und instationären Betrieb untersucht. Zu dem mathematischen Modell mit zwei Freiheitsgraden von RIEKERT und SCHUNCK wurde für die Stabilitätsuntersuchungen der dritte Freiheitsgrad, das Wanken, eingeführt. Eine ausführliche Literaturstudie von 190 Quellen ergänzt diese Arbeit und macht sie für Leser, die an der frühen Geschichte der theoretischen Fahrdynamik interessiert sind, sehr wertvoll.

In den folgenden Jahren wurden die theoretischen und meßtechnischen Möglichkeiten zur Untersuchung des Fahrverhaltens erweitert und verbessert. Arbeiten aus den 60er Jahren sind u.a. von BERGMANN, BUNDORF, HALES, NORDEEN und SEGEL bedeutend. Eine Zusammenfassung des theoretischen Wissens auf dem Gebiet der Längs-, Vertikal- und Querdynamik erschien zum erstenmal in Buchform 1972 von MITSCHKE mit dem Titel: «Dynamik der Kraftfahrzeuge».

Einen großen Einfluß auf die Entwicklung von Testverfahren und Meßmethoden für das Fahrverhalten übte das 1970 gestartete ESV-(Experimental Safety Vehicle-) Programm des zum US-Verkehrsministerium gehörenden NHTSA (National Highway Safety Traffic Administration) aus. Es wurden zur Prüfung des Fahrverhaltens von «Experimentier-Sicherheitswagen» verschiedene Fahrmanöver mit festgelegten Sollgrenzen der Fahrzeugantwort vorgeschrieben.

Es war selbstverständlich, daß sämtliche deutschen Autofirmen und Institute mit großer Aktivität die vorgeschriebenen Disziplinen kritisch prüften. Viele Meß- und Auswertegeräte, Rechner und Versuchseinrichtungen wurden für diesen Zweck angeschafft. Obwohl das ESV-Programm das gesteckte Ziel, ein fahrsicheres Auto, nicht erreichen konnte (die Gründe hierfür siehe Abschnitt 7.3.2), bewirkte es doch einen beachtlichen Aufschwung in der fahrdynamischen Meßtechnik.

Parallel zum ESV-Programm lief die Arbeit im Arbeitsausschuß AA-I9 des FAKRA, «Fahrzeugdynamik und Fahrverhalten». Der AA-I9 ist der nationale Spiegelausschuß des 1970 gegründeten Subkomitees der ISO (International Organization for Standardization) TC22/SC9, «Vehicle Handling and Road Holding Ability». Die Aufgabe dieses Ausschusses ist es, Prüfverfahren auf dem Gebiet des Fahrverhaltens zu erarbeiten und zu vereinheitlichen. Als Ergebnis dieser Arbeit sind bisher mehrere ISO-Normen, ISO Technische Berichte und DIN/ ISO-Normen entstanden (Bild 1.1). Außerdem erschien als nationale Norm DIN 70000 *Begriffe der Fahrdynamik* (1983).

Weitere Arbeiten, die in diesem Gremium laufen, sind: Lastwechselreaktion, Seitenwindverhalten und Geradeauslaufverhalten. Die verschiedenen Testverfahren wurden von den Mitgliedern in gemeinsamen Versuchen mit instrumentierten

Fahrzeugen erprobt. Daraus resultierten bereits mehrere Veröffentlichungen in der *Automobiltechnischen Zeitschrift.* Eine Zusammenfassung der Testverfahren erschien in Buchform 1984 von Rompe und Heissing mit dem Titel: «Objektive Testverfahren für die Fahreigenschaften von Kraftfahrzeugen».

Die intensive Arbeit des Ausschusses AA-I9 hat wesentlich zur Entwicklung der Meßverfahren für das Fahrverhalten in den letzten 20 Jahren beigetragen. Viele auch in diesem Buch beschriebene Verfahren basieren auf den Erfahrungen, die aus der gemeinsamen Arbeit der deutschen Automobilhersteller sowie von Forschungs- und Hochschulinstituten gewonnen wurden.

ISO-Standards		
ISO	4138	Road vehicles – Steady state circular test procedure (1982)
ISO	7401	Road vehicles – Lateral transient response test methods (1988)
ISO	8855	Road vehicles – Vehicle Dynamics and road holding ability – Vocabulary (1991)
ISO	7975	Road vehicles – Braking in a turn – Open-Loop test procedure (1985)
ISO	9815	Road vehicles – Passenger Car-Trailer combination lateral stability test procedure (1991)
ISO	10392	Road vehicles with two axles – Determination of centre of gravity (1990)
ISO-Technical Reports		
ISO/ TR	3888	Road vehicles – Test procedure for a severe lane-change manoeuvre (1975)
ISO/ TR	8349	Road vehicles – Measurement of road surface friction (1986)
ISO/ TR	8350	Road vehicles – High-friction test track surface – Specifications (1986)
ISO/ TR	8725	Road vehicles – Transient open-loop response test method with one period of sinusoidal input (1988)
ISO/ TR	8726	Road vehicles – Transient open-loop response test method with pseudo-random steering input (1989)

Bild 1.1 Liste aller ISO-Normen und Technischen Berichte, die vom Komitee ISO/TC 22/SC 9 erarbeitet wurden

2 Kräfte am Fahrzeug

2.1 Fahrwiderstände und Fahrleistung

Bei der Bewegung eines Kraftfahrzeugs entstehen Fahrwiderstände, die durch die Motorleistung überwunden werden müssen. Die Summe der Fahrwiderstände bestimmt die vom Motor an den Antriebsrädern aufzubringende Kraft für das Fortbewegen des Fahrzeugs. Aus dem Zusammenwirken von Fahrwiderständen und Antriebsleistungen können die Fahrleistungen eines Fahrzeugs, die Höchstgeschwindigkeit, die Steigfähigkeit und die Beschleunigungsfähigkeit abgeleitet werden.

Die Fahrwiderstände können am Rad und am Gesamtfahrzeug wirken. Die gegen die Fortbewegung wirkenden Kräfte am Rad werden zusammenfassend *Radwiderstände* genannt. Am Gesamtfahrzeug wirken *Luft-*, *Steigungs-* und *Beschleunigungswiderstand* (s. auch [4]).

2.1.1 Rollwiderstand

Den größten Anteil an den Radwiderständen des geradeaus fahrenden Fahrzeugs hat der Rollwiderstand. Er entsteht hauptsächlich durch die Formänderungsarbeit im Reifen beim Abrollen auf einer ebenen Fahrbahn. Bei weicherem Untergrund geht auch die Verformung des Bodens in die Größe des Rollwiderstands ein. Bild 2.1 zeigt die Zusammenhänge. Durch die Hochkraft wird der elastische Reifen im Bereich der Fahrbahnberührung zusammengedrückt, und es entsteht eine Reifenaufstandsfläche, die in der Fahrzeugtechnik *Latsch* genannt wird. Die Druckverteilung in der Latschfläche ist unsymmetrisch (Abschnitt 2.2.1), so daß die resultierende Hochkraft F_n um eine Strecke e vor der Latschmitte angreift. Aus dem Momentgleichgewicht am beschleunigungsfrei rollenden Rad:

$$-F_x \cdot r_{dyn} = F_n \cdot e$$

ergibt sich der Rollwiderstand mit $-F_x = F_R$

$$F_R = \frac{e}{r_{dyn}} \cdot F_n \qquad \text{(Gl. 2.1)}$$

Die Strecke e wird «Hebelarm der rollenden Reibung» genannt, r_{dyn} ist der dynamische Reifenhalbmesser. Der Quotient e/r_{dyn} wird als *Rollwiderstandszahl* k_R

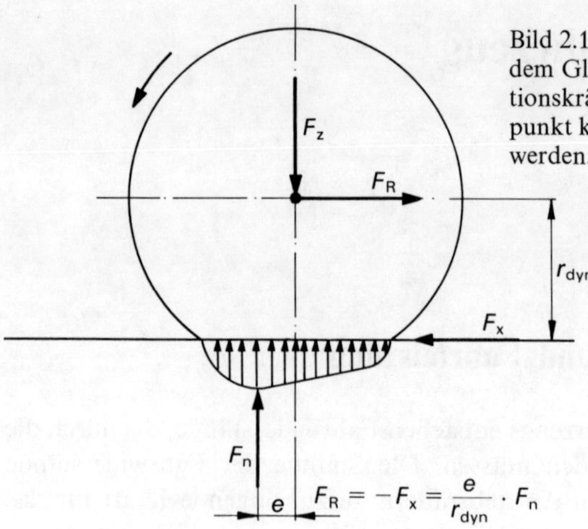

Bild 2.1 Kräfte am rollenden Rad. Aus dem Gleichgewicht der Momente der Reaktionskräfte F_x und F_n um den Radmittelpunkt kann der Rollwiderstand F_R errechnet werden.

bezeichnet. Der Rollwiderstand ist nach Gleichung 2.1 proportional der Hoch- bzw. Normalkraft:

$$F_R = k_R \cdot F_n \qquad \text{(Gl. 2.1 a)}$$

Die Rollwiderstandszahl k_R ist vom Reifenluftdruck und von der Normalkraft abhängig (Bild 2.2). Außerdem haben Reifentyp (Reifenaufbau, Gummimischung und Reifenhalbmesser) und Fahrgeschwindigkeit einen Einfluß. Bei unbefestigten Fahrbahnen spielt zusätzlich die Bodenbeschaffenheit eine Rolle. Für die im Gelände fahrenden Fahrzeuge kann k_R als geschwindigkeitsunabhängig betrachtet werden.

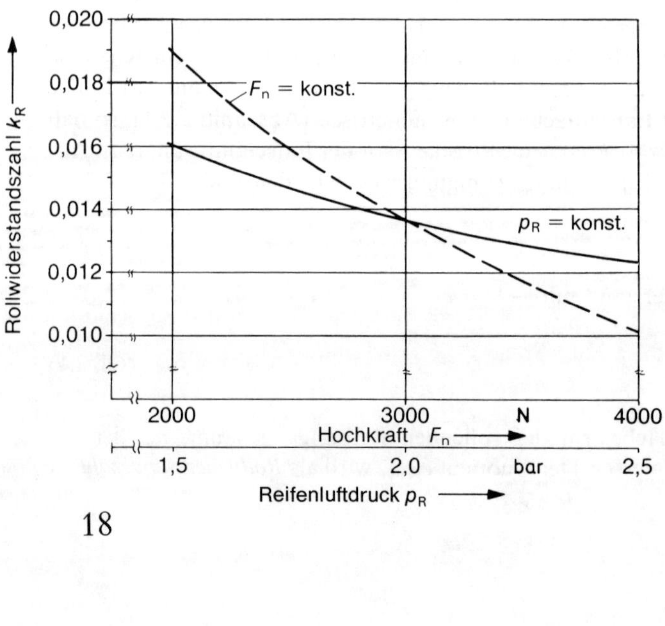

Bild 2.2 Abhängigkeit der Rollwiderstandszahl k_R vom Reifenluftdruck p_R und von der Hochkraft F_n für die Reifengröße 145 R 13 75 S

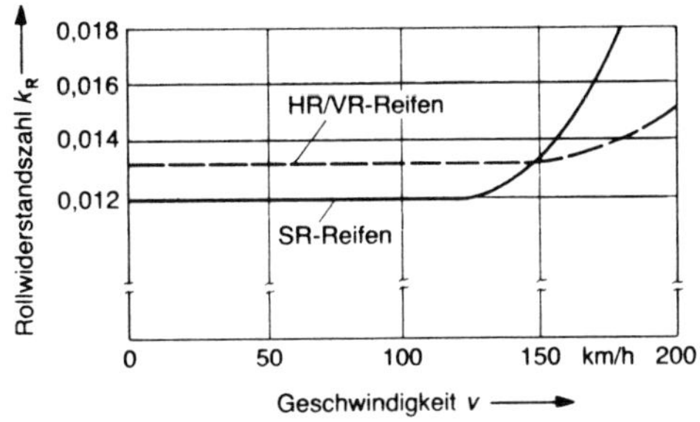

Bild 2.3 Allgemeiner Verlauf der Rollwiderstandszahl k_R über der Fahrgeschwindigkeit für SR-, HR- und VR-Reifen, gemessen auf der Trommel. Die Straßenwerte liegen etwa 25 % höher (siehe [1])

Für befestigte Straßen setzt sich die Rollwiderstandszahl aus einem konstanten Teil und aus geschwindigkeitsabhängigen Teilen zusammen (siehe auch Abschnitt 6.5.1.2):

$$k_R = k_{R0} + k_{R1}(v) + k_{Rn} \cdot (v^n) \qquad \text{(Gl. 2.2)}$$

Bis zu einer Geschwindigkeit von 150 km/h ist die Geschwindigkeitsabhängigkeit etwa linear, $k_{Rn}(v^n) \approx 0$; darüber müssen Glieder höherer Ordnungen berücksichtigt werden. Nach neueren Untersuchungen gilt für Pkw-Reifen folgende Näherungsgleichung:

$$k_R = k_{R0} + k_{R1} \cdot \frac{v}{100} + k_{R4} \cdot \left(\frac{v}{100}\right)^4 \qquad \text{(Gl. 2.3)}$$

v muß in km/h eingesetzt werden.

Bild 2.3 zeigt schematisch den Einfluß der Fahrgeschwindigkeit auf die Rollwiderstandszahl für verschiedene Reifenbauarten. Bei den dargestellten Reifen ist $k_{R1} = 0$. (Messung des Rollwiderstands siehe Abschnitte 6.5.1.1 und 6.5.1.2.)

Auf nassen Fahrbahnen addiert sich zum Rollwiderstand ein zusätzlicher Radwiderstandsanteil, der *Schwallwiderstand.* Er entsteht dadurch, daß der Reifen Wasser verdrängen muß. Der Schwallwiderstand hängt von der Fahrgeschwindigkeit, der Reifenbreite und der Wasserfilmdicke ab. Bei größeren Wasserfilmdicken und Geschwindigkeiten schwimmt der Reifen auf, d.h., es kommt zu *Aquaplaning.* Der Widerstand ist dann konstant und nur abhängig von den hydrodynamischen Kraftschlußverhältnissen zwischen Reifen und Wasser. Bild 2.4 zeigt das Entstehen von Aquaplaning.

Zu den Radwiderständen gehören außerdem die *Lagerreibung* und der *Vorspurwiderstand.* Diese Anteile sind im Verhältnis zum Rollwiderstand in den meisten Fällen vernachlässigbar klein. Bei Messungen am Gesamtfahrzeug werden sie dem Rollwiderstand zugerechnet.

Der Vorspurwiderstand F_V entsteht durch die seitliche Deformation der unter dem Vorspurwinkel schräg zur Fahrtrichtung laufenden Reifen. Nach Bild 2.5 werden Vorspurseitenkräfte F_{sV} wirksam, die jeweils eine entgegen der Fahrtrichtung gerichtete Komponente haben:

$$F_V = 2 \cdot F_{sV} \cdot \sin \delta_{v0} \qquad \text{(Gl. 2.4)}$$

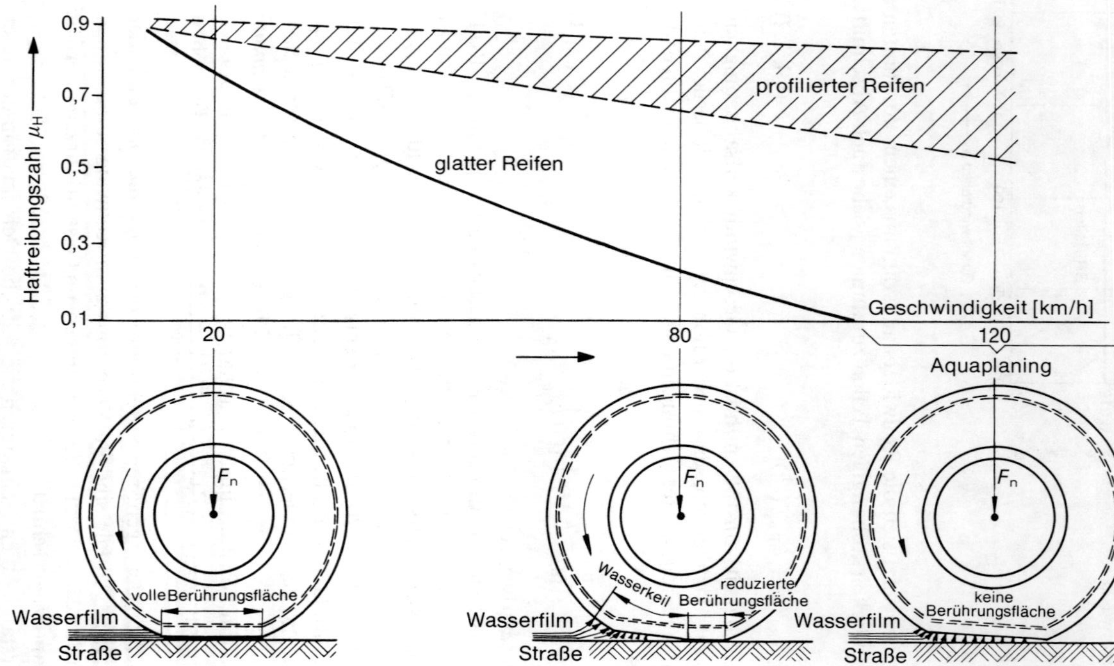

Bild 2.4 Entstehung von Aquaplaning. Aufschwimmen eines profillosen Reifens bei höheren Geschwindigkeiten und Wasserfilmdicken über 1 mm

Bild 2.5 Entstehung des Vorspurwiderstands bei Geradeausfahrt

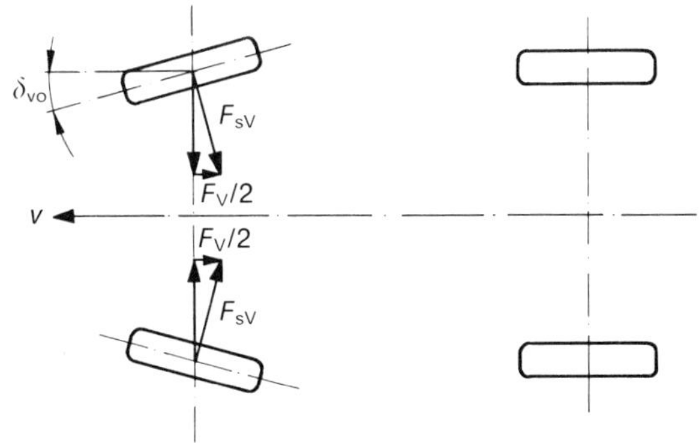

Die Seitenkraft ist für kleine Winkel proportional zum Schräglaufwinkel (siehe Abschnitt 2.2.3):

$$F_{sV} = C_R \cdot \delta_{v0} \qquad \text{(Gl. 2.5)}$$

C_R ist die *Schräglaufsteifigkeit* des Reifens. Die Bestimmung des Zahlenwertes zeigt Bild 5.14. Für kleine Winkel gilt $\sin \delta_{v0} = \delta_{v0}$, und damit wird der Vorspurwiderstand aus den Gleichungen 2.4 und 2.5:

$$F_V = 2 \cdot C_R \cdot \delta_{v0}^2 \qquad \text{(Gl. 2.6)}$$

Die Vorspurwiderstandszahl k_V ergibt sich mit der Normalkraft F_n zu:

$$k_V = \frac{C_R}{F_n} \cdot \delta_{v0}^2 \qquad \text{(Gl. 2.7)}$$

Bei $\delta_{v0} = 1°$ und mit den Werten des Bildes 2.22, $C_R = 41\,586$ N/rad sowie $F_n = 5500$ N, wird die Vorspurwiderstandszahl $k_V = \frac{41\,586}{5500} \cdot \left(\frac{1}{57{,}3}\right)^2 = 0{,}0023$.

(Winkel in Grad sind mit $360/2\pi = 57{,}3$ zu dividieren.)

Weitere Einzelheiten sind in dem Band «Reifen und Räder» zu finden.

2.1.2 Kurvenwiderstand

Bei Kurvenfahrt tritt ein zusätzlicher Widerstand F_{RK} auf, der ebenfalls zu den Radwiderständen gehört. Der Kurvenwiderstand läßt sich ähnlich dem Vorspurwiderstand aus den gegen die Bewegung gerichteten Komponenten der Vorderachs- und Hinterachsseitenkräfte zusammensetzen. Da sich das Rad unter einem Schräglaufwinkel α zu seiner Längsebene bewegt (Abschnitt 2.2.3), wird die Komponente der Seitenkraft gegen die Bewegung nach Bild 2.6:

$$F_x = F_s \cdot \sin \alpha \qquad \text{(Gl. 2.8)}$$

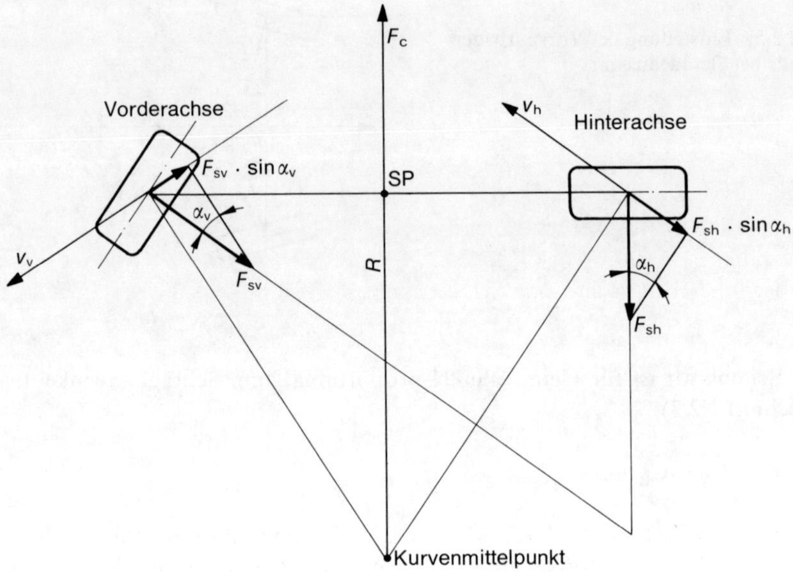

Bild 2.6 Zur Berechnung des Kurvenwiderstands F_{RK} bei Kreisfahrt.

Die Achsseitenkräfte F_s müssen mit der Fliehkraft F_c bei stationärer Kreisfahrt das Gleichgewicht halten. Aus dieser Bedingung können die Achsseitenkräfte mit Hilfe der Momentengleichungen nach Bild 2.7 bestimmt werden:

$$F_{sv} = m_g \cdot \frac{v^2}{R} \cdot \frac{l_h}{l} \qquad \text{(Gl. 2.9)}$$

$$F_{sh} = m_g \cdot \frac{v^2}{R} \cdot \frac{l_v}{l} \qquad \text{(Gl. 2.10)}$$

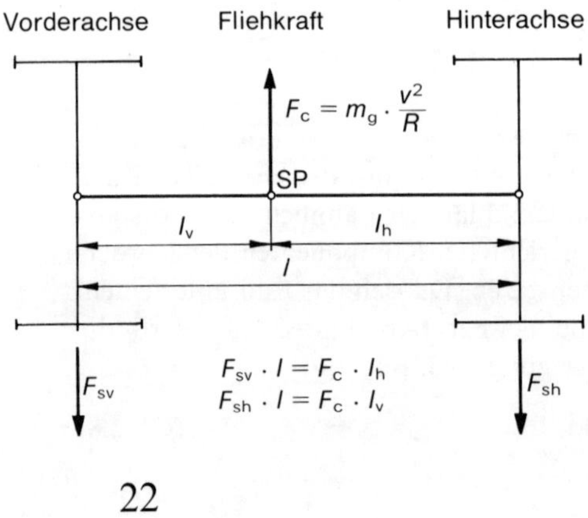

Bild 2.7 Bei Kurvenfahrt halten die Achsseitenkräfte F_{sv} und F_{sh} mit der Fliehkraft F_c das Gleichgewicht. (Vereinfachte Darstellung, gilt für relativ große Kurvenradien und kleine Schräglaufwinkel.)

Der Kurvenwiderstand des Fahrzeugs kann unter Berücksichtigung der Gleichungen 2.8, 2.9 und 2.10 wie folgt berechnet werden:

$$F_{RK} = m_g \cdot \frac{v^2}{R} \cdot \left(\frac{l_h}{l} \cdot \sin\alpha_v + \frac{l_v}{l} \cdot \sin\alpha_h\right) \qquad \text{(Gl. 2.11)}$$

Hierbei sind m_g die Fahrzeugmasse, R der Kurvenhalbmesser, v die Fahrgeschwindigkeit in m/s, l der Radstand, l_v bzw. l_h in m jeweils die Abstände von Vorder- und Hinterachse zum Schwerpunkt sowie α_v und α_h die Schräglaufwinkel an Vorder- und Hinterachse. Aus Gleichung 2.11 ergibt sich mit $m_g = \frac{G_g}{g}$ die Kurvenwiderstandszahl:

$$k_{RK} = \frac{F_{RK}}{G_g} = \frac{v^2}{g \cdot R}\left(\frac{l_h}{l} \cdot \sin\alpha_v + \frac{l_v}{l} \cdot \sin\alpha_h\right) \qquad \text{(Gl. 2.12)}$$

Bild 2.8 zeigt den aus *Kreisfahrtmessungen* ermittelten Verlauf der Kurvenwiderstandszahl über der Querbeschleunigung für ein Fahrzeug mit $l = 2{,}8$ m und $l_h = 1{,}42$ m.

Da die Schräglaufwinkel im linearen Bereich proportional der Querbeschleunigung sind (Gleichungen 4.10 und 4.11), steigt k_{RK} nach Gleichung 2.12 bis etwa 4 m/s² mit dem Quadrat der Querbeschleunigung, d.h. mit der vierten Potenz der Fahrgeschwindigkeit, an.

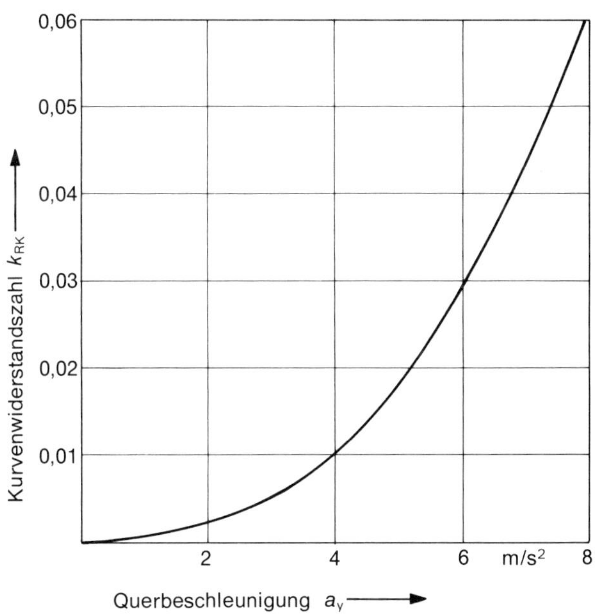

Bild 2.8 Kurvenwiderstandszahl über der Querbeschleunigung bei Kreisfahrt, auf 100 m Radius gemessen. $m_g = 1660$ kg, $l = 2{,}8$ m, $l_v = 1{,}38$ m, Reifen 195/65 V 15 Goodyear, Reifendruck 2,2 bar.

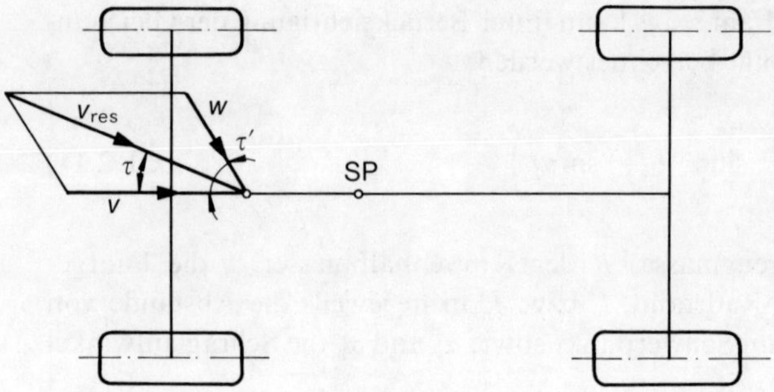

Bild 2.9 Bestimmung der resultierenden Anströmgeschwindigkeit v_{res} bei seitlich einwirkendem, natürlichem Wind w. Bei Geradeausfahrt wirkt der Fahrtwind v in Richtung der Fahrzeuglängsachse.

$$w^2 = v_{res}^2 + v^2 - 2\,v_{res} \cdot v \cos\tau$$

$$\cos\tau = \frac{v_{res}^2 + v^2 - w^2}{2\,v_{res} \cdot v}$$

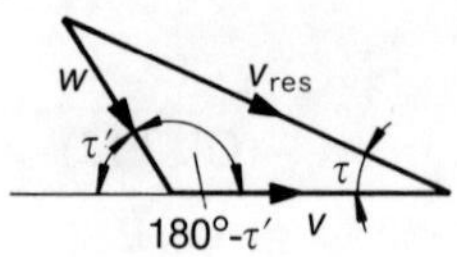

Kosinussatz:

$$v_{res}^2 = v^2 + w^2 - 2 \cdot v \cdot w \cdot \cos(180°\text{-}\tau')$$

2.1.3 Luftwiderstand

Bei Umströmung des Fahrzeugs durch den Fahrtwind entsteht eine entgegen der Fahrtrichtung gerichtete Luftwiderstandskraft F_L.

Bei Wind überlagert sich die Windgeschwindigkeit w, so daß die resultierende Luftanströmgeschwindigkeit je nach Windrichtung um den Anströmwinkel τ von der Fahrzeuglängsachse abweicht. Nach Bild 2.9 wird bei Geradeausfahrt mit dem Kosinussatz

$$v_{res} = \sqrt{v^2 + w^2 + 2 \cdot v \cdot w \cdot \cos\tau'} \qquad \text{(Gl. 2.13)}$$

Hierbei ist τ' der Winkel zwischen Fahrzeuglängsachse und Windrichtung.

Der Anströmwinkel ergibt sich aus:

$$\cos\tau = \frac{v_{res}^2 + v^2 - w^2}{2 \cdot v_{res} \cdot v} \qquad \text{(Gl. 2.14)}$$

Bei Gegen- oder Rückenwind vereinfachen sich die Gleichungen, da $\tau' = 0$ bzw. 180° ist:

$$v_{res} = v + w, \quad \text{Gegenwind} \qquad \text{(Gl. 2.15a)}$$

$$v_{res} = v - w, \quad \text{Rückenwind} \qquad \text{(Gl. 2.15b)}$$

Bei Seitenwind ist die Windrichtung $\tau' = 90°$:

$$v_{res} = \sqrt{v^2 + w^2} \qquad \text{(Gl. 2.16)}$$

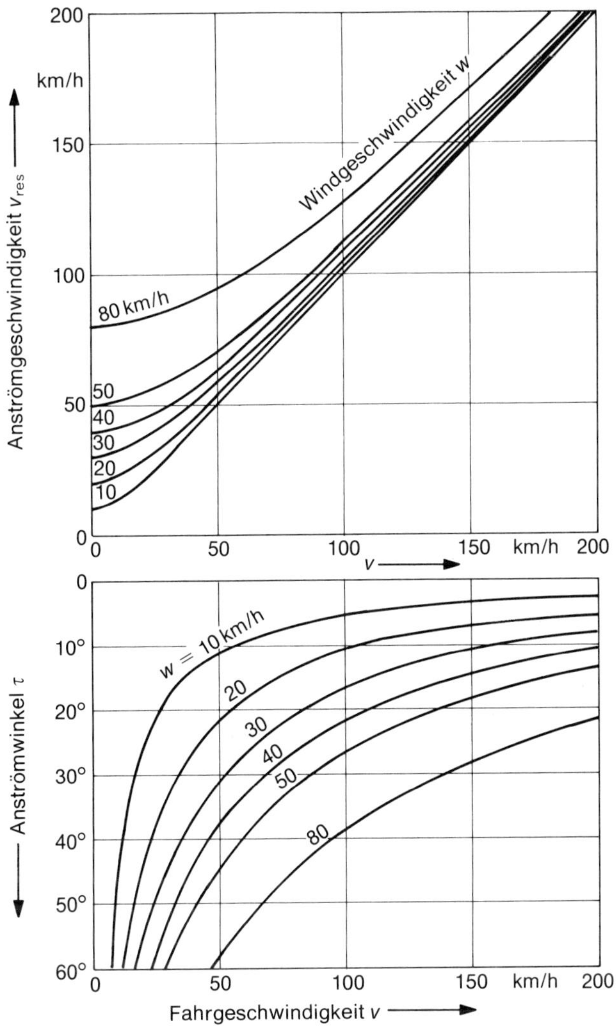

Bild 2.10 Anströmgeschwindigkeit v_{res} und Anströmwinkel τ in Abhängigkeit von der Fahrgeschwindigkeit v für verschiedene Windgeschwindigkeiten w bei Seitenwind (Geradeausfahrt, Wind senkrecht zur Fahrzeuglängsachse)

und der Anströmwinkel:

$$\tan \tau = \frac{w}{v} \qquad \text{(Gl. 2.17)}$$

Bild 2.10 zeigt den Zusammenhang zwischen Fahr-, Wind- und Anströmgeschwindigkeit sowie Anströmwinkel bei Seitenwind.

Im praktischen Fahrbetrieb wechselt der Anströmwinkel ständig, weil Windrichtung und Fahrbahnverlauf nicht konstant bleiben.

Fahrzeugtyp	Aufbau	c_w	A [m²]	$c_w \cdot A$ [m²]
Alfa Romeo 33 16V	KL	0,34	1,74	0,592
Audi 80 1,8 l	Li	0,29	1,91	0,554
Audi 90 Quattro	Li	0,31	1,91	0,592
Audi 100	Li	0,30	2,05	0,615
Audi 200	Li	0,34	2,06	0,700
BMW 316i	Li	0,29	1,94	0,563
BMW 320i/325i	Li	0,32	1,94	0,621
BMW M3	Li	0,33	1,89	0,624
BMW 318i/325i Cabrio	Ca	0,37	1,86	0,688
BMW 520i/525i	Li	0,31	2,07	0,642
BMW 535i/M5	Li	0,32	2,07	0,662
BMW 735i	Li	0,33	2,11	0,696
BMW Z1	Ro	0,36	1,83	0,659
BMW 850i	Co	0,29	2,07	0,600
Citroën AX 14 D	KL	0,32	1,66	0,531
Citroën BX 19 GTi	KL	0,34	1,93	0,656
Citroën XM 2,0 Injection	KL	0,28	2,14	0,600
Ferrari Testarossa	Co	0,33	1,85	0,611
Fiat Panda 1000	KL	0,41	1,70	0,697
Fiat Uno 70 i. c.	KL	0,30	1,81	0,543
Fiat Tipo 1400	KL	0,31	2,02	0,626
Fiat Croma Turbo D	KL	0,32	2,06	0,659
Ford Fiesta 1,1i	KL	0,35	1,89	0,662
Ford Escort	KL	0,33	1,93	0,637
Ford Orion	Li	0,32	1,93	0,637
Ford Sierra 2,9i	KL	0,34	1,97	0,670
Ford Scorpio 2,9i	KL	0,33	2,04	0,673
Ford Transit FT 100	LK	0,37	3,34	1,236
Honda CRX 1,6i-VTEC	Co	0,33	1,70	0,561
Honda Accord EX 2,0i-16	Li	0,32	1,91	0,611
Honda Legend	Li	0,32	2,00	0,640
Honda NSX	Co	0,32	1,78	0,570
Jaguar 4,0 Litre	Li	0,37	2,06	0,762
Lancia Y10	KL	0,33	1,76	0,581
Lancia Dedra 1,8/2,0	Li	0,30	2,05	0,620
Lancia Thema 8,32	Li	0,32	2,06	0,659
Lexus LS 400	Li	0,29	2,15	0,624
Mazda 323 GT 16V	KL	0,32	1,82	0,582
Mazda 626 2,0i GLX	Li	0,34	1,98	0,673
Mazda 626 Coupé	Co	0,32	1,94	0,621
Mazda 929 3,0i GLX	Li	0,34	1,91	0,649
Mazda RX-7 Turbo II	Co	0,32	1,75	0,560
Mercedes 190E	Li	0,34	1,92	0,652
Mercedes 190 Evo II	Li	0,33	1,97	0,650
Mercedes 230E/300E	Li	0,30	2,08	0,624
Mercedes 230CE/300CE	Co	0,30	2,01	0,603
Mercedes 230TE/300TE	Ko	0,34	2,11	0,717
Mercedes 300SE/500SE	Li	0,34	2,10	0,714
Mercedes 500SL	Ro	0,34	1,98	0,673
Mercedes 500SL	Co[1)]	0,33	1,97	0,650
Opel Kadett 1,4i	KL	0,31	1,80	0,560
Opel Kadett 1,6i CS	Li	0,32	1,87	0,600
Opel Calibra	Co	0,26	1,90	0,494
Opel Vectra 1,8i	Li	0,29	1,98	0,574
Opel Vectra 2000 16V 4×4	Li	0,30	2,04	0,612
Opel Omega 2,0i	Li	0,28	2,06	0,577
Opel Omega Caravan 3,0i	Ko	0,33	2,16	0,713
Opel Senator 3,0i	Li	0,30	2,12	0,636

Fahrzeugtyp	Aufbau	c_w	A [m²]	$c_w \cdot A$ [m²]
Peugeot 205	KL	0,39	1,74	0,679
Peugeot 309 XE	KL	0,33	1,86	0,614
Peugeot 405 GRI	Li	0,31	1,99	0,617
Peugeot 605 SL 2,0	Li	0,28	2,11	0,591
Peugeot 605 SV 24	Li	0,30	2,14	0,642
Pontiac Trans Sport SE	GL	0,33	2,79	0,921
Porsche Carrera 2/4	Co/Ca	0,32	1,79	0,573
Porsche 944 Turbo	Co	0,32	1,86	0,597
Porsche 944 S2	Ca	0,36	1,87	0,673
Porsche 928 GT	Co	0,34	1,98	0,673
Porsche 959	Co	0,31	1,92	0,595
Renault 5	KL	0,34	1,77	0,602
Renault Clio	KL	0,32	1,87	0,600
Renault 19	KL	0,31	1,97	0,611
Renault 21 GTL	KL	0,31	2,00	0,620
Renault 21 Nevada GTX	Ko	0,32	2,00	0,640
Renault 25 TX	KL	0,30	2,03	0,609
Renault 25 TX V6	KL	0,33	2,03	0,670
Renault Alpine Turbo	Co	0,30	1,70	0,510
Renault Rapid	Ko	0,40	2,25	0,900
Renault Espace	GL	0,34	2,53	0,861
Rover 827 Vitesse	KL	0,30	2,04	0,612
Saab 9000	Li	0,34	2,05	0,697
Skoda Favorit 136 L	KL	0,36	1,82	0,655
Subaru Legacy Sedan GX	Li	0,34	1,84	0,626
Toyota Camry 2,0 GLI	Li	0,35	1,90	0,665
Toyota Celica Turbo 4 TWD	Co	0,32	1,75	0,560
Toyota MR 2	Co	0,31	1,77	0,549
Triumph TR7	Ro	0,41	1,74	0,713
Volvo 440 GLT	KL	0,34	1,89	0,643
Volvo 480 ES	KC	0,34	1,84	0,626
Volvo 760 GLE	Li	0,38	2,17	0,825
VW Polo Steilheck	KL	0,36	1,74	0,626
VW Polo Coupé	KC	0,35	1,74	0,609
VW Golf 1,3	KL	0,34	1,89	0,643
VW Jetta Caral	Li	0,36	1,90	0,684
VW Passat 1,6 l	Li	0,29	2,03	0,589
VW Passat 1,8 l	Li	0,30	2,03	0,609
VW Passat Variant	Ko	0,34	2,03	0,690
VW Scirocco 16 V	Co	0,38	1,78	0,676
VW Corrado	Co	0,32	1,81	0,579
VW Transporter	LK	0,37	3,08	1,140

Bild 2.12 Luftwiderstandsbeiwerte c_w, Querschnittsflächen A und das in die Gl. 2.18 einzusetzende Produkt $c_w \cdot A$ verschiedener Fahrzeugtypen (Werksangaben, Stand Modelljahr 1991).

Die Werte sind von der Ausrüstung des betreffenden Fahrzeugs (zweiter Außenspiegel, Breite der Bereifung, Form der Spoiler usw.) abhängig. Hinzu kommt die mitangegebene *Art* des *Aufbaus* und dessen – von der Beladung abhängige – Stellung zum Boden. Einzelheiten hierüber sind in dem Abschnitt 2.2 des Bandes [4] zu finden.

Die Aufbauten werden eingeteilt (siehe Bild 2.11 und DIN 70010) in:

Ca = Cabriolet (Verdeck geschlossen)
KL = Kombi-Limousine (3- bzw. 5türig)
Ro = Roadster (Verdeck geschlossen)
KC = Kombi-Coupé
Co = Coupé
Ko = Kombi
GL = Großraum-Limousine
Li = Limousine mit Stufenheck (2- bzw. 4türig)
LK = Leicht-Nkw-Kombi
[1] = Roadster m. Coupédach

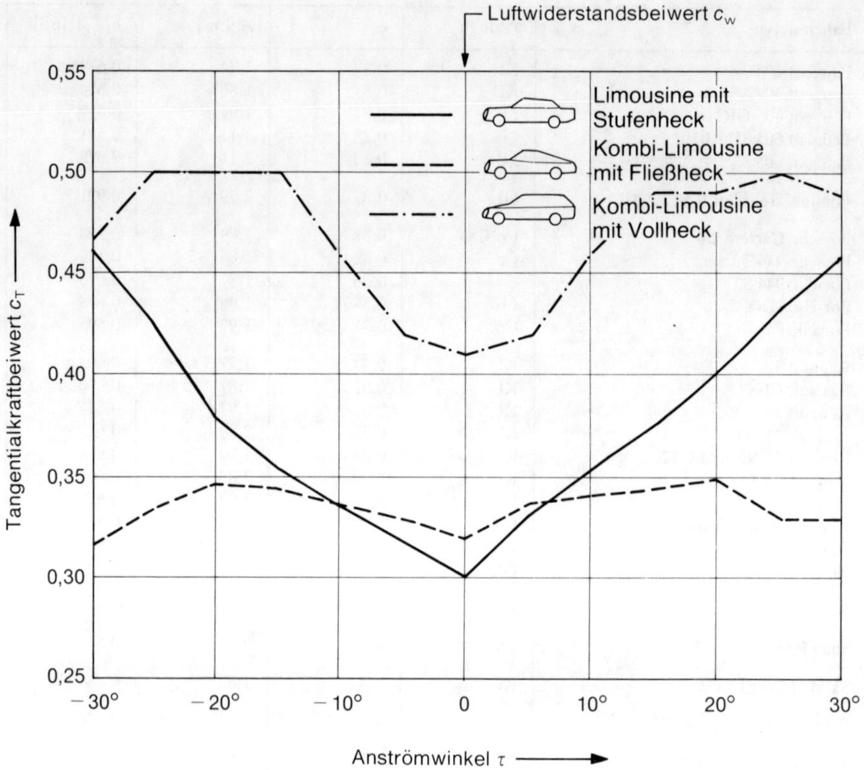

Bild 2.11 Verlauf des Tangentialkraftbeiwertes über dem Anströmwinkel für drei typische Fahrzeugkarosserieformen. Der c_w-Wert kann bei $\tau = 0$ abgelesen werden. $c_w = c_{T(\tau=0)}$ (Messungen im Mercedes-Benz-Windkanal.)

Die Strömungsverluste wachsen mit dem Quadrat der Anströmgeschwindigkeit. Der Luftwiderstand ergibt sich zu:

$$F_L = c_w \cdot A \cdot \frac{\varrho}{2} \cdot v_{res}^2 \qquad \text{(Gl. 2.18)}$$

darin sind c_w der Luftwiderstandsbeiwert (bei $\tau = 0$), der von der Fahrzeugform abhängt. Bei $\tau \neq 0$ muß der Tangentialkraftbeiwert c_T eingesetzt werden, siehe Bild 2.11. A ist die Projektionsfläche in Fahrzeuglängsrichtung (Stirnfläche oder Querspantfläche genannt) in m^2 und ϱ die Luftdichte in kg/m^3; v muß in m/s eingesetzt werden.

Die Luftdichte ändert sich mit dem Luftdruck b und der Temperatur ϑ:

$$\varrho = \frac{348{,}7 \cdot b\ \text{(bar)}}{273{,}2 + \vartheta\,°\text{C}}\ \text{kg/m}^3 \qquad \text{(Gl. 2.19)}$$

Bei 20 °C Temperatur kann die Luftdichte mit $\varrho \approx 1{,}22\,\mathrm{kg/m^3}$ angenommen werden.

Der c_w-Wert (bzw. c_T) wird wegen der Kompliziertheit der aerodynamischen Zusammenhänge nicht rechnerisch ermittelt, sondern im Windkanal gemessen. Bei Straßenmessungen konnte bis heute keine genügende Reproduzierbarkeit erreicht werden (Abschnitt 6.5.1.2).

Bild 2.11 zeigt den im Windkanal gemessenen Verlauf des Tangentialkraftbeiwertes c_T über dem Anströmwinkel τ für drei typische Fahrzeugkarosserieformen. Der c_w-Wert ist gleich dem Tangentialkraftbeiwert bei $\tau = 0$.

Die Tabelle im Bild 2.12 enthält die im Windkanal ermittelten c_w-Werte, die Stirnflächen A und die für den Luftwiderstand wichtigen Produkte $c_w \cdot A$ für einige neuere Fahrzeugtypen.

Im Luftwiderstand ist auch der Lüfterwiderstand der Räder infolge Rotation enthalten. Bezogen auf den Gesamtluftwiderstand, kann jedoch der Lüfterwiderstand vernachlässigt werden. Weitere Einzelheiten enthält [4].

2.1.4 Weitere Fahrwiderstände

Neben den Radwiderständen und dem Luftwiderstand können am Fahrzeug der Steigungs- und Beschleunigungswiderstand wirken.

Der Steigungswiderstand F_{St} muß beim Befahren von Steigungen überwunden werden. Es wird aus dem Steigungswinkel α_{St} und dem Fahrzeuggewicht berechnet:

$$F_{St} = G_g \cdot \sin \alpha_{St} \qquad \text{(Gl. 2.20)}$$

Die Steigung auf Straßen wird nicht als Winkel, sondern in Prozent angegeben. Eine Steigung von 10 % bedeutet z. B., daß die Straße auf einer waagerechten Länge von 100 m um 10 m ansteigt. Die Steigung q ist definiert als:

$$q = \tan \alpha_{St} = 0{,}1$$

Wird ein Fehler in der Berechnung des Steigungswiderstands von 5 % toleriert, dann kann bis Steigungen von 30 %

$$\sin \alpha_{St} \approx \tan \alpha_{St} = q \qquad \text{(Gl. 2.21)}$$

gesetzt werden.

Damit vereinfacht sich die Berechnung von F_{St}:

$$F_{St} = G_g \cdot q \qquad \text{(Gl. 2.22)}$$

Da die höchsten Steigungen auf befestigten Alpenstraßen 30 % nicht übersteigen, kann mit Gleichung 2.22 der Bereich üblicher Straßen abgedeckt werden. Im Gelände können größere Steigungen auftreten, dann wird mit Gleichung 2.20 gerechnet. Weitere Einzelheiten sind in Abschnitt 5.3.1 und in [1] zu finden.

Der Beschleunigungswiderstand $F_{\ddot{U}}$ muß beim Beschleunigen eines Fahrzeugs überwunden werden. Er setzt sich aus den für die translatorische und rotatorische Beschleunigung der Massen erforderlichen Kräften zusammen:

$$F_{\ddot{U}} = m_g \cdot a_x + \frac{\sum J_i \cdot \dot{\omega}_R}{r_{dyn}} \qquad \text{(Gl. 2.23)}$$

Hierbei sind m_g die Fahrzeugmasse, a_x die Beschleunigung, $\sum J_i$ die Summe der auf das Rad reduzierten Massenträgheitsmomente der sich drehenden Teile, $\dot{\omega}_R$ die Drehbeschleunigung des Rades und r_{dyn} der dynamische Reifenhalbmesser.

Die Winkelbeschleunigung des Rades kann in die translatorische Beschleunigung umgerechnet werden:

$$\dot{\omega}_R = \frac{a_x}{r_{dyn}} \qquad \text{(Gl. 2.24)}$$

in Gleichung 2.23 eingesetzt:

$$F_{\ddot{U}} = \left(m_g + \frac{\sum J_i}{r_{dyn}^2} \right) \cdot a_x \qquad \text{(Gl. 2.25)}$$

Bei der Ermittlung von J_i müssen die Trägheitsmomente der sich drehenden Teile auf das Rad mit der Winkelgeschwindigkeit ω_R reduziert werden. Weil die Drehgeschwindigkeiten der Triebstrang- und Motorenteile ω_T und ω_M durch die Differential- und Getriebeübersetzungen i_D und i_G von der Raddrehgeschwindigkeit abweichen, ist eine Umrechnung der Winkelgeschwindigkeiten notwendig.

Dabei sind:

$$\omega_T = i_D \cdot \omega_R \qquad \text{(Gl. 2.26)}$$

und

$$\omega_M = i_D \cdot i_G \cdot \omega_R \qquad \text{(Gl. 2.27)}$$

Die Summe der auf das Rad zu reduzierenden Trägheitsmomente ist:

$$\sum J_i = J_R + J_{T\,red} + J_{M\,red} \qquad \text{(Gl. 2.28)}$$

J_R, J_T und J_M sind die Trägheitsmomente der jeweils mit der Rad-, Triebstrang- und Motordrehzahl drehenden Teile.

Nach dem Energiesatz ist das auf ω_R bezogene Ersatzträgheitsmoment der Triebstrangteile:

$$\frac{1}{2} \cdot J_{T\,red} \cdot \omega_R^2 = \frac{1}{2} \cdot J_T \cdot \omega_T^2 = \frac{1}{2} \cdot J_T \cdot i_D^2 \cdot \omega_R^2 \qquad \text{(Gl. 2.29)}$$

d.h.:

$$J_{\mathrm{T\,red}} = i_{\mathrm{D}}^2 \cdot J_{\mathrm{T}} \qquad \text{(Gl. 2.30)}$$

und entsprechend

$$J_{\mathrm{M\,red}} = i_{\mathrm{D}}^2 \cdot i_{\mathrm{G}}^2 \cdot J_{\mathrm{M}} \qquad \text{(Gl. 2.31)}$$

Aus Gleichung 2.28 wird damit das auf das Rad reduzierte Gesamtträgheitsmoment

$$\sum J_{\mathrm{i}} = J_{\mathrm{R}} + i_{\mathrm{D}}^2 \cdot J_{\mathrm{T}} + i_{\mathrm{D}}^2 \cdot i_{\mathrm{G}}^2 \cdot J_{\mathrm{M}} \qquad \text{(Gl. 2.32)}$$

Zur einfacheren Berechnung des Beschleunigungswiderstands wird in Gleichung 2.25 ein *Drehmassenfaktor* k_{m} eingeführt, der den Anteil der rotatorischen Massen zur Gesamtmasse ausdrückt:

$$k_{\mathrm{m}} = 1 + \frac{\sum J_{\mathrm{i}}}{m_{\mathrm{g}} \cdot r_{\mathrm{dyn}}^2} \qquad \text{(Gl. 2.33)}$$

Der Beschleunigungswiderstand wird damit

$$F_{\mathrm{Ü}} = k_{\mathrm{m}} \cdot m_{\mathrm{g}} \cdot a_{\mathrm{x}} \qquad \text{(Gl. 2.34)}$$

Anhaltswerte für k_{m} sind in Bild 2.13 gegeben.

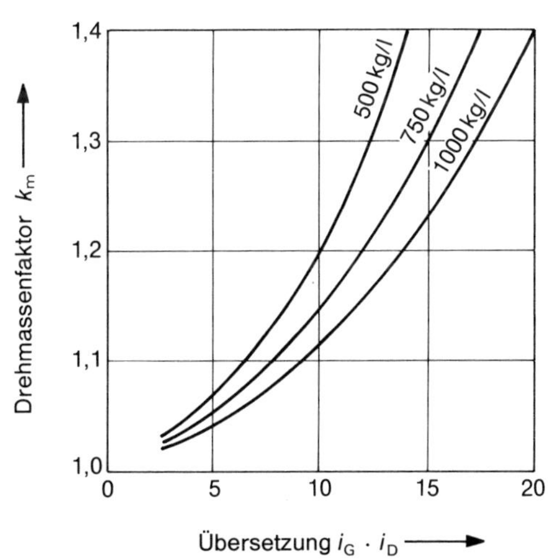

Bild 2.13 Anhaltswerte für den Drehmassenfaktor k_{m} in Abhängigkeit von der Übersetzung zwischen Motor und Antriebsrädern für verschiedene Fahrzeugmasse-/Hubvolumen-(kg/l-)Verhältnisse, dynamischer Reifenhalbmesser $r_{\mathrm{dyn}} = 0{,}3$ m

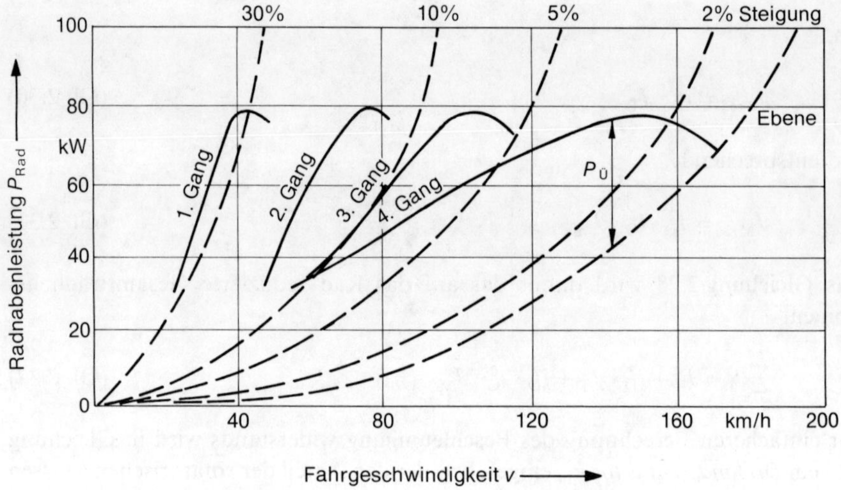

Bild 2.14 Fahrzustandsschaubild
Weitere Bilder und Einzelheiten in [4]

--- Leistungsbedarf
— wirklich gelieferte Leistung
$P_Ü$ Überschußleistung

2.1.5 Fahrleistung

Der Gesamtfahrwiderstand F_A ist die Summe der in den Abschnitten 2.1.1 bis 2.1.4 berechneten Einzelwiderstände. Die Kraft F_A bestimmt das auf den Antriebsrädern aufzubringende Gesamtmoment, sie wird auch Zugkraft oder Antriebskraft genannt:

$$F_A = \frac{M_{Rad}}{r_{dyn}} = k_R \cdot G_g + k_{RK} \cdot G_g + c_w \cdot A \cdot \frac{\varrho}{2} \cdot v_{res}^2 + G_g \cdot q + \frac{G_g}{g} \cdot k_m \cdot a_x \qquad \text{(Gl. 2.35)}$$

Die Antriebsschlupfverluste können vereinfachend vernachlässigt werden. Die Radnabenleistung ist

$$P_{Rad} = F_A \cdot v \qquad \text{(Gl. 2.36)}$$

Die vom Motor gelieferte Antriebskraft errechnet sich aus dem Motordrehmoment M_M mit dem Wirkungsgrad η_T zu:

$$F_A = \frac{M_M \cdot \eta_T \cdot i_D \cdot i_G}{r_{dyn}} \qquad \text{(Gl. 2.37)}$$

Verschiedene Rechenbeispiele enthalten [1] und [4].

Die vom Motor gelieferte Radnabenleistung wird üblicherweise über der Fahrgeschwindigkeit dargestellt. Wenn in das Diagramm die Bedarfslinien, die sich aus den Fahrwiderständen ergeben, mit eingezeichnet werden, läßt sich der jeweilige Fahrzustand einfach überblicken. Dieses Diagramm wird Fahrzustandsschaubild genannt. Die Differenz zwischen gelieferter und erforderlicher Fahrleistung ist die Überschußleistung (Bild 2.14).

2.2 Kraftübertragung zwischen Reifen und Fahrbahn

Um eine möglichst gute Ausnutzung der Kraftübertragung zwischen Reifen und Fahrbahn zu erreichen, werden die Luftreifen ständig weiterentwickelt. Der Reifen muß in Hoch-, Längs- und Querrichtung Kräfte übertragen und Momente um diese drei Achsen aufnehmen. Für die aktive Sicherheit, insbesondere für ein gutes Fahrverhalten, sind an den Luftreifen bezüglich Längskraftübertragung (Antriebs- und Bremskräfte), Seitenführung, Geradeauslaufeigenschaften, Schnellauffestigkeit und Widerstandsfähigkeit hohe Anforderungen zu stellen.

Im folgenden werden die für das Fahrverhalten wichtigen Zusammenhänge behandelt. Näheres siehe [5].

2.2.1 Hochkraft

Der Reifen als Tragelement hat die Aufgabe, die vertikalen Kräfte, im wesentlichen das Gewicht des Fahrzeugs, auf der Fahrbahn abzustützen. Durch die Belastung entsteht ein Zusammendrücken des elastischen Luftreifens. Im Kontaktbereich mit der Fahrbahn bildet sich dadurch eine Aufstandsfläche, die auch Latsch genannt wird. Die Hochkraft verteilt sich in dieser Kontaktfläche nicht gleichmäßig. Bild 2.15 zeigt die Hochkraftverteilung im Latsch für einen Radialreifen.

Die Federungs- und Dämpfungseigenschaften des Reifens sind mehr für den Schwingungskomfort des Fahrzeugs wichtig, für die Horizontaldynamik haben sie weniger Bedeutung.

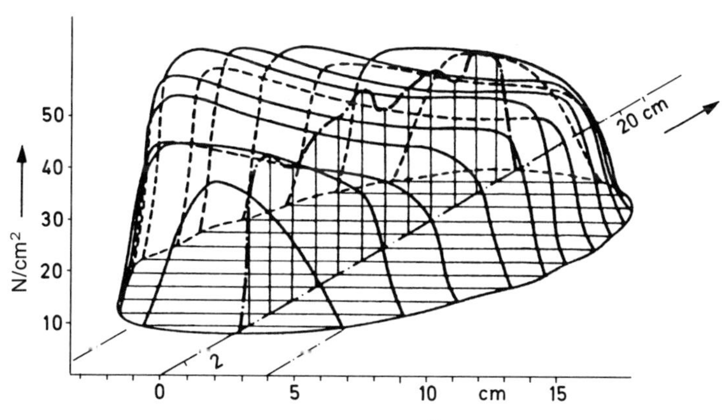

Bild 2.15 Druckverteilung in der Aufstandsfläche eines frei rollenden Radialreifens, $v = 60$ km/h

2.2.2 Längskraft

In Umfangsrichtung muß der Reifen die Antriebs- und Bremskräfte übertragen. Bei einer kraftschlüssigen Verbindung ist der Maximalwert dieser Kräfte durch die Reibungsverhältnisse in der Berührungsfläche zwischen Reifen und Fahrbahn begrenzt. Die maximal übertragbare Längskraft $F_{x\,max}$ ist proportional der Hoch- bzw. Normalkraft F_n

$$F_{x\,max} = \mu_H \cdot F_n \tag{Gl. 2.38}$$

Der Proportionalitätsfaktor μ_H heißt *Haftreibungszahl.*

Wird am Rad ein größeres Antriebs- oder Bremsmoment als $F_{x\,max} \cdot r_{sta}$ eingeleitet, kann der Reifen auf der Fahrbahn nicht mehr haften. Das Rad «dreht durch» beim Antrieb oder «blockiert» beim Bremsen. Es tritt zwischen Reifen und Fahrbahn ein Gleiten auf. Die beim Gleiten übertragbare Kraft wird durch die *Gleitreibungszahl* μ_G bestimmt:

$$F_{xG} = \mu_G \cdot F_n \tag{Gl. 2.39}$$

Die Gleitreibungszahl ist im allgemeinen kleiner als die Haftreibungszahl.

Beim Einleiten eines Antriebs- oder Bremsmomentes am Rad entsteht eine Differenz zwischen der Längsgeschwindigkeit der auf der Fahrbahn mit Reibschluß haftenden Latschpunkte (= Fahrzeuggeschwindigkeit) und der Rollgeschwindigkeit des Rades.

Infolge dieser Geschwindigkeitsdifferenz treten in der Berührungsfläche Deformationen, verbunden mit partiellen Relativbewegungen zwischen Reifen- und Fahrbahnoberfläche, auf. Diese bewirken, daß der beim Rollen unter Moment zurückgelegte Weg des Rades nicht gleich mit dem aus dynamischem Reifenhalbmesser und Drehwinkel berechneten Abrollumfang ist. Es entsteht ein *Längsschlupf.*

Der *Längsschlupf* λ_x wird zweckmäßigerweise durch den Vergleich zwischen Fahrgeschwindigkeit v in m/s und der Relativgeschwindigkeit zwischen Rad und Fahrbahn $r_{dyn} \cdot \omega_R$ bestimmt. Bei der Definition wird zwischen Antreiben und Bremsen unterschieden, um jeweils positive Werte zu erhalten.

Antriebsschlupf

$$\lambda_{xa} = \frac{r_{dyn} \cdot \omega_R - v}{r_{dyn} \cdot \omega_R} \tag{Gl. 2.40a}$$

oder in % ausgedrückt:

$$\lambda_{xa} = \left(1 - \frac{v}{r_{dyn} \cdot \omega_R}\right) \cdot 100\,\% \tag{Gl. 2.40b}$$

Bremsschlupf

$$\lambda_{xb} = \frac{v - r_{dyn} \cdot \omega_R}{v} \tag{Gl. 2.41a}$$

oder in % ausgedrückt:

$$\lambda_{xb} = \left(1 - \frac{r_{dyn} \cdot \omega_R}{v}\right) \cdot 100\,\% \tag{Gl. 2.41b}$$

Das durchdrehende Rad am stehenden Fahrzeug sowie das blockierende Rad beim Bremsen ergeben hierbei jeweils 100% Schlupf. r_{dyn} ist der dynamische Halbmesser des Reifens, der sich aus dem Abrollumfang ergibt, $r_{dyn} = U/2\pi$. Der Abrollumfang ist der je Umdrehung des kraftfrei rollenden Rades zurückgelegte Weg (s. Tabellen in [5]).

Bei Fahrzeugen mit Drehzahlsensoren an den Rädern, wie sie z.B. bei Antiblockiersystemen verwendet werden, kann die Fahrgeschwindigkeit aus der Drehzahl eines nicht angetriebenen Rades bestimmt werden. Bei Hinterradantrieb ist diese Referenzdrehzahl die mittlere Drehzahl der Vorderräder. Aus den Raddrehzahlen kann der Antriebsschlupf näherungsweise ermittelt werden:

$$\lambda_{xa} = \left(1 - \frac{n_{vm}}{n_h}\right) \cdot 100\,\% \qquad \text{(Gl. 2.42)}$$

n_{vm} ist die mittlere Drehzahl der Vorderräder, n_h ist die Drehzahl eines angetriebenen Hinterrades.

Da beim Bremsen auf alle vier Räder Längskräfte wirken, ist für die Ermittlung des Bremsschlupfs aus den Raddrehzahlen n_i die zusätzliche Messung der Fahrgeschwindigkeit (Referenzgeschwindigkeit) erforderlich, z.B. berührungslos über Boden (siehe Abschnitt 6.4.2.4). Der Bremsschlupf der einzelnen Räder wird dann

$$\lambda_{xb} = \left(1 - \frac{n_i}{v}\,\frac{\pi\, r_{dyn}}{30}\right) \cdot 100\,\% \qquad \text{(Gl. 2.43)}$$

n_i ist in $\min^{-1}$, v in m/s und r_{dyn} in m einzusetzen. Diese Rechnungen gelten nur näherungsweise, da sie einen konstanten dynamischen Reifenhalbmesser voraussetzen.

Für Messungen von Schlupfkurven am Reifenprüfstand wird der Schlupf in Umfangsrichtung im allgemeinen als $\lambda_x = (r_{dyn} \cdot \omega_R - v)/v$ definiert. Beim Durchdrehen des Rades am stehenden Fahrzeug ist der Antriebsschlupf nach dieser Definition $= \infty$. Antriebsschlupf = 1 oder 100% ergibt sich bei $r_{dyn} \cdot \omega_R = 2 \cdot v$. In diesem Fall dreht das Rad bei der gleichen Fahrgeschwindigkeit doppelt so schnell als ein schlupffrei rollendes Rad. Der Bremsschlupf ist negativ, da $r_{dyn} \cdot \omega_R < v$ ist. Am blockierten Rad ist $\lambda_{xb} = 1$ bzw 100%.

Die Reibungszahl $\mu = F_x/F_n$, auch Kraftschlußbeanspruchung genannt, ist eine Funktion des Schlupfes. Bild 2.16 zeigt den typischen Verlauf der μ-Schlupf-Kurve für einen Pkw-Reifen. Die maximale Kraftschlußbeanspruchung ist durch die Haftreibungszahl μ_H gegeben. Sie liegt bei heutigen Pkw-Reifen bei 10% bis 25% Schlupf. Wird der Schlupf weiter gesteigert, sinkt die Kurve bei 100% Schlupf auf die Gleitreibungszahl μ_G ab. Die Strecke zwischen μ_H und μ_G ist ein instabiler Bereich, d.h., daß der Schlupf nach Überschreiten des Kurvenmaximums sofort auf 100% anwächst und das Rad in den Gleitzustand übergeht.

Die Form der μ-Schlupf-Kurve hängt von verschiedenen Faktoren ab. Bild 2.17 zeigt den Einfluß des Straßenbelags. Haft- und Gleitreibungszahl fallen auf Schnee- oder Eisbelag gegenüber trockenem Makadam sehr stark ab. Mit steigender Fahr-

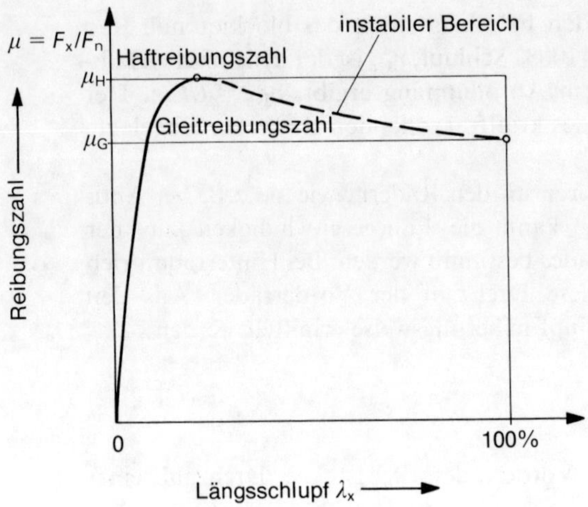

Bild 2.16 Typischer Verlauf der Reibungszahl μ über dem Längsschlupf λ_x für einen Pkw-Reifen auf trockener Fahrbahn (Beton, Asphalt)

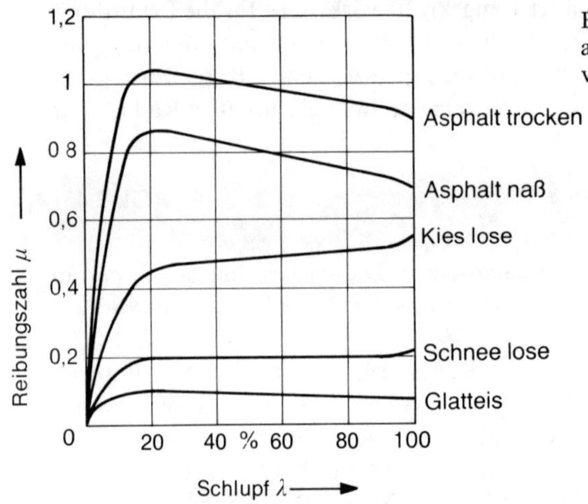

Bild 2.17 Verlauf der Reibungszahl als Funktion des Schlupfes für verschiedene Fahrbahnoberflächen

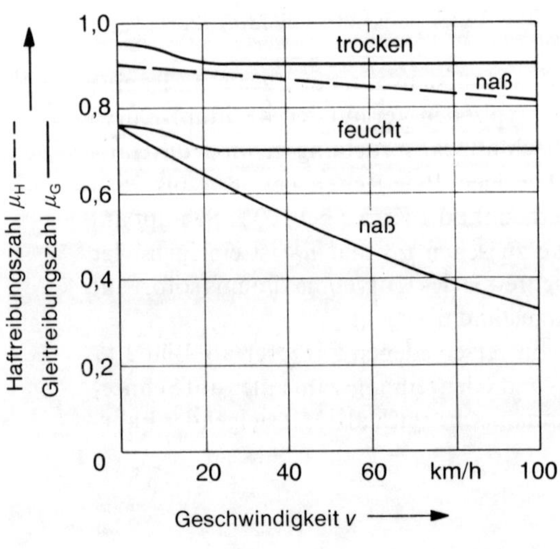

Bild 2.18 Einfluß der Fahrgeschwindigkeit auf Haft- und Gleitreibungszahl μ_H und μ_G für unterschiedliche Fahrbahnzustände

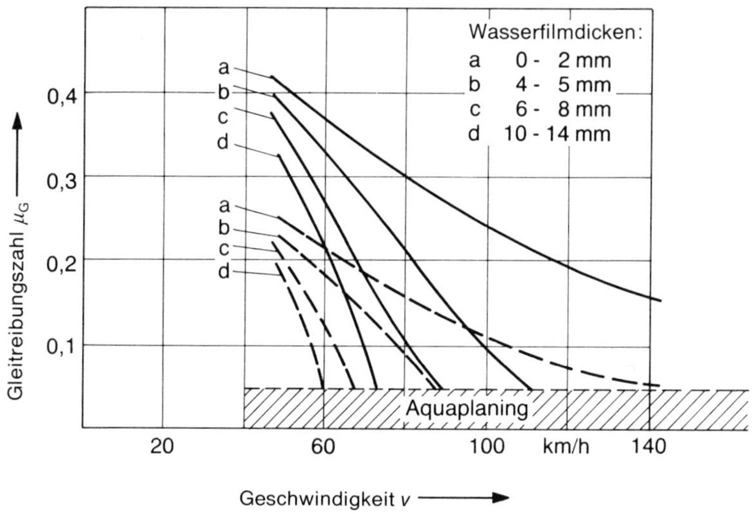

Bild 2.19 Gleitreibungszahl in Abhängigkeit von der Fahrgeschwindigkeit und der Wasserfilmdicke für profilierte und profillose Reifen

——— Reifen mit 8 mm Profiltiefe
– – – profilloser Reifen

geschwindigkeit nehmen μ_H und μ_G ebenfalls etwas ab (Bild 2.18). Einen großen Einfluß hat die Geschwindigkeit auf überfluteten Fahrbahnen, wobei die Wasserfilmdicke maßgebend ist. Durch Aufschwimmen des Reifens (Aquaplaning) wird die Gleitreibungszahl bis unter 0,1 herabgesetzt (Bild 2.19).

Weitere Einflüsse von Reifenparametern sind in [5] zu finden.

2.2.3 Seitenkraft

Für die Kurshaltung sind die Seitenführungseigenschaften des Luftreifens am wichtigsten. Zur Änderung der Bewegungsrichtung des Fahrzeugs müssen über die Reifen seitliche Kräfte aufgebracht werden.

Durch Einstellen eines Lenkwinkels wird das Rad zu seiner ursprünglichen Bewegungsrichtung verdreht. Infolge dieser Verdrehung wird der elastische Reifen im Bereich der Kontaktfläche mit der Fahrbahn seitlich deformiert, und es entsteht eine Seitenkraft. Das Rad rollt nicht mehr in Richtung der Felgenebene, sondern unter einem Schräglaufwinkel α dazu ab. Der Geschwindigkeitsvektor im Radaufstandspunkt schließt also mit der Felgenebene den Schräglaufwinkel ein (Bild 2.20). Dadurch tritt eine seitliche Gleitgeschwindigkeit in der Aufstandsfläche $v \cdot \sin\alpha$ auf, die einen seitlichen Schlupf verursacht. Dieser seitliche Schlupf wird definiert als das Verhältnis der relativen Seitengeschwindigkeit zwischen Reifen und Fahrbahn und der tatsächlichen Geschwindigkeit.

$$\lambda_y = \frac{v \cdot \sin\alpha}{v} = \sin\alpha \cdot 100\,\% \qquad \text{(Gl. 2.44)}$$

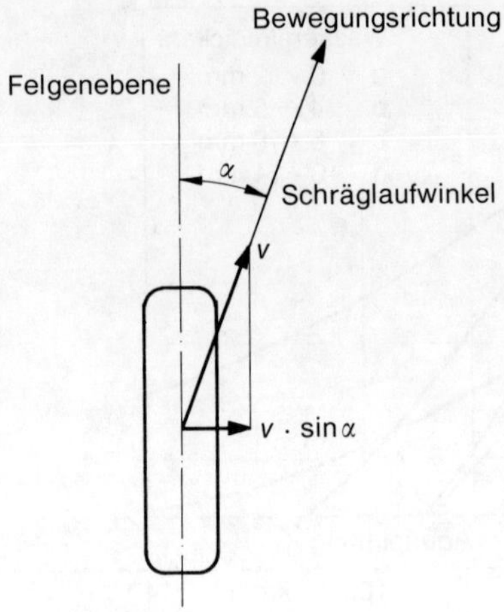

Bild 2.20 Geschwindigkeitsvektor und Felgenebene schließen den Schräglaufwinkel α ein. In der Reifenaufstandsfläche entsteht eine seitliche Gleitgeschwindigkeit $v \cdot \sin \alpha$.

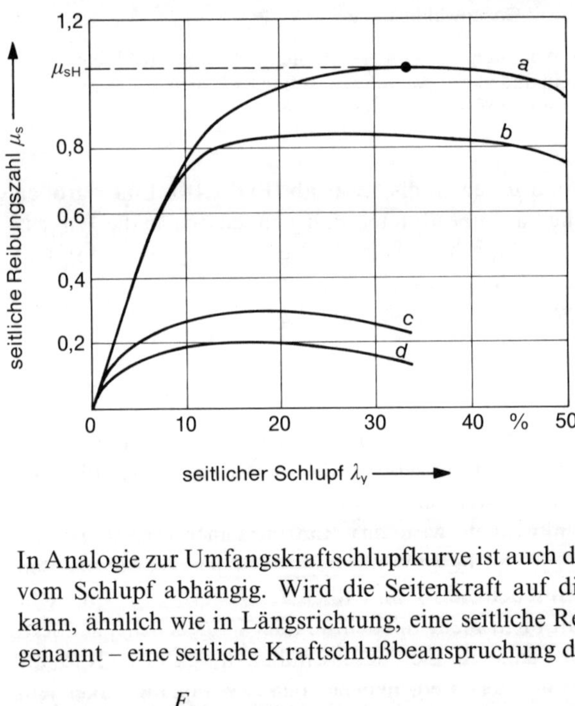

Bild 2.21 Seitliche Reibungszahl μ_s in Abhängigkeit vom seitlichen Schlupf λ_y und der Fahrbahnbeschaffenheit für einen Pkw-Reifen. Das Maximum der Kurve ist die seitliche Haftreibungszahl μ_{sH}.
a) trockener, rauher Beton; b) trockener glatter Beton; c) festgefahrener Schnee; d) rauhes Eis.

In Analogie zur Umfangskraftschlupfkurve ist auch die seitliche Kraftübertragung vom Schlupf abhängig. Wird die Seitenkraft auf die Hochkraft bezogen, dann kann, ähnlich wie in Längsrichtung, eine seitliche Reibungszahl μ_s oder – anders genannt – eine seitliche Kraftschlußbeanspruchung definiert werden.

$$\mu_s = \frac{F_s}{F_n} \qquad \text{(Gl. 2.45)}$$

Bild 2.21 zeigt als Beispiel eine seitliche μ-Schlupf-Kurve für einen Pkw-Reifen auf verschiedenen Fahrbahnoberflächen. Der Maximalwert der Kurve wird, ähnlich wie in Längsrichtung, seitliche Haftreibungszahl μ_{sH} genannt. μ_{sH} liegt für heutige Reifen bei 15 bis 35 % Schlupf. Die Stelle und Höhe des Maximums hängen von der

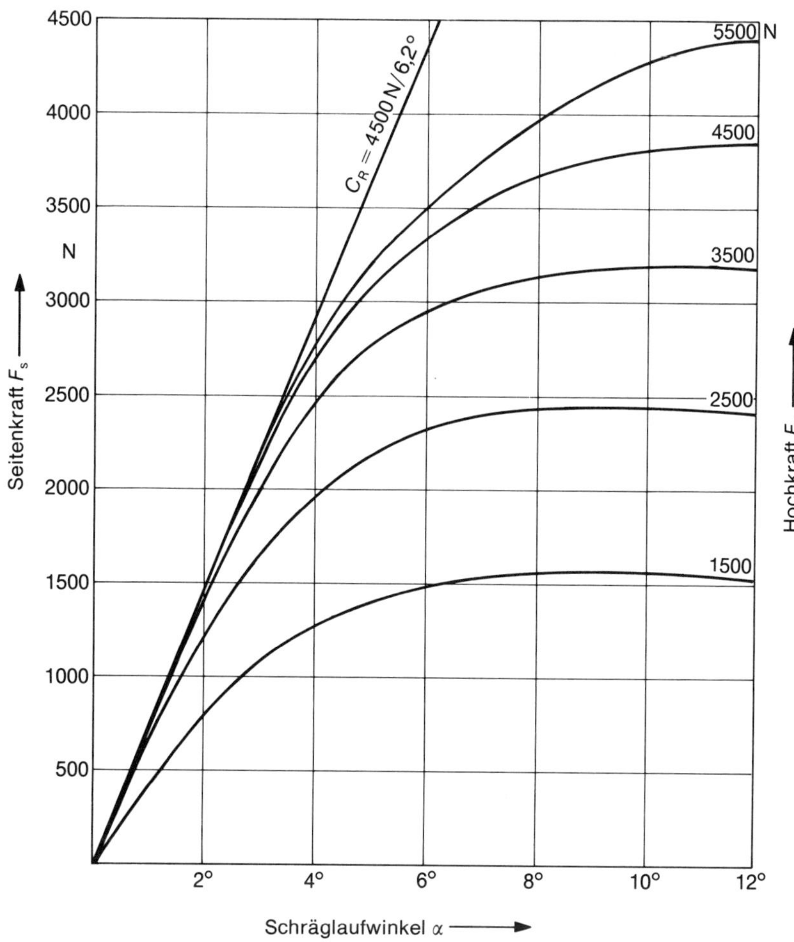

Bild 2.22 Seitenkraft über dem Schräglaufwinkel für den Reifen 175 HR 14, Luftdruck 2,3 bar. Reifenschräglaufsteifigkeit:

$$C_R = \frac{4500\,\mathrm{N}}{6{,}2°}\ \frac{360°}{2\pi} = 41\,586\ \mathrm{N/rad}$$

(siehe auch Bild 5.14)

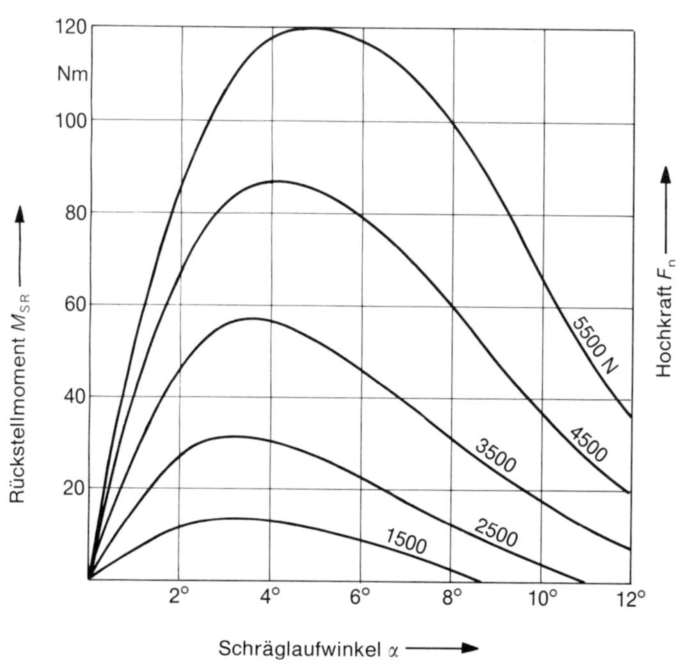

Bild 2.23 Reifenrückstellmoment über dem Schräglaufwinkel für den Reifen 175 HR 14, Luftdruck 2,3 bar

Hoch- bzw. Normalkraft ab. Abweichend von den Verhältnissen in Längsrichtung kommt in Querrichtung im normalen Fahrbereich ein Schlupf von 100 % nicht vor. $\lambda_y = 100\,\%$ würde ein Querrutschen des Reifens bedeuten ($\alpha = 90°$), das nur in Extremsituationen oder bei Unfällen auftritt. In den meisten Fällen bewegt sich das Fahrzeug bei seitlichen Schlupfwerten von $\lambda_y = 20$ bis 25 % bereits im Grenzbereich.

Die Darstellung der seitlichen Kraftschlußbeanspruchung über dem Schlupf ist für fahrdynamische Untersuchungen wegen der starken Hochkraftabhängigkeit nicht zweckmäßig.

Besser verwendbar sind Diagramme, in denen die Seitenführungskraft direkt über dem Schräglaufwinkel, mit der Hochkraft als Parameter, aufgezeichnet ist. Die Kurven hören meistens bei 12° bis 15° Schräglaufwinkel auf, da größere Werte im normalen Fahrbereich kaum auftreten. Bild 2.22 zeigt ein typisches Seitenkraftdiagramm für einen Pkw-Reifen.

Die Seitenkraft wirkt nicht in der Mitte der Aufstandsfläche, sondern in einem Abstand n_R dahinter. n_R wird Reifennachlauf genannt. An diesem Hebelarm entsteht beim Schräglaufen ein Rückstellmoment, das den Schräglaufwinkel verkleinern will.

$$M_{SR} = F_s \cdot n_R \qquad \text{(Gl. 2.46)}$$

M_{SR}, auch Schräglauf- oder Rückstellmoment genannt, wird ebenfalls in einem Diagramm über dem Schräglaufwinkel dargestellt (Bild 2.23).

Der Aufbau der Seitenkraft und die Entstehung eines Rückstellmoments können anhand eines einfachen Reifenmodells verdeutlicht werden. Bild 2.24 zeigt den Reifen in Draufsicht. Der schraffierte Bereich ist die Kontaktfläche auf der Fahrbahn (Latsch). Zunächst rollt der Reifen geradeaus, Teil a in Bild 2.24. Durch Ungleichförmigkeiten in der Gummimischung und dem Reifenaufbau treten auch bei Geradeausfahrt bereits kleine sogenannte Nullseitenkräfte auf (Winkel- und Konuseffekt), die die Geradeauslaufeigenschaften des Fahrzeugs beeinflussen. (Näheres siehe im Band «Reifen und Räder».)

Wird das Rad zu seiner Bewegungsrichtung um einen Winkel α verdreht, dann tritt im Bereich der Kontaktfläche eine seitliche Deformation des Reifens und damit eine Seitenkraft F_s auf, Teil b im Bild 2.24. Ein in die Kontaktfläche einlaufender Punkt X des Reifenumfangs wird durch den Reibschluß zwischen Reifen und Fahrbahn in Richtung der Bewegung unter dem Schräglaufwinkel α zur Felgenebene verschoben.

Durch diese Verschiebung entsteht in den Gummiteilchen der Lauffläche eine Verspannung, die durch gespannte, kleine seitliche Federn dargestellt werden kann, Teil c im Bild 2.24. Die zu Punkt X gehörende Feder wird so lange weitergespannt, bis die Haftkraft zwischen den Gummiteilchen im Bereich des Punkts und der Fahrbahnoberfläche überschritten wird (X_1). Ab hier tritt ein Teilgleiten in Richtung Reifenmitte auf, bis der Punkt von der Fahrbahn abhebt (X_2). Da sich die gedachte seitliche Feder nicht schlagartig entspannen kann, dauert es nach dem Abheben noch eine gewisse Zeit, bis der Punkt an seine ursprüngliche Stelle am Reifen-

a Geradeausfahrt b kleine Schräglaufwinkel c größere Schräglaufwinkel

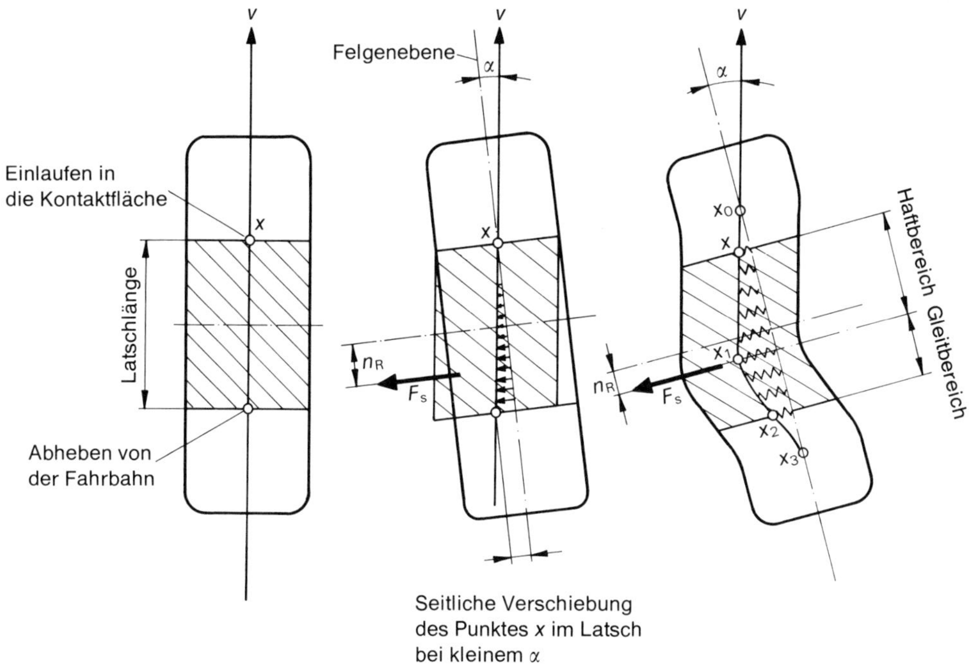

Bild 2.24 Reifenmodell zur Erklärung von Seitenkraft und Rückstellmoment

umfang zurückkehrt (X_3). Genauso wird der Reifenumfang bereits vor Auftreffen auf die Fahrbahn, ab dem Punkt X_0, etwas seitlich deformiert.

Die resultierende Seitenkraft wirkt im Schwerpunkt der Deformationsfläche. Aus Bild 2.24 ist zu sehen, daß der Schwerpunkt der dreieckförmigen Deformationsfläche hinter der Latschmitte liegt. Dadurch entsteht das Rückstellmoment $M_{SR} = F_s \cdot n_R$.

Bei kleinerem Schräglaufwinkel, wobei die Latschpunkte auf der Fahrbahn noch haften, besteht, unter Annahme einer linearen Kennung der gedachten seitlichen Feder, zwischen Seitenkraft und Schräglaufwinkel ein proportionaler Zusammenhang (Teil b im Bild 2.24)

$$F_s = C_R \cdot \alpha \left[\frac{\mathrm{N}}{\mathrm{rad}} \cdot \mathrm{rad} \right] \qquad \text{(Gl. 2.47)}$$

C_R wird *Schräglaufsteifigkeit* des Reifens genannt, sie ist gleich der Anfangssteigung der Kurven im Seitenkraft-Schräglaufwinkel-Diagramm (Bilder 2.22 und 5.14). Der durchschnittliche Autofahrer bewegt sein Fahrzeug so, daß der lineare Bereich der Kennlinie nicht überschritten wird. Dies gilt je nach Reifen und Straßenoberfläche auf griffigen Fahrbahnen bis zu Querbeschleunigungen von 3 bis 4 m/s^2.

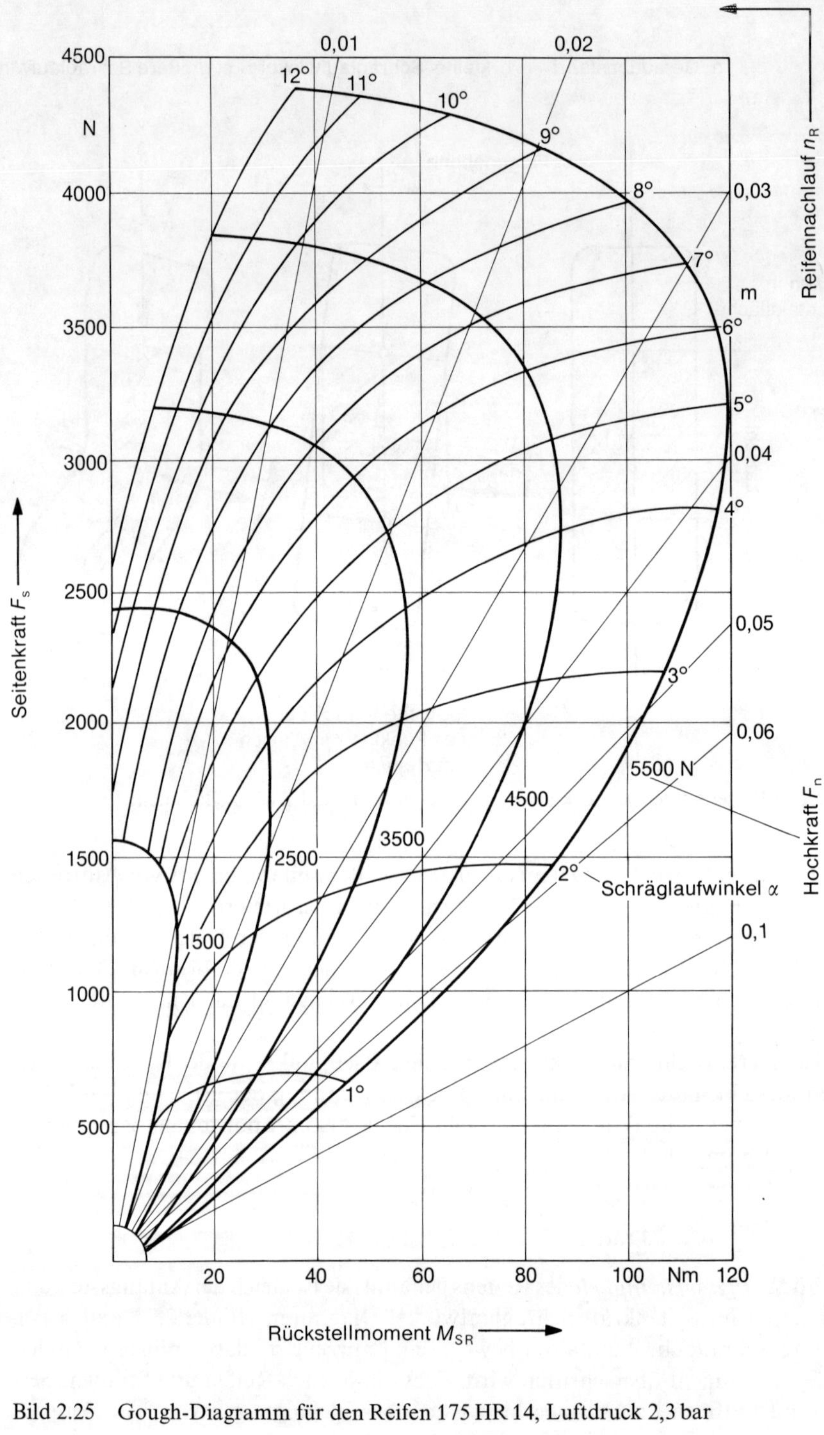

Bild 2.25 Gough-Diagramm für den Reifen 175 HR 14, Luftdruck 2,3 bar

Wird der Schräglaufwinkel weiter vergrößert, tritt zunächst im hinteren Bereich der Aufstandsfläche das Teilgleiten auf, und die Seitenkraft steigt nicht mehr proportional dem Schräglaufwinkel, sondern degressiv an. Damit rückt auch der Schwerpunkt der Deformationsfläche weiter nach vorn, und der Reifennachlauf verkleinert sich. Diese Einflüsse bewirken, daß das Rückstellmoment bei relativ kleinen Schräglaufwinkeln ein Maximum hat.

Je größer der Schräglaufwinkel wird, um so mehr breitet sich das Teilgleiten im Latsch nach vorne aus, bis bei $\alpha = 90°$ die ganze Fläche in den Gleitzustand übergeht.

Die Zusammenhänge zwischen Seitenkraft, Rückstellmoment, Hochkraft, Schräglaufwinkel und Reifennachlauf kann für einen Reifen übersichtlich im Gough-Diagramm dargestellt werden (Bild 2.25).

Ein Sturzwinkel, d. h. die Neigung der Radebene, gegen die Fahrbahnebene führt auch zu einer Seitenkraft (Bild 2.26). Für die Sturzseitenkraft kann bei dem im allgemeinen kleinen Sturzwinkel γ als gute Näherung mit der Hoch- bzw. Normalkraft F_n geschrieben werden:

$$F_\gamma \approx F_n \cdot \sin \gamma \qquad \text{(Gl. 2.48)}$$

Durch den Sturzwinkel werden die Kurven im Seitenkraft- sowie Rückstellmoment-Schräglaufwinkel-Diagramm etwa parallel verschoben (Bild 2.27).

Beim gleichzeitigen Auftreten von Umfangs- und Seitenkraft kann die resultierende Kraft, ähnlich dem Coulombschen Reibungskreis bei trockener Reibung, einen bestimmten Grenzwert nicht überschreiten (Kammscher Kreis, Bild 2.28). Die zugehörige Kraftschlußbeanspruchung ist (s. auch Gl. 3.52):

$$\frac{\sqrt{F_x^2 + F_s^2}}{F_n} \leqq \mu_{max} \qquad \text{(Gl. 2.49)}$$

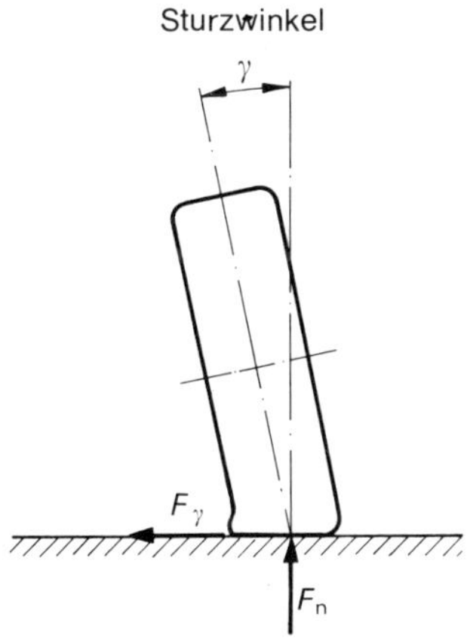

Bild 2.26 Durch die Neigung der Radebene entsteht die Sturzseitenkraft F_γ. Sie wirkt in die Richtung, in die das Rad geneigt ist.

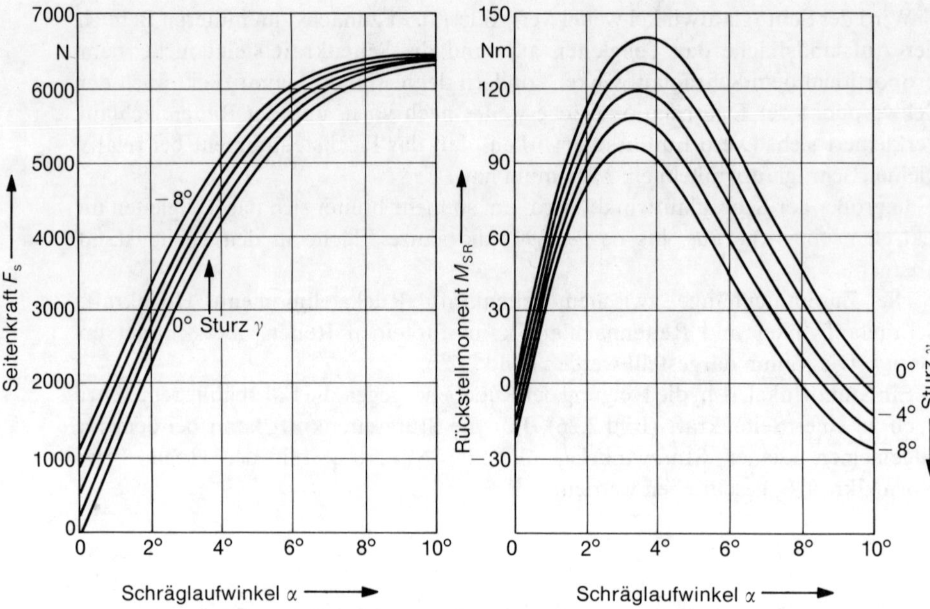

Bild 2.27 Einfluß des Sturzes auf die Seitenkraft und das Rückstellmoment, Reifen 175/70 HR 14, Hochkraft 8000 N, Reifenluftdruck 2,4 bar

μ_{max} ist die von Fahrbahn und Reifen abhängige maximale Reibungszahl. Die maximal übertragbare Seitenkraft wird demnach bei gleichzeitigem Auftreten einer Umfangskraft kleiner als ohne Umfangskraft. Den Einfluß der Umfangskraft auf die Seitenkraftübertragung zeigt das Reifenkennfeld in Bild 2.29. Weitere Einzelheiten enthalten [1] und [5].

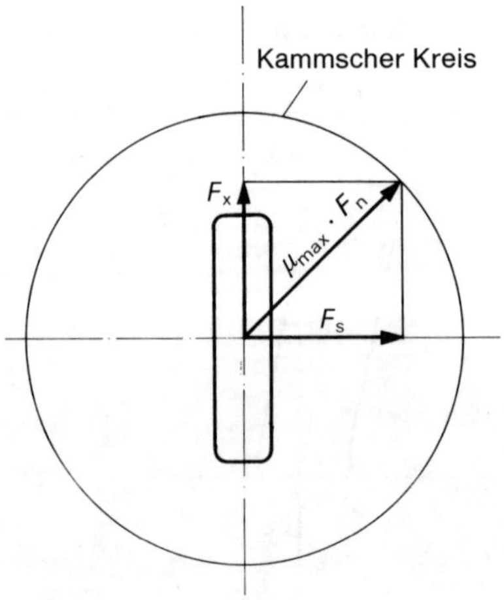

Bild 2.28 Bei gleichzeitigem Auftreten von Längs- und Seitenkraft kann die Resultierende von beiden einen bestimmten Grenzwert, ähnlich dem Coulombschen Reibungskreis, nicht überschreiten. In der Fahrzeugtechnik wird der Grenzkreis nach KAMM «Kammscher Kreis» genannt.

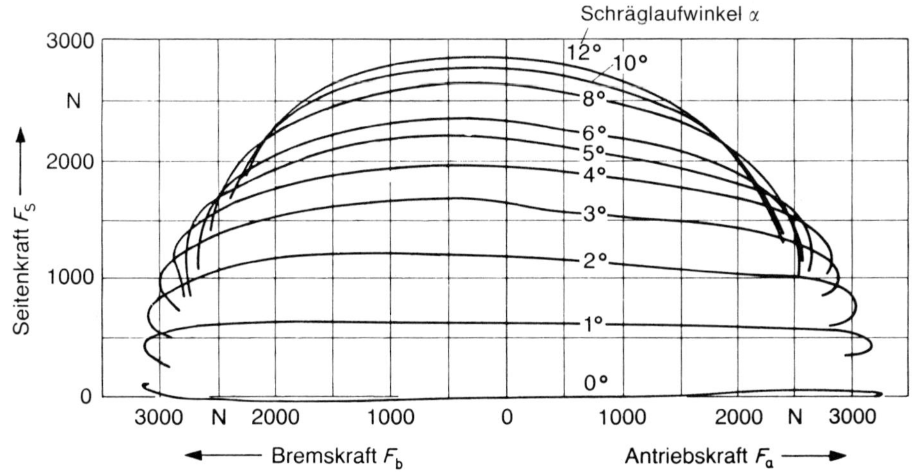

Bild 2.29 Einfluß der Umfangskraft auf die Seitenkraft, Hochkraft 3000 N, Reifen 165 R 15 86 S, Reifenluftdruck 1,5 bar

3 Bremsverhalten

In der Richtlinie des Rates der Europäischen Gemeinschaft «Bremsen» 71/320/EWG steht in den Begriffsbestimmungen:

«Die Bremsanlage bezeichnet die Gesamtheit der Teile, deren Aufgabe es ist, die Geschwindigkeit eines fahrenden Fahrzeugs zu verringern, es zum Stillstand zu bringen oder es im Stillstand zu halten, wenn es bereits hält. Die Bremsanlage besteht aus der Betätigungseinrichtung, der Übertragungseinrichtung und der eigentlichen Bremse.» Bild 3.1 zeigt den Aufbau einer *Bremsanlage*, an die mehrere Anforderungen gestellt werden:

Die *Betriebsbremse* muß bei allen Geschwindigkeiten und Beladungszuständen bei beliebiger Steigung und beliebigem Gefälle die Kontrolle der Fahrzeugbewegung sowie ein sicheres, schnelles und wirksames Anhalten des Fahrzeugs ermöglichen.

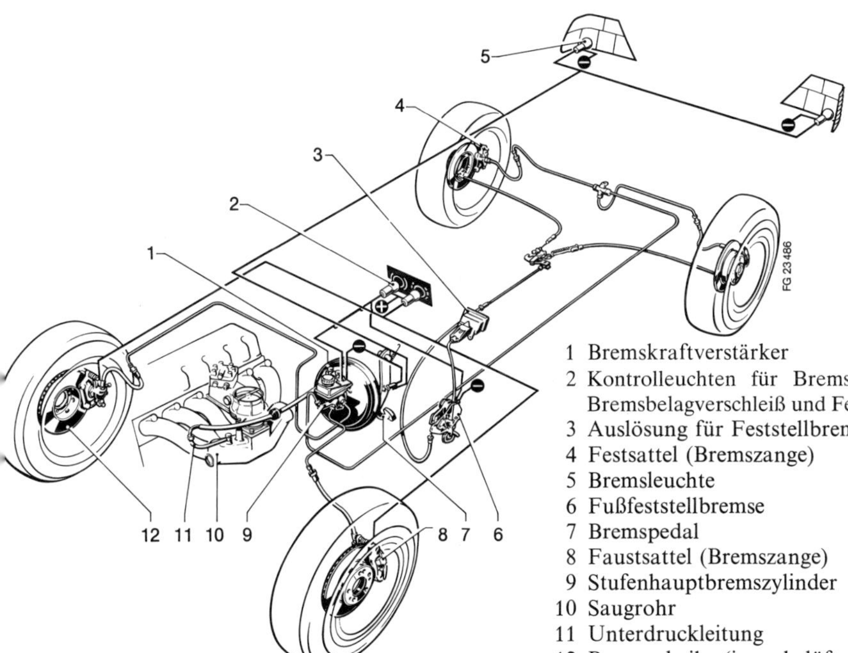

1 Bremskraftverstärker
2 Kontrolleuchten für Bremsflüssigkeitsvorrat, Bremsbelagverschleiß und Feststellbremse
3 Auslösung für Feststellbremse
4 Festsattel (Bremszange)
5 Bremsleuchte
6 Fußfeststellbremse
7 Bremspedal
8 Faustsattel (Bremszange)
9 Stufenhauptbremszylinder
10 Saugrohr
11 Unterdruckleitung
12 Bremsscheibe (innenbelüftet)

Bild 3.1 Aufbau einer Pkw-Bremsanlage (Mercedes-Benz)

Die *Hilfsbremse* muß das Anhalten des Fahrzeugs innerhalb einer angemessenen Entfernung ermöglichen, wenn die Betriebsbremse versagt.

Die *Feststellbremse* muß es ermöglichen, das Fahrzeug auch bei Abwesenheit des Fahrzeugführers in der Steigung und im Gefälle im Stillstand zu halten, wobei die bremsenden Teile durch eine Einrichtung mit rein mechanischer Wirkung in Bremsstellung festgehalten werden.

Der zur Verringerung der Geschwindigkeit bzw. zum Anhalten dienende Bremsvorgang wird *Verzögerungsbremsung* genannt im Gegensatz zu der *Beharrungsbremsung*, die bei langen Talfahrten das Einhalten einer konstanten Geschwindigkeit zum Ziel hat.

In diesem Kapitel wird die für das Fahrverhalten wichtige Verzögerungsbremsung behandelt. Die Bremsen sollen für die Verzögerungsbremsung so ausgelegt sein, daß ein möglichst kurzer Bremsweg bei Einhaltung des vorgegebenen Kurses erreicht wird. Im Sinne der aktiven Sicherheit ist daher der Bremsstabilität, d. h. der Kurshaltung und der Gierstabilität (Drehung um die z-Achse, Bild 6.9), mehr Bedeutung beizumessen als einem kürzeren Bremsweg.

3.1 Richtlinien für Bremsanlagen

Weil die Bremsen zu den wichtigsten Sicherheitseinrichtungen des Fahrzeugs gehören, sind sie zahlreichen nationalen und internationalen Vorschriften unterworfen. Neben der nationalen Vorschrift §41 der StVZO (Straßenverkehrs-Zulassungs-Ordnung) «Bremsen und Unterlegkeile» müssen auch die für die EWG-Länder geltenden, in den Ratsrichtlinien der Europäischen Gemeinschaft (RREG) festgelegten Bestimmungen erfüllt werden. Für Bremsen gilt mit einigen Ergänzungen die Richtlinie 71/320/EWG. Diese Ratsrichtlinie ist weitgehend identisch mit der Vorschrift der UN-Wirtschaftskommission für Europa, ECE-Regelung 13. Letztere enthält einen Zusatz (Anhang 13) für die Prüfung von Bremsanlagen mit automatischen Blockierverhinderern (ABV). Außerdem sind für einige Exportländer zusätzliche Bedingungen zu berücksichtigen. Am bekanntesten sind die von der US-Sicherheitsbehörde festgelegten Prüfungen. Sie sind im US-Standard FMVSS 105 zusammengefaßt (siehe auch Abschnitt 7.3.1).

Die gesetzlichen Bestimmungen enthalten Forderungen über Mindestverzögerung oder Höchstbremswege bei vorgegebener Betätigungskraft sowie Kriterien für die Richtungsstabilität während des Bremsvorgangs.

Nach den EG-Richtlinien und ECE-Regelungen werden die Fahrzeuge in die Klassen L, M, N und O eingeteilt (Bild 3.2). Die durchzuführenden Prüfungen und die Anforderungen für die Fahrzeugklassen M und N (Pkw, Omnibusse und Nkw) zeigt Bild 3.3.

Für die Betriebsbremsanlage wird vorgeschrieben, daß sie vom Fahrzeugführer abstufbar betätigt werden kann, ohne die Hände vom Lenkrad zu nehmen. Zusätzlich zu den Prüfungen wird gefordert, daß im Bereich der Reibungszahl der Fahrbahn $\mu = 0{,}1$ bis 0,8 die Abbremsung z als Summe der Bremskräfte bezogen auf die

Fahrzeugklasse		Beschreibung	
L		Kraftfahrzeuge mit weniger als 4 Rädern	weitere Aufteilung in die Klassen L_1, L_2, L_3, L_4, L_5 siehe 71/320/EWG
M	M_1	Zur Personenbeförderung bestimmte Kraftfahrzeuge mit mindestens 4 Rädern oder mit 3 Rädern und einem Gesamtgewicht, das 1 t übersteigt (Pkw und Omnibusse)	außer dem Führersitz bis max. 8 Sitzplätze
	M_2		außer dem Führersitz mehr als 8 Sitzplätze, max. zul. Gesamtgewicht 5 t
	M_3		außer dem Führersitz mehr als 8 Sitzplätze, mehr als 5 t zul. Gesamtgewicht
N	N_1	Zur Güterbeförderung bestimmte Kraftfahrzeuge mit mindestens 4 Rädern oder mit 3 Rädern und einem Gesamtgewicht, das 1 t übersteigt (Nkw)	max. zul. Gesamtgewicht 3,5 t
	N_2		mehr als 3,5 t zul. Gesamtgewicht, max. zul. Gesamtgewicht 12 t
	N_3		mehr als 12 t zul. Gesamtgewicht
O		Anhänger (einschließlich Sattelanhänger)	Weitere Aufteilung in die Klassen O_1, O_2, O_3, O_4 siehe 71/320/EWG

Bild 3.2 Einteilung der Fahrzeugklassen nach Ratsrichtlinie der Europäischen Gemeinschaft (71/320/EWG), siehe auch ECE (R 13)

Fahrzeugklasse	M_1	M_2	M_3	N_1	N_2	N_3
Prüftyp*	0–I	0–I	0–I–II	0–I	0–I	0–I–II
v_0 in km/h	80	60	60	70	50	40
$s \leqq$ in m	$0{,}1\, v_1 + \frac{v_0^2}{150}$	$0{,}15\, v_0 + \frac{v_0^2}{130}$		$0{,}15\, v_0 + \frac{v_0^2}{115}$		
$a_x \geqq$ in m/s²	5,8	5,0		4,4		
F_{Bp} in N	500	700		700		

* Prüftyp 0: kalte Bremse
Prüftyp I: wiederholte Bremsung
Prüftyp II: Bremsung auf langen Gefällestrecken

Bild 3.3 Prüfbedingungen und Anforderungen an die Betriebsbremsanlage der Fahrzeugklassen M und N nach der RREG

v_0 = Ausgangsgeschwindigkeit
s = Bremsweg
a_x = mittlere Höchstverzögerung
F_{Bp} = Betätigungskraft am Pedal

Gesamtgewichtskraft des Fahrzeugs $z \geqq 0{,}1 + 0{,}85\,(\mu - 0{,}2)$ sein muß (Abschnitt 3.2.5.1, Gl. 3.49). Die Gleichung gilt nur für Fahrzeuge ohne ABV.

Die Hilfsbremsanlage muß ebenfalls abstufbar betätigt werden können. Der Fahrer darf dazu eine Hand vom Lenkrad nehmen. Die erreichbare Verzögerung muß mindestens die Hälfte der für die Betriebsbremsanlage geforderten Verzögerung betragen. Dabei dürfen die Betätigungskräfte bei Pkw für Hand- 400 N und für Fußbetätigung 500 N nicht überschreiten.

3.2 Bremsen bei Geradeausfahrt

3.2.1 Bremsvorgang und Anhalteweg

Bei der Abbremsung eines Fahrzeugs auf horizontaler Fahrbahn wird dessen Bewegungsenergie in Wärme umgewandelt. Der Bremsvorgang läuft nach Bild 3.4 wie folgt ab (weitere Einzelheiten s. [7]):

Nach dem Auftreten einer objektiven *Reaktionsaufforderung* (objektiv deshalb, weil der Fahrer die Gefahr subjektiv noch nicht erkannt hat) folgt die erste Reaktion des Fahrers – Wegnahme des Fußes vom Gaspedal – nach einer Reaktionszeit T_0. Diese Zeit beinhaltet die *Wahrnehmung*, die *Erkennung* der Gefahr als Reaktionsaufforderung, die *Entscheidung* über die Handlung (Bremsen oder Lenken) und die *Reizleitungs-* bzw. *Muskelaktivierungszeit* (Näheres s. Abschnitt 7.2.3). Die Größe von T_0 hängt von mehreren Faktoren ab. Messungen zeigen, daß diese Zeit stark situationsabhängig ist, die Zeitspanne reicht für die verschiedenen Fahrer und Situationen von 0,4 s (50%) bis 1,5 s (99% Summenhäufigkeit, Bild 3.5). Während dieser Zeit fährt das Fahrzeug noch mit der unveränderten

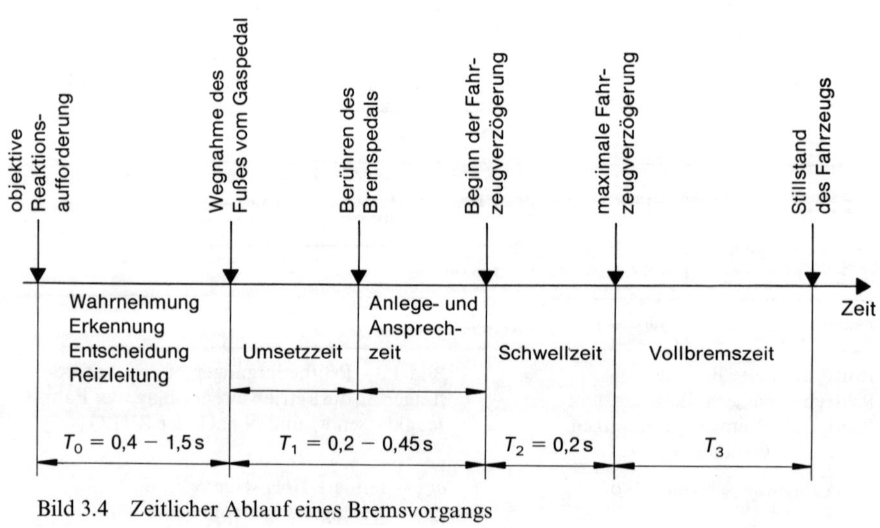

Bild 3.4 Zeitlicher Ablauf eines Bremsvorgangs

Summen-häufigkeit (50 Fahrer) %	Reaktionsaufforderung	
	Fußgänger betritt die Fahrbahn von rechts: «starke» Reaktionsaufforderung	Fußgänger betritt die Fahrbahn von links, Blickzuwendung erforderlich: «schwache» Reaktionsaufforderung
50	0,40 s	1,04 s
99	0,80 s	1,49 s

Bild 3.5 Fahrerreaktionszeiten vom Auftreten der Reaktionsaufforderung bis zum Lösen des Fußes vom Gaspedal. Meßergebnisse aus Mercedes-Benz-/DEKRA-Untersuchungen mit Fußgängerpuppen (siehe Abschnitte 7.2.2 und 7.2.3 sowie Quellennachweis).

Ausgangsgeschwindigkeit v_0 weiter. Auf die Reaktionszeit T_0 folgen die *Umsetzzeit* (0,15 s bis 0,3 s), die benötigt wird, um den Fuß vom Gas- auf das Bremspedal zu wechseln, sowie die *Anlegezeit* (0,015 s bis 0,05 s) für die Überwindung der Spiele und Elastizitäten in der Bremsanlage. Dann erst beginnt der Bremsdruckanstieg, und nach einer weiteren fahrzeugbedingten *Ansprechzeit* (0,05 s bis 0,1 s) beginnt die Fahrzeugverzögerung. Die Summe dieser Zeiten wird mit T_1 bezeichnet. Sie kann von 0,2 s bis 0,45 s angenommen werden. Nimmt der Fahrer den Fuß vom Gaspedal, dann tritt bereits in der Zeitspanne T_1 eine gewisse Verzögerung a_{x1} durch das Motorschubmoment und die Fahrwiderstände auf. Diese Verzögerung steigt während der Zeit von T_1 linear auf einen Wert zwischen 0,5 und 1,5 m/s^2 an. Ab Punkt 1 im Bild 3.6 setzt die Fahrzeugverzögerung durch die Bremsenbetätigung ein und steigt bis Ende der *Schwellzeit* T_2 (ca. 0,2 s) linear, entsprechend dem angesteuerten Bremsdruck auf einen mit a_{x2} bezeichneten Wert, an. Ab Punkt 2 im Bild 3.6 beginnt die *Vollverzögerung* a_{x2}, die bis zum Stillstand des Fahrzeugs konstant bleibt. Die *Vollbremsdauer* wird mit T_3 bezeichnet.

Aus dem hier dargestellten Verzögerungsverlauf über die Zeit können durch Integration der Geschwindigkeitsverlauf und daraus durch nochmalige Integration der zurückgelegte Weg ermittelt werden.

Der Anhalteweg s setzt sich nach Bild 3.6 aus vier Teilstrecken, entsprechend den Zeitintervallen T_0, T_1, T_2 und T_3, zusammen.

Während T_0 wird das Fahrzeug noch nicht verzögert; der zurückgelegte Weg ergibt sich zu:

$$s_0 = v_0 \cdot T_0 \qquad \text{(Gl. 3.1)}$$

Während der nächsten Zeitspanne T_1 wirkt die linear ansteigende Verzögerung:

$$a_x(t) = \frac{a_{x1}}{T_1} \cdot t \qquad \text{(Gl. 3.2)}$$

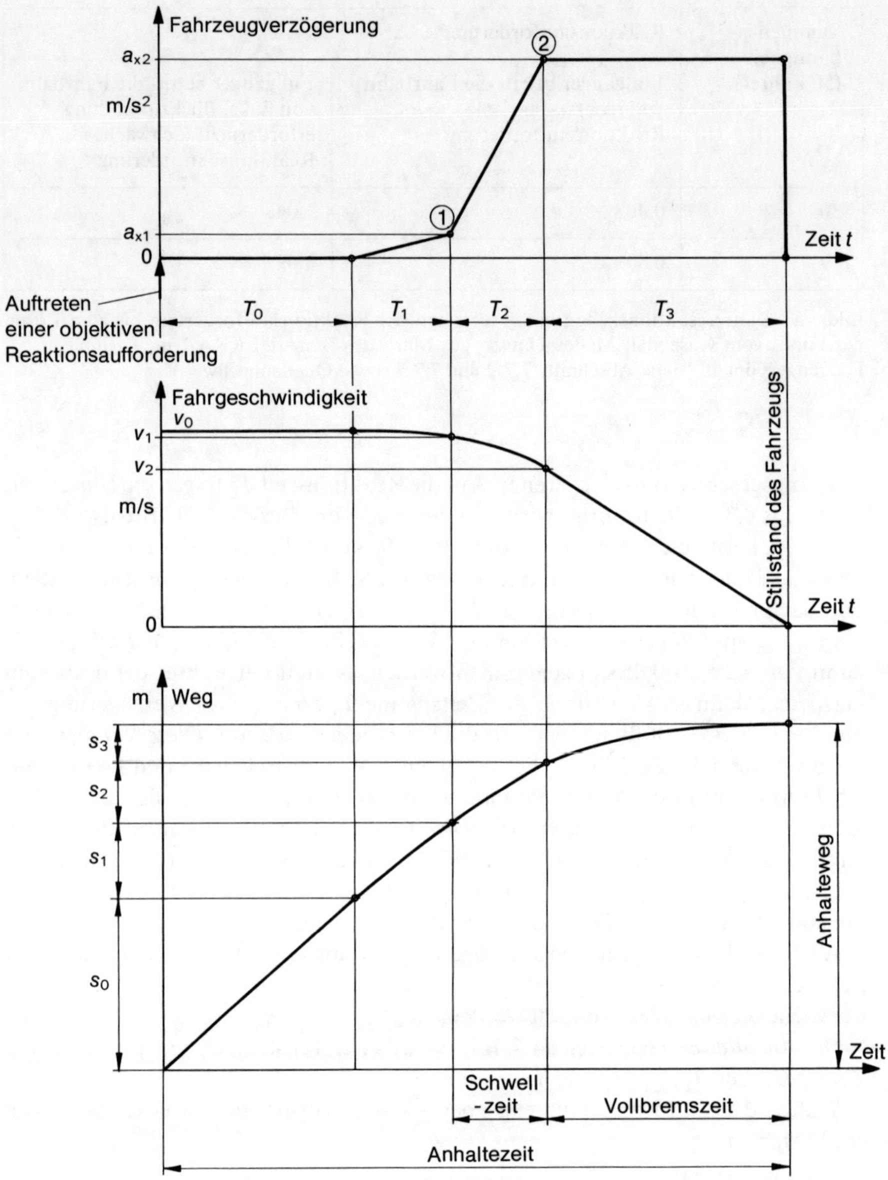

Bild 3.6 Verlauf von Fahrzeugverzögerung, Fahrgeschwindigkeit und Fahrweg über der Zeit während eines Bremsvorgangs

Mit t wird die Zeit als unabhängige Variable bezeichnet. Die Geschwindigkeit nimmt in der Zeitspanne T_1 nach folgendem Gesetz ab:

$$v_1(t) = v_0 - \int_0^{T_1} a_x(t)\,\mathrm{d}t = v_0 - \left[\frac{a_{x1}}{2 \cdot T_1} \cdot t^2\right]_0^{T_1} \qquad \text{(Gl. 3.3)}$$

Sie beträgt am Ende von T_1:

$$v_1 = v_0 - \frac{a_{x1}}{2} \cdot T_1 \qquad \text{(Gl. 3.4)}$$

Die Zeitfunktion des zurückgelegten Weges in der 1. Phase ergibt sich aus der Integration von Gleichung 3.3:

$$s_1(t) = \int_0^{T_1} v_1(t)\,\mathrm{d}t = \int_0^{T_1} \left(v_0 - \frac{a_{x1}}{2 \cdot T_1} \cdot t^2\right) \mathrm{d}t = \left[v_0 \cdot t - \frac{a_{x1}}{6 \cdot T_1} \cdot t^3\right]_0^{T_1} \qquad \text{(Gl. 3.5)}$$

und damit der Weg am Ende von T_1:

$$s_1 = v_0 \cdot T_1 - \frac{a_{x1}}{6} \cdot T_1^2 \qquad \text{(Gl. 3.6)}$$

Ab Punkt 1 gilt der Verzögerungsverlauf:

$$a_x(t) = \frac{a_{x2}}{T_2} \cdot t \qquad \text{(Gl. 3.7)}$$

Die weitere Rechnung läuft ab hier wie in der 1. Phase. Die Geschwindigkeit nimmt während der Schwellzeit T_2 weiter ab:

$$v_2(t) = v_1 - \int_0^{T_2} \frac{a_{x2}}{T_2} \cdot t\,\mathrm{d}t = v_1 - \left[\frac{a_{x2}}{2 \cdot T_2} \cdot t^2\right]_0^{T_2} \qquad \text{(Gl. 3.8)}$$

und damit am Ende von T_2 (Gleichung 3.4 eingesetzt):

$$v_2 = v_0 - \frac{a_{x1}}{2} \cdot T_1 - \frac{a_{x2}}{2} \cdot T_2 \qquad \text{(Gl. 3.9)}$$

Der zurückgelegte Weg in der 2. Phase ergibt sich zu:

$$\begin{aligned} s_2(t) &= \int_0^{T_2} v_2(t)\,\mathrm{d}t = \int_0^{T_2} \left(v_1 - \frac{a_{x2}}{2 \cdot T_2} \cdot t^2\right) \mathrm{d}t \\ &= \left[v_1 \cdot t - \frac{a_{x2}}{6 \cdot T_2} \cdot t^3\right]_0^{T_2} \qquad \text{(Gl. 3.10)} \end{aligned}$$

und Gleichung 3.4 in Gleichung 3.10 eingesetzt wird:

$$s_2 = v_0 \cdot T_2 - \frac{a_{x1}}{2} \cdot T_1 \cdot T_2 - \frac{a_{x2}}{6} \cdot T_2^2 \qquad \text{(Gl. 3.11)}$$

In der letzten Phase des Bremsvorgangs sinkt die Geschwindigkeit v_2 während der Zeit T_3 auf null. Dabei wirkt die konstante Verzögerung a_{x2}. T_3 läßt sich aus dieser Bedingung mit Gleichung 3.9 berechnen:

$$T_3 = \frac{v_2}{a_{x2}} = \frac{v_0}{a_{x2}} - \frac{a_{x1}}{a_{x2}} \cdot \frac{T_1}{2} - \frac{T_2}{2} \qquad \text{(Gl. 3.12)}$$

Die letzte Strecke kann damit berechnet werden:

$$s_3(t) = \int_0^{T_3} a_{x2} \cdot t \, \mathrm{d}t = \frac{a_{x2}}{2} \cdot T_3^2 \qquad \text{(Gl. 3.13)}$$

und T_3 nach Gleichung 3.12 eingesetzt:

$$s_3 = \frac{v_0^2}{2 \cdot a_{x2}} - v_0 \left(\frac{T_2}{2} + \frac{a_{x1}}{a_{x2}} \cdot \frac{T_1}{2} \right) + a_{x1} \cdot \frac{T_1 \cdot T_2}{4} + \frac{a_{x1}^2}{a_{x2}} \cdot \frac{T_1^2}{8} + \frac{a_{x2}}{8} \cdot T_2^2 \qquad \text{(Gl. 3.14)}$$

Der Anhalteweg ist die Summe der Teilstrecken nach den Gleichungen 3.1, 3.6, 3.11 und 3.14:

$$s = v_0 \left(T_0 + T_1 + \frac{T_2}{2} - \frac{a_{x1}}{a_{x2}} \cdot \frac{T_1}{2} \right) + \frac{v_0^2}{2 \cdot a_{x2}} - \frac{a_{x2}}{24} \cdot T_2^2 - \frac{a_{x1}}{24} \cdot T_1^2 \cdot \left(4 + 6 \cdot \frac{T_2}{T_1} - \frac{3 a_{x1}}{a_{x2}} \right) \qquad \text{(Gl. 3.15)}$$

In den meisten Fällen können die Verzögerung durch das Motorschubmoment a_{x1} und die beiden letzten Glieder vernachlässigt werden (Bild 3.7). Der Anhalteweg ergibt sich mit diesen Vereinfachungen zu

$$s = v_0 \left(T_0 + T_1 + \frac{T_2}{2} \right) + \frac{v_0^2}{2 \cdot a_{x2}} \qquad \text{(Gl. 3.15a)}$$

Die Anhaltezeit T_A ist die Summe der Zeiten $T_A = T_0 + T_1 + T_2 + T_3$.
T_3 aus Gleichung 3.12 eingesetzt ($a_{x1} = 0$) wird

$$T_A = T_0 + T_1 + \frac{T_2}{2} + \frac{v_0}{a_{x2}} \qquad \text{(Gl. 3.15b)}$$

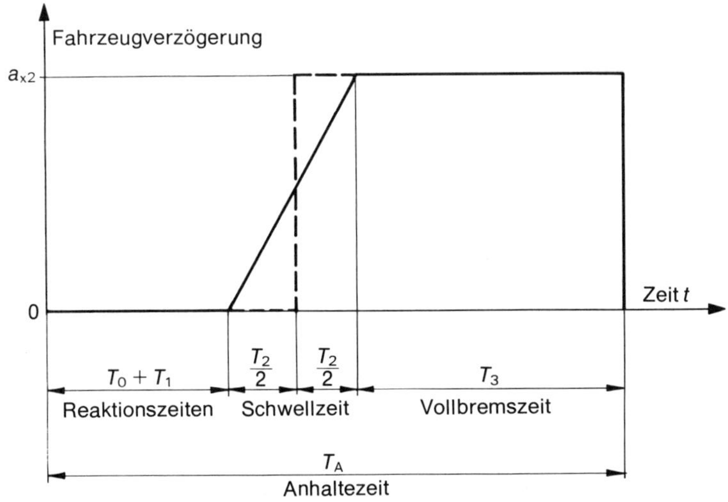

Bild 3.7 Schematischer Verlauf der Fahrzeugverzögerung über der Zeit für die vereinfachte Berechnung des Anhalteweges und der Anhaltezeit

Das folgende Zahlenbeispiel zeigt den Unterschied im Anhalteweg zwischen der genauen und vereinfachten Rechnung. Ein Fahrzeug soll aus 144 km/h = 40 m/s mit einer Verzögerung von 8 m/s² abgebremst werden. In die Rechnung werden zuerst die 50 %-, dann die 99 %-Reaktionszeiten eingesetzt.

50 %-Zeiten $T_0 = 0{,}4$ s, $T_1 = 0{,}2$ s und $T_2 = 0{,}2$ s

$a_{x1} = 1\ \mathrm{m/s^2}$, $a_{x2} = 8\ \mathrm{m/s^2}$

$s = 40\,(0{,}4 + 0{,}2 + 0{,}1 - 0{,}0125) + 100 - 0{,}013 - 0{,}016 = 127{,}47$ m (genau)

$s = 40\,(0{,}4 + 0{,}2 + 0{,}1) + 100 = 128$ m (vereinfachte Rechnung)

$T_A = 0{,}4 + 0{,}2 + 0{,}1 + 5 = 5{,}7$ s

99 %-Zeiten $T_0 = 1{,}5$ s und $T_1 = 0{,}45$ s

$s = 180{,}81$ m (genau)

$s = 182$ m (vereinfachte Rechnung)

$T_A = 1{,}5 + 0{,}45 + 0{,}1 + 5 = 7{,}05$ s

Durch die vereinfachte Rechnung ergeben sich um 53 cm bzw. 1,19 m längere Anhaltewege. Der Fehler beträgt im ersten Fall 0,42 % und im zweiten Fall 0,66 %.

3.2.2 Folgeabstand bei Kolonnenfahrt

Für die Verkehrssicherheit ist es wichtig, daß bei Kolonnenfahrt zwischen den Fahrzeugen ein zur Vermeidung von Auffahrunfällen ausreichender Abstand eingehalten wird. Unter Fahrzeugkolonne wird eine Folge von Fahrzeugen verstanden, die sich als Gruppe bewegen, wobei die Fahrzeugfolgezeiten kleiner als 6 s sind. Für die Berechnung des Folgeabstands gibt es zwei Modellannahmen:

- ☐ der *absolut sichere* Abstand und
- ☐ der *relativ sichere* Abstand.

Bei dem Modell des absolut sicheren Abstands ist der Folgeabstand so groß, daß das nachfolgende Fahrzeug auch dann noch ohne Aufprall bis zum Halten abbremsen kann, wenn das vorausfahrende Fahrzeug plötzlich stehenbleibt. Diese Situation kann sich bei Kolonnenfahrt besonders für die Fahrer der hinteren Fahrzeuge ergeben, die einen Auffahrunfall im vorderen Teil der Kolonne nicht gleich bemerken, sondern erst dann, wenn das vorausfahrende Fahrzeug auf die Unfallfahrzeuge auffährt. Der Folgeabstand s_F ergibt sich aus dem Anhalteweg nach Gleichung 3.15a und einem Sicherheitsabstand s_E, den die Fahrzeuge nach dem Anhalten noch haben sollten.

Für den *absolut sicheren Abstand* wird s_F wie folgt berechnet (s. auch Gleichung 3.15a):

$$s_{\mathrm{F\,abs}} = s_E + v \cdot \left(T_0 + T_1 + \frac{T_2}{2} \right) + \frac{v^2}{2 \cdot a_{x2}} \qquad \text{(Gl. 3.16)}$$

Für s_E sollten nach Erfahrung 2 m eingesetzt werden. a_{x2} ist die bei den vorherrschenden Straßenverhältnissen maximal mögliche Verzögerung des nachfolgenden Fahrzeugs. Bei dieser Berechnung ergeben sich in der Praxis kaum realisierbare große Abstände. Bei großen Lücken zwischen zwei Fahrzeugen ist es nicht zu verhindern, daß sich überholende Fahrzeuge immer wieder dazwischenschieben und damit den Verkehr eher gefährden.

Bei dem realistischeren Modell des relativ sicheren Abstands wird angenommen, daß ein Auffahren vermeidbar sein muß, wenn das vorausfahrende Fahrzeug unter Ausnutzung der Haftreibungszahl abgebremst wird.

Der *relativ sichere Abstand* kann nach folgender Formel berechnet werden:

$$s_{\mathrm{F\,rel}} = s_E + v \cdot \left(T_0 + T_1 + \frac{T_2}{2} \right) + \frac{v^2}{2} \cdot \left(\frac{1}{a_{x2}} - \frac{1}{a_{x1}} \right) \qquad \text{(Gl. 3.17)}$$

Es wurde dabei angenommen, daß sich die Fahrzeuge in der Kolonne mit der gleichen Geschwindigkeit v bewegen. Index 1 steht hier für das vorausfahrende und Index 2 für das nachfolgende Fahrzeug. Die Summe der Reaktionszeiten:

$$T_R = T_0 + T_1 + \frac{T_2}{2}$$

kann bei einer solchen *Einfachreaktion* – ein Signal (Bremslicht), eine Reaktionsmöglichkeit (Bremsen) – kürzer als im Abschnitt 3.2.1 angenommen werden. Messungen zeigten für 99 % der Fahrer eine Reaktionsdauer von 0,8 s.

Wird nun bei ähnlichen Fahrzeugen die gleiche Verzögerung angenommen, verkürzt sich Gleichung 3.17:

$$s_{\mathrm{F\,rel}} = s_{\mathrm{E}} + v \cdot T_{\mathrm{R}} \qquad \text{(Gl. 3.18)}$$

wobei $T_{\mathrm{R}} = 0{,}8$ s gesetzt werden kann (v in m/s).

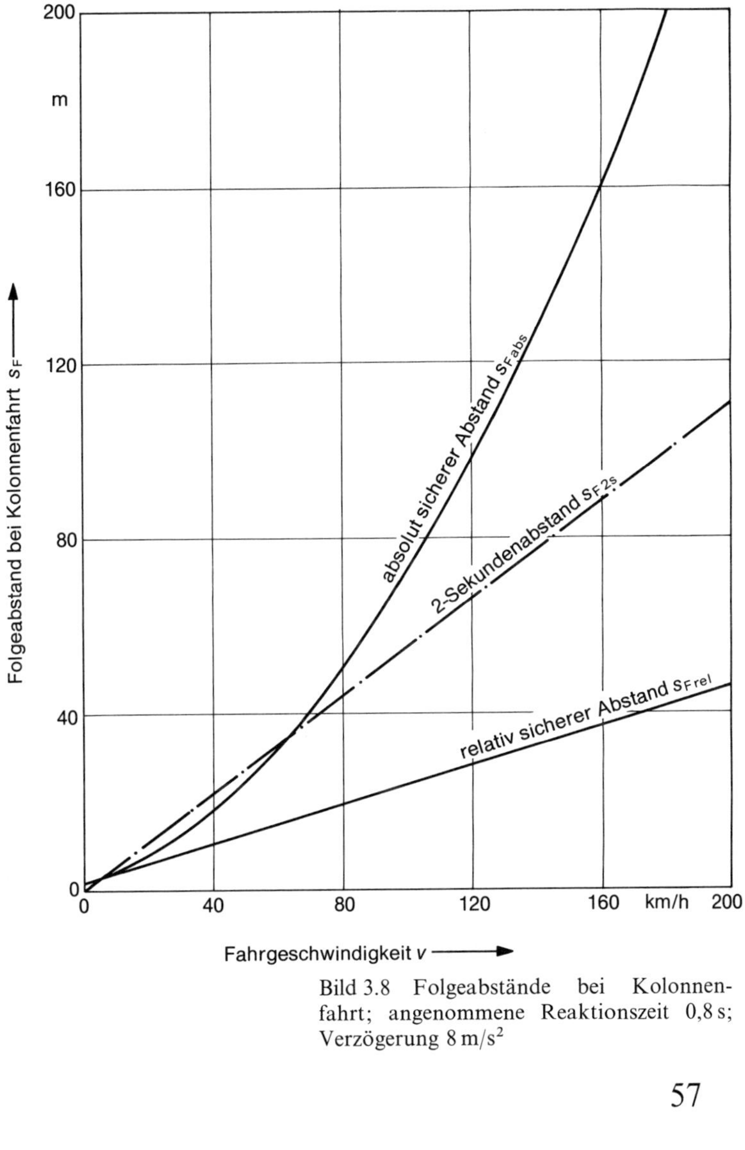

Bild 3.8 Folgeabstände bei Kolonnenfahrt; angenommene Reaktionszeit 0,8 s; Verzögerung 8 m/s²

Die verschiedenen Folgeabstände sind im Bild 3.8 dargestellt. Weil der richtige Folgeabstand als geschwindigkeitsabhängige Entfernung vom Fahrer nur schwer zu schätzen ist, wurde mehrmals vorgeschlagen, unabhängig von der Geschwindigkeit auf einen Zeitabstand von 2 s zu fahren. Wie Bild 3.8 zeigt, liegt der 2-s-Abstand zwischen den absolut und relativ sicheren Modellen.

3.2.3 Abbremsung und Haftwertausnutzung

Für die Verzögerung bzw. für eine negative Beschleunigung wurde einfachheitshalber der dimensionslose Begriff *Abbremsung* eingeführt (DIN 74250). Die Abbremsung z ist die auf das Fahrzeuggewicht bezogene Bremskraft:

$$z = \frac{F_{Bg}}{G_g} \qquad \text{(Gl. 3.19)}$$

Mit den Bremskräften an der Vorder- und Hinterachse ist:

$$z = \frac{1}{G_g}(F_{Bv} + F_{Bh}) \qquad \text{(Gl. 3.20)}$$

Die mit einem Fahrzeug erreichte Abbremsung, bezogen auf die Haftreibungszahl, wird *Haftwertausnutzung* ε genannt:

$$\varepsilon = \frac{z}{\mu_H}$$

Wenn alle vier Räder so gebremst werden, daß die Haftwertausnutzung $\varepsilon = 1$ ist, wird die physikalisch maximal mögliche Abbremsung, auch *ideale Abbremsung* genannt, erreicht. In diesem Fall ist:

$$z = \mu_H \qquad \text{(Gl. 3.21)}$$

Im μ-Schlupfdiagramm (Abschnitt 2.2.2) bedeutet dieser Fall, daß alle Räder im Maximum der Kurve an der Kraftschlußgrenze gebremst werden.

Bei realen Fahrzeugen hängt die erreichte Abbremsung vom Betätigen der Bremsanlage, von den Kraftschlußverhältnissen der einzelnen Räder und der *Bremskraftverteilung* ab (Abschnitt 3.2.4). Die ideale Abbremsung ist praktisch nicht zu verwirklichen, weil das Maximum der μ-Schlupfkurve kein stabiler Punkt ist. Bei der kleinsten Überschreitung des Maximums läuft das Rad auf dem instabilen Ast der Kurve sofort in den Blockierzustand zu 100% Schlupf. Deshalb wird die erreichbare maximale Abbremsung immer unter der idealen Abbremsung liegen.

Durch automatische Blockierverhinderer kann der ideale Zustand angenähert werden (Abschnitt 3.4).

Das Verhältnis der bei einem Fahrzeug maximal erreichbaren Abbremsung zu der idealen Abbremsung ist der *Gütegrad*, ε_{max}.

$$\varepsilon_{max} = \frac{z_{max}}{\mu_H}$$

Ein hoher Gütegrad bedeutet einen kurzen Bremsweg. Im Sinne der aktiven Sicherheit ist jedoch der Gütegrad kein ausreichendes Kriterium für die Güte der Bremsanlage, weil er die Bremsstabilität nicht berücksichtigt. Ein hoher Gütegrad kann insbesondere beim *Bremsen in Kurven* zum Verlust der Stabilität führen und ist deshalb eher nachteilig für die Sicherheit.

3.2.4 Bremskraftverteilung

Das Bremsverhalten eines Fahrzeuges hängt in erster Linie davon ab, wie die Bremskräfte auf die Vorder- und die Hinterachse verteilt sind. Die Bremskraftverteilung ist deshalb das wichtigste Auslegungskriterium für die Bremsanlage.

Die Zusammenhänge können übersichtlich im sogenannten *Tangentialkraftverteilungsdiagramm* dargestellt werden. In diesem Diagramm wird über der auf das Fahrzeuggewicht bezogenen Tangentialkraft der Vorderräder die auf das Fahrzeuggewicht bezogene Tangentialkraft der Hinterräder aufgetragen. Im positiven Bereich der Koordinatenachsen, im ersten Quadranten, wird die Verteilung der Bremskräfte und im negativen Bereich, im dritten Quadranten, die Verteilung der Antriebskräfte dargestellt.

Zunächst wird die Linie der sogenannten idealen Bremskraftverteilung (= Tangentialkraftverteilung) mathematisch abgeleitet. Die ideale Bremskraftverteilung ist dadurch bestimmt, daß die Haftwertausnutzung an Vorder- und Hinterachse bei allen Kraftschlußverhältnissen gleich ist.

Bild 3.9 zeigt die beim Bremsen auf ein Fahrzeug wirkenden Kräfte. Für das Kräftegleichgewicht in Längsrichtung gilt:

$$F_{Bv} + F_{Bh} = z \cdot G_g \qquad \text{(Gl. 3.22)}$$

Bild 3.9 Wirkende Kräfte am gebremsten Fahrzeug

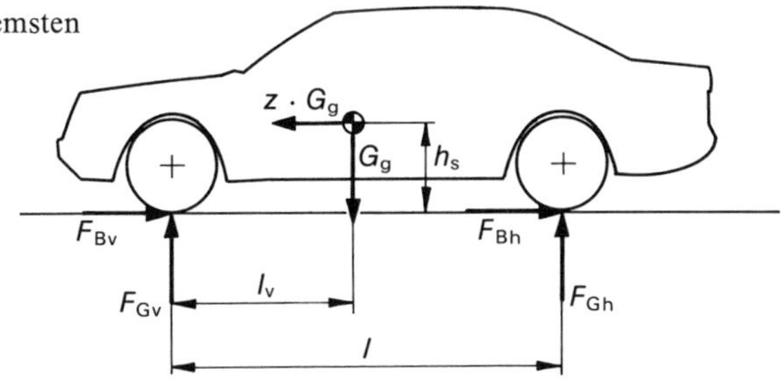

Die im Schwerpunkt wirkende Verzögerungskraft $F_{Bg} = z \cdot G_g$ verursacht am Hebelarm der Schwerpunkthöhe h_S ein Nickmoment und damit eine dynamische Belastung der Vorderachse und eine Entlastung der Hinterachse. Aus dem Momentengleichgewicht um den Hinterachsaufstandspunkt kann die dynamische Vorderachskraft F_{Gv} berechnet werden:

$$F_{Gv} \cdot l = G_g \cdot (l - l_v) + z \cdot G_g \cdot h_S$$

daraus wird:

$$F_{Gv} = G_g \left(\frac{l - l_v}{l} + z \cdot \frac{h_S}{l} \right) \qquad \text{(Gl. 3.23a)}$$

Für die Hinterachse ergibt sich ähnlich:

$$F_{Gh} = G_g \left(\frac{l_v}{l} - z \cdot \frac{h_S}{l} \right) \qquad \text{(Gl. 3.23b)}$$

Hierbei wird vorausgesetzt, daß sich die Lage des Fahrzeugaufbaus nicht ändert. Bei modernen Achsen mit Bremsnickausgleich ist diese Bedingung weitgehend erfüllt. Weitere Einzelheiten und ein Rechenbeispiel sind in [1] zu finden.

Nach dem Coulombschen Gesetz ist die übertragbare Tangentialkraft proportional zur dynamischen Achskraft. Für die Bremskräfte gilt demnach mit den Reibungszahlen μ_v und μ_h für die Vorderachse und Hinterachse:

$$F_{Bv} = \mu_v \cdot F_{Gv} \qquad \text{(Gl. 3.24a)}$$

$$F_{Bh} = \mu_h \cdot F_{Gh} \qquad \text{(Gl. 3.24b)}$$

Zur Vereinfachung werden die in der Literatur gebräuchlichen Abkürzungen eingeführt:

$$\chi = \frac{h_S}{l}$$ radstandbezogene Schwerpunkthöhe

$$\psi = \frac{l_v}{l} = \frac{G_h}{G_g}$$ Hinterachslastanteil

Nach Umformen der Gleichungen 3.23 und 3.24 ergeben sich die auf das Fahrzeuggewicht bezogenen Bremskräfte:

$$\frac{F_{Bv}}{G_g} = \mu_v \cdot (1 - \psi + z \cdot \chi) \qquad \text{(Gl. 3.25a)}$$

$$\frac{F_{Bh}}{G_g} = \mu_h \cdot (\psi - z \cdot \chi) \qquad \text{(Gl. 3.25b)}$$

Für die ideale Bremskraftverteilung gilt, daß die Kraftschlußausnutzungen, d.h. die Reibungszahlen an Vorder- und Hinterachse, gleich sind. Mit $\mu_v = \mu_h = \mu$ ergibt sich aus Gleichung 3.22:

$$F_{Bv} + F_{Bh} = \mu \cdot (F_{Gv} + F_{Gh}) = z \cdot G_g$$

Weil die Summe der dynamischen Achslasten gleich der Gewichtskraft G_g ist, folgt daraus:

$$\mu = z \qquad \text{(Gl. 3.26)}$$

d.h., daß im Idealfall der gleichen Reibungszahlen an Vorder- und Hinterachse die Reibungszahl gleich der Abbremsung ist. Diese Beziehung in die Gleichungen 3.25a und 3.25b eingesetzt, ergibt die Kurve der idealen Bremskraftverteilung in Parameterdarstellung:

$$\frac{F_{Bv}}{G_g} = z \cdot (1 - \psi + z \cdot \chi) \qquad \text{(Gl. 3.27a)}$$

$$\frac{F_{Bh}}{G_g} = z \cdot (\psi - z \cdot \chi) \qquad \text{(Gl. 3.27b)}$$

Im Bremskraftverteilungsdiagramm wird F_{Bh}/G_g über F_{Bv}/G_g aufgezeichnet. Dazu muß aus den Gleichungen 3.27a und 3.27b z eliminiert werden. Aus Gleichung 3.27a wird z ausgedrückt:

$$z^2 \cdot \chi + z \cdot (1 - \psi) - \frac{F_{Bv}}{G_g} = 0$$

Diese quadratische Gleichung hat folgende zwei Lösungen:

$$z_{1,2} = -\frac{1-\psi}{2 \cdot \chi} \pm \sqrt{\left(\frac{1-\psi}{2 \cdot \chi}\right)^2 + \frac{1}{\chi} \cdot \frac{F_{Bv}}{G_g}}$$

Wird $z_{1,2}$ in Gleichung 3.22 eingesetzt, kann die Gleichung für die ideale Tangentialkraftverteilung ermittelt werden:

$$\frac{F_{Bh}}{G_g} = \pm \sqrt{\left(\frac{1-\psi}{2 \cdot \chi}\right)^2 + \frac{1}{\chi} \cdot \frac{F_{Bv}}{G_g}} - \frac{1-\psi}{2 \cdot \chi} - \frac{F_{Bv}}{G_g} \qquad \text{(Gl. 3.28)}$$

Es handelt sich hier um eine quadratische Parabel, die im Koordinatensystem für jeden F_{Bv}/G_g-Wert zwei Punkte aufweist. Die Kurve ist jedoch nur im 1. und 3. Quadranten sinnvoll. Die Form der Kurve wird ausschließlich durch die Schwerpunktlage des Fahrzeugs bestimmt.

Um die Aufzeichnung der Kurve im Koordinatensystem zu erleichtern, werden zunächst die charakteristischen Punkte der Parabel bestimmt. Diese sind die Schnittpunkte der Kurve mit den Koordinatenachsen sowie die Größen und die Stellen der Maxima.

Die Schnittpunkte mit den Koordinatenachsen ergeben sich aus Gleichung 3.28, wenn zuerst für F_{Bh}/G_g und nachher für F_{Bv}/G_g null gesetzt wird.

Die Schnittpunkte liegen für $F_{Bh}/G_g = 0$ bei:

$$\frac{F_{Bv}}{G_g} = 0 \quad \text{und} \quad \frac{F_{Bv}}{G_g} = \frac{\psi}{\chi} \qquad \text{(Gl. 3.29)}$$

sowie für $F_{Bv}/G_g = 0$ bei:

$$\frac{F_{Bh}}{G_g} = 0 \quad \text{und} \quad \frac{F_{Bh}}{G_g} = -\frac{1-\psi}{\chi} \qquad \text{(Gl. 3.30)}$$

Die Parabel geht also durch den Koordinatenursprung und schneidet die Abszisse bei $\frac{\psi}{\chi}$ und die Ordinate bei $-\frac{1-\psi}{\chi}$. Aus der ersten Ableitung von Gleichung 3.28 nach F_{Bv}/G_g werden die Maxima der Kurve ermittelt. Durch Differenzieren wird:

$$\frac{\mathrm{d}\,\frac{F_{Bh}}{G_g}}{\mathrm{d}\,\frac{F_{Bv}}{G_g}} = \frac{1}{2 \cdot \chi \cdot \sqrt{\left(\frac{1-\psi}{2 \cdot \chi}\right)^2 + \frac{1}{\chi} \cdot \frac{F_{Bv}}{G_g}}} - 1 \qquad \text{(Gl. 3.31)}$$

Dort, wo die Funktion nach Gleichung 3.31 gleich null ist, hat die Parabel eine horizontale und wo sie ∞ ist, eine vertikale Tangente. Damit können $(F_{Bv}/G_g)_{max}$ und $(F_{Bh}/G_g)_{max}$ sowie die Stellen dieser Maxima aufgefunden werden. Gleichung 3.31 zu null gesetzt wird:

$$\frac{1}{2 \cdot \chi \cdot \sqrt{\left(\frac{1-\psi}{2 \cdot \chi}\right)^2 + \frac{1}{\chi} \cdot \frac{F_{Bv}}{G_g}}} = 1$$

und daraus F_{Bv}/G_g ausgedrückt, ergibt sich die Stelle des Kurvenmaximums auf der Abszisse:

$$\left.\frac{F_{Bv}}{G_g}\right|_{\left(\frac{F_{Bh}}{G_g}\right)_{max}} = \psi \cdot \frac{2-\psi}{4 \cdot \chi} \qquad \text{(Gl. 3.32)}$$

und diesen Wert in die Parabelgleichung 3.28 eingesetzt, wird das Maximum selbst:

$$\left(\frac{F_{Bh}}{G_g}\right)_{max} = \frac{\psi^2}{4 \cdot \chi} \qquad \text{(Gl. 3.33)}$$

Wird Gleichung 3.31 gleich ∞ gesetzt, muß der Wurzelausdruck gleich null sein:

$$\sqrt{\left(\frac{1-\psi}{2 \cdot \chi}\right)^2 + \frac{1}{\chi} \cdot \frac{F_{Bv}}{G_g}} = 0$$

Daraus ergeben sich das Maximum:

$$\left(\frac{F_{Bv}}{G_g}\right)_{max} = -\frac{(1-\psi)^2}{4 \cdot \chi} \qquad \text{(Gl. 3.34)}$$

und die Stelle dieses Maximums an der Ordinate aus Gleichung 3.31:

$$\left.\frac{F_{Bh}}{G_g}\right|_{\left(\frac{F_{Bv}}{G_g}\right)_{max}} = -\frac{1-\psi^2}{4 \cdot \chi} \qquad \text{(Gl. 3.35)}$$

Es wird noch die Tangente an die Parabel im Koordinatenursprung bestimmt. Dazu muß in Gleichung 3.31 $F_{Bv}/G_g = 0$ eingesetzt werden.

Daraus folgt die Steigung der Tangente im Ursprung:

$$\frac{\psi}{1-\psi} \qquad \text{(Gl. 3.36)}$$

Nach diesen Vorbereitungen ist die Parabel eingegrenzt und kann nun einfach gezeichnet werden.

Die Konstruktion der Parabel der idealen Tangentialkraftverteilung wird an einem Zahlenbeispiel verdeutlicht. Das Tangentialkraftverteilungsdiagramm ist für ein Fahrzeug mit folgenden Daten zu zeichnen:

Gewichtskraft des Gesamtfahrzeugs $G_g = 16{,}59$ kN, Hinterachsgewichtskraft $G_h = 8{,}17$ kN, Radstand $l = 2{,}8$ m, Schwerpunkthöhe $h_S = 0{,}5$ m.

Zunächst werden die charakteristischen Werte zur Eingrenzung der Parabel bestimmt.

$$\chi = h_S/l = 0{,}5/2{,}8 = 0{,}179, \quad \psi = \frac{G_h}{G_g} = 8{,}17/16{,}59 = 0{,}493$$

Die Schnittpunkte mit den Koordinaten nach Gleichung 3.29, 3.30 sind:

$$\text{Abszisse} = \psi/\chi = 0{,}493/0{,}179 = 2{,}75$$

$$\text{Ordinate} = -\frac{1-\psi}{\chi} = -(1-0{,}493)/0{,}179 = -2{,}83$$

Maxima und Stellen der Maxima nach Gleichungen 3.32, 3.33, 3.34, 3.35 werden:

$$\left(\frac{F_{Bh}}{G_g}\right)_{max} = \frac{\psi^2}{4 \cdot \chi} = \frac{0{,}493^2}{4 \cdot 0{,}179} = 0{,}34$$

$$\left.\frac{F_{Bv}}{G_g}\right|_{\left(\frac{F_{Bh}}{G_g}\right)_{max}} = \psi \cdot \frac{2-\psi}{4 \cdot \chi} = 0{,}493 \cdot \frac{2-0{,}493}{4 \cdot 0{,}179} = 1{,}04$$

$$\left(\frac{F_{Bv}}{G_g}\right)_{max} = -\frac{(1-\psi)^2}{4 \cdot \chi} = -\frac{(1-0{,}493)^2}{4 \cdot 0{,}179} = -0{,}36$$

$$\left.\frac{F_{Bh}}{G_g}\right|_{\left(\frac{F_{Bv}}{G_g}\right)_{max}} = -\frac{1-\psi^2}{4 \cdot \chi} = -\frac{1-0{,}493^2}{4 \cdot 0{,}179} = -1{,}06$$

Die Steigung der Tangente im Ursprung:

$$\frac{\psi}{1-\psi} = \frac{0{,}493}{1-0{,}493} = 0{,}97 = \tan\alpha$$

In diese Grenzlinien wird nun die Parabel nach folgender Werttabelle gemäß Gleichung 3.28 eingezeichnet (Bild 3.10):

$\frac{F_{Bv}}{G_g}$	$-0{,}3$	$-0{,}2$	$-0{,}1$	$+0{,}2$	$+0{,}4$	$+0{,}6$	$+0{,}8$	$+1{,}5$	$+2{,}0$	$+2{,}5$
$\frac{F_{Bh}}{G_g}$	$-0{,}54$	$-0{,}27$	$-0{,}11$	0,15	0,24	0,3	0,33	0,31	0,21	0,08
	$-1{,}69$	$-2{,}16$	$-2{,}52$	–	–	–	–	–	–	–

Um die Bremsanlage und die Bremsstabilität aufgrund des Tangentialkraftverteilungsdiagramms beurteilen zu können, müssen noch zwei charakteristische Linienscharen eingezeichnet werden: die Linien konstanter Abbremsung und die Linien konstanter Reibungszahlen (Bild 3.11).

Die Linien konstanter Abbremsung ergeben sich bei gleichen Maßstäben an den Koordinatenachsen als Geraden unter 45°, die die Ordinate und die Abszisse jeweils im Punkt z schneiden.

Die Linien konstanter Reibungszahlen sind Geraden, die aus den Schnittpunkten der Parabel mit den Koordinatenachsen strahlenförmig auseinandergehen. Aus folgender Überlegung ist es leicht einzusehen, daß die Linien konstanter Reibungszahlen für die Vorderachse durch den Schnittpunkt der Parabel mit der Ordinate A $\left(0, -\frac{1-\psi}{\chi}\right)$ und für die Hinterachse durch den Schnittpunkt der Parabel mit der Abszisse B $\left(\frac{\psi}{\chi}, 0\right)$ gehen müssen (Bild 3.11). Bereits bei

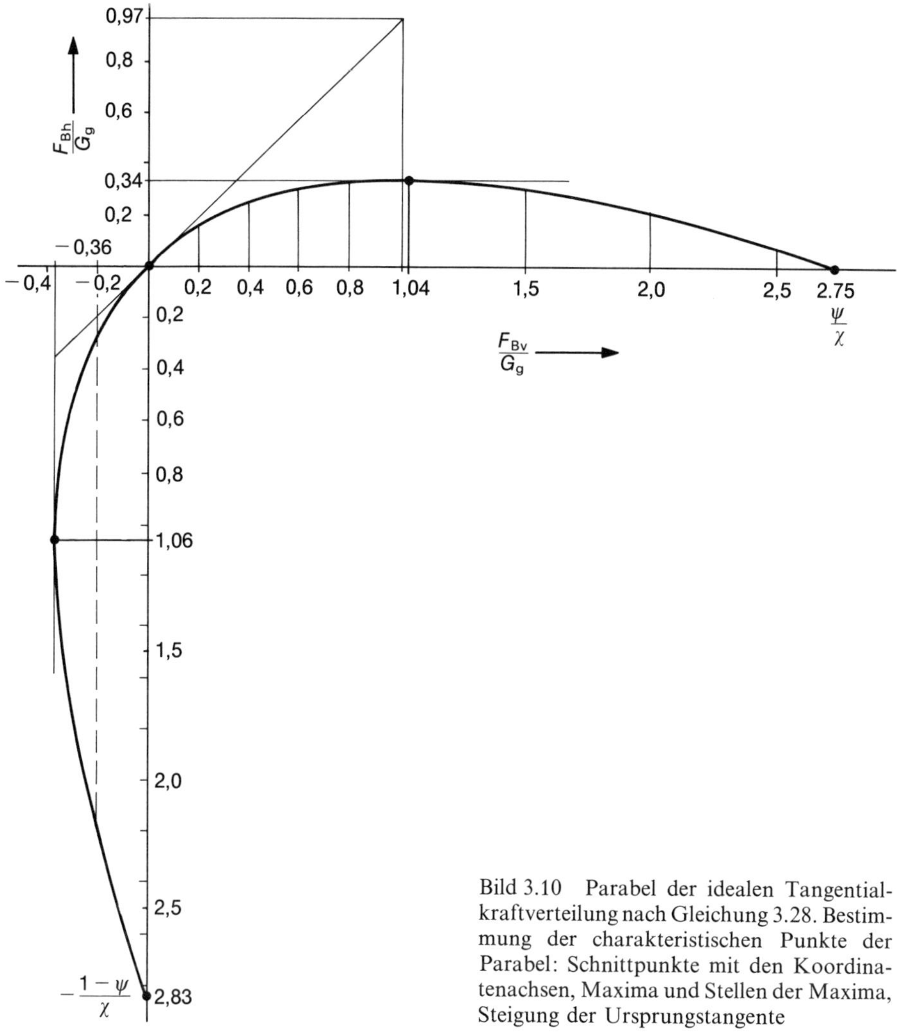

Bild 3.10 Parabel der idealen Tangentialkraftverteilung nach Gleichung 3.28. Bestimmung der charakteristischen Punkte der Parabel: Schnittpunkte mit den Koordinatenachsen, Maxima und Stellen der Maxima, Steigung der Ursprungstangente

Gleichung 3.26 wurde gezeigt, daß auf der Parabel $z = \mu$ gilt. Demnach müssen sich die entsprechenden Geraden $z = \mu_v = \mu_h$ auf der Parabel in einem Punkt schneiden, z.B. in Punkt C für $\mu = 1$ im Bild 3.11. Die Schnittpunkte der Parabel mit den Koordinatenachsen entsprechen einer Abbremsung bzw. Beschleunigung, bei der die Hinterachse bzw. die Vorderachse gerade vom Boden abhebt. Die Tangentialkraft wird an der abhebenden Achse unabhängig von der Reibungszahl gleich null, so daß die Schnittpunkte A und B die geometrischen Orte aller Reibungszahlen darstellen.

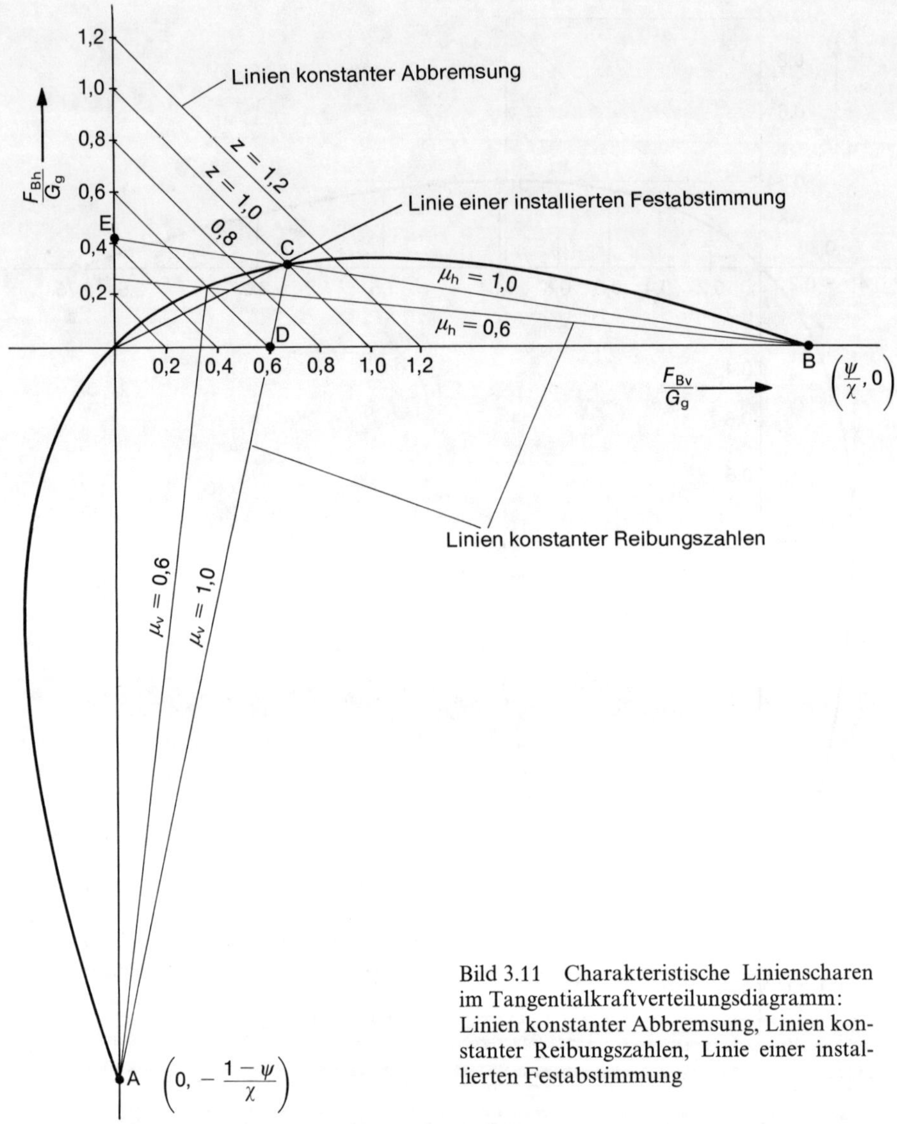

Bild 3.11 Charakteristische Linienscharen im Tangentialkraftverteilungsdiagramm: Linien konstanter Abbremsung, Linien konstanter Reibungszahlen, Linie einer installierten Festabstimmung

Die Linien konstanter Reibungszahlen schneiden die Koordinatenachsen in den sogenannten Ausfallpunkten D und E im Bild 3.11. Diese sind die Punkte, die beim Ausfall der Bremse der jeweils anderen Achse die maximal erreichbare Abbremsung mit einer Achse bestimmen.

Nach Gleichung 3.22 gilt bei alleiniger Bremsung der Vorderachse

$$F_{Bv} + 0 = z \cdot G_g$$

aus Gleichung 3.25a ergibt sich

$$\frac{F_{Bv}}{G_g} = z = \mu_v (1 - \psi + z \cdot \chi)$$

und daraus für die Abbremsung allein durch die Vorderachse

$$z_v = \frac{\mu_v \cdot (1 - \psi)}{1 - \mu_v \cdot \chi} \qquad \text{(Gl. 3.37)}$$

Nach der gleichen Überlegung wird für die allein bremsende Hinterachse

$$z_h = \frac{\mu_h \cdot \psi}{1 + \mu_h \cdot \chi} \qquad \text{(Gl. 3.38)}$$

Dies sind die physikalisch maximal erreichbaren Abbremsungen bei Ausfall einer Achse.

Zur Charakterisierung des Fahrzeugs ist noch die Kennlinie der *installierten Bremskraftverteilung* in das Diagramm einzuzeichnen. Ohne eine feinfühlige Bremskraftregelung an allen vier Rädern ist es beim Fahrzeug praktisch nicht möglich, eine Abstimmung entsprechend der idealen Abbremsung zu verwirklichen. Deshalb wird eine sogenannte *Festabstimmung* verwendet. Dabei steht das auf die Vorderachse wirkende Bremsmoment in einem linearen Zusammenhang zum Bremsmoment an der Hinterachse. Eine weitere Möglichkeit ist, das Druckübersetzungsverhältnis von Vorder- zu Hinterachse in Abhängigkeit von verschiedenen Parametern wie Bremsdruck, Verzögerung oder Achslast usw. zu ändern. In diesem Fall wird die Parabel der idealen Bremskraftverteilung durch Geradenstücke mehr oder weniger gut angenähert.

Die Bremskraft für eine Achse errechnet sich aus der Formel:

$$F_{Bv} = p_{Bv} \cdot A_v \cdot r_v \cdot C_{Bv} \cdot \frac{2}{r_{dyn}} \qquad \text{(Gl. 3.39)}$$

und

$$F_{Bh} = p_{Bh} \cdot A_h \cdot r_h \cdot C_{Bh} \cdot \frac{2}{r_{dyn}} \qquad \text{(Gl. 3.40)}$$

Hierbei sind

p_{Bv}, p_{Bh} die Bremsdrücke in MPa (1 MPa = 10 bar = 1 N/mm^2)
A_v, A_h die Kolbenflächen der Radbremszylinder vorn und hinten in mm^2
r_v, r_h die mittleren Reibradien der Bremsbeläge auf den Bremsscheiben in mm. Angaben hierüber enthält Kapitel 12 in [7].

$C_B = \frac{\text{Umfangskraft am effektiven Reibradius}}{\text{Spannkraft}}$ der Bremsenkennwert

(bei Scheibenbremsen ist für C_B der doppelte Reibwert einzusetzen)

r_{dyn} der dynamische Reifenhalbmesser $r_{dyn} = U/2\pi$

Bei einer Festabstimmung sind die Bremsdrücke an Vorder- und Hinterachse annähernd gleich. Das Verhältnis der Bremskräfte F_{Bh}/F_{Bv} wird Bremskraftverteilungsfaktor DB genannt. Für eine Festabstimmung ist:

$$DB = \frac{A_h \cdot r_h \cdot C_{Bh}}{A_v \cdot r_v \cdot C_{Bv}} \quad \text{(Gl. 3.41)}$$

DB beträgt bei Standardantrieb etwa 0,4 und bei Frontantrieb 0,35.

Die installierte Bremskraftverteilung ergibt im Diagramm eine Gerade mit der Gleichung:

$$\frac{F_{Bh}}{G_g} = DB \cdot \frac{F_{Bv}}{G_g} \quad \text{(Gl. 3.42)}$$

In das Bild 3.11 ist die Linie einer installierten Festabstimmung eingezeichnet.

Weiterhin wird noch der *Hinterachsbremskraftanteil* Φ als Anteil der Hinterachse an der Abbremsung definiert:

$$\Phi = \frac{F_{Bh}}{F_{Bv} + F_{Bh}} = \frac{F_{Bh}}{z \cdot G_g} \quad \text{(Gl. 3.43)}$$

daraus folgen die Zusammenhänge:

$$\frac{F_{Bv}}{G_g} = z \cdot (1 - \Phi) \quad \text{(Gl. 3.44a)}$$

$$\frac{F_{Bh}}{G_g} = z \cdot \Phi \quad \text{(Gl. 3.44b)}$$

und das Verhältnis der Bremskräfte:

$$\frac{F_{Bv}}{F_{Bh}} = \frac{1 - \Phi}{\Phi} \quad \text{(Gl. 3.45)}$$

Eine kurze Beurteilung der Bremsanlage kann auch anhand des μ-z-Diagramms erfolgen (Bild 3.12). In diesem Diagramm wird die Linie der idealen Bremskraftverteilung anstatt der Parabel durch eine unter 45° verlaufende Gerade dargestellt. Die Kurven für die Haftgrenzen der Vorder- und Hinterachse können nach folgenden Gleichungen berechnet werden:

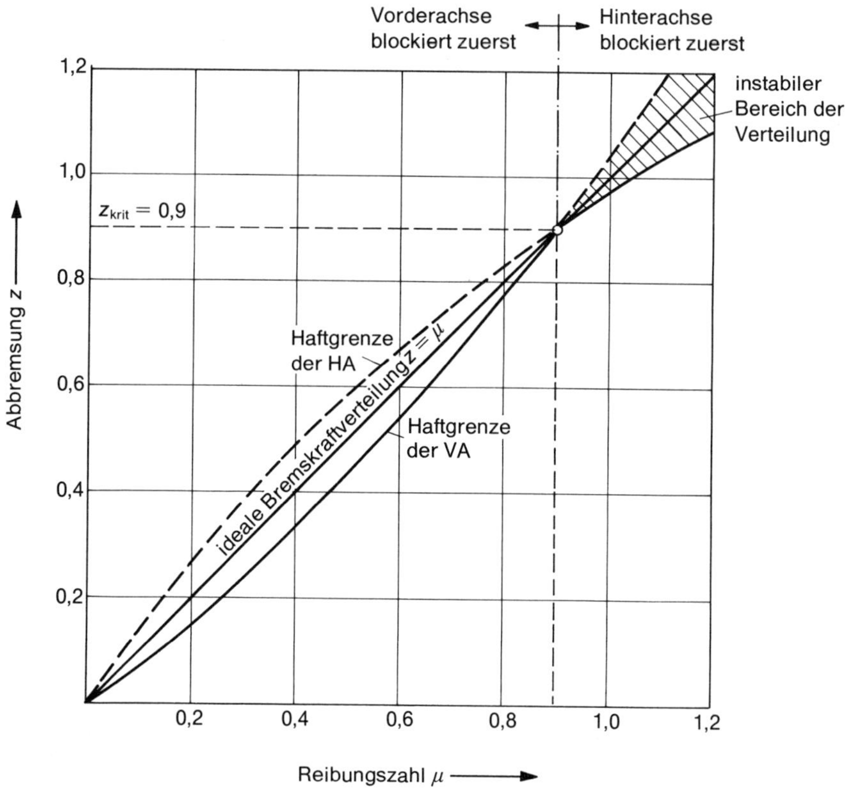

Bild 3.12 Darstellung der Bremskraftverteilung im Reibungszahl-Abbremsungs-Diagramm (μ-z-Diagramm). Im instabilen Bereich blockiert die Hinterachse vor der Vorderachse.
Installierte Festabstimmung, $z_{krit} = 0,9$

Vorderachse:

$$z_{bl,v} = \frac{\mu \cdot (1 - \psi)}{1 - \mu \cdot \chi - \Phi} \qquad \text{(Gl. 3.46)}$$

Hinterachse:

$$z_{bl,h} = \frac{\mu \cdot \psi}{\mu \cdot \chi + \Phi} \qquad \text{(Gl. 3.47)}$$

Für die Stabilitätsforderung «Vorderachse blockiert vor Hinterachse» muß die Kurve für die Vorderachse unter der Geraden $z = \mu$ verlaufen. Die Kurven für Vorder- und Hinterachse schneiden sich auf der Geraden $z = \mu$ bei der kritischen

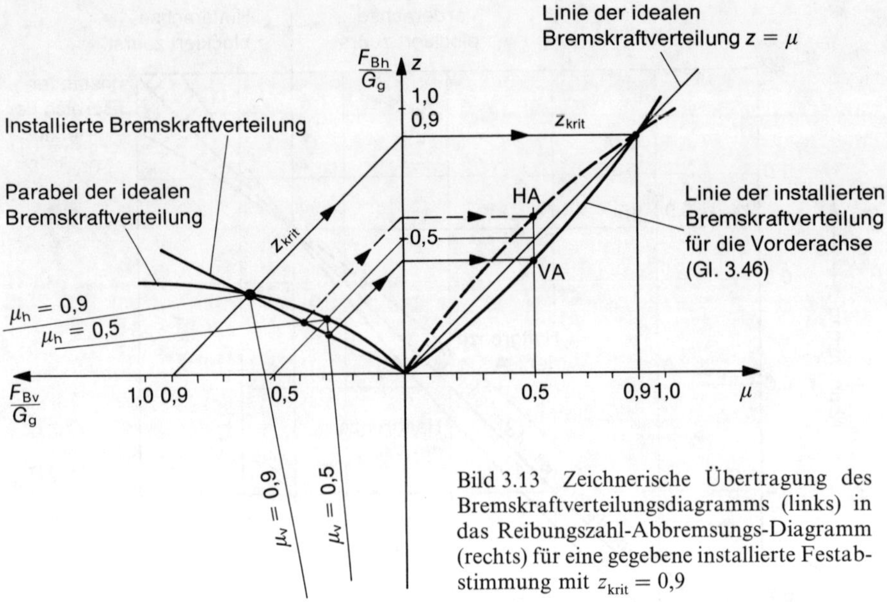

Bild 3.13 Zeichnerische Übertragung des Bremskraftverteilungsdiagramms (links) in das Reibungszahl-Abbremsungs-Diagramm (rechts) für eine gegebene installierte Festabstimmung mit $z_{krit} = 0{,}9$

Abbremsung z_{krit} (Bild 3.12). Bei größeren Haftreibungszahlen blockiert von diesem Punkt an die Hinterachse zuerst. Damit zeigt das μ-z-Diagramm anschaulich die Stabilitätsreserven (senkrechter Abstand der VA-Kurve von der Geraden) und die bei verschiedenen Haftreibungszahlen erzielbaren Abbremsungen. Bild 3.13 zeigt die Konstruktion des μ-z-Diagramms aus dem Bremskraftverteilungsdiagramm für eine installierte Festabstimmung.

3.2.5 Bremsstabilität

Das wichtigste Kriterium bei der Auslegung einer Bremsanlage ist die Bremsstabilität. Sie hängt vom Blockierverhalten der Achsen ab. Ein blockierendes Rad hat 100 % Schlupf; es kann nur in einer Richtung Kraft auf die Straße übertragen, die Seitenführung wird gleich null.

Beim Blockieren der Vorderachse geht die Lenkfähigkeit des Fahrzeugs verloren. Es befindet sich jedoch in einem *stabilen* Zustand, weil das durch eine Störung hervorgerufene Giermoment des Fahrzeugs durch das rückdrehende Moment der Seitenkräfte an der Hinterachse $F_{sh} \cdot l_h$ kompensiert wird (Bild 3.14 links). Beim Blockieren der Hinterachse dagegen wird das Fahrzeug *instabil*, weil das Störgiermoment verstärkt wird (Bild 3.14 rechts).

Besonders bei höheren Geschwindigkeiten oder niedrigen Haftreibungszahlen kann das instabil gewordene Fahrzeug unkontrollierbare *Drehungen* ausführen, die in den meisten Fällen zu einem Unfall führen. Andererseits sollte die durch die

Haftreibungszahl gegebene maximal mögliche Bremskraft an der Hinterachse nicht zu wenig ausgenützt werden, damit der Bremsweg nicht zu lang wird. Die Auslegung wird immer ein Kompromiß zwischen kürzestem Bremsweg und Bremsstabilität sein, wobei der Stabilität wegen der höheren Sicherheit die größere Bedeutung zukommt.

Wenn alle *vier Räder blockieren*, bewegt sich der Fahrzeugschwerpunkt auf einer Geraden weiter. In diesem Fall ist die Verzögerung unabhängig vom Fahrzeuggewicht. Es gilt $a_x = \mu_G \cdot g$. Das Fahrzeug kann bei einer Störung zusätzliche Drehungen um seinen Schwerpunkt ausführen. Dieser Zustand ist weniger gefährlich als das alleinige Blockieren der Hinterachse; die *Lenkung* sollte jedoch in Geradeausstellung *festgehalten* werden. Dadurch ist es geübten Fahrern möglich, die Bewegungsrichtung bei kurzzeitigem Loslassen der Bremse zu korrigieren. Wird dagegen während des Blockiervorgangs die Lenkung unkontrolliert eingeschlagen, fährt das Fahrzeug beim Loslassen der Bremse plötzlich in die Richtung, in die die Vorderräder zeigen. Eine Korrektur der Richtung ist dann nicht mehr möglich – der Unfall ist vorprogrammiert. (Messung des Bremsverhaltens siehe Abschnitt 6.5.2.) Weitere Einzelheiten enthalten [1] und [7].

Bild 3.14 Stabiles und instabiles Bremsverhalten beim Blockieren der Achsen;
a) Vorderachse blockiert,
b) Hinterachse blockiert

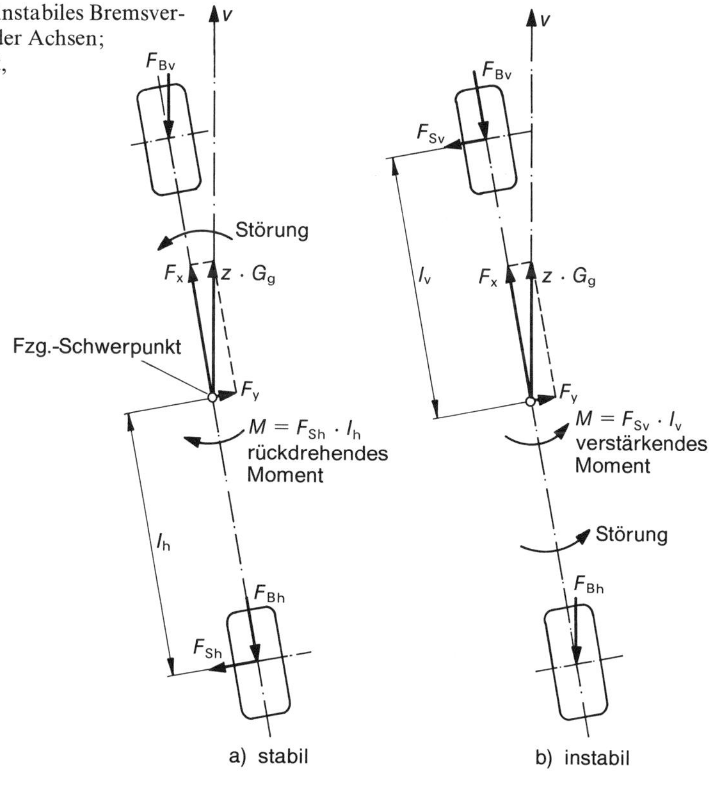

3.2.5.1 Bremsstabilität bei linearer Bremskraftverteilung

Das Blockierverhalten der Achsen – und damit die Bremsstabilität – kann anhand des Bremskraftverteilungsdiagramms bestimmt werden. Entlang der Parabel wird die maximal mögliche Abbremsung an beiden Achsen in Anspruch genommen. Im Bereich oberhalb der Parabel blockiert zuerst die Hinterachse, im Bereich unterhalb der Parabel die Vorderachse, wenn die Haftreibungszahl an der jeweiligen Achse erreicht wird.

Bild 3.15 zeigt die Verhältnisse für eine installierte Festabstimmung. Blockieren der Räder tritt dann ein, wenn die Gerade der installierten Bremskraftverteilung die jeweils geltende Gerade konstanter Reibungszahlen schneidet. Im Punkt 1 im Bild 3.15 blockiert die Vorderachse. Die durch diesen Punkt gehende Gerade konstanter Abbremsung ist ein Maß für die bei alleiniger Blockierung der Vorderachse erreichte Fahrzeugverzögerung (im Beispiel $z = 0{,}77$). Tritt der Fahrer bei zuerst blockierenden Vorderrädern noch stärker auf die Bremse, so bewegt sich die tatsächliche Bremskraftverteilung entlang der Linie konstanter Reibungszahl bis zum Schnitt mit der Parabel von Punkt 1 bis Punkt 2 in Bild 3.15. Im Punkt 2 blockiert auch die Hinterachse, wobei die maximal mögliche Abbremsung – in diesem Fall $z = 0{,}8$ – erreicht ist. Diese Abbremsung gilt nur dann, wenn die μ-Schlupfkurve der Vorderräder im oberen Schlupfbereich flach verläuft, d.h. $\mu_H \approx \mu_G$ ist; im Bild 3.16 ist es die stark ausgezogene Kurve. Bei Reifen, deren μ-Schlupfkurve ein ausgeprägtes Maximum hat (dünne Kurve im Bild 3.16, d.h. $\mu_H > \mu_G$); fällt beim Blockieren der Vorderräder die Reibungszahl auf μ_G ab, und auch die erreichbare

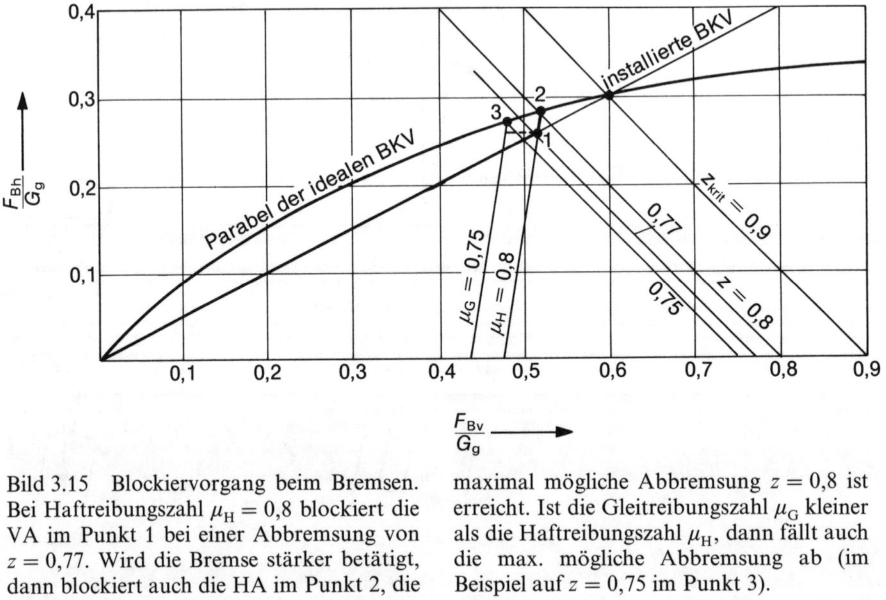

Bild 3.15 Blockiervorgang beim Bremsen. Bei Haftreibungszahl $\mu_H = 0{,}8$ blockiert die VA im Punkt 1 bei einer Abbremsung von $z = 0{,}77$. Wird die Bremse stärker betätigt, dann blockiert auch die HA im Punkt 2, die maximal mögliche Abbremsung $z = 0{,}8$ ist erreicht. Ist die Gleitreibungszahl μ_G kleiner als die Haftreibungszahl μ_H, dann fällt auch die max. mögliche Abbremsung ab (im Beispiel auf $z = 0{,}75$ im Punkt 3).

Bild 3.16 μ-Schlupfkurven für verschiedene Reifen-Straßen-Paarungen (s. auch Bilder 2.17 und 3.32)

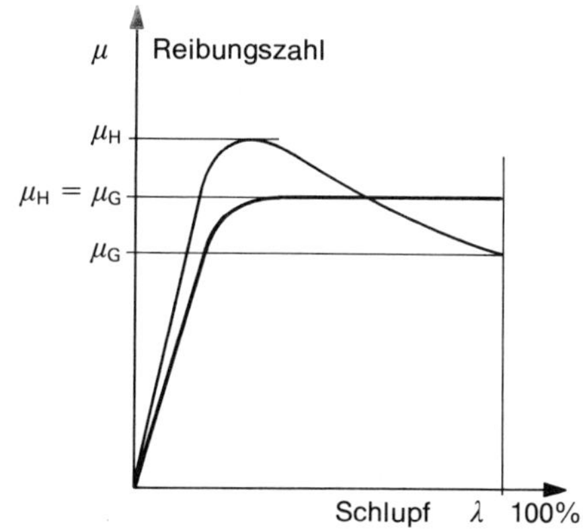

Abbremsung wird kleiner (gestrichelte Linie im Bild 3.15 von Punkt 1 nach Punkt 3); z ist im Beispielfall statt 0,8 nur noch 0,75. Dazu muß allerdings die Pedalkraft erhöht werden.

Aus diesem Beispiel ist der Einfluß der Reifencharakteristik auf die erreichbare Abbremsung zu erkennen.

Der Schnittpunkt der Geraden der installierten Bremskraftverteilung mit der Parabel bestimmt die Größe der sogenannten *«kritischen» Abbremsung* z_{krit}. Kritisch deshalb, weil bei größeren Abbremsungen immer die Hinterachse zuerst blockiert und dadurch das Fahrzeug instabil wird.

Für die kritische Abbremsung gilt mit dem in Gleichung 3.43 bestimmten Hinterachsbremskraftanteil Φ:

$$z_{\text{krit}} = \frac{\psi - \Phi}{\chi} \qquad \text{(Gl. 3.48)}$$

Nach dem *ECE-Regelung 13* muß z_{krit} für das fahrfertige Fahrzeug mit Fahrer $>0{,}82$ sein. Erfahrungsgemäß ist ein Wert zwischen 0,9 und 1,0 günstig für die Stabilität.

Einfluß der Beladung: Mit zunehmender Beladung wird der Hinterachslastanteil ψ größer, aber die radstandbezogene Schwerpunkthöhe χ kaum geändert. Dadurch ergibt sich nach Gleichung 3.36 eine größere Steigung der Parabel im Ursprung, d.h., die Parabel der idealen Bremskraftverteilung liegt für das beladene Fahrzeug höher als für das leere Fahrzeug; die Kurve der installierten Bremskraftverteilung wird aber nicht geändert. Der Abstand zwischen Parabel und der Geraden der installierten Festabstimmung wird größer (Bild 3.17). Damit ist auch die kritische Abbremsung größer, und das Fahrzeug wird stabiler. Durch den relativ großen Abstand zur Parabel, besonders im mittleren μ-Bereich, blockiert die Vorderachse sehr früh. Das beladene Fahrzeug hat eine Tendenz zur Überbremsung der Vorderachse. Der Fahrer muß sich darauf einstellen, daß bei beladenem Fahrzeug auch nach Blockieren der Vorderachse die Pedalkraft weiter gesteigert werden muß, um

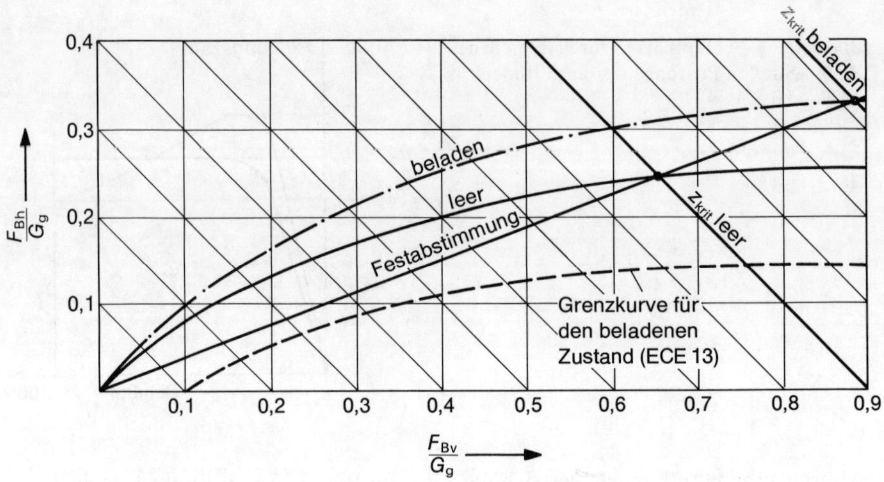

Bild 3.17 Einfluß der Beladung auf die Bremskraftverteilung (BKV). Die Parabel für das beladene Fahrzeug liegt höher als die für das leere. Die Linie der Festabstimmung ändert sich mit der Beladung nicht, damit wird die kritische Abbremsung z_{krit} beim beladenen Fahrzeug größer. Um ein zu frühes Blockieren der VA zu verhindern, ist in der ECE-Regelung 13 eine untere Grenzkurve für die installierte BKV vorgeschrieben (siehe Gleichung 3.49).

auch die Hinterachse zum Blockieren zu bringen und damit den kürzesten Bremsweg zu erreichen.

Der Abstand zwischen Parabel und installierter Bremskraftverteilung darf nach der ECE-Regelung 13 einen bestimmten Wert nicht überschreiten:

$$z \geqq 0{,}1 + 0{,}85\,(\mu - 0{,}2) \qquad \text{(Gl. 3.49)}$$

(siehe Abschnitt 3.1)

Diese Gleichung stellt eine untere Grenzkurve dar, die von der installierten Bremskraftverteilung nicht unterschritten werden darf. Die Grenzkurve für den beladenen Zustand ist im Bild 3.17 gestrichelt eingezeichnet.

Durch diese Vorschrift wird die Tendenz gefördert, die installierte Bremskraftverteilung so auszulegen, daß die Parabel der idealen Bremskraftverteilung möglichst gut angenähert wird. Dies kann am besten durch Geradenstücke geschehen. Solche Abstimmungen sind mit Bremskraftbegrenzer oder Bremskraftminderer an der Hinterachse zu verwirklichen. Sie ermöglichen bei Geradeausbremsung kürzere Bremswege bei genügender Stabilität, bei Bremsen in der Kurve wird jedoch die Stabilitätsreserve reduziert.

3.2.5.2 Einfluß eines Bremskraftbegrenzers

Die Kennlinie eines Bremskraftbegrenzers mit *druckabhängigem Umschaltpunkt* setzt sich aus einem linear ansteigenden und ab dem Umschaltpunkt waagerecht verlaufenden Ast der Kurve zusammen (Bild 3.18). Der ansteigende Ast schneidet die Parabel in der Regel bei $z_{krit} = 0{,}5$. Der waagerechte Ast verläuft etwa bei 90 % des Maximums von F_{Bh}/G_g. Diese Auslegung gilt für das leere Fahrzeug. Die Vorderachse blockiert mit Ausnahme des kleinen Bereichs oberhalb von $\mu = 0{,}5$ immer zuerst; damit bleibt das Fahrzeug stabil. *Nachteilig* ist jedoch, daß bei höheren Abbremsungen die Vorderachse früh blockiert und wegen der Begrenzung des Hinterachsbremsdrucks auch durch stärkeres Durchtreten des Pedals keine Zunahme der Hinterradbremskraft mehr zu erreichen ist. Der Bremsweg kann nicht weiter reduziert werden. Die erzielbare Verzögerung hängt vom Beladungszustand ab, und sie ist besonders beim beladenen Fahrzeug meistens niedriger als vom Fahrer erwartet.

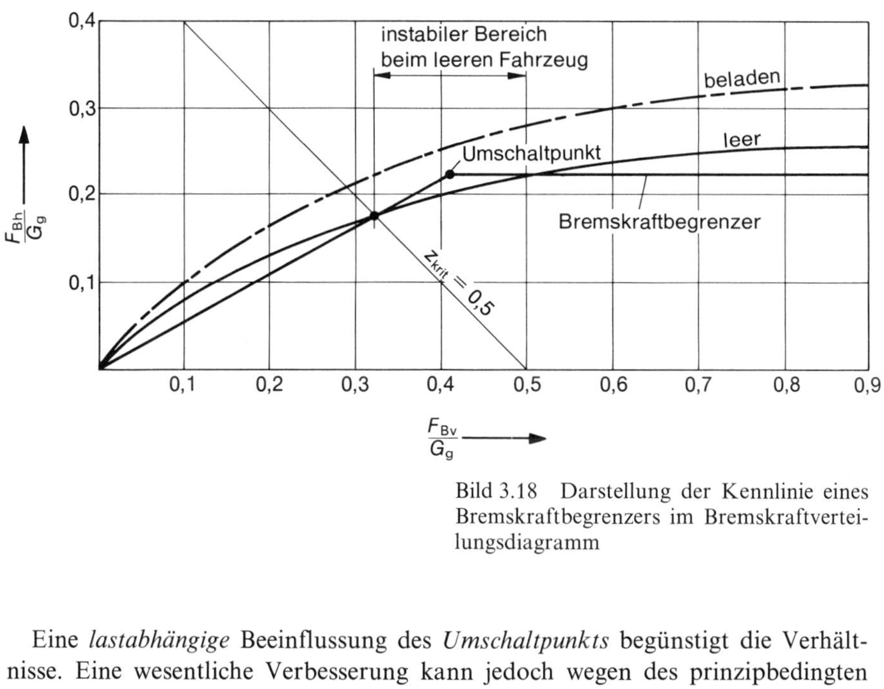

Bild 3.18 Darstellung der Kennlinie eines Bremskraftbegrenzers im Bremskraftverteilungsdiagramm

Eine *lastabhängige* Beeinflussung des *Umschaltpunkts* begünstigt die Verhältnisse. Eine wesentliche Verbesserung kann jedoch wegen des prinzipbedingten relativ frühen Blockierens der Vorderachse nicht erreicht werden. Die lastabhängige Steuerung des Umschaltdrucks geschieht in der Regel über ein Gestänge, das den Einfederungszustand der Hinterachse als Maß für den Beladungszustand des Fahrzeugs verwendet. Darin liegt eine Fehlermöglichkeit, weil Einstellen und Prüfen der Einstellung des Gestänges nicht einfach sind. Dazu kommt noch bei älteren Fahrzeugen ein alterungsbedingtes Setzen der Federn, das eine nicht vorhandene Beladung simuliert. Dadurch kann die Hinterachse bei leerem Fahrzeug ab dem mittleren μ-Bereich zuerst blockieren; das Fahrzeug wird bereits bei mittleren Abbremsungen instabil. Dies wird auch durch verschleißbedingte Reibwertschwankungen zwischen Bremsbelag und Scheibe oder Trommel begünstigt.

3.2.5.3 Einfluß eines Bremskraftminderers

Bremskraftminderer unterscheiden sich von Bremskraftbegrenzern dadurch, daß der zweite Ast der Kennlinie nach dem Umschaltpunkt keine waagerechte, sondern eine ansteigende Gerade ist (Bild 3.19). Damit wird die Parabel im Bereich größerer Abbremsungen besser angenähert. Der Umschaltdruck kann auch hier fest eingestellt sein oder lastabhängig beeinflußt werden. In der Regel werden Bremskraftminderer so ausgelegt, daß die kritische Abbremsung des leeren Fahrzeugs ohne Druckminderung bei $z_{krit} \approx 0{,}4$ liegen würde. Der Umschaltdruck wird so gewählt, daß das Umschalten bei 80 % bis 90 % von z_{krit} erfolgt. Die Steigung des zweiten Astes der Kennlinie muß so ausgelegt sein, daß $z_{krit} \geqq 0{,}82$ ist (ECE-Regelung 13).

Ein Nachteil des nur druckgesteuerten Bremskraftminderers ist, daß der Umschaltpunkt bei Beladung im Verhältnis der Fahrzeuggewichte absinkt:

$$z_{U\,bel} = z_{U\,leer} \cdot \frac{G_{g\,leer}}{G_{g\,bel}} \qquad \text{(Gl. 3.50)}$$

Dadurch ergibt sich für das beladene Fahrzeug eine ungünstige Kennlinie. Die Vorderachse blockiert zwar immer zuerst, aber zur Vollverzögerung des Fahrzeugs ist nach dem Blockieren der Vorderachse eine starke Steigerung der Pedalkraft

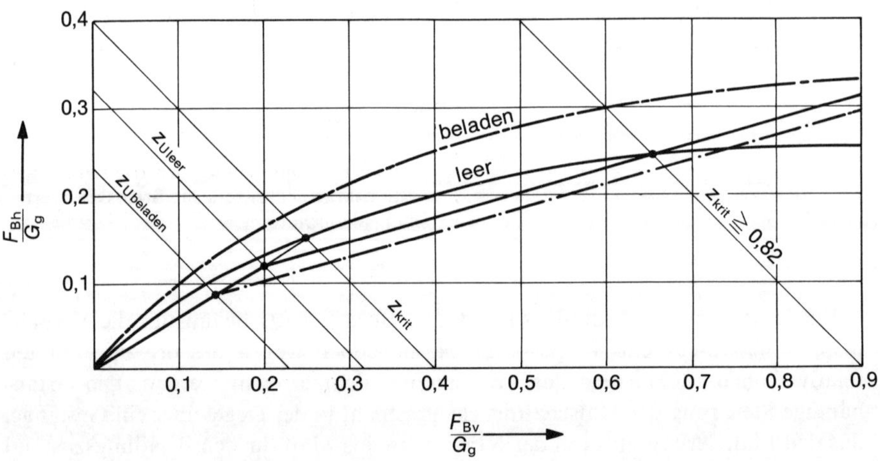

Bild 3.19 Darstellung der Kennlinie eines druckgesteuerten Bremskraftminderers im Bremskraftverteilungsdiagramm. Der Umschaltpunkt sinkt mit der Beladung ab (siehe Gleichung 3.50).

nötig. Weil die meisten Fahrer nach dem Blockierpunkt der Vorderachse (Reifenquietschen) die Pedalkraft nicht mehr weiter steigern, wird beim beladenen Fahrzeug ein zu langer Bremsweg erreicht.

3.2.5.4 Bremskraftminderer mit lastabhängig gesteuertem Umschaltdruck

Solche Bremskraftminderer weisen eine günstigere Kennlinie auf. Allerdings gelten auch hier die Nachteile des schwierigen Einstellens des Gestänges, wie es beim Bremskraftbegrenzer erklärt wurde. Falsche Einstellung oder Federsetzen können die Bremsstabilität negativ beeinflussen. Erfolgt die Anlenkung des Steuergestänges nicht in der Mitte der Hinterachse, wird das Fahrzeug in Links- und Rechtskurven unterschiedliches Bremsverhalten zeigen. Ist z.B. das Gestänge an der rechten Hinterachsseite befestigt, wird in Rechtskurven durch die Ausfederung des rechten Rades der Bremsdruck an der Hinterachse zurückgenommen. Wegen Überbremsung der Vorderachse tritt eine starke Untersteuertendenz auf; das Fahrzeug schiebt aus der Kurve. In Linkskurven tritt dagegen beim Bremsen ein Übersteuern auf. Eine allgemeine Beurteilung der Bremsstabilität kann anhand des Bremskraftverteilungsdiagramms – ähnlich den vorher erklärten Fällen – durchgeführt werden.

3.2.5.5 Umschaltbarer Stufen-Tandem-Hauptbremszylinder

Eine weitere Möglichkeit, die Kurve der installierten Bremskraftverteilung an die Parabel der idealen Bremskraftverteilung anzupassen, ist die Verwendung eines *umschaltbaren Stufen-Tandem-Hauptbremszylinders.* Bei direkter Ansteuerung der Hinterachse ist es möglich, die Kennlinie der Festabstimmung beladungsabhängig zu ändern. Für das leere und beladene Fahrzeug ergeben sich dadurch verschiedene Geraden der Festabstimmung, die durch entsprechendes Auslegen der Kolbenflächen im Stufenhauptbremszylinder optimal den Parabeln angepaßt werden können (Bild 3.20). Bei dieser Lösung blockiert beim leeren und auch beim beladenen Fahrzeug zuerst die Vorderachse; die Bremsstabilität bleibt erhalten. Im mittleren Bereich ist eine Stabilitätsreserve gegeben, aber durch den nicht zu großen Abstand der Geraden von den Parabeln ist auch ein ausreichend kurzer Bremsweg zu erreichen.

3.2.5.6 Einfluß des Bremsmoments des Motors

Wird beim Bremsen nicht ausgekuppelt, verändert das Motorbremsmoment die Kurve der installierten Bremskraftverteilung. Bei Hinterradantrieb werden die Bremskräfte an der Hinterachse erhöht. Damit wird das Fahrzeug instabiler, weil die Linie der Festabstimmung näher zur Parabel, im unteren Bereich sogar darüber zu liegen kommt (Bild 3.21, dünne, ausgezogene Linien). Bei Vorderradantrieb wird das Fahrzeug stabiler (gestrichelte Linien im Bild 3.21). Das Fahrzeug neigt in diesem Fall bei nicht getretener Kupplung zum Überbremsen der Vorderachse. Die

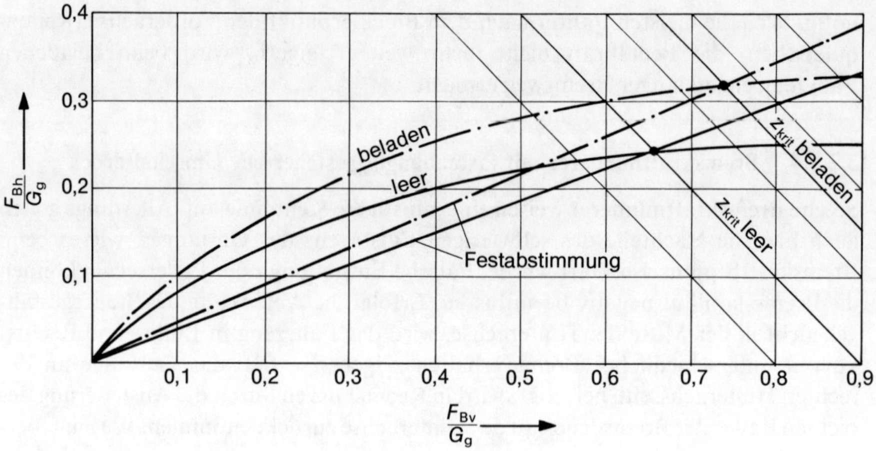

Bild 3.20 Darstellung der Kennlinien eines umschaltbaren Stufen-Tandem-Hauptbremszylinders im Bremskraftverteilungsdiagramm. Die Gerade der Festabstimmung ändert sich mit der Beladung.

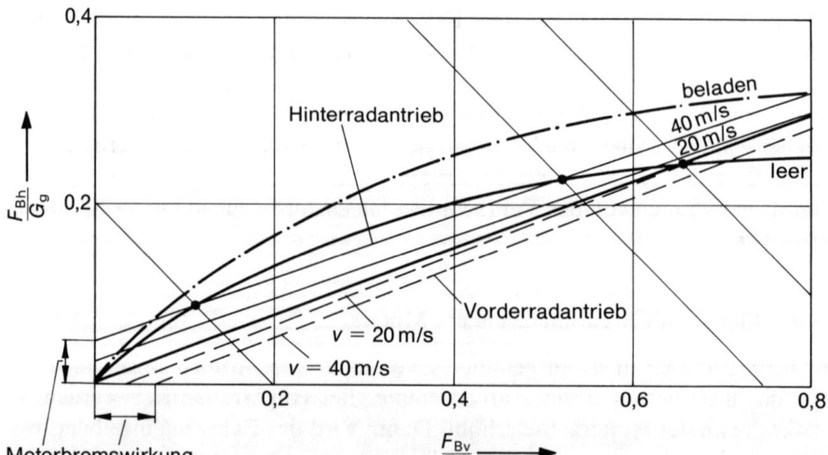

Bild 3.21 Verschiebung der Kennlinie einer Festabstimmung im Bremskraftverteilungsdiagramm durch das Motorbremsmoment bei Vorder- und Hinterradantrieb. Mit steigender Fahrgeschwindigkeit wird der Einfluß größer.

Wirkung des Motorbremsmoments wächst mit der Fahrgeschwindigkeit und hängt natürlich auch vom eingelegten Gang ab.

Für das beladene Fahrzeug verläuft die Parabel etwas steiler. Dies bedeutet, daß bei *Hinterradantrieb* und Festabstimmung die Motorbremswirkung auf die Stabilität mit der Beladung günstiger wird. Bei hinterradgetriebenem Fahrzeug sollte demnach beim Bremsen aus hoher Geschwindigkeit im Leerzustand ausgekuppelt werden, um die Stabilität nicht zu gefährden. Bei Vollbeladung dagegen hilft der Motor im eingekuppelten Zustand beim Bremsen mit, ohne die Stabilität zu beeinträchtigen. Bei *Vorderradantrieb* sollte beim Bremsen nicht ausgekuppelt werden; das Fahrzeug verhält sich dann stabil. Ein Auskuppeln ist nur dann nötig, wenn die durch das Bremsen hervorgerufene Untersteuertendenz störend wirkt.

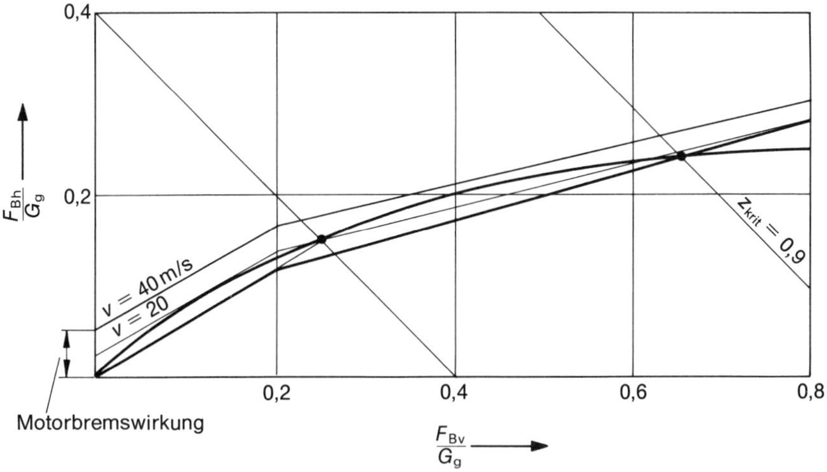

Bild 3.22 Verschiebung der Kennlinie eines Bremskraftminderers im Bremskraftverteilungsdiagramm durch das Motorbremsmoment. Bei der Fahrgeschwindigkeit v = 40 m/s liegt die Kennlinie im gesamten Bremsbereich über der Parabel, das Fahrzeug mit Hinterradantrieb wird instabil.

Bei Bremskraftminderern ergeben sich ähnliche Verhältnisse wie bei der Festabstimmung. Hier wirkt sich jedoch die geringere Stabilitätsreserve im Bereich mittlerer Abbremsungen negativ aus. Wie Bild 3.22 zeigt, wird das Fahrzeug mit Hinterradantrieb bei hohen Geschwindigkeiten im gesamten Bremsbereich instabil. Das heißt, es muß beim Bremsen unbedingt ausgekuppelt werden. Bei Vorderradantrieb verhält sich das Fahrzeug stabil. In diesem Fall lohnt es sich, ab einer bestimmten Abbremsung nach dem Umschaltpunkt auch hier auszukuppeln, um ein frühzeitiges Blockieren der Vorderachse zu vermeiden.

3.2.6 Bremskreisaufteilungen

Die Bremsanlage gehört zu den wichtigsten Sicherheitssystemen eines Fahrzeugs. Aus diesem Grund muß gewährleistet sein, daß auch bei Ausfall eines Teils des Bremssystems noch eine gewisse Bremswirkung vorhanden ist, die ein sicheres Anhalten des Fahrzeugs ermöglicht. Die Rechtsverordnungen über Bremsanlagen schreiben deshalb in der Regel vor, daß die Betriebsbremsanlage zumindest zweikreisig ausgeführt werden muß. Bei Ausfall eines Bremskreises muß mit dem verbleibenden Kreis die Hilfsbremswirkung erreicht werden, d.h. $a_x \geqq 2{,}9\,\text{m/s}^2$ aus $v = 80$ km/h bei einer maximalen Pedalkraft $F_{Bp} = 500$ N. Diese Wirkung muß auf griffiger Fahrbahn blockierfrei erzielt werden (Richtlinie 71/320/EWG, siehe auch Abschnitt 3.1).

Um einen Ausfall der gesamten Bremsanlage bei Teileausfall zu verhindern, haben alle Fahrzeuge Mehrkreisbremsanlagen. Die Bremskreise sind voneinander getrennt, so daß bei Bremsdruckausfall in einem Kreis der andere Kreis noch wirksam bleibt. Es gibt verschiedene Bremskreisaufteilungen; am häufigsten sind jedoch Zweikreis-Bremsanlagen ausgeführt.

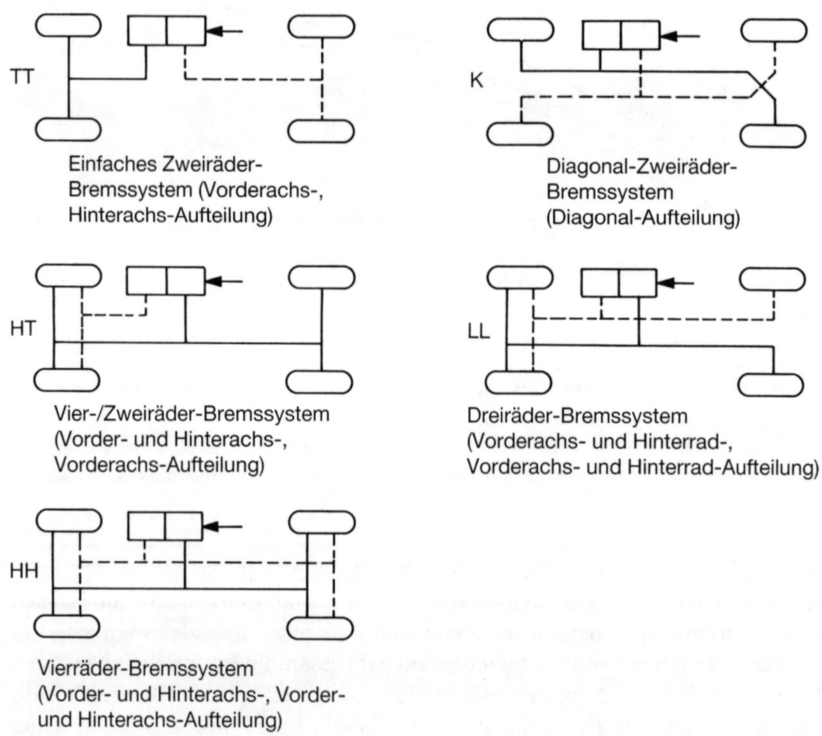

Bild 3.23 Mögliche Bremskreisaufteilungen. In Klammern die Bezeichnungen nach DIN 74000.

Im Bild 3.23 sind sechs Möglichkeiten für Bremskreisaufteilungen dargestellt:

TT *Einfaches Zweiräder-Bremssystem*, auch Schwarzweiß-Aufteilung genannt. In jedem Kreis wird eine Achse gebremst (VA, HA).

K *Diagonal-Zweiräder-Bremssystem.* In einem Kreis wird ein Vorderrad und das diagonal gegenüberliegende Hinterrad gebremst (VR, HL).

HT *Vier-/Zweiräder-Bremssystem.* Bei diesem und den folgenden Systemen müssen an den Vorderrädern Vierzylinder-Bremsmäntel installiert werden. Ein Zylinderpaar des Sattels ist jeweils an einen Bremskreis angeschlossen. Bei Ausfall eines Kreises wirkt daher nur die halbe Bremskraft an Vorderachse (1/2 VA + HA, 1/2 VA).

LL *Dreiräder-Bremssystem.* Beide Kreise sind ähnlich wie bei HT symmetrisch. Ein Kreis wirkt auf die halbe Vorderachse und auf ein Hinterrad (1/2 VA + HR).

HH *Vierräder-Bremssystem.* Bei diesem System werden an Vorder- und Hinterachse Vierzylinder-Bremssättel angebracht. Bei Ausfall eines Kreises wirkt damit an Vorder- und Hinterachse jeweils nur die halbe Bremskraft. Beide Kreise sind identisch (1/2 VA + 1/2 HA).

Für den *Ausfall* eines *Bremskreises* sind in der Praxis zwei Ursachen möglich:

- Ausfall durch Leckstelle,
- Ausfall durch thermische Überlastung.

Ein Abschätzen des Ausfallrisikos durch *Leckstellen* ist möglich, wenn alle Dichtungen, Manschetten und lösbaren Anschlußstellen eines Systems addiert werden. Dabei zeigt sich, daß nur die beiden Zweiräder-Bremssysteme (TT und K) in der Anzahl der gefährdeten Stellen mit einem Einkreissystem vergleichbar sicher sind. Bei den 4/2- und 3-Räder-Systemen (HT und LL) erhöht sich die Anzahl der kritischen Stellen um 50%, beim 4-Räder-System HH sogar um 100%.

Der Ausfall der Bremsanlage durch Leckstellen ist bei der heutigen Technik seltener als der Ausfall durch *thermische Überlassung.* Bei Paßabfahrten oder aufeinanderfolgenden Bremsungen, wenn die Wärme nicht schnell genug abgeführt werden kann, wird die Bremse aufgeheizt. Solange das System unter Druck steht, wird die thermische Überlastung der Bremsen vom Fahrer nicht bemerkt, weil unter Druck kein Verdampfen der Bremsflüssigkeit auftreten kann. Wird die Flüssigkeit drucklos, so tritt über ihrem Siedepunkt eine Verdampfung auf. Bei der nächsten Bremsung ist es unmöglich, mit der zum Teil verdampften Flüssigkeit Druck aufzubauen. Der Ausfall erfolgt spontan und ohne Vorwarnung für den Fahrer. Kühlt sich die Bremsanlage wieder ab, kondensiert die verdampfte Bremsflüssigkeit, und die Bremsanlage ist wieder funktionsfähig. Eine Rolle spielt hier der Wassergehalt der Bremsflüssigkeit.

Weil die Vorderradbremsen durch den höheren Bremskraftanteil an der Vorderachse mehr belastet sind als die Hinterradbremsen, fällt bei thermischer Überlastung zuerst die Vorderachse aus. Bei der Schwarzweiß-Aufteilung kann der Fahrer in solchen Fällen mit der Hinterachse abbremsen. Bei allen anderen Zweikreisaufteilungen fällt, wenn beide Vorderräder thermisch überlastet werden, die gesamte Bremsanlage aus. Ein Abbremsen ist dann nur noch mit der Feststellbremse möglich.

Bei Ausfall eines Bremskreises steht nur eine geringere Bremskraft zur Verfügung, so daß der Bremsweg bei gleicher Pedalkraft länger wird. Der Leerweg am Pedal muß überbrückt werden, und dies kann zum Unfall führen. Außerdem ändert sich meistens die Bremskraftverteilung auf die einzelnen Räder.

Durch blockierende Räder oder ungleiche Bremskräfte auf der rechten und linken Seite des Fahrzeugs tritt eine *Beeinträchtigung der Fahrstabilität* auf (Bild 3.14). Diese Folgeerscheinungen des Bremskreisausfalls werden üblicherweise zum Beurteilen von Mehrkreis-Bremsanlagen benutzt.

Ein wichtiges Beuteilungskriterium neben der Stabilität und der erforderlichen Bremspedalkraft nach dem Ausfalle eines Kreises ist das Erreichen der geforderten Abbremsung $z = 0{,}29$. Hier sind insbesondere die Systeme TT und K kritisch zu betrachten, da bei den heute üblichen Achslastverteilungen der Spielraum für die Erfüllung der vorgeschriebenen Abbremsung sehr eng ist.

Beim System TT wird die erreichbare Abbremsung nur von der relativen Schwerpunktlage nach den Gleichungen 3.37 und 3.38 bestimmt. Beim System K kann maximal eine Abbremsung erreicht werden, die der halben verfügbaren Reibungszahl μ entspricht. In diesem Fall blockieren Vorder- und Hinterrad. Unter der Annahme einer festen Bremskraftverteilung berechnet sich die maximale Abbremsung bis zum Blockierpunkt des Vorderrades analog Gleichung 3.46:

$$z_{\mathrm{bl,\,r}} = \frac{\mu \cdot (1 - \psi)}{2 \cdot (1 - \phi) - \mu \cdot \chi} \qquad \text{(Gl. 3.51)}$$

Um die Schleudergefahr durch die einseitig wirkende Vorderradbremse zu mildern, ist ein negativer Lenkrollhalbmesser oder eine elastokinematische Vorspurvergrößerung durch die Bremskräfte erforderlich (siehe Abschnitt 5.2.3). Die Aufteilungen TT, HT und LL werden hauptsächlich bei Fahrzeugen in Standardbauweise, die Aufteilung K in Fahrzeugen mit Frontantrieb verwendet. Die aufwendigere Lösung HH konnte bisher in der Praxis kaum Eingang finden.

3.3 Bremsen bei Kurvenfahrt

Eine in der täglichen Fahrpraxis oft vorkommende Situation ist, daß der Fahrer bei Kurvenfahrt wegen Auftauchens eines Hindernisses abbremsen muß. Beim Bremsen entstehen an allen vier Rädern Längskräfte, die die stationäre Kurvenfahrt stören.

Weil in den meisten Fällen dem Bremsen eine Gaswegnahme vorangeht, kann das Manöver als Fortsetzung der Lastwechselreaktion betrachtet werden (Abschnitt 4.5). Die Lastwechselreaktion, d.h. das Eindrehen in die Kurve, wird durch das darauffolgende Bremsen bis zu mittleren Bremsverzögerungen verstärkt. Bei höheren Verzögerungen kommt es zum Blockieren eines der entlasteten Innen-

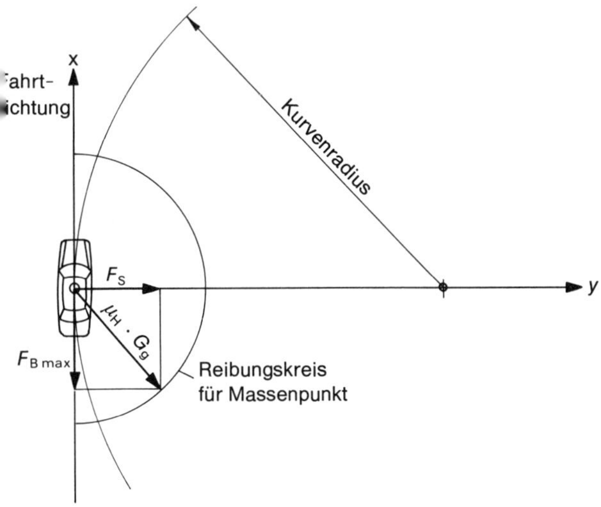

Bild 3.24 Kräfte am Fahrzeug beim Bremsen in der Kurve. Der Reibungskreis gilt nur, wenn das Fahrzeug als Massenpunkt betrachtet wird.

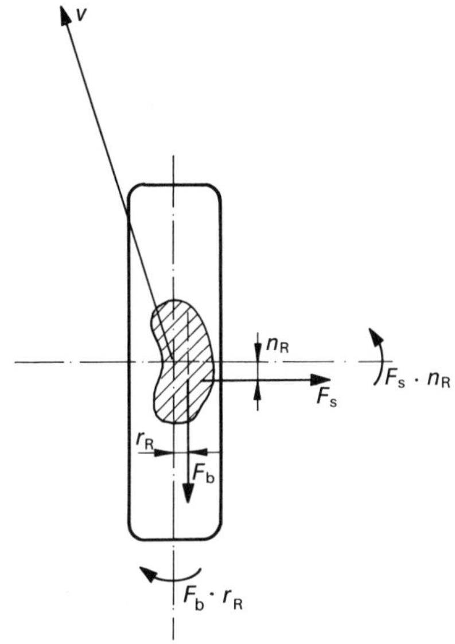

Bild 3.25 Durch die Latschdeformation bei Kurvenfahrt wirkt die Bremskraft nicht in der Felgenmittelebene. An den Vorderrädern wird das Reifenrückstellmoment $F_s \cdot n_R$ um das Moment $F_b \cdot r_R$ verkleinert.

räder. Beim Blockieren der Vorderachse kann das Fahrzeug der Kreisbahn nicht mehr folgen und schiebt gerade aus der Kurve hinaus. Blockiert die Hinterachse, wird es instabil und führt unkontrollierte Schleuderbewegungen aus. Messungen s. Abschnitt 6.5.2.2.

Bei Kurvenfahrt sind die übertragbaren Bremskräfte durch die gleichzeitig auftretenden Seitenkräfte kleiner als bei Geradeausfahrt. Die prinzipiellen Zusammenhänge sind aus dem Reibungskreis ersichtlich (Bild 3.24, siehe auch Abschnitt 2.2.3). Der Kreisradius entspricht der maximal übertragbaren Horizontalkraft $\mu_H \cdot G_g$. Die übertragbare Bremskraft wird (s. auch Gl. 2.49):

$$F_{B\,max} = \sqrt{\mu_H^2 \cdot G_g^2 - F_s^2} \qquad \text{(GL. 3.52)}$$

Der Reibungskreis gilt jedoch nur, wenn das Fahrzeug als Massenpunkt aufgefaßt wird. Bei vierrädrigen Fahrzeugen ist die ausnutzbare Reibungszahl durch das frühere Ausschöpfen des Kraftschlusses an einem Einzelrad (Kurveninnenrad) kleiner.

Bei der Beurteilung des Kurvenbremsverhaltens muß zwischen den Bereichen kleiner bis mittlerer und hoher Verzögerungen unterschieden werden. Bis zu den mittleren Verzögerungen gelten die gleichen Einflüsse wie bei der Lastwechselreaktion. Die Radlastverlagerung auf die Vorderachse bewirkt durch die Änderung der Seitenkräfte ein übersteuerndes Giermoment. Zusätzliche, in die Kurve drehende Momente entstehen an den Rädern dadurch, daß die Bremskräfte nicht in der Radsymmetrieebene, sondern durch die Latschverformung zur Kurvenmitte versetzt

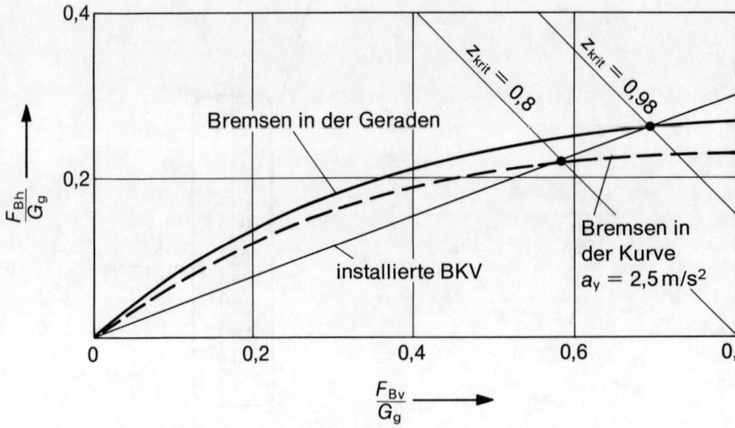

Bild 3.26 Verschiebung der Parabel der idealen Bremskraftverteilung beim Bremsen in der Kurve bei einer Querbeschleunigung von $a_y = 2,5\,m/s^2$; installierte BKV: Festabstimmung

wirken und damit das Reifenrückstellmoment an der Vorderachse verkleinern (Bild 3.25). Die kinematischen und elastokinematischen Einflüsse addieren sich zu den Reifeneinflüssen. Das eindrehende Giermoment erreicht bei mittleren Verzögerungen sein Maximum. Bei höheren Verzögerungen hat dann die Bremskraftverteilung, die die Größe der Bremskraft an den einzelnen Rädern und damit auch die Blockierreihenfolge bestimmt, den überwiegenden Einfluß. Insbesondere auf Fahrbahnen mit niedrigen Haftreibungszahlen bestimmen dabei auch die mit den jeweiligen Rädern gekoppelten rotierenden Massen, an welcher Achse die Räder zuerst blockieren und wie sich die Bremskraftverteilung auswirkt.

Bild 3.26 zeigt das Bremskraftverteilungsdiagramm für einen Pkw (Ableitung siehe Abschnitt 3.2.4). Eingezeichnet sind die Parabel der idealen Bremskraftverteilung und die Gerade der installierten Bremskraftverteilung. Der Schnittpunkt der Geraden mit der Parabel unterteilt das Diagramm in einen stabilen und einen instabilen Bereich. Solange die Gerade unter der Parabel verläuft, blockiert immer

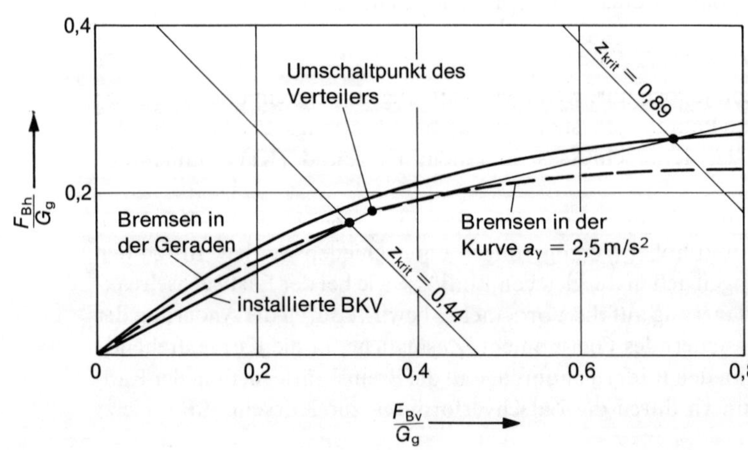

Bild 3.27 Änderung der Bremskraftverteilung beim Bremsen in der Kurve bei einer Querbeschleunigung von $a_y = 2,5\,m/s^2$. Bei installierter abgeknickter BKV fällt die kritische Abbremsung stark ab.

zuerst die Vorderachse. Die Lenkfähigkeit wird zwar aufgehoben, das Fahrzeug bleibt aber stabil. Im Bereich über der Parabel blockiert zuerst die Hinterachse; das Fahrzeug wird instabil.

Die im Bild 3.26 ausgezogene Parabel gilt für Geradeausbremsungen. Durch die in der Kurve auftretende Querbeschleunigung wird die Parabel der idealen Bremskraftverteilung für das gleiche Fahrzeug nach unten verschoben, und zwar um so stärker, je höher die Querbeschleunigung ist (gestrichelte Linien im Bild 3.26).

Damit wird auch der Schnittpunkt mit der Geraden der installierten Bremskraftverteilung in Richtung kleinerer Abbremsungen verschoben, d.h., daß das Fahrzeug bereits bei kleineren Verzögerungen instabil wird. Daraus ist zu entnehmen, daß für die Stabilität bei Kurvenbremsung ein ausreichender Reserveabstand zwischen der Geraden der installierten Bremskraftverteilung zur Parabel vorhanden sein muß. Bei Geradeausfahrt werden dadurch etwas kleinere Abbremsungen erreicht, jedoch ist die Erhaltung der Stabilität ein wichtigeres Kriterium als ein kürzerer Bremsweg. Aus Bild 3.27 ist zu ersehen, daß ein Fahrzeug mit abgeknickter Bremskraftverteilung bei Kurvenbremsung kritischer ist als ein Fahrzeug mit gerader Festabstimmung.

Für die Beurteilung des Fahrzeugverhaltens beim Bremsen in der Kurve sind zwei Kriterien maßgebend: die Gierstabilität und die Grenze der Lenkbarkeit. Die Giergeschwindigkeit ist ein Maß für die Stabilität und die Querbeschleunigung für die Lenkbarkeit. Diese Größen werden üblicherweise 1 Sekunde nach Bremsbeginn (Reaktionszeit des Fahrers) zu Vergleichen herangezogen. Der Verlauf dieser Werte über der Abbremsung läßt auf das Fahrzeugverhalten schließen (Weiteres siehe im Abschnitt 6.5.2.2).

3.4 Automatische Blockierverhinderer

3.4.1 Anforderungen und Typen

Ein *automatischer Blockierverhinderer* (*ABV*) ist der Teil einer Betriebsbremsanlage, der selbsttätig den Schlupf in der Drehrichtung des Rades an einem oder mehreren Rädern des Fahrzeugs während der Bremsung regelt (Begriffsbestimmung nach ECE-Regelung 13, Anhang 13). Die Bezeichnung ABV ist ein Sammelbegriff für Antiblockieranlagen, die nach ECE R 13 folgende Mindestanforderungen erfüllen:

- ☐ Mindestens zwei Räder an verschiedenen Seiten des Fahrzeugs müssen so geregelt werden, daß jedes Rad wenigstens seine eigene Antiblockiervorrichtung in Funktion bringen kann.
- ☐ Befinden sich bei Kraftfahrzeugen die beiden geregelten Räder an einer Achse, muß dies die Hinterachse sein.
- ☐ Die Einrichtungen müssen auf die Achsen so verteilt sein, daß eine definierte Stabilität gewährleistet ist. Das Fahrzeug darf beim Abbremsen mit festgehaltenem Lenkrad eine Spurbreite von 3,66 m nicht verlassen.

- ☐ Jede Störung des Systems muß dem Fahrer durch eine optische Warneinrichtung angezeigt werden.
- ☐ Bei Ausfall des Systems muß die Restbremswirkung derjenigen entsprechen, die nach Ausfall eines Kreises der Betriebsbremsanlage noch verfügbar wäre.

Das von Mercedes-Benz und Bosch (Teldix) entwickelte und 1978 zunächst von Mercedes-Benz und dann von BMW in Serie eingeführte *Antiblockiersystem* (*ABS*), gehört zu den ABV; es zeichnet sich jedoch durch die Erfüllung höherer Leistungsanforderungen aus. Der Name ABS ist für die Firma Mercedes-Benz als Warenzeichen eingetragen; der Gebrauch dieser Bezeichnung wurde aber auch für andere leistungsfähige ABV freigegeben.

Die Hauptkriterien zur Beurteilung von ABS sind

- ☐ die Lenkfähigkeit,
- ☐ die Stabilität und
- ☐ optimale Bremswege.

Daraus werden folgende Anforderungen an ABS gestellt:

- ☐ Während des geregelten Bremsvorgangs müssen die Lenkfähigkeit und die Fahrstabilität des Fahrzeugs gewährleistet sein.
- ☐ Die notwendige Lenkreaktion soll – auch bei ungleichem Reibwert an rechten und linken Rädern – möglichst klein sein.
- ☐ Die Regelung muß im gesamten Geschwindigkeitsbereich eines Fahrzeugs arbeiten.
- ☐ Das Regelsystem soll die Haftung der Räder auf der Fahrbahn optimal ausnutzen, wobei Lenkfähigkeit vor Bremswegverkürzung kommt.
- ☐ Die Regelung soll sich äußerst schnell an eine Änderung der Übertragungsfähigkeit der Oberfläche anpassen.
- ☐ Auch auf welliger Fahrbahn muß das Fahrzeug bei beliebig starker Bremsung voll beherrschbar sein.
- ☐ Die Regelung muß Aquaplaning erkennen und darauf richtig reagieren.
- ☐ Die Regelung ist der normalen Bremsanlage nur zu überlagern. Eine Sicherheitsschaltung muß bei einem Defekt selbsttätig und rückwirkungsfrei die Regelung abschalten. Die normale Bremsanlage muß dann voll funktionsfähig sein.
- ☐ Sämtliche Forderungen an die Regelung müssen mit allen für das jeweilige Fahrzeug zugelassenen Reifen auf allen Fahrbahnen erfüllt werden.

Diese Forderungen sind nur dann erfüllbar, wenn alle vier Räder geregelt werden.

Nach Mercedes-Benz und BMW führten in den letzten Jahren immer mehr Firmen automatische Blockierverhinderer ein. Neben dem ABS entstanden auch andere ABV-Typen, wie zum Beispiel die *Anti-Lock-Brake* (ALB) von Honda, das *Anti-Schleuder-Bremssystem* (*ASBS*) von Mitsubishi und eine preisgünstigere, mechanisch geregelte Anlage von der Firma Lucas Automotive für Klein- und Mittelklassewagen unter dem Namen *Stop-Control-System* (*SCS*). Heute werden in alle Fahrzeuge die leistungsfähigen ABS-Typen eingebaut.

Eine Zusammenstellung der verschiedenen ABS-Hersteller mit Einbaubeispielen zeigt Bild 3.28.

ABS-Hersteller	**Einbaubeispiele**
Aisin Seiki	Toyota SR5 V6 (US)
Akebono	Mitsubishi
Bendix	Chrysler Imperial, Citroën XM, Dodge Dynasty, Jeep Cherokee, Peugeot 405, Renault R 19
Bosch	Alfa Romeo (US), Audi, Bentley, BMW, Cadillac Allante, Chevrolet Corvette, Citroën CX Break, Fiat Croma und Tipo, Lancia, Mercedes-Benz, Opel, Porsche 911, 944 und 928, Renault R 25, Espace und Alpine, Rolls-Royce, Rover, Vauxhall, VW-Transporter.
Delco	Buick-Regal, Oldsmobil-Cutlass Supreme, Pontiac Grand Prix
Honda	Acura (US)
Lockhead	Fiat Uno Turbo
Lucas	Ford Fiesta
Nippon	Mazda 929, Mazda RX-7, Nissan, Subaru
Nippon-Denso	Lexus, Toyota Soarer, Supra, Camry, Celica und Corona
Nisshinbo	Daihatsu, Mazda 323
Sumimoto	Ford Probe, Mazda MX-5, Mazda 626 Touring GT
Teves	Alfa Romeo (Europa), Buick, Cadillac Seville, Chrysler TC, Citroën BX, Ferrari, Ford Taurus (US), Ford Scorpio, Escort und Sierra, Jaguar, Lincoln, Maserati, Oldsmobil, Peugeot 505 V6, Pontiac-Bonneville, Renault R 21, Saab, Volkswagen
Tokico	Nissan Sunny
Wabco	Porsche 959, Range Rover

Bild 3.28 Übersicht der verschiedenen ABS-Typen mit Einbaubeispielen (Fahrzeuge Modelljahr 1990)

3.4.2 Allgemeine Regelungsprinzipien

Für eine Regelung ist es notwendig, den momentanen Bewegungszustand der Räder zu ermitteln. Dies geschieht entweder elektronisch mit Hilfe von Drehzahlsensoren oder mechanisch mit einem nach dem Trägheitsprinzip arbeitenden Sensor. Die Sensoren können an den einzelnen Rädern oder achsweise angebracht werden. Beim ASBS von Mitsubishi wird als Referenzgröße zusätzlich die momentane Fahrzeuglängsverzögerung gemessen (g-Sensor).

Einzelradregelung. Diese Regelung wird auch Individualregelung (IR) genannt. Das Rad hat einen eigenen Sensor, der unabhängig vom Verhalten der anderen Fahrzeugräder den Bremsdruck an dem betreffenden Rad regelt. Bei der individuellen Einzelradregelung wird die maximal mögliche Abbremsung erreicht. Es ist jedoch zu berücksichtigen, daß auf einseitig glatten Fahrbahnen durch die ungleichen Bremskräfte ein Giermoment entsteht, das das Fahrzeug zur griffigeren Fahrbahnseite drehen will.

Bei gemeinsamer Regelung beider Räder einer Achse sind folgende zwei Fälle möglich:

Select-low-Regelung (der englische Ausdruck wurde auch in die deutsche Fachsprache übernommen). Bei diesem Regelungsprinzip bestimmt das Rad mit dem niedrigeren Kraftschluß den Bremsdruck für beide Räder. Dabei wird die mögliche Bremskraft am Rad auf der griffigeren Fahrbahnseite nicht ganz ausgenutzt. Dafür bleibt eine hohe Seitenführungsfähigkeit erhalten, und es entsteht auch kein Giermoment, weil die Bremskräfte links und rechts annähernd gleich sind.

Select-high-Regelung bedeutet, daß die Regelung des Bremsdrucks vom Rad mit dem höheren Kraftschluß abgeleitet wird. Die Bremskraft dieses Rades wird voll ausgenutzt, das Rad auf der glatten Fahrbahnseite kann aber blockieren. Ungleiche Bremskräfte und ein Verlust an Seitenführung am blockierenden Rad müssen in Kauf genommen werden.

Mit den beschriebenen prinzipiellen Lösungen sind verschiedene Kombinationen der Regelung möglich.

Nach den ECE-Richtlinien ist es zulässig, nur die Räder einer Achse – der Hinterachse – zu regeln. In diesem Fall blockieren bei Vollbremsung die Vorderräder, die Lenkfähigkeit geht verloren. Weil die Hinterräder nicht blockieren, bleibt die Stabilität erhalten. Dieses Prinzip wurde beim *ASBS von Mitsubishi* verwirklicht, wobei die Hinterräder nach dem Select-low-Prinzip geregelt werden.

Eine nur bei *Honda-ALB* verwendete Kombination ist die gemeinsame Regelung der Vorderachse nach dem Select-high- und die gemeinsame Regelung der Hinterachse nach dem Select-low-Prinzip. Die ALB arbeitet mit vier induktiven Drehzahlsensoren an den Rädern. Der Nachteil, daß ein Vorderrad blockieren kann, wird zugunsten kurzer Bremswege in Kauf genommen.

Eine beim Mercedes-Benz/Bosch-*Antiblockiersystem* (*ABS*) bewährte Lösung ist die gemeinsame Regelung der Hinterräder nach dem Select-low-Prinzip. Das ABS

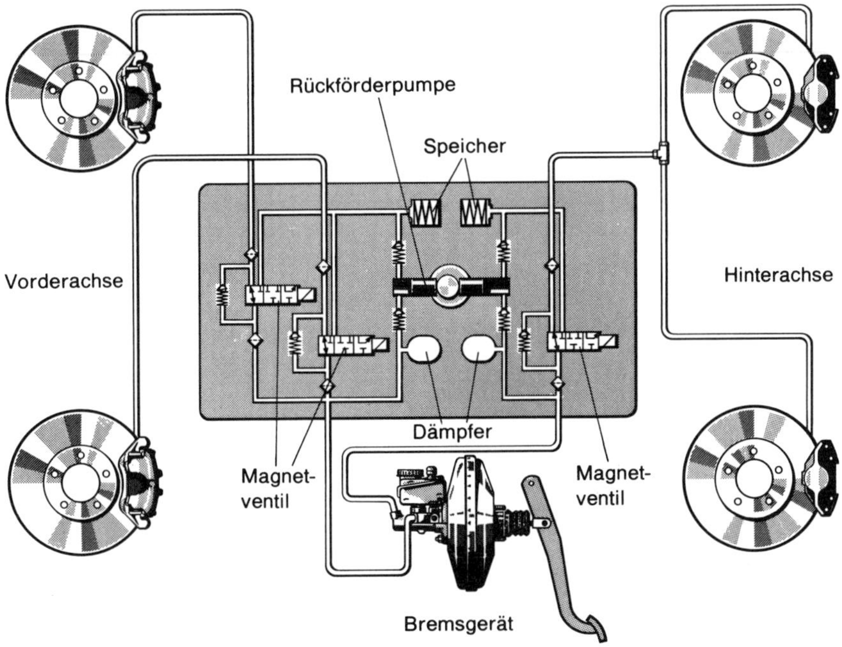

Bild 3.29 Schema der Bremshydraulik bei dem Mercedes-Benz/Bosch-ABS

Bild 3.30 Einbau der Drehzahlfühler für das ABS an der Vorderachse (Mercedes-Benz)

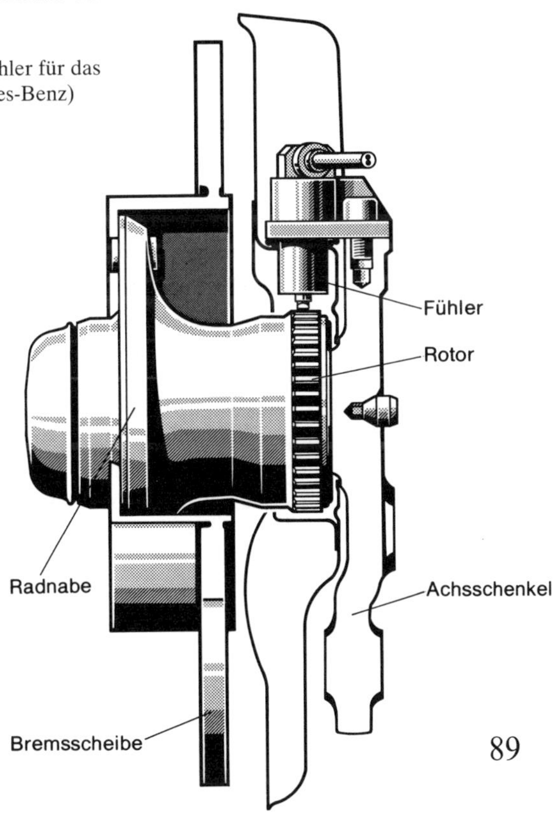

kann mit drei oder vier Drehzahlsensoren ausgerüstet sein. Mercedes-Benz verwendet drei Sensoren. Die Vorderräder werden einzeln geregelt. Die Hinterachse hat einen Sensor, der, am Antriebskegelrad angeordnet, die mittlere Drehzahl der Hinterräder erfaßt. Das Schema der Bremshydraulik und die Anbringung der Sensoren bei dem Mercedes-Benz/Bosch-Antiblockiersystem zeigen die Bilder 3.29, 3.30 und 3.31. Die 3-Sensoren-Lösung ist nur bei der Schwarzweiß-Bremskreisaufteilung möglich. Bei der Diagonal-Bremskreisaufteilung müssen beide Hinterräder getrennte Sensoren haben. Diese 4-Sensoren-Lösung haben BMW und Audi gewählt, wobei die Regelung der Hinterachse auch nach dem Select-low-Prinzip erfolgt. Ebenfalls vier Sensoren verwendet das *Anti-Skid-System* (*ATE-ABS*) im Ford Scorpio. Die Vorderräder werden einzeln, die Hinterräder nach dem Select-low-Prinzip geregelt.

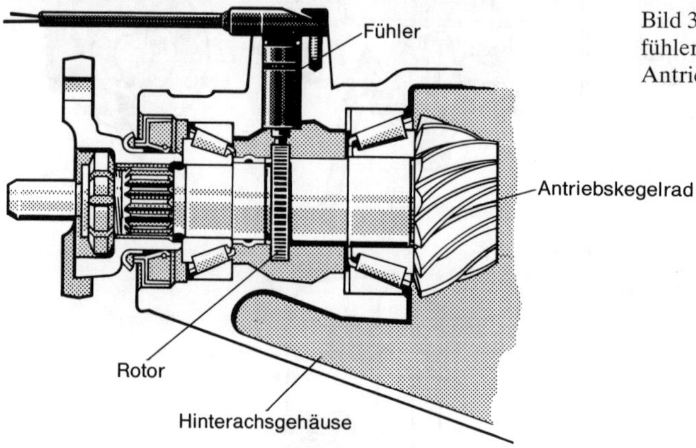

Bild 3.31 Einbau des Drehzahlfühlers für das ABS an Hinterachs-Antriebskegelrad (Mercedes-Benz)

Das mechanisch/hydraulisch arbeitende *Stop-Control-System* (*SCS*) der Firma Lucas Automotive eignet sich nur für Fahrzeuge mit Vorderradantrieb und diagonaler Bremskreisaufteilung. Es ist ein Zweikanalsystem, wobei der Bremsdruck jeweils für ein Vorderrad und das mit diesem verbundene Hinterrad eingeregelt wird. Die beiden Trägheitssensoren erfassen die Blockierneigung der Vorderräder und geben das Signal zur Reduzierung des Bremsdrucks im betreffenden Bremskreis. Nachteilig ist, daß dem entsprechenden Hinterrad nur über ein lastabhängiges Druckregelventil der vom Vorderrad bestimmte Bremsdruck zugeführt wird und damit ein Blockieren der Hinterräder nicht ausgeschlossen werden kann.

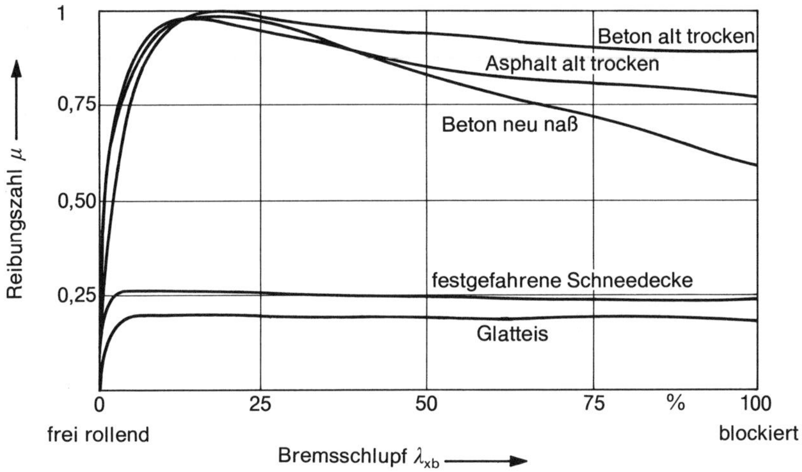

Bild 3.32 Verlauf der Reibungszahl eines Reifens über dem Bremsschlupf auf verschiedenen Straßenoberflächen (s. auch Bilder 2.17 und 3.16)

Bild 3.33 Reibungszahl eines Reifens in Abhängigkeit vom Bremsschlupf mit dem Schräglaufwinkel als Parameter. Messungen auf Beton (trocken); Reifen 185 HR 14, $v = 50$ km/h, $F_n = 5000$ N, $p_R = 2{,}3$ bar

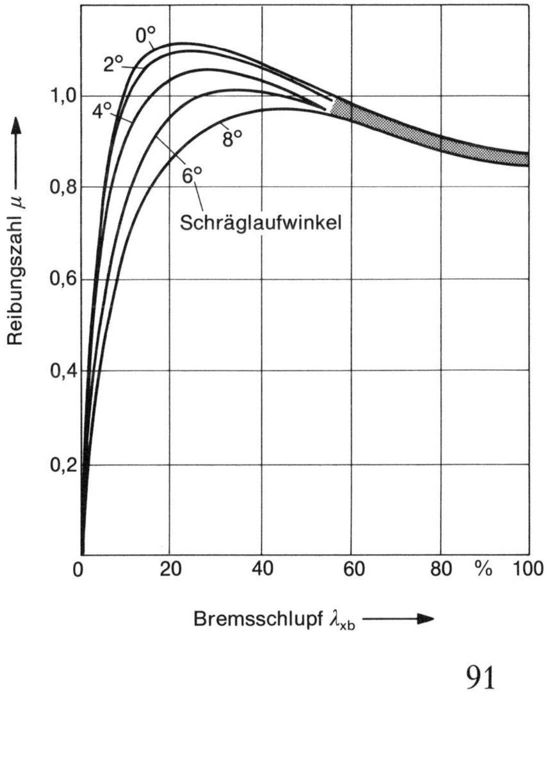

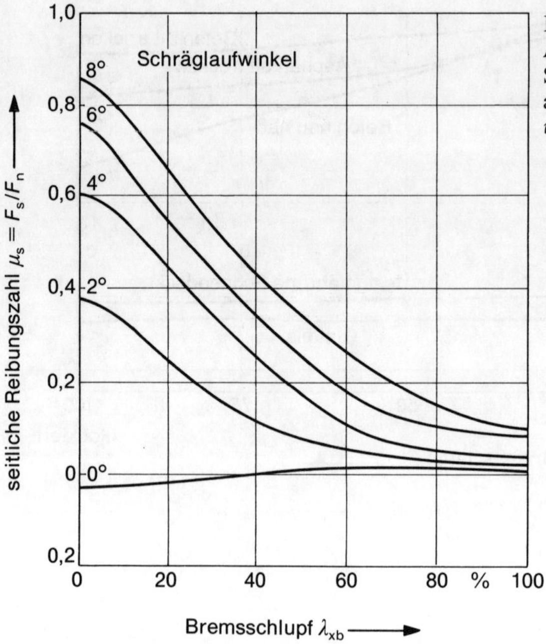

Bild 3.34 Seitliche Reibungszahl in Abhängigkeit vom Bremsschlupf mit dem Schräglaufwinkel als Parameter. Messungen auf Beton-trocken Reifen 185 HR 14, $v = 50$ km/h, $F_n = 5000$ N, $p_R = 2{,}3$ bar

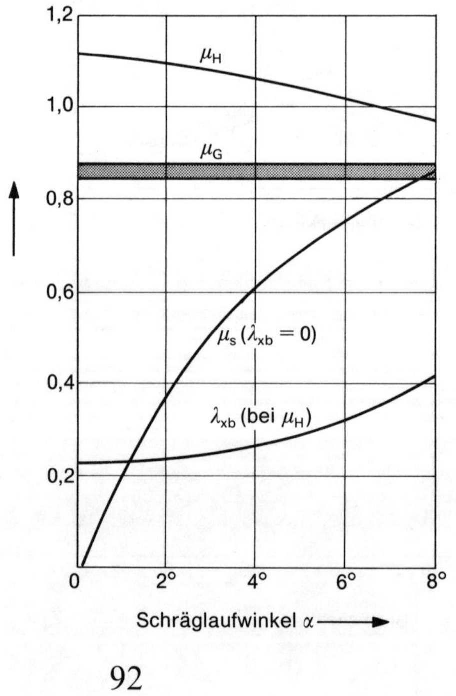

Bild 3.35 Charakteristische Kenngrößen eines Reifens in Abhängigkeit vom Schräglaufwinkel. (Aus den Meßkurven nach Bild 3.33 und 3.34 entnommen)

3.4.3 Funktion der ABS-Regelung

Die Antiblockierregelung hat die Aufgabe, die optimale Ausnutzung des Kraftschlusses zwischen Reifen und Fahrbahn zu gewährleisten. Dazu muß der Bremsdruck so geregelt werden, daß der Bremsschlupf an den Rädern stets im Bereich des Maximums der μ-Schlupfkurve gehalten wird. Die Form der μ-Schlupfkurve hängt neben der Reifenbauart von mehreren Faktoren ab (siehe auch Abschnitt 2.2.2). Einen wichtigen Einfluß hat die Fahrbahnoberfläche. Bild 3.32 zeigt, daß auf festgefahrenem Schnee oder auf Eis die μ-Schlupfkurve kein Maximum hat. Auch auf einer gleichbleibenden Fahrbahnoberfläche ergeben sich für einen Reifen unterschiedliche Kennlinien, wenn gleichzeitig mit dem Bremsen Schräglaufwinkel auftreten (Bild 3.33). Im allgemeinen sinkt die Haftreibungszahl mit zunehmendem Schräglaufwinkel, die Gleitreibungszahl kann etwas ansteigen. Die seitliche Reibungszahl, d.h. die Seitenführungsfähigkeit des Reifens, fällt mit wachsendem Schlupf ab (Bild 3.34). Bild 3.35 zeigt den Verlauf der charakteristischen Kenngrößen eines Reifens über dem Schräglaufwinkel.

Um in jeder Situation optimal bremsen zu können, wurde an ABS die Forderung gestellt, daß sich die Regelung an die verschiedenen Reifen- und Fahrbahncharakteristiken anpassen muß (adaptive Regelung). Als Regelgrößen werden bei ABS zwei Kriterien, die Umfangsverzögerung und der relative Schlupf der Räder, benutzt. Die Verzögerungs- bzw. Beschleunigungssignale werden durch Differentiation aus der Radumfangsgeschwindigkeit gewonnen. Aus den Raddrehzahlen wird mit Hilfe logischer Verknüpfungen eine *Referenzgeschwindigkeit* gebildet, die angenähert der Geschwindigkeit mit optimaler Bremskraft entspricht. Durch Vergleich der Radgeschwindigkeiten mit der Referenzgeschwindigkeit werden die Schlupfsignale gewonnen.

Den Ablauf eines Regelzyklus beim ABS zeigt schematisch Bild 3.36. Wird beim Bremsen an einem Rad eine vorgegebene Verzögerungsschwelle $-a$ unterschritten, schaltet die Elektronik das zum Rad gehörende Magnetventil auf «Druckhalten», Phase 2. Die Verbindung zwischen Haupt- und Radzylinder wird gesperrt. Die Funktion des Magnetventils zeigt Bild 3.37. Wenn die Verzögerung weiter steigt und dadurch eine vorgegebene Schlupfschwelle λ erreicht wird, schaltet das Ventil in die nächste Stellung «Druckabbau», Phase 3. Der Radzylinder wird mit dem Rücklauf verbunden. Das Rad kann wieder beschleunigen. Wird nun die Schwelle $-a$ überschritten, schaltet das Ventil zurück in «Druckhalten», Phase 4. Bei weiterer Beschleunigung des Rades über eine Beschleunigungsschwelle $+A$ hinaus geht das Magnetventil in die Stellung «Druckaufbau», Phase 5, Haupt- und Radzylinder werden miteinander verbunden. Wird bei der nachfolgenden Verzögerung zunächst $+A$ unterschritten, dann geht das Ventil auf «Druckhalten», Phase 6. Das anschließende Unterschreiten einer relativ niedrigen $+a$-Schwelle ist ein Zeichen dafür, daß das Rad in das stabile Gebiet der μ-Schlupf-Kurve einläuft und daß damit die Bremskraft unter den optimalen Wert sinkt. Der Bremsdruck wird nun durch *Takten* des Ventils, pulsierend zwischen den Stellungen «Druckaufbau» und «Druckhalten», in kleinen Stufen erhöht, bis das Rad erneut stark verzögert, Phase 7. Weitere Regelzyklen schließen sich an. Die Frequenz der Regelung hängt von der

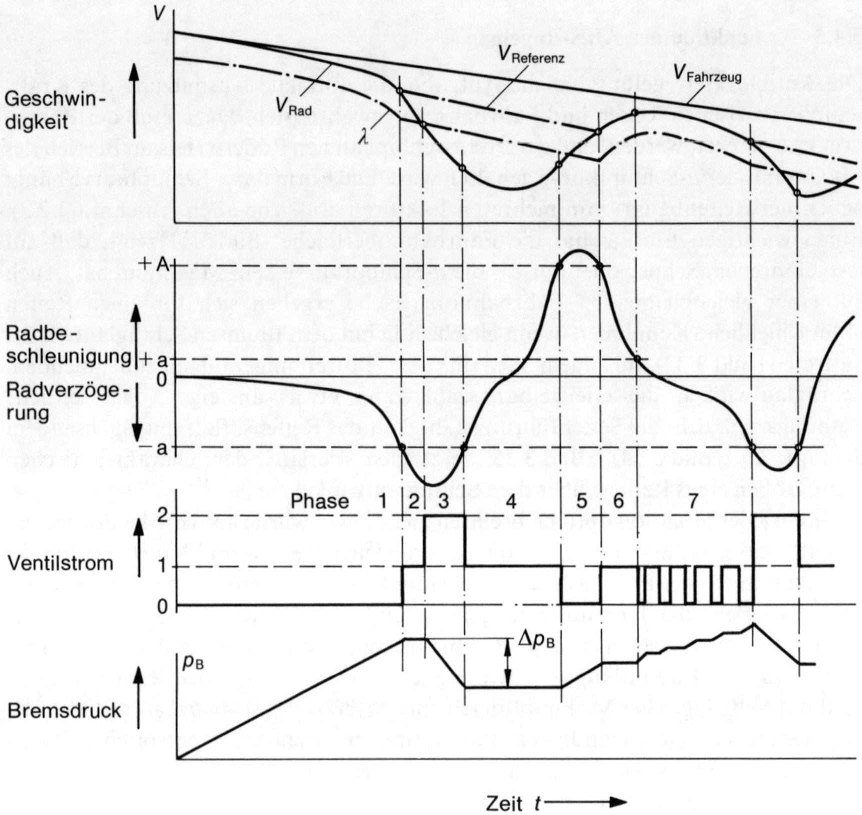

Bild 3.36 Zeitlicher Verlauf von Geschwindigkeit, Radverzögerung und Bremsdruck während eines Regelzyklus beim ABS

Differenz zwischen dem vom Fahrer eingesteuerten und für das Blockieren notwendigen Bremsdruck ab. Je höher diese Differenz ist, um so höher ist auch die Regelfrequenz (bis 20 Hz bei ABS). Neben diesem Regelalgorithmus sind weitere geschwindigkeitsabhängige Schlupfkriterien einprogrammiert, die auch dann die Regelung auslösen, wenn die Radverzögerungskriterien nicht zum Tragen kommen. Dies kann der Fall sein z.B. beim sanften Anbremsen auf glatter Fahrbahn, bei Kurvenbremsungen mit hoher Querbeschleunigung oder bei Reifenkennlinien ohne ausgeprägtes Umfangskraftmaximum.

Das Ansprechen der Regelung kann beim Mercedes-Benz/Bosch-ABS am *Pulsieren* des Bremspedals erkannt werden. Weil bei glatter Fahrbahn bereits bei leichtem Antippen des Bremspedals das Pulsieren zu spüren ist, kann diese Erscheinung vom Fahrer als μ-Warnung ausgenutzt werden. Bei dem ATE-ABS wird dagegen das Pulsieren des Bremspedals im Hinblick auf ein komfortables Bremspedalgefühl vermieden.

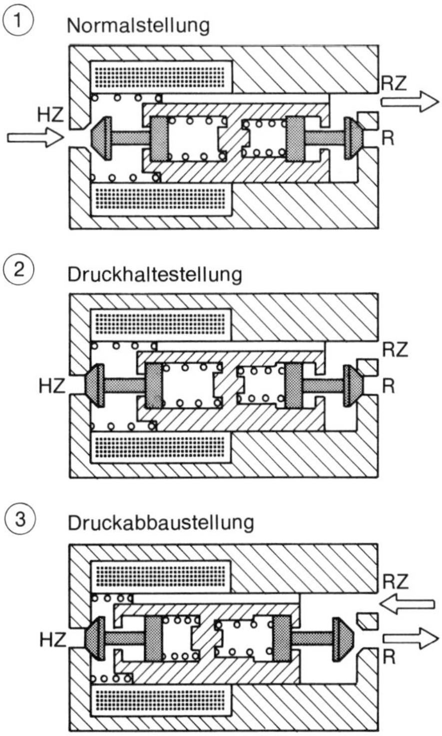

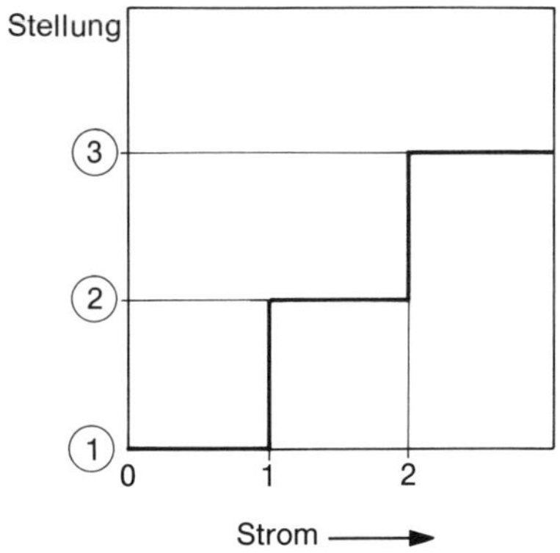

Bild 3.37 Funktion des ABS-3/3-Magnetventils (3 Anschlüsse/3 Stellungen) von Bosch

HZ Hauptbremszylinder
RZ Radbremszylinder
R Rücklauf

Das ABS greift in die Betriebsbremsanlage ein und unterliegt somit der Forderung nach großer Sicherheit. Eine *Sicherheitsschaltung* ist deshalb ein wichtiger Bestandteil des Systems. Es wird im wesentlichen auf Plausibilität geprüft, d.h., ob das Auftreten von Signalen und ihre Kombinationen logisch richtig und ob die Einschaltzeiten von Signalen physikalisch sinnvoll sind. Bei Fahrtbeginn und nach jedem Stillstand des Fahrzeugs wird ein Testzyklus eingeleitet, der den Regler, die Sicherheitsschaltung sowie die ganze Peripherie wie Sensoren, Relais, Kabelbaum und die elektrischen Teile der Hydraulikkomponenten austestet. Wird ein Fehler erkannt, wird das ABS abgeschaltet. Eine Warnlampe signalisiert dem Fahrer, daß dann nur die normale Betriebsbremse zur Verfügung steht.

Eine ausführliche Darstellung der theoretischen Grundlagen sowie die eingehende Beschreibung ausgeführter Antiblockiersysteme und Antriebsschlupfregelungen mit Meßergebnissen und deren Bewertung sind in [8] zu finden.

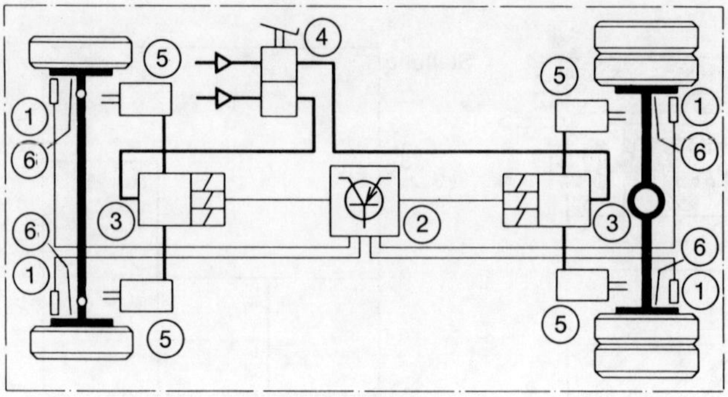

Bild 3.38
Schema des ABS bei einem 2-Achs-Nkw (Bosch)
1 Drehzahlfühler
2 Elektronisches Steuergerät
3 Drucksteuerventil
4 Betriebsbremsventil
5 Bremszylinder
6 Impulsring

3.4.4 ABS für Nutzkraftwagen

Nutzkraftwagen haben im Vergleich zu Pkw einige konstruktiv und einsatzbedingte Unterschiede, die beim Antiblockiersystem berücksichtigt werden müssen.

Nkw haben zum größten Teil pneumatische Bremsanlagen. Dies hat zur Folge, daß Druckaufbau und Druckabbau dynamisch langsamer sind als bei Pkw. Der Auf- und Abbau der Bremsmomente ist bei Nkw mit Hysterese behaftet. Diese Eigenschaften bedingen ein Drucksteuerventil mit großem Strömungsquerschnitt und kurzen Ansprechzeiten. Große Beladungsunterschiede, hohe dynamische Radlasten, unterschiedliche Achsausführungen, große Lenkrollhalbmesser erfordern andere Algorithmen als bei Pkw.

Die Komponenten des Nkw-ABS sind mit denen bei Pkw vergleichbar. Rad und Radbremse sind die gleichen Bauteile wie ohne ABS. An jedem Rad ist ein Drehzahlsensor angebracht. Außerdem gehören zu ABS die Regelelektronik und die Magnetregelventile. Das System moduliert die eingesteuerte Druckluft für jedes Rad, indem der Druck durch Ablassen in die Umgebung abgebaut, gehalten oder erneut aufgebaut wird. Bedingt durch die größeren Trägheitsmomente der Räder, ist die Regelfrequenz gegenüber Pkw niedriger; sie liegt bei 2 bis 3 Hz.

Auf einseitig glatter Fahrbahn (μ-Split) treten bei Nkw hohe Giermomente und wegen des großen Lenkrollhalbmessers auch ein Lenkmoment auf. Eine Select-low-Regelung kommt hier nicht in Frage, weil dadurch der Bremsweg zu sehr ansteigen würde. Bei einem zweiachsigen Nkw werden alle Räder individuell geregelt. Auch an der Hinterachse scheidet die Select-low-Regelung wegen unvertretbar langer Bremswege aus.

Um das hohe Giermoment zu vermeiden, wird bei dem *Mercedes-Benz/Wabco-ABS* an der Vorderachse eine modifizierte Individualregelung in Verbindung mit der Individualregelung der Hinterräder angewandt. Zur Verkleinerung der Gier- und Lenkmomente wird bei der *modifizierten Individualregelung* (MIR) das Bremsmoment auf der griffigeren Fahrbahnseite nicht sofort, sondern getaktet in kleinen Stufen aufgebaut. Durch eine entsprechende Regelung kann der Bremsdruckunterschied zwischen rechtem und linkem Bremszylinder ein bestimmtes Maß nicht überschreiten. Das Rad mit dem hohen Kraftschluß wird dadurch schwächer abgebremst. Ist der Kraftschluß rechts und links gleich groß, macht sich die Modifizierung nicht bemerkbar. Die Lenkachse wird dann praktisch individuell geregelt. Beim Anhänger, der mit einer in sich unabhängigen ABS-Anlage ausgerüstet ist, wird die Modifikation außer Kraft gesetzt.

Dauerbremsanlagen – wie *Retarder* – werden vom ABS ebenfalls überwacht und geregelt. Damit wird verhindert, daß die durch die Dauerbremsanlage verzögerte Antriebsachse blockiert und ausbricht.

Auch bei dreiachsigen Nkw ist es vorteilhaft, an der Vorderachse das MIR-Prinzip zu verwenden. Von den beiden Hinterachsen erfolgt die Sensierung nur an der zweiten, stärker belasteten Achse. Das Rad an der schwächer belasteten Achse wird an das sensierte Rad auf der gleichen Fahrzeugseite angeschlossen. Bei dieser Lösung werden die Räder der für die Bremsstabilität wichtigen zweiten Hinterachse geregelt, und die Räder der ersten Hinterachse erhalten seitenweise den gleichen Bremszylinderdruck.

Die *Zweiachsanlage* mit vier Sensoren kann nur bei solchen dreiachsigen Fahrzeugen verwendet werden, bei denen die beiden Hinterachsen in einem geringen Abstand voneinander sind. Dreiachsige Fahrzeuge mit großem Achsabstand (z. B. Gelenkbusse) werden mit *Dreiachsanlagen* mit 6 Sensoren versehen, um das Blockieren der Räder sicher zu verhindern. Die Bilder 3.38 und 3.39 zeigen schematisch das ABS von Bosch in den Ausführungen als Zweiachs- und Dreiachsanlage.

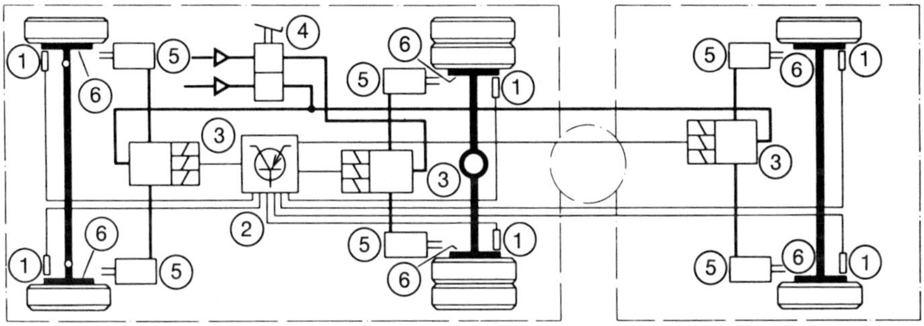

Bild 3.39 Schema des ABS bei einem 3-Achs-Gelenkbus (Bosch)

1 Drehzahlfühler
2 Elektronisches Steuergerät
3 Drucksteuerventil
4 Betriebsbremsventil
5 Bremszylinder
6 Impulsring

4 Lenkverhalten

4.1 Lineares Fahrzeugmodell für Querdynamik

Zur Untersuchung des Fahrzeugverhaltens bei Kurvenfahrt, aber auch zur besseren Erklärung der fahrdynamischen Zusammenhänge, werden mathematische Ersatzmodelle verwendet. Um das Fahrverhalten bis an die physikalischen Grenzen des Fahrbereichs erfassen zu können, sind sehr komplizierte nichtlineare Ersatzsysteme notwendig. Die grundsätzlichen Zusammenhänge im Querbeschleunigungsbereich bis etwa $4\,m/s^2$ lassen sich jedoch am übersichtlichsten an einem einfachen linearisierten Modell zeigen.

Bild 4.1
Einspur-Fahrzeugmodell bei Kurvenfahrt

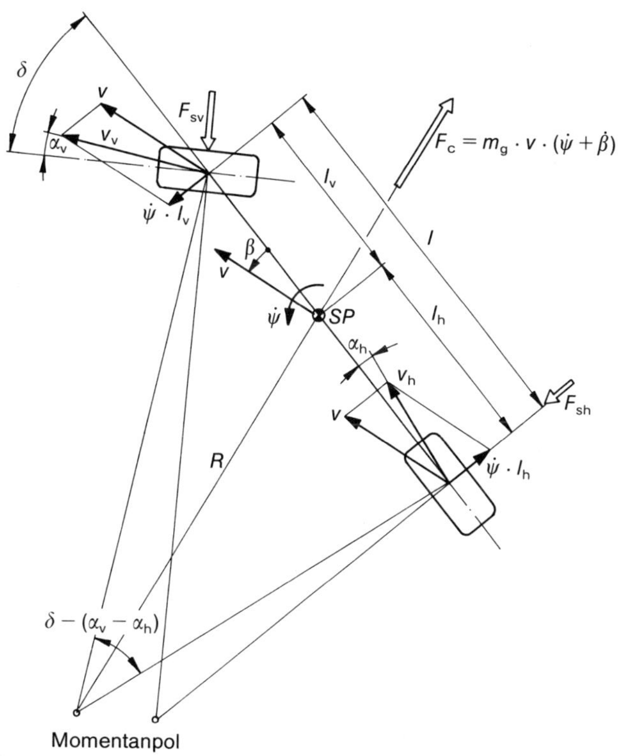

Das hier zur Aufstellung der Bewegungsgleichungen zugrunde gelegte lineare Einspurmodell mit zwei Freiheitsgraden (Gieren und Schwimmen) geht im wesentlichen auf die Arbeit von RIEKERT und SCHUNCK 1940 zurück. Seit jener Zeit wurde das Modell in gleicher oder in ähnlicher Form in der Literatur von zahlreichen Autoren wie WHITCOMB, MILLIKEN, SEGEL (1956) und insbesondere von MITSCHKE (1972) benutzt. Somit gilt es bis heute als Stand der Technik in der linearen Theorie der Fahrdynamik, das jeder damit befaßte Ingenieur kennen und als Handwerkszeug benützen sollte. Bild 4.1 zeigt das Fahrzeugmodell bei Kurvenfahrt.

Zur grundsätzlichen Vereinfachung werden keine Längskräfte und auch keine Radlaständerungen (Schwerpunkthöhe = null) berücksichtigt. Die Räder einer Achse können dann zu einem Rad in Achsmitte zusammengefaßt werden (Einspurmodell). Außerdem werden zunächst die Windeinflüsse nicht berücksichtigt.

Die Fahrgeschwindigkeit v im Schwerpunkt ist tangential zur Bahnkurve, die Querbeschleunigung $a_y = v^2/R$ zeigt zum Krümmungsmittelpunkt. Der Winkel zwischen v im Schwerpunkt und der Fahrzeuglängsachse ist der Schwimmwinkel β. Das Fahrzeug dreht sich um den Schwerpunkt mit der Giergeschwindigkeit $\dot{\psi}$.

In den Achsmitten wirken Seitenkräfte F_{sv} und F_{sh}, die mit der Fliehkraft F_c das Gleichgewicht halten. Die Räder laufen unter den Schräglaufwinkeln α_v und α_h zu ihrer Mittelebene (siehe Abschnitt 2.2.3). Die senkrechten Strahlen auf die Geschwindigkeitsvektoren schneiden sich im Momentanpol der Bewegung, der bei stationärer Kurvenfahrt im Kurvenmittelpunkt liegt. Als wesentliche Vereinfachung werden die Betrachtungen auf kleine Winkel beschränkt. In diesem Fall können der Sinus und der Tangens gleich dem Winkel im Bogenmaß und der Cosinus gleich 1 gesetzt werden.

Die Seitenkräfte werden aus dem Reifenkennfeld nach Bild 2.22 durch linearisierte Ausdrücke als Produkt der Schräglaufsteifigkeit C_R und des Schräglaufwinkels α dargestellt (s. auch Bild 5.14):

$$F_{sv} = C_{Rv} \cdot \alpha_v, \qquad F_{sh} = C_{Rh} \cdot \alpha_h \tag{Gl. 4.1}$$

Der Index R soll verdeutlichen, daß es sich hier um eine reine Reifensteifigkeit (N/rad siehe Bild 2.22) handelt.

Die Schräglaufwinkel α_v und α_h werden durch Schwimmwinkel und Giergeschwindigkeit ausgedrückt. Die resultierenden Geschwindigkeiten vorn v_v und hinten v_h ergeben sich durch vektorielle Addition der Schwerpunktgeschwindigkeit v und der anteiligen Geschwindigkeiten aus der Fahrzeugdrehung, $\dot{\psi} \cdot l_v$ vorn und $\dot{\psi} \cdot l_h$ hinten. Damit sind auch die Winkel zwischen v und v_v bzw. v_h mit $\dot{\psi} \cdot l_v/v$ bzw. $\dot{\psi} \cdot l_h/v$ bekannt. Nach Bild 4.2 gilt für kleine Winkel:

$$\alpha_v = \delta - \beta - \frac{\dot{\psi} \cdot l_v}{v}, \qquad \alpha_h = -\beta + \frac{\dot{\psi} \cdot l_h}{v} \tag{Gl. 4.2}$$

Diese Zusammenhänge gelten für starre Lenkung und Radaufhängung. Durch die Lenkungs- und Radaufhängungselastizitäten bewirkt jedoch die Seitenkraft

Bild 4.2 Winkel zwischen Fahrzeuglängsachse x und Geschwindigkeitsvektoren.

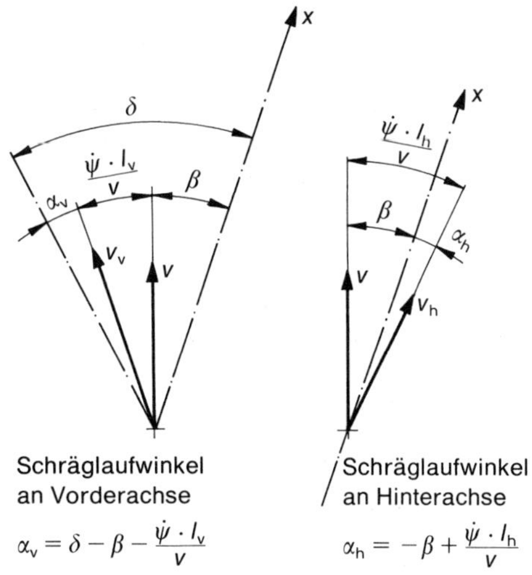

sowohl an Vorder- als auch an der Hinterachse zusätzliche Lenkeinschläge, die für das Lenkverhalten von großer Bedeutung sind. Diese Einflüsse werden durch Modifizierung der Schräglaufsteifigkeiten C_{Rv} und C_{Rh} berücksichtigt. In die Rechnung müssen die im Abschnitt 5.2.3 erläuterten wirksamen Steifigkeitskoeffizienten eingesetzt werden. Diese werden mit C_v und C_h bezeichnet.

Nach diesen Vorbereitungen können die Bewegungsgleichungen aus der Bedingung von Kräfte- und Momentengleichgewicht abgeleitet werden. Mit der Fahrzeugmasse m_g und dem Gierträgheitsmoment J_{gz} ergibt sich Kräftegleichgewicht in Querrichtung:

$$m_g \cdot v \cdot (\dot{\psi} + \dot{\beta}) = F_{sv} + F_{sh} \qquad \text{(Gl. 4.3)}$$

Momentengleichgewicht um die Schwerpunkthochachse:

$$J_{gz} \cdot \ddot{\psi} = F_{sv} \cdot l_v - F_{sh} \cdot l_h \qquad \text{(Gl. 4.4)}$$

Die Gleichungen 4.1 und 4.2 in Gleichung 4.3 und Gleichung 4.4 eingesetzt, ergeben sich nach Umformungen die Bewegungsgleichungen für das Einspurmodell:

$$m_g \cdot v \cdot \dot{\beta} + \frac{1}{v} \cdot (m_g \cdot v^2 + C_v \cdot l_v - C_h \cdot l_h) \cdot \dot{\psi} + (C_v + C_h) \cdot \beta - C_v \cdot \delta = 0 \qquad \text{(Gl. 4.5)}$$

$$J_{gz} \cdot \ddot{\psi} + \frac{1}{v} \cdot (C_v \cdot l_v^2 + C_h \cdot l_h^2) \cdot \dot{\psi} - (C_h \cdot l_h - C_v \cdot l_v) \cdot \beta - C_v \cdot l_v \cdot \delta = 0 \qquad \text{(Gl. 4.6)}$$

Mit den Bezeichnungen C_v und C_h sind die resultierenden Steifigkeiten aus Reifen-, Radaufhängungs- und Lenkungselastizität berücksichtigt. Angaben über das

Gierträgheitsmoment – auch *Massenträgheitsmoment* genannt – enthalten die Bände [1], [4] und [9].

In den folgenden Abschnitten werden mit diesem Modell die grundsätzlichen Zusammenhänge im linearen Querbeschleunigungsbereich untersucht.

4.2 Stationäres Lenkverhalten

4.2.1 Stationäre Kreisfahrt, Ackermannwinkel

Bild 4.3 zeigt das Einspur-Fahrzeugmodell bei Kreisfahrt. Bei langsamer Fahrt treten keine Seitenkräfte und damit auch keine Schräglaufwinkel an den Rädern auf.

Die Räder rollen in diesem Fall ohne seitlichen Schlupf. Die senkrechten Strahlen auf die Geschwindigkeitsvektoren treffen sich im Kreismittelpunkt, der für die Bedingung des seitenschlupffreien Rollens auf der Verlängerung der Hinterachse liegen muß. Der hierzu gehörende Vorderradeinschlagwinkel, mit δ_A bezeichnet, kann aus der Geometrie ermittelt werden:

$$\tan \delta_A = \frac{l}{\sqrt{R^2 - l_h^2}} \qquad \text{(Gl. 4.7)}$$

für kleine Winkel gilt:

$$\delta_A = \frac{l}{R} \qquad \text{(Gl. 4.8)}$$

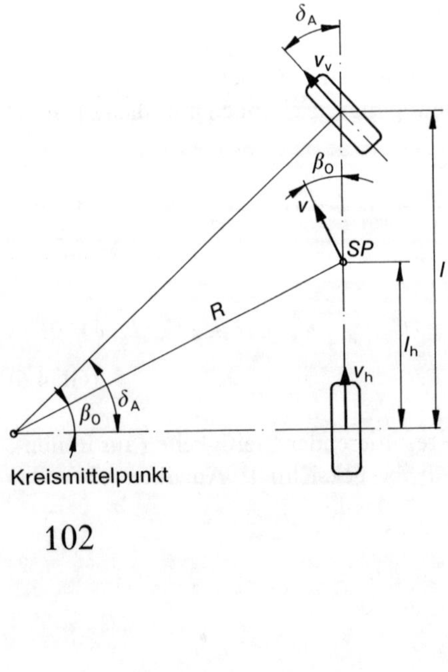

Bild 4.3 Einspur-Fahrzeugmodell bei langsamer Kreisfahrt ohne Seitenkräfte (langsames Rollen)

Dieser Einschlagwinkel heißt *Ackermannwinkel,* benannt nach dem Londoner Vertreter des Münchner Wagenbauers LANKENSPERGER. Er ließ 1817 das erste Patent auf eine Achsschenkellenkung durch ACKERMANN anmelden. Von ihm wurde vorgeschlagen, die unhandliche Drehschemellenkung im Kutschenbau durch einzelgelenkte Vorderräder zu ersetzen. Um einwandfreies Rollen aller vier Räder zu gewährleisten, wurden die Vorderräder bei Kurvenfahrt so eingestellt, daß sich die Verlängerung der Radachsen auf der Verlängerung der Hinterachse schneiden. Für die zur Erfüllung dieser Bedingung erforderlichen Einschlagwinkel blieb bis heute die Bezeichnung Ackermannwinkel erhalten.

Aufgrund der Kurvengeometrie ergibt sich auch bei schlupffreiem Rollen ein Schwimmwinkel β_0 im Schwerpunkt, der mit dem Ackermannwinkel ausgedrückt werden kann:

$$\beta_0 = \frac{l_h}{R} = \delta_A \cdot \frac{l_h}{l} \qquad \text{(Gl. 4.9)}$$

Wenn bei Kreisfahrt die Geschwindigkeit größer wird, rollen die Räder nicht mehr schlupffrei, sondern unter Schräglaufwinkeln, und der Momentanpol ändert seine Lage (Bild 4.4).

Die Schräglaufwinkel können nach Gleichung 4.1 berechnet werden. Dabei müssen die an den Achsen wirksamen Schräglaufkoeffizienten C_v und C_h eingesetzt werden (s. auch Bild 5.14):

$$\alpha_v = \frac{F_{sv}}{C_v} = \frac{m_g}{C_v} \cdot \frac{l_h}{l} \cdot \frac{v^2}{R} \qquad \text{(Gl. 4.10)}$$

$$\alpha_h = \frac{F_{sh}}{C_h} = \frac{m_g}{C_h} \cdot \frac{l_v}{l} \cdot \frac{v^2}{R} \qquad \text{(Gl. 4.11)}$$

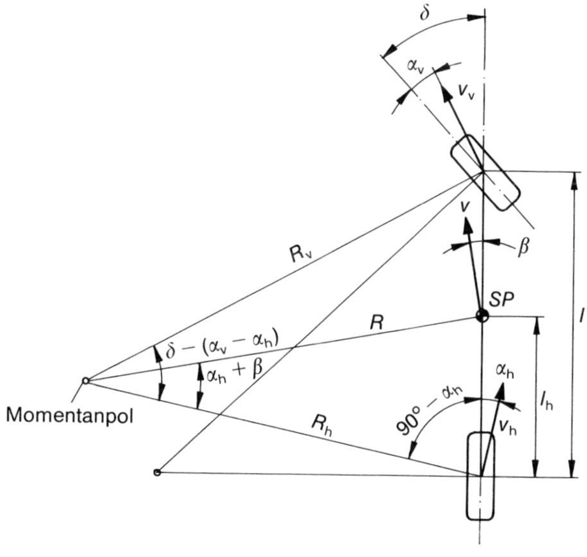

Bild 4.4 Einspur-Fahrzeugmodell bei schneller Kreisfahrt.

Für die Achsseitenkräfte wurden die Ausdrücke aus Abschnitt 2.1.2 (Bild 2.7) eingesetzt.

Die für die Fahrzeugbewegung wichtige Schräglaufwinkeldifferenz zwischen Vorder- und Hinterachse läßt sich aus den Gleichungen 4.10 und 4.11 berechnen:

$$\alpha_v - \alpha_h = \frac{m_g \cdot (C_h \cdot l_h - C_v \cdot l_v)}{l \cdot C_v \cdot C_h} \cdot \frac{v^2}{R} \qquad \text{(Gl. 4.12)}$$

$\alpha_v - \alpha_h$ ist – wie später durch die Gleichungen 4.13a und 4.23 gezeigt wird – gleich dem zusätzlichen Radeinschlag, der bei steigender Geschwindigkeit zum Ackermannwinkel addiert werden muß, um auf dem gleichen Kreisradius zu bleiben.

Für den Kurvenradius R_v kann nach dem Sinussatz geschrieben werden (Bild 4.4):

$$R_v = l \cdot \frac{\sin(90° - \alpha_h)}{\sin[\delta - (\alpha_v - \alpha_h)]} = \frac{\cos \alpha_h}{\sin[\delta - (\alpha_v - \alpha_h)]}$$

Da für kleine Winkel der Cosinus $= 1$ und der Sinus gleich dem Winkel im Bogenmaß sowie $R_v \approx R$ gesetzt werden können, wird der Kurvenradius in Abhängigkeit von der Schräglaufwinkeldifferenz:

$$R = \frac{l}{\delta - (\alpha_v - \alpha_h)} \qquad \text{(Gl. 4.13)}$$

Der Vorderradeinschlagwinkel ist also auch eine Funktion der Schräglaufwinkeldifferenz. Aus Gleichung 4.13 ergibt sich:

$$\delta = \frac{l}{R} + \alpha_v - \alpha_h \qquad \text{(Gl. 4.13a)}$$

Der Schwimmwinkel ergibt sich ebenfalls durch Anwenden des Sinussatzes nach Bild 4.4:

$$\frac{R_h}{l_h} = \frac{\sin(90° - \beta)}{\sin(\alpha_h + \beta)} \cong \frac{1}{\alpha_h + \beta} \qquad \text{(Gl. 4.14)}$$

und daraus unter Berücksichtigung der Gleichungen 4.11 und 4.13:

$$\beta = \frac{l_h}{R} - \frac{m_g}{C_h} \cdot \frac{l_v}{l} \cdot \frac{v^2}{R} \qquad \text{(Gl. 4.15)}$$

Weitere Einzelheiten enthalten die Abschnitte *Lenkwinkel* und *Lenkübersetzung* in [1].

4.2.2 Statische Lenkempfindlichkeit

Einen wichtigen Einfluß auf das Lenkverhalten eines Fahrzeugs hat die Lenkempfindlichkeit. Sie sagt aus, wie stark das Fahrzeug auf einen Lenkeinschlag reagiert.

Die Lenkempfindlichkeit nach DIN 70000 ist das Verhältnis der Änderung der Schwerpunktbahnkrümmung zur Änderung des Lenkradwinkels:

$$\frac{d\varkappa}{d\delta_H}$$

In der SAE-Terminologie wird anstatt der Krümmung die Querbeschleunigung verwendet:

$$\frac{d a_y}{d\delta_H}$$

Bei langsamer, querkraftfreier Fahrt gilt für den Lenkradwinkel δ_H mit der Gesamtlenkübersetzung i_S:

$$\delta_H = i_S \cdot \delta_A$$

(i_S liegt zwischen 14 und 22, siehe [2]).

Für die Bahnkrümmung kann in diesem Fall $1/R$ gesetzt werden. Unter Berücksichtigung von Gleichung 4.8 wird damit die Lenkempfindlichkeit bei $v \approx 0$:

$$\left.\frac{d\varkappa}{d\delta_H}\right|_0 = \frac{1}{i_S \cdot l} \qquad \text{(Gl. 4.16)}$$

Dieser Ausdruck wird *statische Lenkempfindlichkeit* genannt. Sie ist eine Fahrzeugkonstante und hängt nur vom Radstand und der Gesamtlenkübersetzung ab.

4.2.3 Eigenlenkverhalten, Unter- und Übersteuern

Wenn bei Kreisfahrt auf einem konstanten Radius die Fahrgeschwindigkeit vom langsamen Rollen aus gesteigert wird, muß der Lenkeinschlag verändert werden. Der für das Befahren des gleichen Kreisradius erforderliche zusätzliche Radeinschlag zum Ackermannwinkel wird durch das Eigenlenkverhalten des Fahrzeugs bestimmt. Der Begriff *Eigenlenkverhalten* umfaßt, wie auch der Name bereits ausdrückt, die vom Fahrereinfluß unabhängigen Lenkeigenschaften des Fahrzeugs. Radlastverteilung, Kinematik und Elastizitäten der Radaufhängungen und der Lenkung sowie die Reifeneigenschaften spielen hier eine wichtige Rolle. Zur Charakterisierung werden die Begriffe *Unter*- und *Über*steuern sowie *neutrales Verhalten* benutzt.

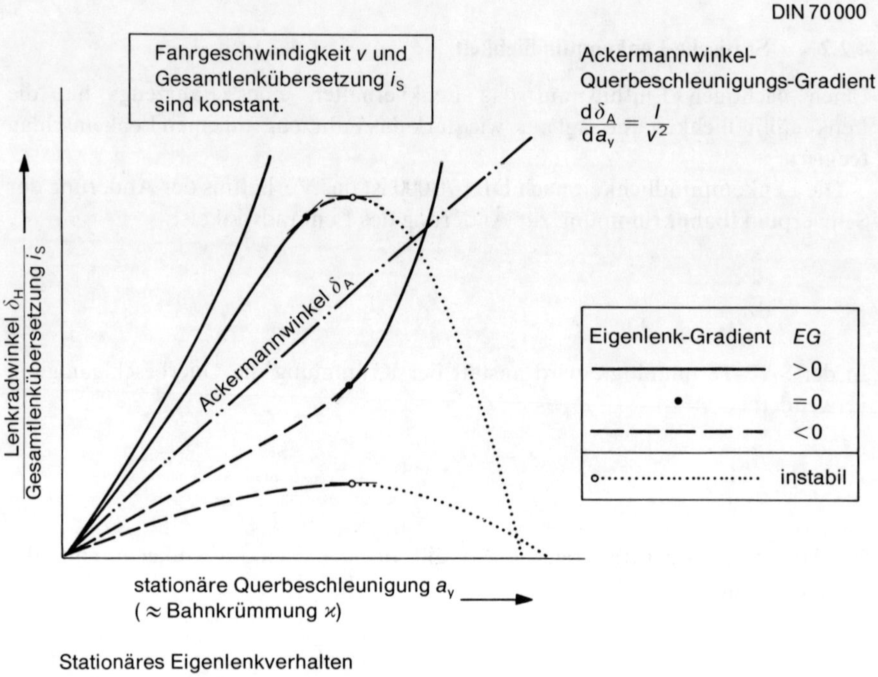

Bild 4.5 Verschiedene Eigenlenk-Gradienten *EG* bei gleicher statischer Lenkempfindlichkeit. *EG* hat die Dimension rad · s^2/m.

Seit den ersten Forschungsarbeiten auf diesem Gebiet, ab etwa Mitte der dreißiger Jahre, wurden diesen Begriffen verschiedene Definitionen zugeordnet, die zum Teil auch heute noch gebraucht werden. Nach einer der frühesten Definitionen werden die mittleren Schräglaufwinkel der Vorder- und Hinterachse verglichen. Bei größeren Schräglaufwinkeln vorn hat das Fahrzeug danach ein untersteuerndes, im umgekehrten Fall ein übersteuerndes Verhalten. Neutrales Verhalten ergibt sich, wenn die Schräglaufwinkel vorn und hinten gleich sind (Olley 1936). Eine sinnvolle und praxisbezogene Definition des Eigenlenkverhaltens muß aus Sicherheitsgründen das Empfinden des Fahrers berücksichtigen. Da er die Schräglaufwinkel nicht unmittelbar spüren und beeinflussen kann und da sie auch meßtechnisch nur sehr schwer zu ermitteln sind, wird der Schräglaufwinkelvergleich heute kaum noch als Kriterium verwendet. In der Praxis setzt sich immer mehr die mit der SAE-Terminologie 1965 eingeführte Definition des Lenkradwinkelgradienten durch. Der Fahrer hat über das Lenkrad den direkten Kontakt mit dem Fahrzeug und kann die Informationen über Lenkradmoment und Lenkradwinkel sehr schnell erfassen. Diese für den stationären Zustand gültige Definition wurde auch in DIN 70000 durch Einführen des Begriffs des *Eigenlenkgradienten EG* übernommen. Die Definition nach DIN 70000 lautet:

«Der Eigenlenkgradient ist die Differenz zwischen dem Verhältnis des Lenkradwinkel-Querbeschleunigungsgradienten zur Gesamtlenkübersetzung und dem Ackermannwinkel-Querbeschleunigungs-Gradienten» (s. Gleichung 4.18).

Den Begriffen «untersteuernd», «neutral» und «übersteuernd» werden Eigenlenkgradienten größer null, gleich null und kleiner null zugeordnet.

Bild 4.5 (aus DIN 70000) zeigt, daß der Wert *EG* bei stationärer Kreisfahrt mit einer Konstanten Fahrgeschwindigkeit über der Querbeschleunigung (d. h. auf verschiedenen Radien) bestimmt wird. Anstelle der Querbeschleunigung kann auf der Abszisse des Diagramms auch die Bahnkrümmung $\varkappa$ stehen, weil bei $v =$ konst. zwischen a_y und $\varkappa$ ein linearer Zusammenhang besteht:

$$\varkappa = \frac{a_y}{v^2}, \quad \text{wobei} \quad \varkappa = \frac{1}{R} \quad \text{und} \quad a_y = \frac{v^2}{R} \quad \text{sind.}$$

Der Ackermannwinkel ist im Querbeschleunigungsdiagramm eine Gerade mit der Neigung l/v^2:

$$\frac{\delta_A}{a_y} = \frac{l/R}{v^2/R} \quad \text{d.h.}$$

$$\delta_A = \frac{l}{v^2} \cdot a_y \qquad \text{(Gl. 4.17)}$$

Durch die Darstellung des stationären Eigenlenkverhaltens nach DIN 70000 mit $v =$ konst. als Parameter wird dem wichtigen Einfluß der Fahrgeschwindigkeit Rechnung getragen. Aus dem Verlauf der Kurven für verschiedene Geschwindigkeiten kann eine praxisbezogene Deutung des Eigenlenkverhaltens abgeleitet werden. Da jedoch zur Ermittlung des Eigenlenkgradienten nach dieser Methode eine sehr große Testfläche erforderlich ist, die in den meisten Fällen nicht zur Verfügung steht, wird in der Praxis oft auf einer Kreisbahn mit konstantem Radius gemessen. Aus diesem praktischen Grund wurde auch in DIN/ISO 4138 der stationäre Kreisfahrtest auf einem konstanten Radius von 30 m bis 50 m genormt. Bei dieser Methode wird der Ackermannwinkel durch eine mit der a_y-Achse parallele Gerade dargestellt. Der Ackermannwinkel-Querbeschleunigungsgradient ist gleich null.

Im Bild 4.6 sind beide Methoden gegenübergestellt. Die Bedingung

$EG > 0$ untersteuernd

$EG = 0$ neutral

$EG < 0$ übersteuernd

gilt für beide Fälle, der Wert von *EG* kann jedoch bei demselben Fahrzeug für die gleiche Querbeschleunigung verschieden sein, weil die Fahrgeschwindigkeiten unterschiedlich sind. Bei der Konstant-Radius-Methode werden, bedingt durch die

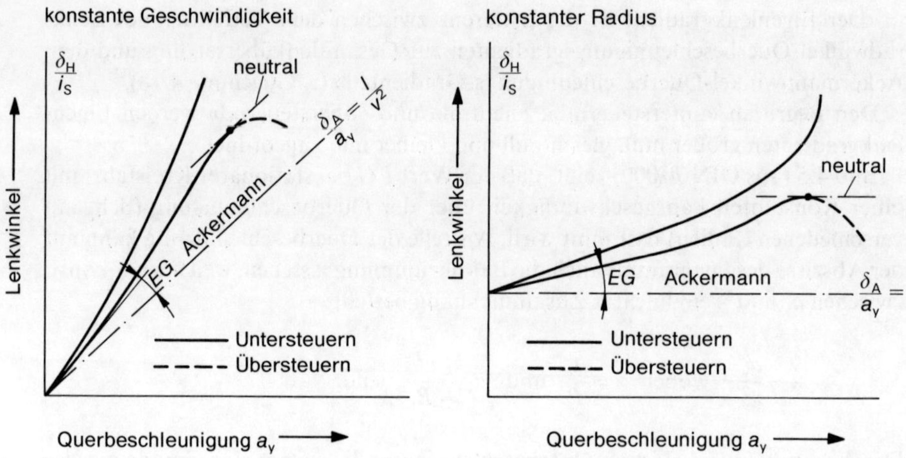

Bild 4.6 Gegenüberstellung der Methoden zur Bestimmung des Eigenlenkverhaltens aus Kreisfahrtests. Konstante Geschwindigkeit auf verschiedenen Radien – konstanter Radius mit verschiedenen Geschwindigkeiten. Der Eigenlenk-Gradient *EG* ist die Differenz zwischen der Steigung der Lenkradwinkelkurve und der Ackermanngeraden über der Querbeschleunigung.

Radiusgröße von 30 m bis 50 m, Geschwindigkeiten nur bis max. etwa 70 km/h erfaßt. (Messungen bei Kreisfahrt siehe Abschnitt 6.5.4)

Im Hinblick auf die aktive Sicherheit in kritischen Situationen ist jedoch die Veränderung des Eigenlenkverhaltens, auch bei höheren Geschwindigkeiten über 100 km/h, interessant.

4.2.4 Bestimmung des Eigenlenkgradienten

Nach der Definition des Eigenlenkgradienten in DIN 70000 ist:

$$EG = \frac{1}{i_S} \cdot \frac{d\delta_H}{da_y} - \frac{d\delta_A}{da_y} \quad \left[\frac{\text{rad} \cdot \text{s}^2}{\text{m}}\right] \tag{Gl. 4.18}$$

Daraus folgt der für die stationäre Kreisfahrt erforderliche Lenkradwinkel im linearen Bereich

$$\delta_H = i_S \cdot \delta_A + i_S \cdot EG \cdot a_y \tag{Gl. 4.19}$$

da in diesem Bereich die Bezeichnung für differentielle Größen d weggelassen werden kann.

Der Lenkwinkel ergibt sich nach Einsetzen der Beziehung:

$$\delta = \frac{\delta_H}{i_S}$$

in Gleichung 4.19 zu:

$$\delta = \delta_A + EG \cdot a_y \qquad \text{(Gl. 4.19a)}$$

Der Eigenlenkgradient bestimmt nach Gleichung 4.19a die Größe des zum Ackermannwinkel zu addierenden zusätzlichen Lenkeinschlags. Er beinhaltet damit die Summe sämtlicher Unter- bzw. Übersteuereigenschaften eines Fahrzeugs. Der *EG* ist im linearen Querbeschleunigungsbereich ($a_y \leqq 4\,\text{m/s}^2$) eine Konstante, darüber ändert er sich mit der Querbeschleunigung. Bild 4.7 soll die Zusammenhänge für die Fälle v = konst. und R = konst. verdeutlichen.

Der Zusammenhang zwischen *EG* und den Fahrzeugparametern kann für den linearen Bereich aus den Bewegungsgleichungen 4.5 und 4.6 abgeleitet werden.

Bild 4.7
Grafische Bestimmung des Eigenlenk-Gradienten *EG* aus verschiedenen Kreisfahrtmessungen

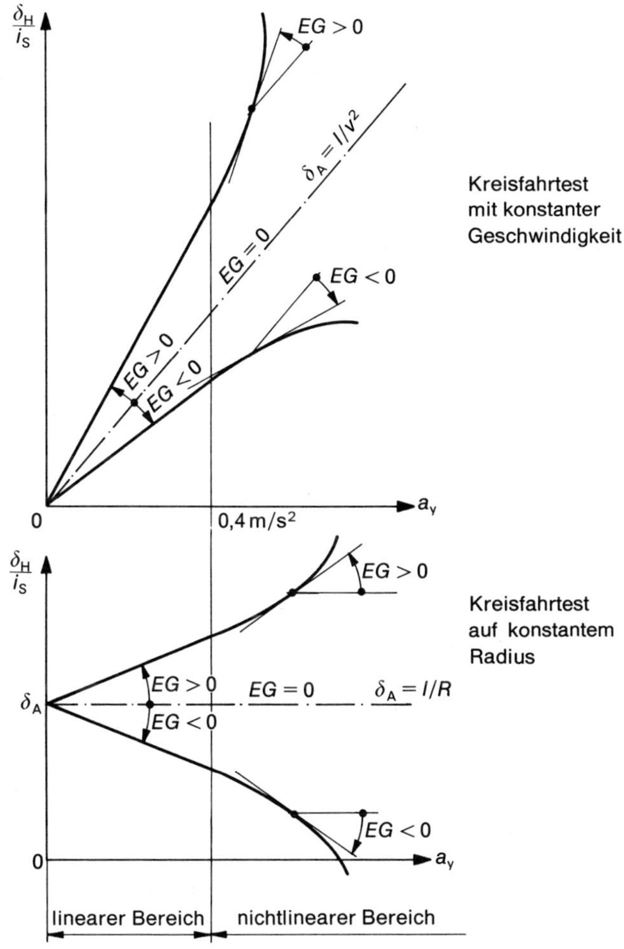

Bei stationärer Kreisfahrt sind der Schwimmwinkel und die Giergeschwindigkeit konstant, d.h.:

$$m_g \cdot v \cdot \dot{\beta} = 0 \quad \text{und} \quad J_{gz} \cdot \ddot{\psi} = 0$$

Das Differentialgleichungssystem 4.5 und 4.6 kann nach dieser Vereinfachung in algebraische Gleichungen übergeführt werden.

Mit den Abkürzungen:

$$\left.\begin{aligned} &A_1 = \frac{1}{v} \cdot (m_g \cdot v^2 + C_v \cdot l_v - C_h \cdot l_h), \quad A_2 = \frac{1}{v} \cdot (C_v \cdot l_v^2 + C_h \cdot l_h^2) \\ &B_1 = C_v + C_h, \quad B_2 = C_h \cdot l_h - C_v \cdot l_v \\ &C_1 = C_v, \quad C_2 = C_v \cdot l_v \end{aligned}\right\} \quad \text{(Gl. 4.20)}$$

bekommt das Gleichungssystem die Form:

$$\begin{aligned} A_1 \cdot \dot{\psi} + B_1 \cdot \beta - C_1 \cdot \delta = 0 \\ A_2 \cdot \dot{\psi} - B_2 \cdot \beta - C_2 \cdot \delta = 0 \end{aligned} \quad \text{(Gl. 4.21)}$$

β, aus beiden Gleichungen ausgedrückt und gleichgesetzt, wird:

$$\frac{1}{B_1} \cdot (-A_1 \cdot \dot{\psi} + C_1 \cdot \delta) = \frac{1}{B_2} \cdot (A_2 \cdot \dot{\psi} - C_2 \cdot \delta)$$

Daraus kann der für stationäre Kreisfahrt erforderliche Lenkwinkel δ ermittelt werden:

$$\delta = \frac{A_1 \cdot B_2 + A_2 \cdot B_1}{B_1 \cdot C_2 + B_2 \cdot C_1} \cdot \dot{\psi} \quad \text{(Gl. 4.22)}$$

Die Abkürzungen nach Gleichung 4.20 in Gleichung 4.22 wieder eingesetzt und den Zusammenhang $\dot{\psi} = v/R$ berücksichtigt, ergibt für den Lenkwinkel:

$$\delta = \frac{l}{R} + \frac{m_g \cdot (C_h \cdot l_h - C_v \cdot l_v)}{l \cdot C_v \cdot C_h} \cdot \frac{v^2}{R} \quad \text{(Gl. 4.23)}$$

Weil $l/R = \delta_A$ und $v^2/R = a_y$ sind, ist Gleichung 4.23 identisch mit Gleichung 4.19a. Danach ist

$$EG = \frac{m_g \cdot (C_h \cdot l_h - C_v \cdot l_v)}{l \cdot C_v \cdot C_h} \quad \left[\frac{\text{rad} \cdot \text{s}^2}{\text{m}}\right] \quad \text{(Gl. 4.24)}$$

Aus Gleichung 4.12 ergibt sich weiterhin:

$$EG = (\alpha_v - \alpha_h)\frac{R}{v^2} \qquad \text{(Gl. 4.24a)}$$

Zahlenwerte sind in den Bildern 5.3, 5.4 und 5.28 zu finden.

Der Eigenlenkgradient ist demnach im linearen Bereich ($a_y \leqq 4\,\text{m/s}^2$) eine Fahrzeugkonstante, die von Masse, Schwerpunktlage und Radstand des Fahrzeugs sowie von den wirksamen Schräglaufsteifigkeiten an der Vorder- und Hinterachse abhängt.

Der in der Literatur vorwiegend in amerikanischen Veröffentlichungen benützte Stabilitätsfaktor K entspricht EG nach Gleichung 4.24 bzw. EG/l.

Die Bedingung $EG = 0$ bedeutet, daß der Zähler in Gleichung 4.24 = 0 ist. Weil die Masse m_g nicht null sein kann, muß:

$$C_h \cdot l_h - C_v \cdot l_v = 0$$

sein. Das heißt:

$$C_h \cdot l_h = C_v \cdot l_v \qquad \text{neutrales Verhalten}$$

$EG > 0$ ergibt:

$$C_h \cdot l_h > C_v \cdot l_v \qquad \text{Untersteuern}$$

und $EG < 0$ ergibt:

$$C_h \cdot l_h < C_v \cdot l_v \qquad \text{Übersteuern}$$

Die für die Bestimmung des Eigenlenkverhaltens oft verwendete Schräglaufwinkeldifferenz $\alpha_v - \alpha_h$ kann aus der Gleichung 4.24a mit EG ausgedrückt werden:

$$\alpha_v - \alpha_h = EG \cdot \frac{v^2}{R} \qquad \text{(Gl. 4.25)}$$

Daraus ist es ersichtlich, daß die Bedingungen

$$\alpha_v - \alpha_h \begin{cases} = 0 & \text{neutrales Verhalten} \\ > 0 & \text{Untersteuern} \\ < 0 & \text{Übersteuern} \end{cases}$$

das gleiche aussagen wie EG.

4.2.5 Charakteristische und kritische Geschwindigkeit

Zur Erklärung des Eigenlenkverhaltens wurde in den vorhergehenden Abschnitten ermittelt, was der Fahrer am Lenkrad tun muß, um auf einem gegebenen Kreisradius mit einer bestimmten Querbeschleunigung zu fahren. Um die Zusammenhänge im Gesamtsystem Fahrer–Fahrzeug besser zu erkennen, muß auch die Reaktion des Fahrzeugs auf die Lenkwinkeleingabe untersucht werden. Nach der aus der Regelungstechnik bekannten Methode wird die Ausgangsgröße $\dot{\psi}$ auf die Eingangsgröße δ_H bezogen. Das Verhältnis Giergeschwindigkeit/Lenkradwinkel wird im stationären Bereich *Gierverstärkungsfaktor* genannt. Die Bezeichnungen *Gierreaktion* oder *Kreisfahrtwert* sind auch gebräuchlich. Im instationären Bereich wird von Übertragungsfunktion gesprochen.

Der Gierverstärkungsfaktor wird aus den Bewegungsgleichungen 4.5 und 4.6, Abschnitt 4.1, ermittelt. Gleichung 4.22 zeigt den Zusammenhang zwischen δ und $\dot{\psi}$. Mit $\delta = \delta_H / i_S$ wird daraus:

$$\frac{\dot{\psi}}{\delta_H / i_S} = \frac{B_1 \cdot C_2 + B_2 \cdot C_1}{A_1 \cdot B_2 + A_2 \cdot B_1} \qquad \text{(Gl. 4.26)}$$

Werden die Gleichungen 4.20 und 4.24 in Gleichung 4.26 eingesetzt, wird der Gierverstärkungsfaktor:

$$\left(\frac{\dot{\psi}}{\delta_H / i_S}\right)_{stat} = \frac{v}{l + EG \cdot v^2} \qquad \text{(Gl. 4.27)}$$

Diese Funktion, über der Fahrgeschwindigkeit aufgetragen, ergibt die in Bild 4.8 gezeigten Kurvenformen.

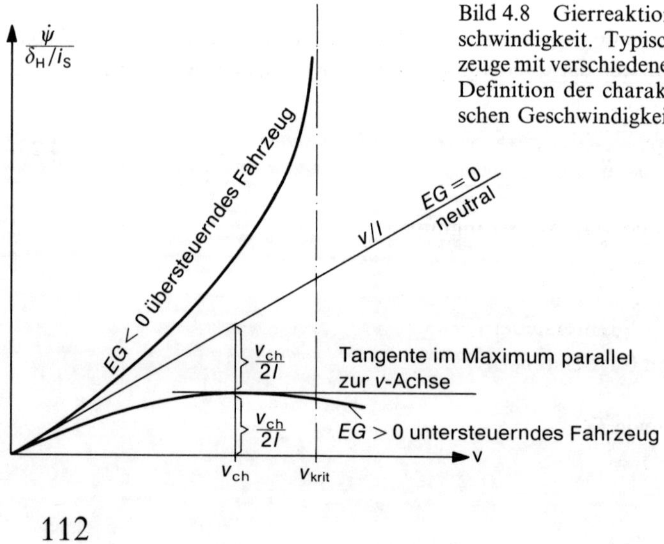

Bild 4.8 Gierreaktion über der Fahrgeschwindigkeit. Typische Kurven für Fahrzeuge mit verschiedenen Eigenlenkverhalten. Definition der charakteristischen und kritischen Geschwindigkeit, v_{ch} und v_{krit}.

Die Kurve für ein untersteuerndes Fahrzeug hat ein Maximum, die dazugehörende Geschwindigkeit wird *charakteristische Geschwindigkeit*, v_{ch}, genannt.

Die Kurve für ein übersteuerndes Fahrzeug strebt bei einer bestimmten Geschwindigkeit gegen ∞. Diese Geschwindigkeit wird *kritische Geschwindigkeit*, v_{krit}, genannt.

Die Kurve für das neutral steuernde Fahrzeug ergibt eine Gerade mit der Steigung $1/l$. Das ist leicht einzusehen, weil:

$$\frac{\dot{\psi}}{\delta_A} = \frac{v/R}{l/R} = \frac{1}{l} \cdot v \qquad \text{(Gl. 4.28)}$$

v_{ch} wird aus der Bedingung berechnet, daß im Maximum der Kurve die Tangente parallel zur v-Achse ist, d.h., daß die Ableitung nach v gleich null sein muß. Nach den Grundregeln für das Differenzieren ist die Ableitung eines Bruchs von der Form der Gleichung 4.27:

$$\frac{\mathrm{d}\left(\frac{\dot{\psi}}{\delta_H/i_S}\right)}{\mathrm{d}v} = \frac{l - EG \cdot v^2}{(l + EG \cdot v^2)^2} \qquad \text{(Gl. 4.29)}$$

Gleichung 4.29 ist gleich null, wenn der Zähler gleich null ist:

$$l - EG \cdot v^2 = 0$$

und daraus:

$$v_{ch}^2 = \frac{l}{EG} \qquad \text{(Gl. 4.30)}$$

bzw. EG, nach Gleichung 4.24 eingesetzt:

$$v_{ch}^2 = \frac{l^2 \cdot C_v \cdot C_h}{m_g \cdot (C_h \cdot l_h - C_v \cdot l_v)} \qquad \text{(Gl. 4.31)}$$

Die Anfangssteigung der Funktion nach Gleichung 4.27 ergibt sich mit $v = 0$ aus Gleichung 4.29:

$$\left.\frac{\mathrm{d}\left(\frac{\dot{\psi}}{\delta_H/i_S}\right)}{\mathrm{d}v}\right|_{v=0} = \frac{1}{l}$$

Diese ist gleich mit der Steigung der Geraden für das neutral steuernde Fahrzeug (siehe Gleichung 4.28). Interessant ist noch die Größe des Maximums, d.h. der

Funktionswert bei v_{ch}. Mit $EG = l/v_{ch}^2$ nach Gleichung 4.30 wird aus Gleichung 4.27:

$$\left.\frac{\dot{\psi}}{\delta_H/i_S}\right|_{v=v_{ch}} = \frac{v_{ch}}{l + \frac{l}{v_{ch}^2} \cdot v_{ch}^2} = \frac{1}{2 \cdot l} \cdot v_{ch}$$

Weil $\frac{v_{ch}}{l}$ der Wert des neutral steuernden Fahrzeugs an der Stelle v_{ch} ist, ist das Maximum der Gierreaktion eines untersteuernden Fahrzeugs genau die Hälfte des Werts für ein neutral steuerndes Fahrzeug.

Es läßt sich zeigen, daß der Lenkeinschlag bei der charakteristischen Geschwindigkeit im Konstant-Radius-Test genau den doppelten Wert des Ackermannwinkels hat. Aus Gleichung 4.19 gilt für v_{ch}:

$$\delta = \delta_A + EG \cdot \frac{v_{ch}^2}{R}$$

Gleichung 4.8 und Gleichung 4.30 eingesetzt, wird der Lenkeinschlag bei der charakteristischen Geschwindigkeit:

$$\delta\,|_{v=v_{ch}} = \frac{l}{R} + EG\,\frac{l}{EG \cdot R} = 2 \cdot \frac{l}{R} = 2 \cdot \delta_A \qquad \text{(Gl. 4.32)}$$

Die kritische Geschwindigkeit wird aus der Bedingung bestimmt, daß an dieser Stelle die Steigung der Kurve $= \infty$ ist. Dies bedeutet, daß der Nenner in Gleichung 4.29 gleich null sein muß. Demnach ist:

$$l + EG \cdot v_{krit}^2 = 0$$

und daraus:

$$v_{krit}^2 = -\frac{l}{EG}$$

bzw. *EG* nach Gleichung 4.24 mit Minus-Vorzeichen eingesetzt:

$$v_{krit}^2 = \frac{l^2 \cdot C_v \cdot C_h}{m_g \cdot (C_v \cdot l_v - C_h \cdot l_h)} \qquad \text{(Gl. 4.33)}$$

Da alle heutigen Fahrzeuge untersteuernd ausgelegt sind, haben sie keine kritische Geschwindigkeit. v_{krit} hat deshalb nur eine theoretische Bedeutung. Diese Aussage gilt strenggenommen nur für den linearen Bereich (Instabilität siehe Abschnitt 4.3.2).

Bild 4.9
Bestimmung von charakteristischer Geschwindigkeit und *EG* aus der Kreisfahrtmessung am 100-m-Radius

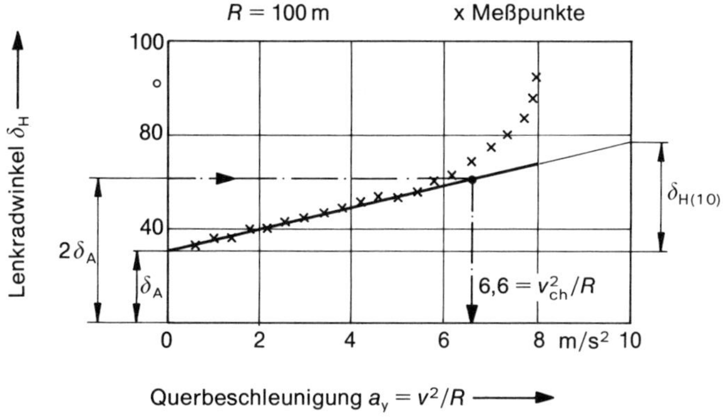

$$v_{ch} = \sqrt{a_y \cdot R} = \sqrt{6{,}6 \cdot 100} = 25{,}7\,\mathrm{m/s}$$

$$v_{ch} = 92{,}5\,\mathrm{km/h} \qquad EG = \frac{\delta_{H(10)}}{10 \cdot i_S} \cdot \frac{\pi}{180} \quad \frac{\mathrm{rad} \cdot \mathrm{s}^2}{\mathrm{m}}$$

Die charakteristische Geschwindigkeit hat dagegen eine praktische Bedeutung. Bei v_{ch} hat das geradeaus fahrende Fahrzeug die maximale Lenkempfindlichkeit. Heutige Personenkraftwagen werden so ausgelegt, daß ihre charakteristische Geschwindigkeit im Bereich 65 km/h bis 100 km/h liegt. Je kleiner v_{ch} ist, um so stärker ist die Untersteuertendenz des Fahrzeugs.

Die charakteristische Geschwindigkeit kann meßtechnisch einfach bestimmt werden. Im Kreisfahrtest nach DIN/ISO 4138 wird der Verlauf des Lenkradwinkels über der Querbeschleunigung auf einem konstanten Radius ermittelt. Ausgehend vom Ackermannwinkel, kann in diesem Diagramm durch die Meßwerte bis etwa $4\,\mathrm{m/s^2}$ eine Gerade gelegt werden. Diese Gerade schneidet die bei dem doppelten Ackermannwinkel parallel zur Abszisse gezogene Linie (siehe Gleichung 4.32) genau bei der Querbeschleunigung v_{ch}^2/R (Bild 4.9).

Da $R =$ konst. bekannt ist, kann v_{ch} einfach ausgerechnet werden. Der Eigenlenkgradient kann nun berechnet werden, weil:

$$EG = \frac{l}{v_{ch}^2}$$

Bild 4.10a zeigt diesen Zusammenhang mit l als Parameter.

Damit ist auch eine gute Möglichkeit gegeben, die Genauigkeit der Kreisfahrtmessung zu überprüfen. Wenn nämlich *EG* aus dem Meßdiagramm als Steigung der durch die Meßwerte gelegten Gerade bestimmt wird (siehe *EG*-Ermittlung im Bild 4.9), müßte dieser Wert mit dem aus v_{ch} ermittelten *EG* aus Bild 4.10a übereinstimmen. Ist dies nicht der Fall, sind entweder die Meßwerte nicht in Ordnung oder – was auch wahrscheinlich ist – wurde der Radius während des Messens nicht genau eingehalten. Vorausgesetzt, daß die Messung stimmt, kann aus diesem Vergleich der tatsächlich gefahrene Radius ermittelt werden:

$$R_{\text{tatsächlich}} = \frac{l}{\underbrace{EG}_{\substack{\text{ermittelt aus}\\ \text{der Steigung}}} \cdot \underbrace{a_y}_{\text{an der Stelle } 2\delta_A}}$$

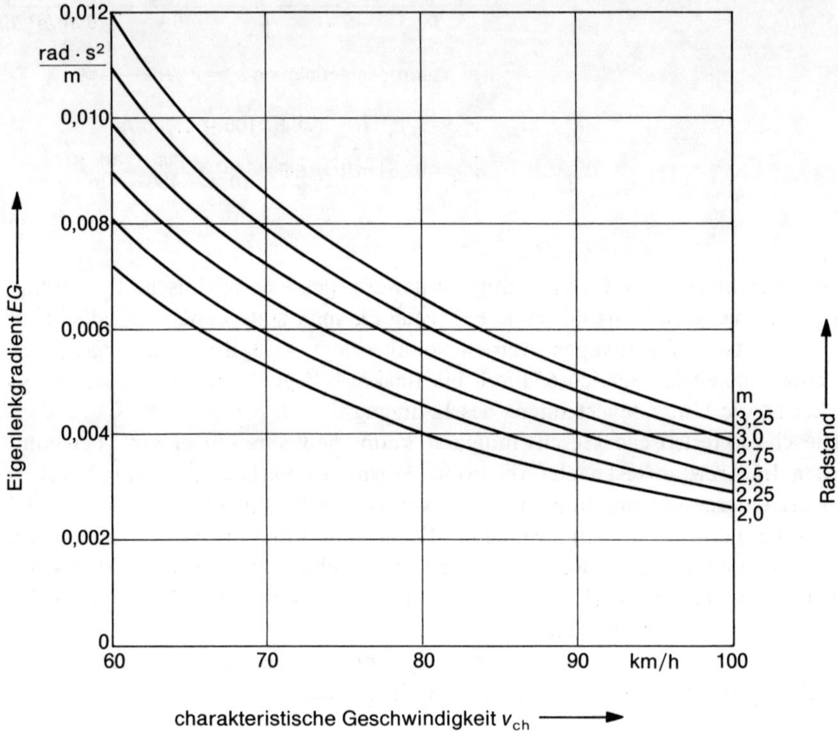

Bild 4.10 a Zusammenhang zwischen Eigenlenk-Gradient EG und charakteristischer Geschwindigkeit v_{ch} für verschiedene Radstände

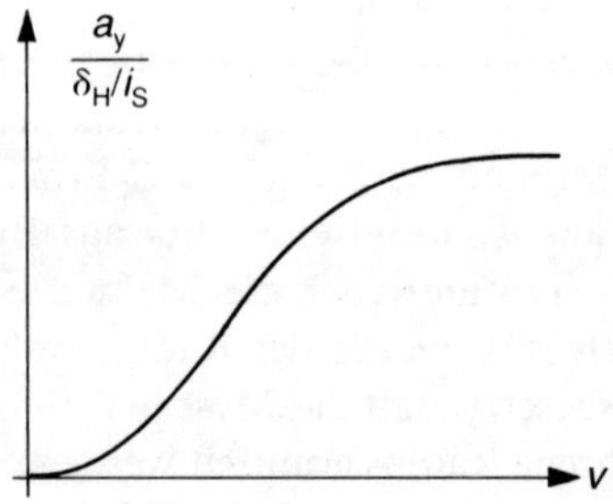

Bild 4.10 b Zur Beschreibung der Fahrzeugbewegung in Querrichtung muß neben der Gierreaktion auch die Querbeschleunigungsreaktion berücksichtigt werden. Für das lineare Einspurmodell ergibt sich:

$$\frac{a_y}{\delta_H / i_S} = \frac{v^2}{l + EG \cdot v^2}$$

4.3 Instationäres Lenkverhalten

Nach der stationären Kreisfahrt wird in diesem Abschnitt das dynamische Verhalten des Fahrzeugs bei instationären Lenkvorgängen betrachtet. Wie auch im stationären Bereich, beschränken sich die Untersuchungen auf das lineare Modell.

4.3.1 Gierübertragungsfunktion

Zur Beurteilung des *dynamischen Verhaltens* eines Fahrzeugs wird nach den Methoden der Regelungstechnik am Eingang des Systems eine bestimmte Zeitfunktion, eine sogenannte Testfunktion, aufgebracht. Der zeitliche Verlauf der Ausgangsgröße gibt Auskunft über das Systemverhalten. Das Verhältnis Ausgangsfunktion bezogen auf die Eingangsfunktion heißt im allgemeinen *Übertragungsfunktion.* Sie beschreibt vollständig die dynamischen Zusammenhänge im untersuchten System.

In der Fahrzeuguntersuchung werden als Testfunktionen der Lenkwinkelsprung, der Dreieckimpuls, die stochastische und die harmonische Anregung am Lenkrad verwendet (siehe Abschnitt 6.5.5).

Im folgenden werden die wichtigsten dynamischen Beurteilungskriterien, die Eigenfrequenz und die Dämpfung aus den Bewegungsgleichungen abgeleitet.

Zur Vereinfachung der Rechenarbeit wird in die Gleichungen für das Einspurmodell 4.5 und 4.6 für die zeitliche Ableitung die Abkürzung $\mathrm{d}/\mathrm{d}t = s$ eingeführt.

Damit können die Differentialgleichungen einfach als algebraische Gleichungen behandelt werden z. B. $\dot{\beta} = \mathrm{d}\beta/\mathrm{d}t = \beta \cdot s$.

$$m_g \cdot v \cdot \beta \cdot s + \frac{1}{v} \cdot (m_g \cdot v^2 + C_v \cdot l_v - C_h \cdot l_h) \cdot \dot{\psi} + (C_v + C_h) \cdot \beta - C_v \cdot \delta = 0 \qquad \text{(Gl.4.34)}$$

$$J_{gz} \cdot \dot{\psi} \cdot s + \frac{1}{v} \cdot (C_v \cdot l_v^2 + C_h \cdot l_h^2) \cdot \dot{\psi} - (C_h \cdot l_h - C_v \cdot l_v) \cdot \beta - C_v \cdot l_v \cdot \delta = 0 \qquad \text{(Gl. 4.35)}$$

Zusätzlich zu den Abkürzungen nach Gleichung 4.20 werden die Konstanten B_1' und A_2' eingeführt:

$$B_1' = m_g \cdot v \cdot s, \qquad A_2' = J_{gz} \cdot s$$

Damit wird aus den Gleichungen 4.34 und 4.35:

$$A_1 \cdot \dot{\psi} + (B_1 + B_1') \cdot \beta - C_1 \cdot \delta = 0$$

$$(A_2 + A_2') \cdot \dot{\psi} - B_2 \cdot \beta - C_2 \cdot \delta = 0$$

β, aus beiden Gleichungen ausgedrückt und gleichgesetzt, ergibt:

$$\frac{-A_1 \cdot \dot{\psi} + C_1 \cdot \delta}{B_1 + B_1'} = \frac{(A_2 + A_2') \cdot \dot{\psi} - C_2 \cdot \delta}{B_2}$$

Daraus wird die Übertragungsfunktion:

$$\frac{\dot{\psi}}{\delta} = \frac{(B_1 + B_1') \cdot C_2 + B_2 \cdot C_1}{A_1 \cdot B_2 + (A_2 + A_2') \cdot (B_1 + B_1')}$$

Die Konstanten wieder eingesetzt, ergibt die Gierübertragungsfunktion zu:

$$\frac{\dot{\psi}}{\delta} = \frac{(m_g \cdot v \cdot s + C_v + C_h) \cdot C_v \cdot l_v + (C_h \cdot l_h - C_v \cdot l_v) \cdot C_v}{\frac{1}{v} \cdot (m_g \cdot v^2 + C_v \cdot l_v - C_h \cdot l_h) \cdot (C_h \cdot l_h - C_v \cdot l_v) + \left[J_{gz} \cdot s + \frac{1}{v} \cdot (C_v \cdot l_v^2 + C_h \cdot l_h^2) \right] \cdot (m_g \cdot v \cdot s + C_v + C}$$

(Gl. 4.36)

4.3.2 Giereigenfrequenz, Gierdämpfung, Stabilität

Die allgemeine Form der Übertragungsfunktion für ein System zweiter Ordnung nach Gleichung 4.36 ist aus der Regelungstechnik bekannt:

$$F(s) = K \cdot \frac{1 + T_Z \cdot s}{s^2 + 2 \cdot \sigma \cdot s + v_0^2} \qquad \text{(Gl. 4.37)}$$

Der Nenner der Übertragungsfunktion ist die sogenannte charakteristische Gleichung. Sie enthält die Abklingkonstante σ und die ungedämpfte Eigenfrequenz v_0. Das Verhältnis dieser Größen ist das Dämpfungsmaß:

$$D = \frac{\sigma}{v_0} \qquad \text{(Gl. 4.38)}$$

Das Dämpfungsmaß entscheidet darüber, ob das System stabil oder instabil ist. Bei positivem Dämpfungsmaß klingen die Eigenbewegungen des Fahrzeugs nach einer Störung ab; das System ist stabil. Bei negativem D nehmen die Eigenbewegungen ständig zu; das Fahrzeug ist instabil.

Der Zähler der Übertragungsfunktion enthält einen konstanten Verstärkungsfaktor K und eine Zeitkonstante T_Z, die sogenannte Zählerzeitkonstante.

Um diese für die Fahrzeugbeurteilung wichtigen Größen zu ermitteln, wird Gleichung 4.36 auf die Form von Gleichung 4.37 gebracht.

Ausmultipliziert und geordnet ergibt sich:

$$\frac{\dot{\psi}}{\delta} = \overbrace{\frac{C_v \cdot C_h \cdot l}{J_{gz} \cdot m_g \cdot v}}^{K} \cdot \frac{1 + \overbrace{\frac{m_g \cdot v \cdot l_v}{C_h \cdot l}}^{T_Z} \cdot s}{s^2 + \underbrace{\frac{m_g \cdot (C_v \cdot l_v^2 + C_h \cdot l_h^2) + J_{gz} \cdot (C_v + C_h)}{J_{gz} \cdot m_g \cdot v}}_{2 \cdot \sigma} \cdot s + \underbrace{\frac{m_g \cdot v^2 \cdot (C_h \cdot l_h - C_v \cdot l_v) + C_v \cdot C_h \cdot l^2}{J_{gz} \cdot m_g \cdot v^2}}_{v_0^2}}$$

(Gl. 4.3

Aus dem Vergleich der Gleichungen 4.37 und 4.39 ist zu erkennen:

$$T_Z = \frac{m_g \cdot v \cdot l_v}{C_h \cdot l} \quad \text{Zählerzeitkonstante} \qquad \text{(Gl. 4.40)}$$

$$2 \cdot \sigma = \frac{m_g \cdot (C_v \cdot l_v^2 + C_h \cdot l_h^2) + J_{gz}(C_v + C_h)}{J_{gz} \cdot m_g \cdot v} \quad \text{Abklingkonstante} \qquad \text{(Gl. 4.41)}$$

$$v_0^2 = \frac{m_g \cdot v^2 \cdot (C_h \cdot l_h - C_v \cdot l_v) + C_v \cdot C_h \cdot l^2}{J_{gz} \cdot m_g \cdot v^2} \quad \text{ungedämpfte Eigenfrequenz} \qquad \text{(Gl. 4.42)}$$

Das Dämpfungsmaß, nach Gleichung 4.38 eingesetzt, wird die Übertragungsfunktion:

$$\frac{\dot{\psi}}{\delta} = \frac{C_v \cdot C_h \cdot l}{J_{gz} \cdot m_g \cdot v \cdot v_0^2} \cdot \frac{1 + T_Z \cdot s}{1 + \frac{2 \cdot D}{v_0} \cdot s + \frac{1}{v_0^2} \cdot s^2} \qquad \text{(Gl. 4.43)}$$

Es ist leicht einzusehen, daß der konstante Faktor in Gleichung 4.43 nach Einsetzen von v_0^2 aus Gleichung 4.42 identisch mit Gleichung 4.27 ist, d.h.:

$$\left(\frac{\dot{\psi}}{\delta_H / i_S}\right)_{stat} = \frac{C_v \cdot C_h \cdot l}{J_{gz} \cdot m_g \cdot v \cdot v_0^2} \qquad \text{(Gl. 4.44)}$$

Die Übertragungsfunktion der Giergeschwindigkeit ist:

$$F(s) = \frac{\dot{\psi}}{\delta_H / i_S} = \left(\frac{\dot{\psi}}{\delta_H / i_S}\right)_{stat} \cdot \frac{1 + T_Z \cdot s}{1 + \frac{2 \cdot D}{v_0} \cdot s + \frac{1}{v_0^2} \cdot s^2} \qquad \text{(Gl. 4.45)}$$

Damit wurden alle wichtigen Beurteilungsgrößen bestimmt.

Bild 4.11 zeigt die Abhängigkeit der Eigenfrequenz und der Dämpfung von der Fahrgeschwindigkeit. Mit steigender Fahrgeschwindigkeit sind die Gierschwingungen immer schwächer gedämpft.

Die ungedämpfte Eigenfrequenz steht mit der charakteristischen Geschwindigkeit v_{ch} in Zusammenhang. Zur Veranschaulichung werden Zähler und Nenner in Gleichung 4.42 mit $v \cdot C_v \cdot C_h \cdot l^2$ multipliziert. v_{ch}, nach Gleichung 4.31 eingesetzt, kann geschrieben werden:

$$v_0^2 = \frac{C_v \cdot C_h \cdot l^2}{J_{gz} \cdot m_g \cdot v^2} \cdot \left(1 + \frac{v^2}{v_{ch}^2}\right) \qquad \text{(Gl. 4.46)}$$

Aus Gleichung 4.38 ist zu ersehen, daß das Fahrzeug dann instabil wird, wenn σ oder v_0 negative Werte annehmen ($D < 0$). Weil σ nach Gleichung 4.41 nicht negativ

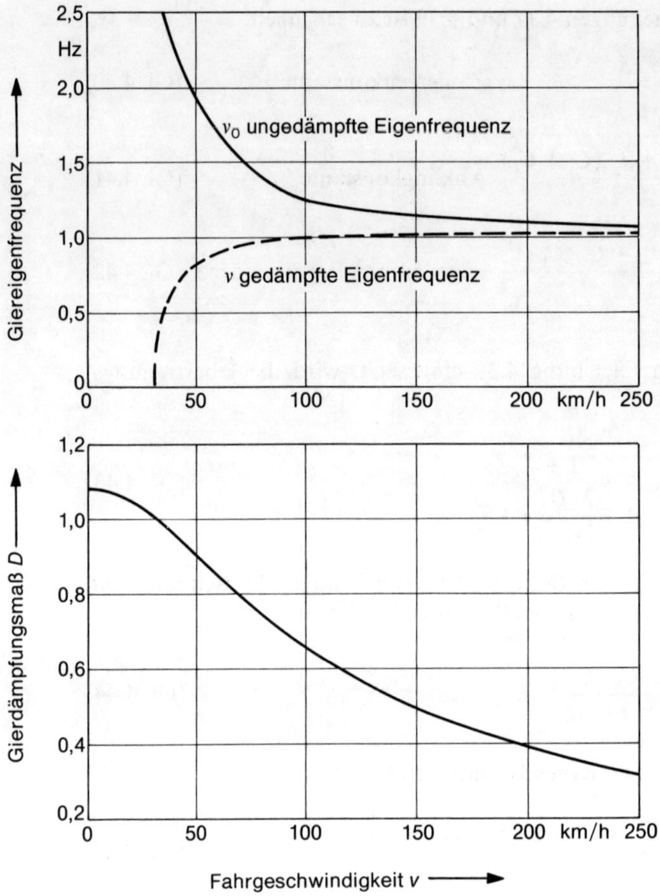

Bild 4.11
Giereigenfrequenz und Gierdämpfung eines Fahrzeugs über der Fahrgeschwindigkeit. Fahrzeugdaten:
$m_g = 1550$ kg,
$J_{gz} = 2800$ kgm^2,
$C_v = 75$ kN/rad,
$C_h = 150$ kN/rad, $l = 2{,}8$ m,
$l_v/l = 0{,}48$.

werden kann, entscheidet das Vorzeichen von ν_0^2. Nach Gleichung 4.46 ist ν_0^2 positiv, wenn $v_{ch}^2 > 0$ ist. In diesem Fall muß der Eigenlenkgradient positiv sein (siehe Gleichung 4.30). Dies bedeutet, daß das untersteuernde Fahrzeug stabil ist. Ist v_{ch}^2 negativ, wird der Klammerausdruck in Gleichung 4.46 $[1 + (v^2/v_{ch}^2)]$ bis zu v_{krit} (Gleichung 4.33) positiv, darüber negativ. $v_{ch}^2 < 0$ bedeutet einen negativen Eigenlenkgradienten (Gleichung 4.30). Demnach ist ein übersteuerndes Fahrzeug nur bis zu einer bestimmten Geschwindigkeit, bis v_{krit}, stabil, darüber ist es instabil.

Diese Stabilitätsbetrachtungen im linearen Bereich haben heute jedoch mehr theoretischen als praktischen Wert, weil alle Fahrzeuge bis auf wenige Sonderfälle (z. B. Gasgeben auf Eis bei Hinterradantrieb) untersteuernd sind.

Einen praktischen Nutzen liefern diese Überlegungen jedoch auch im nichtlinearen Bereich, vor allem bei instationären Fahrmanövern. Die hier abgeleiteten Beziehungen gelten großenteils auch im nichtlinearen Bereich der Reifenkennlinien, wenn diese im momentanen Arbeitspunkt linearisiert werden, d.h. wenn die gekrümmte Kennlinie durch ihre Tangente ersetzt wird.

Bei stark instationären Fahrmanövern im Bereich hoher Querbeschleunigungen ist zeitweise der Schräglaufwinkel an der Hinterachse durchaus größer als der Schräglaufwinkel an der Vorderachse, was in Verbindung mit den Nichtlinearitäten des Reifens zu einem dynamisch übersteuernden Fahrverhalten führen kann. Infolge dieses dynamischen Übersteuerns kann das Fahrzeug phasenweise instabil werden, was wiederum zum Schleudern bei extremen Spurwechselmanövern führen kann.

4.3.3 Lenkwinkelsprung, Übergangsfunktion

Der *Lenkwinkelsprung* (steer step input) ist die beste Methode zur Untersuchung des Übergangsverhaltens eines Fahrzeugs aus der Geradeausfahrt in eine stationäre Kreisfahrt. Bei einer Sprungerregung wird die auf die Eingangsgröße bezogene Ausgangsgröße *Übergangsfunktion* genannt. Die Übergangsfunktion ist daher ein Sonderfall der allgemein definierten *Übertragungsfunktion.*

Das Fahrzeug antwortet auf einen plötzlichen Lenkeinschlag – Anreißen des Lenkrades auf einen bestimmten Wert – mit einem Anstieg der Giergeschwindigkeit zunächst auf einen höheren Wert als die dem Lenkeinschlag entsprechende stationäre Giergeschwindigkeit (Überschwingen). Der endgültige stationäre Zustand wird erst nach einigen Schwingungen um die Fahrzeughochachse erreicht. Bild 4.12 zeigt die wichtigsten Beurteilungskriterien am Beispiel des Zeitverhaltens der Giergeschwindigkeit bei einem Lenkwinkelsprung. Messungen s. Abschnitt 6.5.5.

Die Größe der Schwingamplituden und der Einschwingzeit hängen von der Dämpfung und der Eigenfrequenz des Systems ab. Diese beiden wichtigen Beurteilungsgrößen charakterisieren das Gierverhalten des Fahrzeugs. Sie wurden im Abschnitt 4.3.2 bestimmt.

Für den Lenkwinkelsprung kann die *Übergangsfunktion* aus den Parametern der allgemeinen Übertragungsfunktion nach Gleichung 4.45 durch Transformation bestimmt werden.

Wegen des großen mathematischen Aufwands wird hier nur das Ergebnis für die Giergeschwindigkeit angeschrieben:

$$\frac{\dot{\psi}}{\delta} = \left(\frac{\dot{\psi}}{\delta}\right)_{\text{stat}} \cdot \left[1 - e^{-\sigma t} \cdot \left(\cos \nu \cdot t + \frac{D + T_Z \cdot \nu_0}{\sqrt{1 - D^2}} \cdot \sin \nu \cdot t\right)\right] \qquad \text{(Gl. 4.47)}$$

Hierbei ist ν die gedämpfte Eigenfrequenz:

$$\nu = \nu_0 \cdot \sqrt{1 - D^2} \qquad \text{(Gl. 4.48)}$$

Beim Beurteilen des Fahrverhaltens wird großer Wert auf das Ansprechen des Fahrzeugs auf Lenkbewegungen gelegt. Das Ansprechverhalten wird durch die

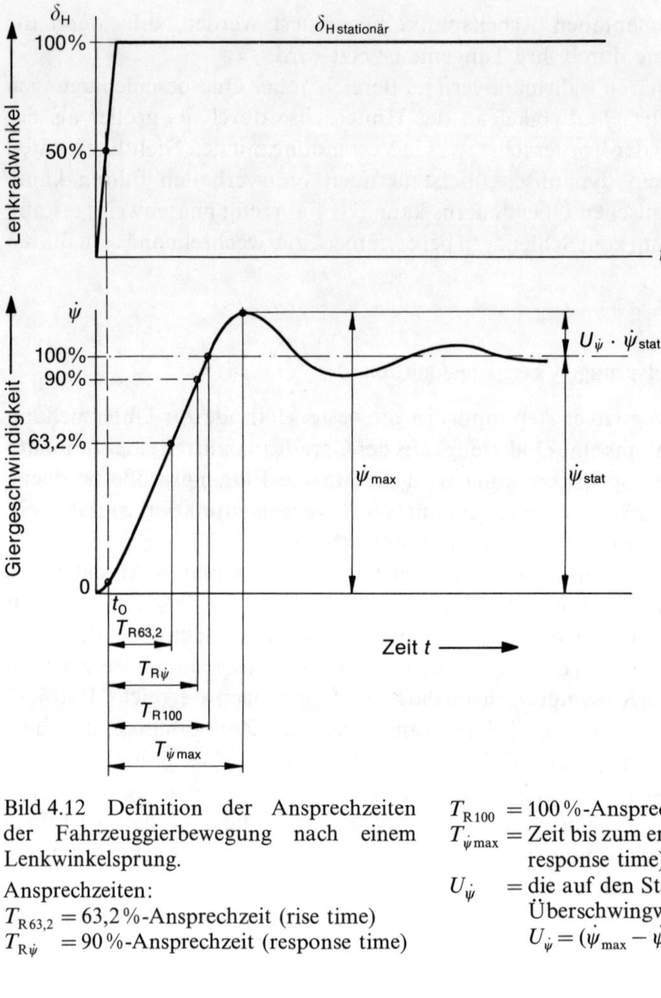

Bild 4.12 Definition der Ansprechzeiten der Fahrzeuggierbewegung nach einem Lenkwinkelsprung.

Ansprechzeiten:

$T_{R\,63,2}$ = 63,2 %-Ansprechzeit (rise time)

$T_{R\dot{\psi}}$ = 90 %-Ansprechzeit (response time)

$T_{R\,100}$ = 100 %-Ansprechzeit

$T_{\dot{\psi}\max}$ = Zeit bis zum ersten Maximum (peak response time)

$U_{\dot{\psi}}$ = die auf den Stationärwert bezogene Überschwingweite $U_{\dot{\psi}} = (\dot{\psi}_{\max} - \dot{\psi}_{\text{stat}})/\dot{\psi}_{\text{stat}}$.

Ansprechzeit (response time) T_R charakterisiert. Aus der Übergangsfunktion können verschiedene Ansprechzeiten entnommen werden (Bild 4.12).

Als Null wird nach ISO 7401 der Zeitpunkt genommen, in dem der Lenkradwinkel 50 % seines Endwerts erreicht. Von hier gerechnet, werden die 90 % Ansprechzeit als Zeitdauer bis zum Erreichen von 90 % der stationären Giergeschwindigkeit definiert. Ähnlicherweise können auch andere, z. B. die 100 %- oder die 63,2 %-Ansprechzeit definiert werden. Die 63,2 %-Ansprechzeit wurde insbesondere in der amerikanischen Literatur (rise time) für Vergleiche herangezogen. Sie hat jedoch nur im mathematischen Sinn eine Bedeutung. Der Wert 63,2 % ergibt sich aus einer Näherungsrechnung nach Bild 4.13. Die Übergangsfunktion wird durch eine e-Funktion angenähert, die im Ursprung die gleiche Tangente besitzt und sich dem 100 %-Wert asymptotisch nähert. Diese e-Funktion

Bild 4.13
Annäherung der Übergangsfunktion $\frac{\dot{\psi}}{\delta_H} = f(t)$ durch eine e-Funktion

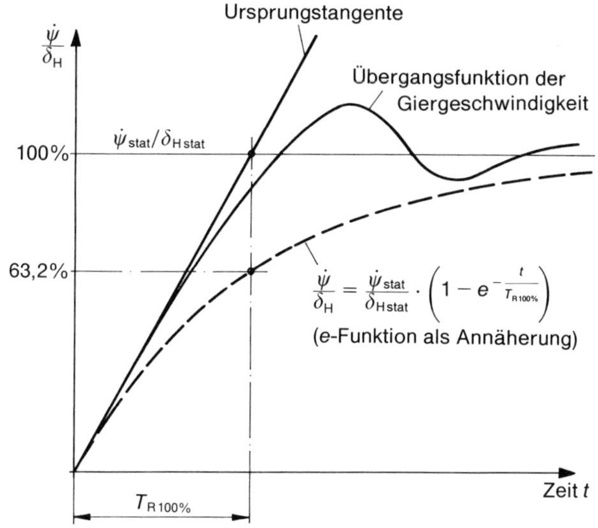

erreicht im Zeitpunkt, in dem die Ursprungstangente die 100%-Linie schneidet, gerade 63,2% des Endwerts.

Weil reale Fahrzeuge mit verschiedenen dynamischen Verhalten oft kaum meßbare Unterschiede in den Ansprechzeiten haben, eignet sich für die Beurteilung in der Praxis mehr die Zeit bis zum ersten Maximum der Giergeschwindigkeit $T_{\dot{\psi}\max}$ (Bild 4.12). Dieser Wert zeigt eine gute Übereinstimmung mit der subjektiven Beurteilung des Ansprechverhaltens. $T_{\dot{\psi}\max}$ liegt bei heutigen Fahrzeugen im Bereich 200 ms bis 400 ms.

4.3.4 Gierfrequenzgang

Eine andere wichtige Testfunktion zur Untersuchung des dynamischen Fahrverhaltens ist die sinusförmige Erregung am Lenkrad. Unter Voraussetzung linearen Systemverhaltens ergibt sich bei sinusförmigem Eingang nach Abklingen des Einschwingvorgangs ebenfalls ein sinusförmiger Ausgang, der jedoch in Amplitude und Phase gegenüber dem Eingang verschieden ist. Dabei sind das Amplitudenverhältnis und die Phasenverschiebung vom Ausgang zum Eingang frequenzabhängige Funktionen, die, in einem Diagramm über der Frequenz aufgezeichnet, den *Frequenzgang* des Systems darstellen (frequency response).

Aus mathematischer Sicht steht der Frequenzgang im engen Zusammenhang mit der Übertragungsfunktion. Er ist, wie auch die Übergangsfunktion (Abschnitt 4.3.3), ein Sonderfall der Übertragungsfunktion. Um die mathematische Beschreibung des Frequenzgangs zu bekommen, muß in der allgemeinen Übertragungsfunktion $F(s)$ für s die komplexe Frequenz $i\omega$ eingesetzt werden ($i = \sqrt{-1}$).

Die beiden wichtigsten Ausgangsgrößen sind die Giergeschwindigkeit und die Querbeschleunigung.

Für die *Giergeschwindigkeit* wird nach Gleichung 4.45 der Frequenzgang des Amplitudenverhältnisses:

$$\frac{\text{Giergeschwindigkeit}}{\text{Lenkradwinkel}}$$

$$\mathrm{F}(i\omega) = K_{\dot{\psi}} \cdot \frac{1 + T_Z \cdot i\omega}{1 + \frac{2 \cdot D}{v_0} \cdot i\omega - \frac{\omega^2}{v_0^2}} \qquad \text{(Gl. 4.49)}$$

Für die Berechnung sind die Konstanten nach den Gleichungen 4.38, 4.40, 4.41, 4.42 und 4.44 einzusetzen.

Auf eine harmonische Erregung am Lenkrad mit der Amplitude $A_{\delta \mathrm{H}}$ und der Kreisfrequenz ω:

$$\delta_{\mathrm{H}}(t) = A_{\delta \mathrm{H}} \cdot \sin \omega t$$

antwortet das Fahrzeug mit der Giergeschwindigkeit:

$$\dot{\psi}(t) = A_{\dot{\psi}} \cdot \sin(\omega t - \varphi_{\dot{\psi}})$$

$\varphi_{\dot{\psi}}$ ist die Phasenverschiebung zwischen Lenkradbewegung und Giergeschwindigkeit.

Im Zeigerdiagramm kann diese Schwingung anschaulich dargestellt werden (Bild 4.14).

Der Gierwinkel ist gegenüber der Giergeschwindigkeit um 90° phasenverschoben.

Die Zeiger laufen gegen den Uhrzeigersinn, mit konstanten Phasenwinkeln zueinander, mit der Winkelgeschwindigkeit ω um. Über den Winkel ωt aufgezeichnet ergibt sich Bild 4.15.

Für die *Querbeschleunigung* $a_y = (\dot{\psi} + \dot{\beta}) \cdot v$
ergibt sich der Frequenzgang des Amplitudenverhältnisses:

$$\frac{\text{Querbeschleunigung}}{\text{Lenkradwinkel}}$$

$$\mathrm{F}(i\omega) = K_{\mathrm{ay}} \cdot \frac{1 + T_1 \cdot i\omega - T_2 \omega^2}{1 + \frac{2 \cdot D}{v_0} i\omega - \frac{\omega^2}{v_0^2}} \qquad \text{(Gl. 4.50)}$$

Hierbei sind:

$$K_{\mathrm{ay}} = \left(\frac{a_{\mathrm{y}}}{\delta_{\mathrm{H}}}\right)_{\mathrm{stat}}, \quad T_1 = \frac{l_{\mathrm{h}}}{v}, \quad T_2 = \frac{J_{\mathrm{gz}}}{C_{\mathrm{h}} \cdot l}$$

Bild 4.14
Zeigerdiagramm der Gierschwingung des Fahrzeugs bei harmonischer Erregung am Lenkrad mit der Kreisfrequenz ω

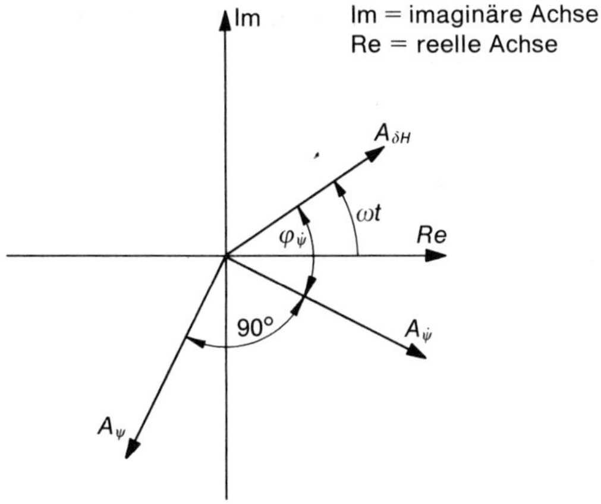

Bild 4.15
Fahrzeugübertragungsverhalten bei harmonischer Erregung am Lenkrad mit der Eingangsfunktion $A_{\delta_H} \cdot \sin \omega t$

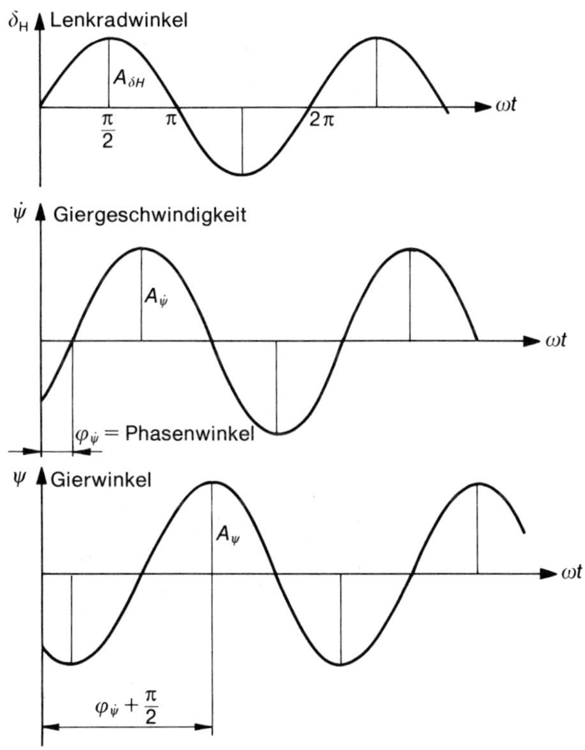

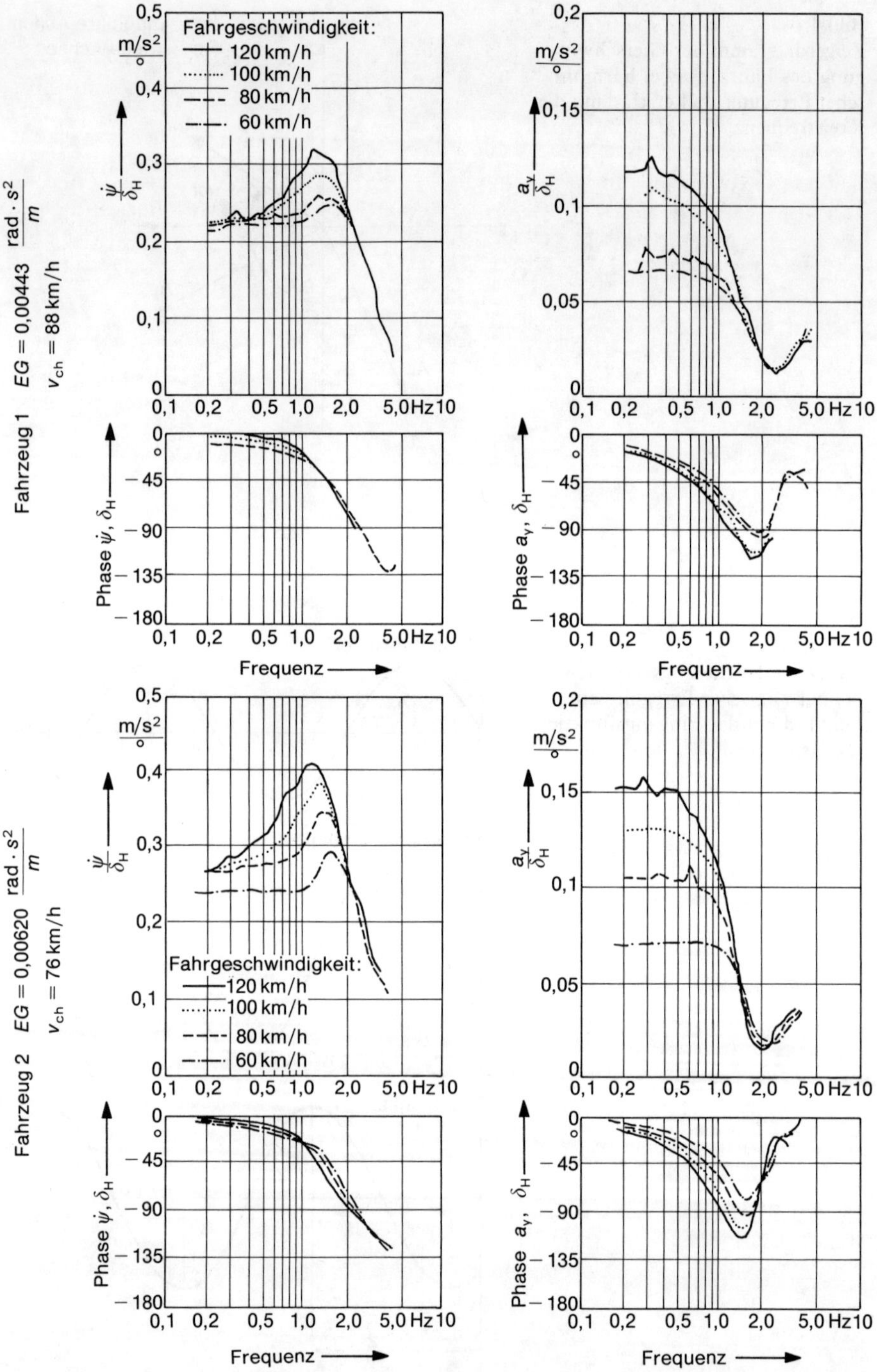

Bild 4.16 Frequenzgänge der Giergeschwindigkeit und der Querbeschleunigung von Fahrzeugen mit unterschiedlichem Eigenlenkverhalten. Fahrzeug 2 untersteuert stärker als Fahrzeug 1 (Messungen).

Im Bild 4.16 sind Frequenzgänge von Fahrzeugen mit verschiedenen Eigenlenkgradienten dargestellt. Der Amplitudengang der Giergeschwindigkeit zeigt eine Überhöhung im Bereich 0,5 Hz bis 1,5 Hz. Je stärker das Fahrzeug untersteuert, um so größer ist die Überhöhung. Der Phasenwinkel wird mit zunehmender Frequenz größer. Meßmethode siehe Abschnitt 6.5.5.3.

Bei der Querbeschleunigung fällt der Amplitudengang von etwa 0,5 Hz ab und hat im Bereich von 2 Hz bis 3 Hz ein Minimum. Je stärker die Untersteuerung ist, um so später fällt die Amplitude ab. Die Phase zwischen Lenkeinschlag und Querbeschleunigung wird mit zunehmender Frequenz zunächst größer und nimmt nach einem Maximum im Bereich zwischen 1 Hz bis 2 Hz wieder ab.

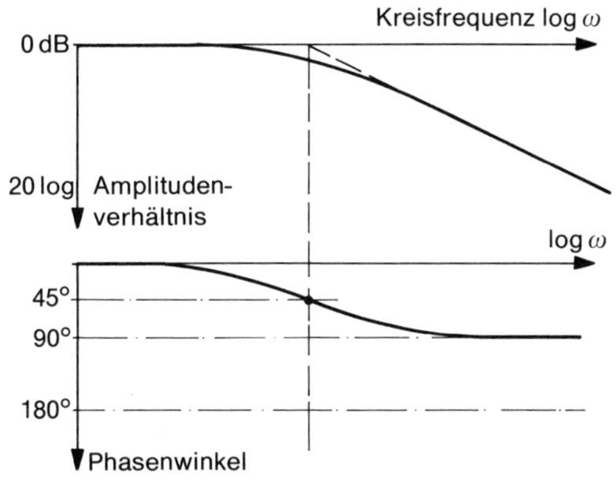

Bild 4.17
Frequenzgang eines Schwingers, Verzögerungsglied 1. Ordnung

Aus diesen Frequenzgangkurven können verschiedene Beurteilungskriterien abgeleitet werden.

Die Größe des Amplitudenverhältnisses Giergeschwindigkeit/Lenkradwinkel wird bei dem Phasenwinkel von 45° beurteilt. Dieser Wert soll für ein gutes Fahrgefühl in einem bestimmten Bereich liegen. In diesem Frequenzbereich ist der Fahrer nach Untersuchungen von Weir, Di Marco 1978, besonders empfindlich. Der Amplitudengang wird durch das Verhalten eines Schwingers erster Ordnung angenähert. Bekanntlich hat ein solcher Schwinger seine Eckfrequenz (Abknickpunkt bzw. 3 dB Abfall) dort, wo die Phase durch 45° geht (Bild 4.17). Der Kehrwert dieser Frequenz wird äquivalente Verzögerungszeit T_{eq} genannt $T_{eq} = \frac{1}{2\pi f_{\dot{\psi}(-45°)}}$. Den empirisch gefundenen optimalen Bereich für den Gierverstärkungsfaktor über T_{eq} zeigt Bild 4.18.

Der Amplitudengang der Querbeschleunigung soll bis 1 Hz möglichst noch nicht abfallen. In diesem Bereich sind Lenkbewegungen in kritischen Situationen möglich, wobei eine geminderte Reaktion des Fahrzeugs den Fahrer überraschen und überfordern könnte.

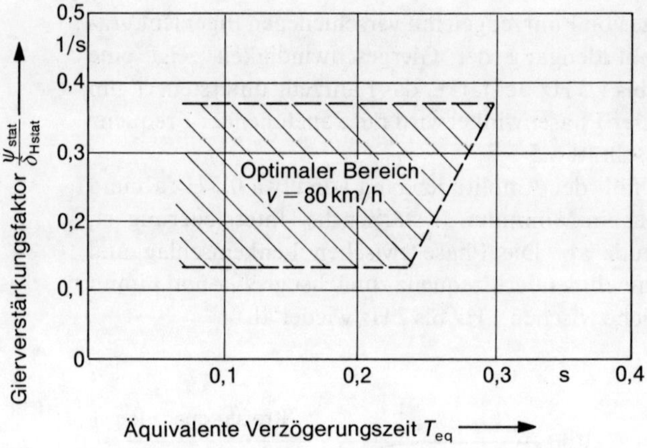

Bild 4.18
Bereich für den stationären Gierverstärkungsfaktor $\dot{\psi}_{stat}/\delta_{Hstat}$ von Fahrzeugen mit subjektiv gut beurteilten Lenkeigenschaften (nach Untersuchungen von Weir und Di Marco 1978)

4.4 Fahrverhalten bei Seitenwind

Eine im Fahrbetrieb häufig auftretende Störung des Fahrzeugs ist die Einwirkung von Seitenwind auf Brücken oder bei Waldschneisen. Bei hohen Geschwindigkeiten können dadurch kritische Situationen entstehen.

Ein unter Seitenwindeinwirkung geradeaus fahrendes Fahrzeug wird durch den eigenen Fahrtwind mit der Fahrgeschwindigkeit v und durch den Seitenwind w angeströmt. Die für die Fahrdynamik wichtige resultierende Anströmgeschwindigkeit v_{res} ergibt sich aus der geometrischen Addition von Fahr- und Windgeschwindigkeit (Abschnitt 2.1.3).

Der Winkel zwischen v_{res} und Fahrzeuglängsachse ist der Anströmwinkel τ, (Bild 2.9). Der Seitenwind wirkt in der Wirklichkeit nicht genau senkrecht zur Fahrzeuglängsachse, sondern unter einem Winkel τ' dazu. Bei Untersuchungen an Seitenwindanlagen ist $\tau' = 90°$. Messungen s. Abschnitt 6.5.7.

Durch Einwirken von Seitenwind entsteht eine aerodynamische Seitenkraft, die *Windseitenkraft* F_{sw}, die bei den heutigen Karosserieformen vor dem Schwerpunkt, im sogenannten Druckmittelpunkt, auf das Fahrzeug einwirkt. Durch den Abstand e_s des Druckmittelpunkts vom Schwerpunkt SP entsteht ein aerodynamisches Giermoment, das *Windgiermoment* M_w, das den Wagen vom Wind wegdrehen will. Windseitenkraft und Windgiermoment werden durch dimensionslose Beiwerte c_{Fs} und c_M charakterisiert, die jeweils Funktionen des Anströmwinkels τ sind.

Windseitenkraft und Windgiermoment werden durch folgende Gleichungen ausgedrückt:

$$F_{sw} = c_{Fs}(\tau) \cdot A \cdot \frac{\varrho}{2} \cdot v_{res}^2 \quad \text{(Gl. 4.51)}$$

$$M_w = c_M(\tau) \cdot A \cdot l \cdot \frac{\varrho}{2} \cdot v_{res}^2 \quad \text{(Gl. 4.52)}$$

A ist hierbei die vom Wind beaufschlagte Querspantfläche des Fahrzeugs (bei jeder Windrichtung wird die Projektionsfläche in Fahrzeuglängsrichtung eingesetzt), ϱ ist die Luftdichte.

$$\varrho = 1{,}2\,\text{kg/m}^3$$

Die Funktionen $c_{\text{Fs}}(\tau)$ und $c_{\text{M}}(\tau)$ werden für das jeweilige Fahrzeug im Windkanal ermittelt. Bild 4.19 zeigt den Verlauf der Beiwerte über dem Anströmwinkel.

Für die mathematische Bearbeitung werden $c_{\text{Fs}}(\tau)$ und $c_{\text{M}}(\tau)$ linearisiert. c'_{Fs} und c'_{M} sind die Steigungen der Geraden im Bild 4.19.

$$c_{\text{Fs}} = c'_{\text{Fs}} \cdot \tau, \qquad c_{\text{M}} = c'_{\text{M}} \cdot \tau$$

Damit wird:

$$F_{\text{sw}} = c'_{\text{Fs}} \cdot A \cdot \frac{\varrho}{2} \cdot \tau \cdot v_{\text{res}}^2$$

$$M_{\text{w}} = c'_{\text{M}} \cdot A \cdot l \cdot \frac{\varrho}{2} \cdot \tau \cdot v_{\text{res}}^2$$

Das Windgiermoment kann als Produkt aus der Windseitenkraft und dem Abstand

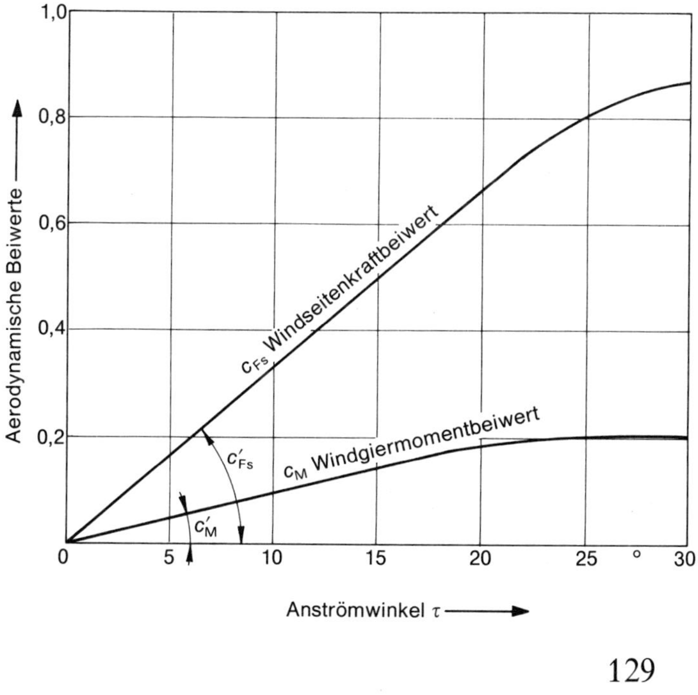

Bild 4.19 Windseitenkraft- und Windgiermomentbeiwert c_{Fs} und c_{M} in Abhängigkeit vom Anströmwinkel τ. Messungen im Windkanal an einem Stufenheckfahrzeug

Druckmittelpunkt zu Schwerpunkt ausgedrückt werden:

$$M_w = F_{sw} \cdot e_s$$

wobei

$$e_s = \frac{c'_M \cdot l}{c'_{Fs}} \qquad \text{(Gl. 4.53)}$$

ist.

Die Konstanten als Beiwert $k_W = c'_{Fs} \cdot A \cdot \varrho/2$ zusammengefaßt, kann die Seitenwindstörung durch das Produkt $\tau \cdot v^2_{res}$ beschrieben werden:

$$F_{sw} = k_W \cdot \tau \cdot v^2_{res}$$

$$M_w = k_W \cdot e_s \cdot \tau \cdot v^2_{res}$$

Für die mathematische Betrachtung des Seitenwindverhaltens müssen die Differentialgleichungen 4.5 und 4.6 in Abschnitt 4.1 durch diese Ausdrücke ergänzt werden (Bild 4.20):

$$m_g \cdot v \cdot \dot{\beta} + \frac{1}{v} \cdot (m_g \cdot v^2 + C_v \cdot l_v - C_h \cdot l_h) \cdot \dot{\psi}$$

$$+ (C_v + C_h) \cdot \beta - C_v \cdot \delta + k_W \cdot \tau \cdot v^2_{res} = 0 \qquad \text{(Gl. 4.54)}$$

$$J_{gz} \cdot \ddot{\psi} + \frac{1}{v} \cdot (C_v \cdot l_v^2 + C_h \cdot l_h^2) \cdot \dot{\psi}$$

$$-(C_h \cdot l_h - C_v \cdot l_v) \cdot \beta - C_v \cdot l_v \cdot \delta + k_W \cdot e_s \cdot \tau \cdot v^2_{res} = 0 \qquad \text{(Gl. 4.55)}$$

Wird das Seitenwindverhalten, wie bei den meisten Autofirmen üblich, an einer Seitenwindanlage untersucht, wirkt auf das Fahrzeug während der Vorbeifahrt stationärer Seitenwind.

Zunächst wird ermittelt, welchen Lenkwinkel der Fahrer einstellen muß, um trotz Seitenwind geradeaus zu fahren. Je kleiner dieser Korrekturwinkel ist, um so seitenwindunempfindlicher ist das Fahrzeug. Mit den Bedingungen für die Geradeausfahrt

$$\ddot{\psi} = 0, \quad \dot{\psi} = 0 \quad \text{und} \quad \dot{\beta} = 0$$

wird aus den Gleichungen 4.54 und 4.55:

$$(C_v + C_h) \cdot \beta - C_v \cdot \delta + k_W \cdot \tau \cdot v^2_{res} = 0$$

$$-(C_h \cdot l_h - C_v \cdot l_v) \cdot \beta - C_v \cdot l_v \cdot \delta + k_W \cdot e_s \cdot \tau \cdot v^2_{res} = 0$$

Bild 4.20 Wirkung der Windkraft und des Windmoments am Fahrzeug

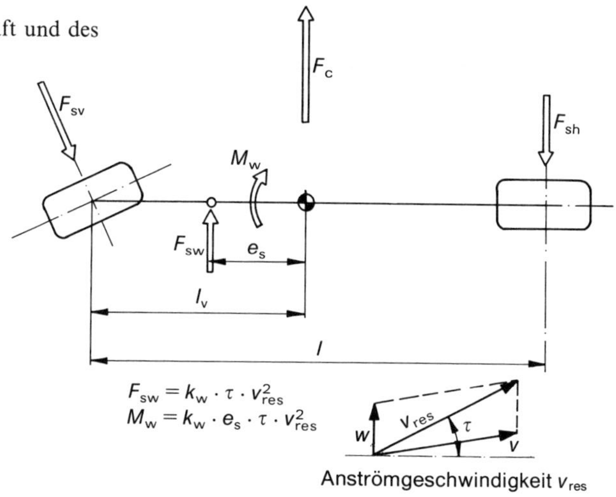

β, aus beiden Gleichungen ausgedrückt und gleichgesetzt, ergibt nach Umformungen für den erforderlichen Lenkwinkel:

$$\delta = \tau \cdot v_{res}^2 \cdot \frac{k_W}{l} \cdot \frac{C_h \cdot (l_h + e_s) - C_v \cdot (l_v - e_s)}{C_v + C_h} \qquad \text{(Gl. 4.56)}$$

Demnach wird der Lenkwinkel klein, wenn der Beiwert k_W klein ist (Karosserieform) und die resultierende Schräglaufsteifigkeit der Vorderachse (Reifen + Lenkung + Radaufhängung) C_v groß ist. Für den Lenkwinkel null muß der Zähler in Gleichung 4.56 gleich null sein.

$$C_h \cdot (l_h + e_s) - C_v \cdot (l_v - e_s) = 0$$

Daraus wird der erforderliche Druckmittelpunktabstand für $\delta = 0$

$$e_{so} = \frac{C_v \cdot l_v - C_h \cdot l_h}{C_v + C_h} \qquad \text{(Gl. 4.57)}$$

Weil $C_h \cdot l_h$ bei heutigen Fahrzeugen wegen der Untersteuerung größer als $C_v \cdot l_v$ ist, müßte e_{so} negativ sein, d.h. der Druckmittelpunkt müßte für $\delta = 0$ hinter dem Schwerpunkt liegen. Eine so weite Verlagerung des Druckmittelpunkts nach hinten kann nur bei Karosserien mit großen Heckflossen erreicht werden, wie sie in den 40er Jahren bei Versuchsfahrzeugen von KAMM verwirklicht worden sind. Eine andere Möglichkeit, den Druckmittelpunktabstand und damit die Seitenwindempfindlichkeit zu reduzieren, ist das Verlegen des Schwerpunkts nach vorn. Im Prinzip geschieht es bei Frontantriebswagen infolge des vorn liegenden Antriebsaggregats.

Untersuchungen haben gezeigt, daß die Fahrer die seitliche Spurabweichung durch den stationären Seitenwind meistens ohne Schwierigkeit durch Lenken

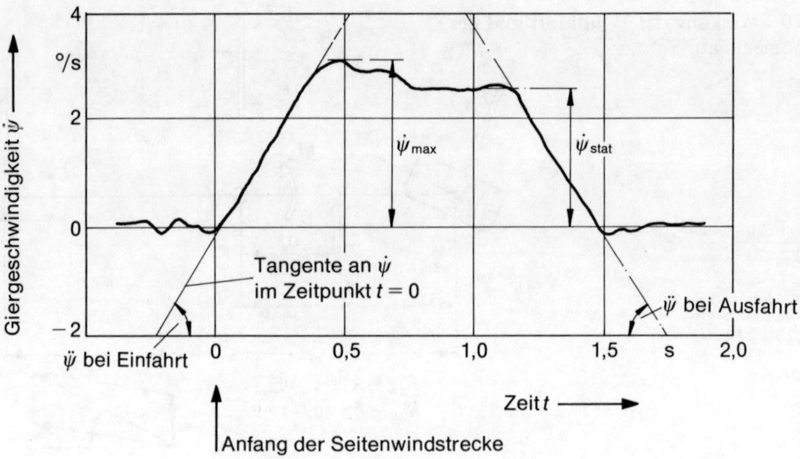

Bild 4.21 Verlauf der Giergeschwindigkeit über der Zeit beim Vorbeifahren an einer Seitenwindanlage, Länge = 32 m, Windgeschwindigkeit $w = 80$ km/h. Mögliche Bewertungskriterien $\dot{\psi}_{max}$, $\dot{\psi}_{stat}$ und $\ddot{\psi}$ bei Ein- und Ausfahrt.

korrigieren können. Für das Empfinden und die Reaktion des Fahrers ist der zeitliche Verlauf der Giergeschwindigkeit während der Windeinwirkung maßgebend (Bild 4.21). Besonders wichtig ist dabei der Anstieg der Giergeschwindigkeit, d.h. die Gierbeschleunigung beim Einfahren in die Windstrecke. Der Fahrer kann auf die Windeinwirkung erst nach seiner Reaktionszeit korrigierend eingreifen. Deshalb ist die Anfangsgierbeschleunigung bei Vorbeifahrt an Seitenwindanlagen mit festgehaltenem Lenkrad eine wichtige Aussage über die Seitenwindempfindlichkeit des Fahrzeugs (siehe auch Abschnitt 6.5.7). Der Anstieg der Tangente bei $t = 0$ im Bild 4.21 kann aus Gleichung 4.55 bestimmt werden. Für kleine Zeiten wird $\dot{\psi} \approx \ddot{\psi} \cdot t$ gesetzt:

$$\ddot{\psi}_{(t=0)} = \frac{k_W \cdot e_s}{J_{gz}} \cdot \tau \cdot v_{res}^2 \qquad \text{(Gl. 4.58)}$$

Die für das Fahrempfinden und die Fahrerreaktion maßgebende Gierbeschleunigung bei Einfahrt in die Windstrecke hängt vom Windseitenkraftbeiwert, vom Abstand des Druckmittelpunkts zum Schwerpunkt und vom Gierträgheitsmoment J_{gz} des Fahrzeugs ab. Bild 4.22 zeigt gerechnete Kurven zur Verdeutlichung der Einflüsse von Parameteränderungen auf den Verlauf der Giergeschwindigkeit.

Wenn verschiedene Fahrzeuge durch Vorbeifahrt an einer Seitenwindanlage verglichen werden, ist zu berücksichtigen, daß die Stärke der Windstörung je nach Verlauf von $c_M(\tau)$ unterschiedlich sein kann. Im Bild 4.23 sind die Zusammenhänge für eine Fahrgeschwindigkeit von 100 km/h und eine Windgeschwindigkeit von 80 km/h – wie bei Messungen an Seitenwindanlagen üblich ist – gezeigt. Im

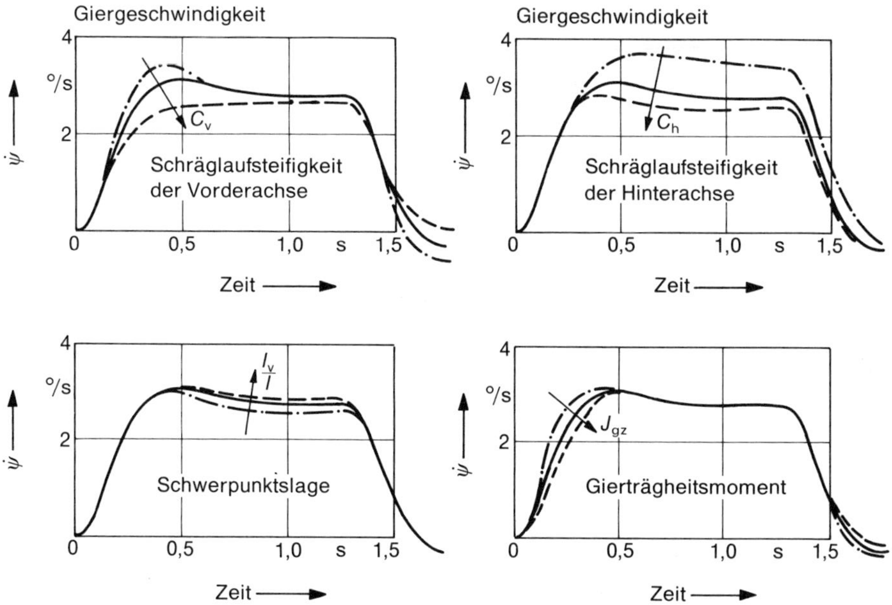

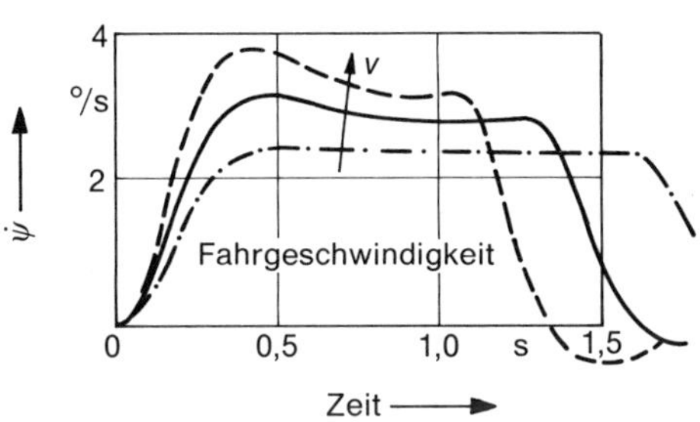

Bild 4.22 Einfluß von Parametervariationen auf den Verlauf der Giergeschwindigkeit beim Vorbeifahren an einer Seitenwindanlage, Länge = 32 m, Windgeschwindigkeit = 80 km/h. Die ausgezogene Linie zeigt das Verhalten des Basisfahrzeugs bei $v = 100$ km/h. Die Pfeile zeigen die Tendenz bei Parameteränderungen vom kleineren Wert in Richtung größerer Werte.
--- Parameter vergrößert
-·- Parameter verkleinert

Diagramm ist $c_M \cdot v_{res}^2$, ein Maß für das Windgiermoment, über der Seitenwindrichtung τ' aufgetragen. Die Kurve wurde mit Hilfe des Vektordreiecks und des Zusammenhangs $c_M = f(\tau)$ konstruiert. Es zeigt sich, daß das maximale Windgiermoment nicht bei der in Seitenwindanlagen üblichen 90°-Windrichtung, sondern in diesem Beispielfall bei einer Seitenwindrichtung unter $\tau' = 50°$ wirksam wird. Beim Vergleich von Fahrzeugen mit unterschiedlichen Karosserieformen empfiehlt es sich zur besseren Erklärung der Ergebnisse, diese Rechnung durchzuführen.

Auf realen Straßen wirkt der natürliche Wind unter verschiedenen Richtungen auf das Fahrzeug ein. Damit ist auch die Stärke der Windstörung ständig wechselnd. Aus diesem Grund kann das Seitenwindverhalten auf der Straße anders empfunden werden, als es bei der Vorbeifahrt an einer Seitenwindanlage beurteilt wurde.

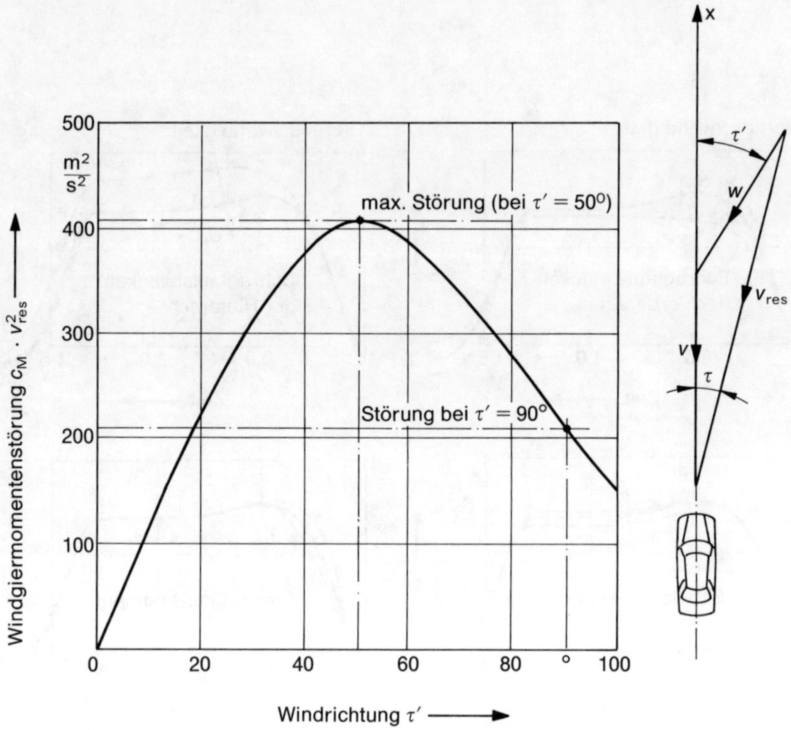

Bild 4.23 Verlauf der Windgiermomentenstörung $c_M \cdot v_{res}^2$ über der Windrichtung τ. Fahrgeschwindigkeit $v = 100$ km/h, Windgeschwindigkeit $w = 80$ km/h. Das maximale Giermoment tritt bei einer Windrichtung von $\tau' = 50°$ zur Fahrzeuglängsachse auf. (c_M = Windgiermomentbeiwert, siehe Bild 4.19.)

Die Seitenwindempfindlichkeit kann auch auf realen Straßen bei regellosem, natürlichem Wind untersucht werden (siehe auch Abschnitt 6.5.7). Ideale Versuchsbedingungen mit genügendem Wind sind jedoch nur selten zu finden.

Auf der Straße wird der Regelkreis durch den Fahrer geschlossen. Er korrigiert ständig die Windstörung durch Lenkeinschläge. Das Verhalten des Fahrers muß also berücksichtigt werden.

Der natürliche Wind nach Bild 4.24 wird aus einem konstanten und einem überlagerten regellosen Anteil zusammengesetzt. Der vom Fahrer eingestellte Lenkwinkel setzt sich auch aus zwei Teilen zusammen:

$$\delta_H(t) = \delta'_H(t) + \Delta\delta_H(t)$$

$\delta'_H(t)$ ist der Lenkwinkel zum Ausregeln des konstanten Windanteils und $\Delta\delta_H(t)$ der Lenkeinschlag für den regellosen Anteil des Windes. Wesentliche Informationen für den Fahrer zur Bildung des Lenkwinkels sind die Spurabweichung, der Gierwinkel und die Giergeschwindigkeit. Konstante Windstörungen kann der Fahrer ohne Schwierigkeit ausregeln. Im Bereich der Giereigenfrequenz wird die Gierbewegung durch die Eigendynamik des Fahrers vergrößert. Bild 4.25 zeigt gemessene Frequenzgänge der Giergeschwindigkeit und des Lenkradwinkels.

Bild 4.24
Zusammensetzung des natürlichen Seitenwindes aus einem konstanten und einem regellosen Anteil

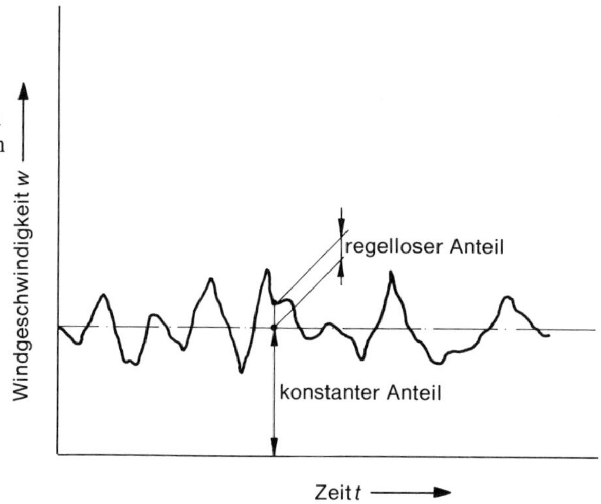

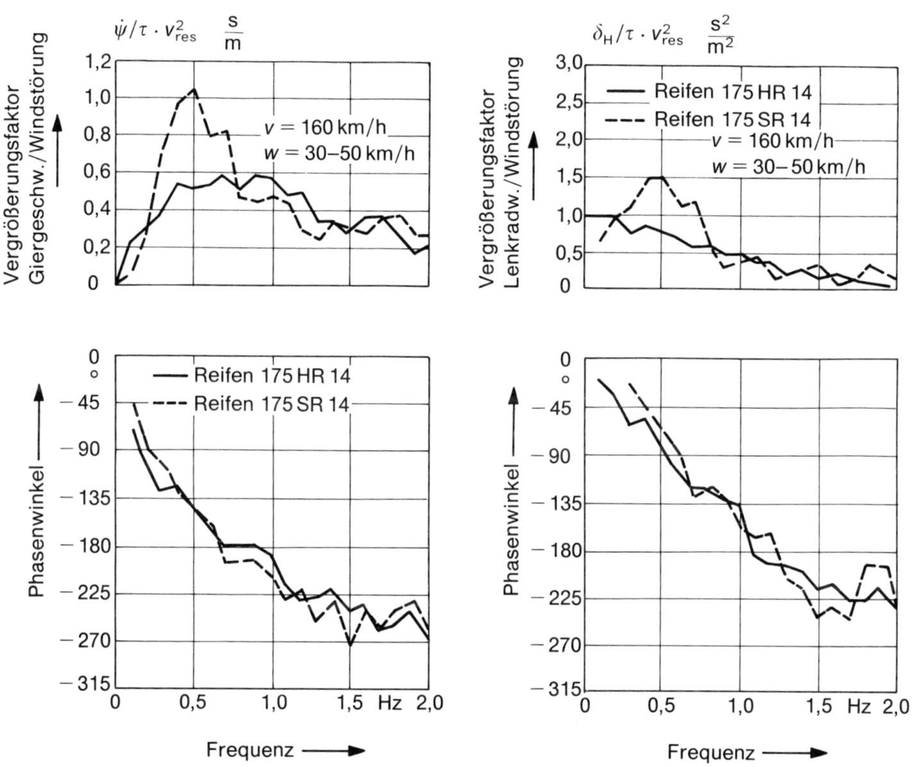

Bild 4.25 Bei natürlichem Seitenwind gemessene Frequenzgänge der Giergeschwindigkeit $\dot{\psi}$ und des Lenkradwinkels δ_H an einem Fahrzeug mit unterschiedlichen Reifen

4.5 Lastwechselreaktion

Zur Beurteilung der instationären Fahrzeugeigenschaften ist die Lastwechselreaktion bei Kurvenfahrt ein wichtiges Kriterium. Wird in einer Kurve das Gas plötzlich weggenommen, kehren sich an den angetriebenen Rädern die Längskräfte um; aus der Antriebskraft wird durch das Bremsmoment des Motors eine Bremskraft. Das Fahrzeug reagiert auf diesen Lastwechsel mit einer Drehung zur Kurveninnenseite hin. Messungen siehe Abschnitt 6.5.4.3.

In der täglichen Fahrpraxis tritt die Lastwechselreaktion dann auf, wenn entweder der Fahrer die Kurve zunächst unterschätzt und deshalb zu schnell in sie hineinfährt oder sich der Kurvenradius im Laufe der Straßenführung verkleinert. Die natürliche Reaktion des Fahrers in diesen Situationen ist, daß er das Gas wegnimmt. Weil die hierauf folgende Lastwechselreaktion das Fahrzeug in die Kurve hineindreht und damit unter Umständen zur Entschärfung der Gefahrensituation beitragen kann, ist im allgemeinen ein gewisses Maß nicht nachteilig. Der *Eindreheffekt* darf aber nicht so heftig erfolgen, daß der Fahrer zu schwierigen Lenkkorrekturen gezwungen und damit überfordert wird.

Die Lastwechselreaktion entsteht durch das Zusammenspiel mehrerer Einflüsse, die sich beim Heck- und Frontantrieb unterschiedlich auswirken.

Reifeneinflüsse beinhalten den Einfluß der Radlaständerung und der Umfangskraftänderung auf die übertragbare Seitenkraft.

Kinematische Einflüsse werden durch die Sturz- und Vorspuränderungen bei Ein- und Ausfederung hervorgerufen.

Elastokinematische Einflüsse sind die Radwinkeländerungen infolge Elastizitäten der Achsaufhängungsgummilager. Im wesentlichen werden sie durch den Wechsel der Längskraft an den angetriebenen Rädern ausgelöst. Weitere Einzelheiten sind in den Bänden «Reifen und Räder» sowie «Radaufhängungen» zu finden.

4.5.1 Reifeneinfluß

Den größten Einfluß hat die *Normalkraftänderung*. Beim Gaszurücknehmen entstehen an den Antriebsrädern Bremskräfte, und im Schwerpunkt des Fahrzeugs entsteht eine nach vorn gerichtete Reaktionskraft. Dieses Kräftepaar bewirkt eine Vergrößerung der Normalkraft an der Vorderachse und eine Verminderung an der Hinterachse. Damit ändert sich die Verteilung der übertragbaren Seitenkräfte. Bild 4.26 zeigt im Reifenkennfeld, daß die Seitenkraft an der Vorderachse geringfügig ansteigt und an der Hinterachse stark abfällt. Diese Seitenkraftänderung erzeugt ein *Giermoment*, die Schräglaufwinkel an der Hinterachse vergrößern sich, und das Fahrzeug dreht in die Kurve hinein.

Der Einfluß der Längskraftänderung auf die Seitenkraftübertragung (Traktionseinfluß) wirkt in die gleiche Richtung, er ist jedoch etwas schwächer als der Normalkrafteinfluß.

Bild 4.27 zeigt den typischen Verlauf des Gelenkwellenmomentes bei Lastwechsel für einen *hinterradangetriebenen* Wagen. Durch das Überschwingen des

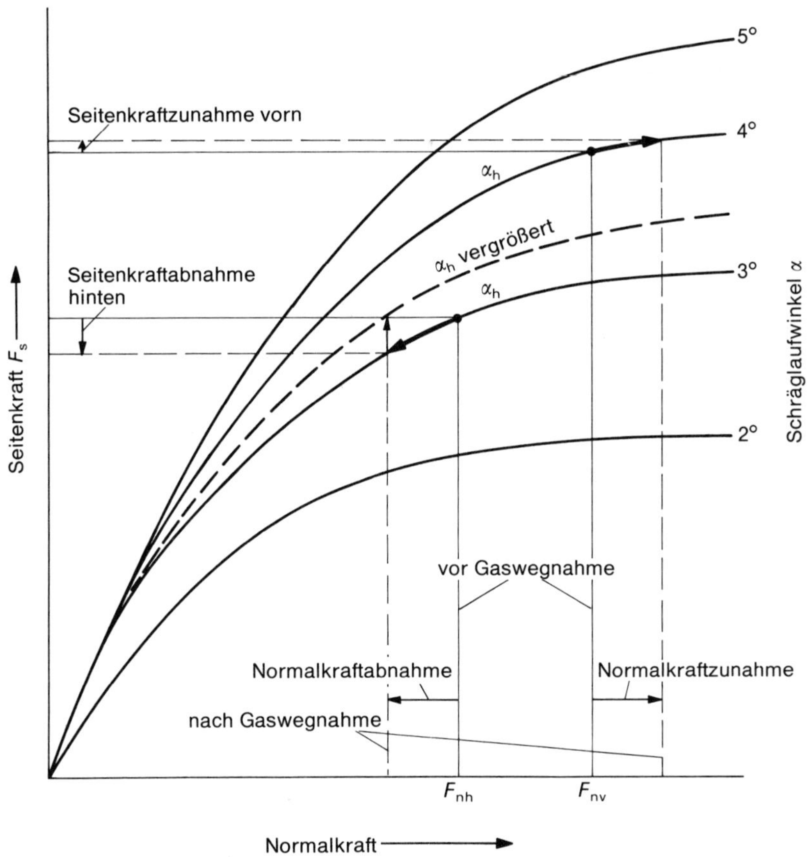

Bild 4.26 Änderung der Verteilung der Seitenkräfte durch Gaswegnahme bei Kurvenfahrt. Durch die Seitenkraftänderung entsteht ein in die Kurve drehendes Giermoment.

Bild 4.27
Zeitlicher Verlauf des Gelenkwellenmoments eines Fahrzeugs mit Hinterradantrieb bei plötzlicher Gaswegnahme (Lastwechselreaktion)

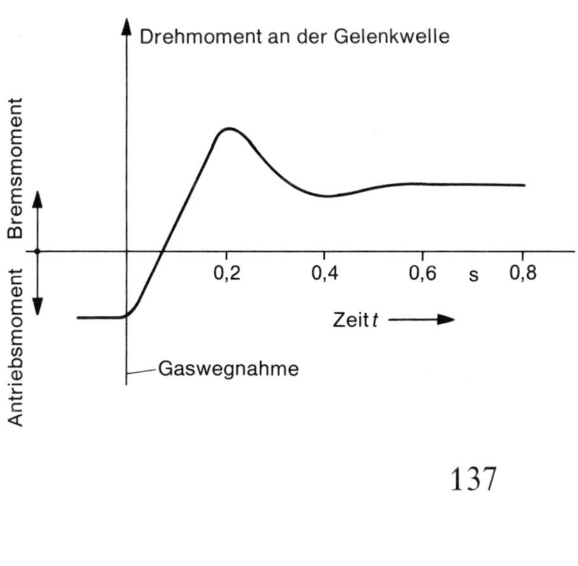

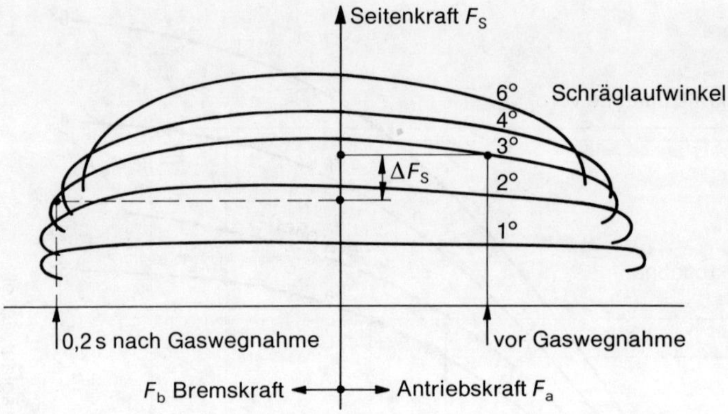

Bild 4.28 Einfluß der Längskraftänderung bei Gaswegnahme auf die Seitenkraftübertragung. Die übertragbare Seitenkraft nimmt an der Hinterachse durch das Überschwingen des Motorbremsmomentes um ΔF_s ab (siehe auch Bild 2.29).

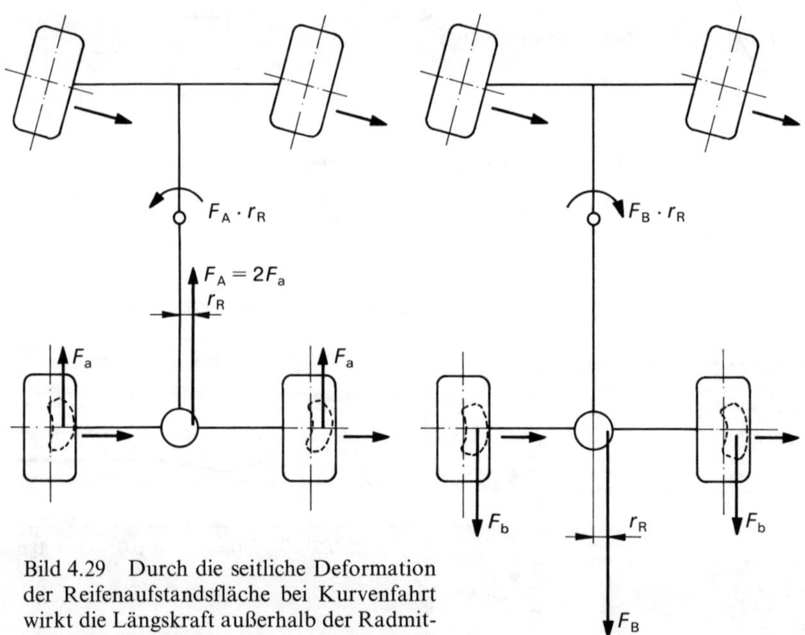

Bild 4.29 Durch die seitliche Deformation der Reifenaufstandsfläche bei Kurvenfahrt wirkt die Längskraft außerhalb der Radmittelebene. Bei Heckantrieb entsteht dadurch ein untersteuerndes, bei Lastwechsel ein übersteuerndes Giermoment.

Motorbremsmomentes nach Gaswegnahme entsteht ein erhöhter Bremsschlupf, der die übertragbare Seitenkraft vermindert. Das Eindrehen in die Kurve wird verstärkt. Bild 4.28 zeigt diesen Einfluß im Reifenkennfeld anhand eines Beispiels.

Durch die seitliche Deformation der Reifenaufstandsfläche unter Wirkung der Seitenkraft wirkt die Längskraft etwas außerhalb der Radmittelebene. Dadurch wird das Reifenrückstellmoment an den angetriebenen Rädern verstärkt (Bild 4.29). Durch die zur Fahrzeuglängsachse asymmetrisch wirkende Antriebskraft an der Hinterachse entsteht *bei Heckantrieb* ein Untersteuereffekt. Bei Wechsel der Antriebskraft in Bremskraft tritt durch die Umkehr dieser Momente ein Übersteuereffekt auf, der das Eindrehen nach Gaswegnahme unterstützt.

Beim *Frontantrieb* hat der resultierende Antriebskraftvektor, der in Richtung der eingeschlagenen Räder wirkt, einen Hebelarm zum Fahrzeugschwerpunkt (Bild 4.30). Während des Antriebs entsteht dadurch ein übersteuerndes Giermoment. Bei Wechsel der Kraftrichtung tritt kurzzeitig ein untersteuerndes Giermoment auf, das jedoch sehr schnell durch den Radlasteinfluß überkompensiert wird.

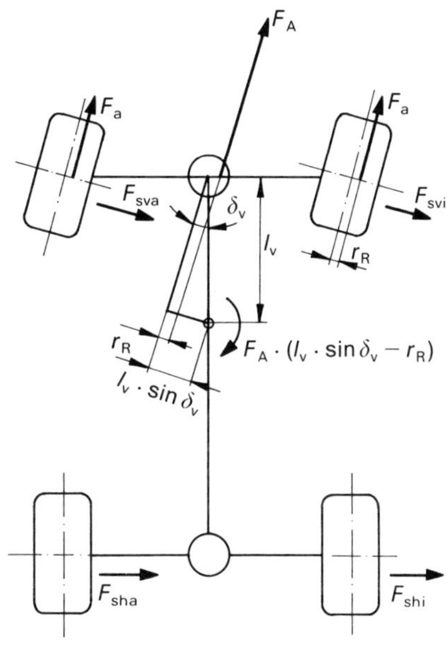

Bild 4.30 Bei Frontantrieb entsteht ein Giermoment $F_A(l_v \sin\delta_v - r_R)$, da die resultierende Antriebskraft in Richtung der eingeschlagenen Räder zeigt.

4.5.2 Kinematische Einflüsse

Durch die im Abschnitt 4.5.1 beschriebenen Radlaständerungen nach Gaswegnahme federn die Vorderräder ein und die Hinterräder aus. Diese Federwegänderungen haben kinematische Sturz- und Vorspuränderungen zur Folge. Die Vorderräder bekommen weniger, die Hinterräder mehr positiven Sturz. Vorn kann dadurch mehr, hinten weniger Seitenkraft übertragen werden (Bild 5.9). Die Schräglaufwinkel ändern sich im Sinne eines Übersteuerns.

Die Ein- und Ausfederungen verursachen neben der Sturzänderung auch Vorspuränderungen der Räder, die in der Addition das Eindrehen verstärken können. Den größten Einfluß an der Hinterachse hat ein stärker belastetes Außenrad, das durch die Einfederung in Richtung Nachspur lenkt und damit das Eindrehen unterstützt. Hinterachskonstruktionen, bei denen die Radwinkel über dem Federweg konstant bleiben, z. B. Starrachsen, sind gegen Lastwechsel unempfindlicher als Schräglenkerachsen (siehe [3]).

4.5.3 Elastokinematische Einflüsse

Die Achsen heutiger Fahrzeuge sind aus Gründen des Geräusch- und Abrollkomforts in Gummielementen an der Karosserie oder an einem Zwischenrahmen (Fahrschemel) gelagert. Die Nachgiebigkeit in den Radaufhängungsgummilagern kann durch entsprechende Auslegung der Steifigkeiten und der Lenkeranordnung zur Milderung der Lastwechselreaktion genützt werden. Da für die Einleitung der

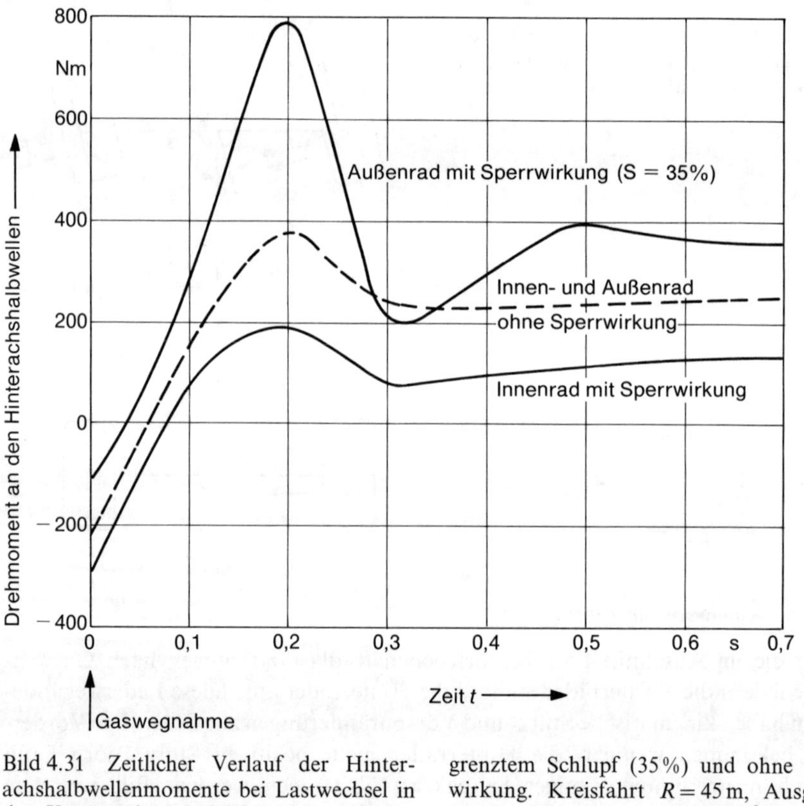

Bild 4.31 Zeitlicher Verlauf der Hinterachshalbwellenmomente bei Lastwechsel in der Kurve mit Ausgleichgetriebe mit begrenztem Schlupf (35 %) und ohne Sperrwirkung. Kreisfahrt $R = 45$ m, Ausgangsquerbeschleunigung $a_y = 6{,}5$ m/s^2 (2. Gang).

Lastwechselreaktion das Mitlenken einer angetriebenen Hinterachse bedeutend ist, sollte die Elastokinematik so abgestimmt sein, daß sich unter Wirkung der Antriebskraft eine Nachspur und bei Bremskraft eine Vorspur einstellen. Damit lenkt das kurvenäußere Hinterrad gleichzeitig mit dem Kraftrichtungswechsel bei Heckantrieb gegen das Eindrehen. Bei Doppelquerlenker-Radaufhängungen läßt sich das verwirklichen, als Beispiel können die Weißach-Achse von Porsche und die Raumlenker-Hinterachse von Mercedes-Benz dienen. Näheres über diese Konstruktionen siehe Abschnitt 5.2.3, Bild 5.15 und [3].

Bei Vorderradantrieb ist es umgekehrt: das kurvenäußere Rad muß in Nachspur gehen und das innere in Vorspur.

4.5.4 Sonstige Einflüsse

Ein *automatisches Getriebe* mit Wandler im Antriebsstrang läßt die Momentenumkehr etwas gemildert ablaufen. Damit verläuft die Radlaständerung zeitlich langsamer. Fahrzeuge mit Automatikgetriebe haben deshalb im allgemeinen eine schwächere Lastwechselreaktion als Fahrzeuge mit Schaltgetriebe.

Ein Ausgleichgetriebe mit begrenztem Schlupf oder ein *Sperrdifferential* mildert ebenfalls die Lastwechselreaktion. Da das kurvenäußere Rad durch das langsamer drehende Innenrad über die Sperrwirkung etwas gebremst wird, überträgt vor Gaswegnahme das Innenrad das größere Moment. Bild 4.31 zeigt die Drehmomente an den Halbwellen einer Hinterachse mit Ausgleichgetriebe mit begrenztem Schlupf. Nach Gaswegnahme kehrt sich die Drehmomentenverteilung um, am Außenrad ist jetzt das Moment größer als am Innenrad. Der Wechsel von der größeren Antriebskraft am Innenrad zur größeren Bremskraft am Außenrad ergibt einen untersteuernden Effekt, der dem Eindrehen nach Gaswegnahme entgegenwirkt.

Im allgemeinen sind *Fahrzeuge mit starken Motoren* und hohem Drehmoment gegen Lastwechsel empfindlicher als leistungsschwächere Fahrzeuge. Deshalb werden gerade bei stark motorisierten Fahrzeugen besondere Maßnahmen gegen die Lastwechselreaktion getroffen wie Automatgetriebe, Ausgleichgetriebe mit begrenztem Schlupf sowie entsprechende Auslegung der Elastokinematik.

Für die Beherrschbarkeit des Fahrzeugs ist das Verhalten besonders in der ersten Sekunde nach Gaswegnahme wichtig, weil anzunehmen ist, daß der Fahrer spätestens nach dieser Verzugszeit reagiert. Deshalb ist es auch üblich, für die Charakterisierung des Lastwechselverhaltens neben dem zeitlichen Verlauf der Bewegungsgrößen, wie z. B. Giergeschwindigkeit oder Querbeschleunigung, die Momentanwerte nach einer Sekunde auszuwerten (Abschnitt 6.5.4.3). Im weiteren Verlauf der Fahrzeugbewegung mit festgehaltenem Lenkrad wird das Fahrzeug dem Kreisradius zustreben, der dem Lenkeinschlag bei langsamem Rollen entspricht. Demnach gilt allgemein, daß ein stärker untersteuerndes Fahrzeug, dessen Vorderräder mehr eingeschlagen sind, nach Gaswegnahme auch mehr zur Kurveninnenseite hinlenkt als ein weniger untersteuerndes Fahrzeug. Das war mit ein Grund dafür, daß frontgetriebene Fahrzeuge, deren Kraftschlußausnutzung an der Vorderachse höher ist, in früheren Zeiten als lastwechselempfindlicher galten als Heckantriebsfahrzeuge. Bei den heutigen Fronttrieblern tritt diese Eigenschaft durch entsprechende konstruktive Maßnahmen und nicht zuletzt durch den Wechsel von Diagonal- auf Radialreifen kaum noch in Erscheinung. Messung der Lastwechselreaktion siehe Abschnitt 6.5.4.3.

5 Verschiedene Einflüsse auf das Fahrverhalten

5.1 Einfluß der Beladung

Mit der Beladung ändern sich Schwerpunktlage, Masse und Gierträgheitsmoment des Fahrzeugs (s. [4]). Diese Größen beeinflussen das Fahrverhalten.

5.1.1 Schwerpunktlage

Durch eine Änderung des Schwerpunkts werden Eigenlenkverhalten und Seitenwindempfindlichkeit beeinflußt. Bei näher zur Vorderachse liegendem Schwerpunkt ist der Hebelarm der Windseitenkraft und damit auch die Seitenwindempfindlichkeit kleiner (Abschnitt 4.4).

Bei Frontantrieb liegt, bedingt durch die Bauweise, der Schwerpunkt im allgemeinen weiter vorn als bei Standardantrieb (= Motor vorn, Antrieb hinten). Die Beladung des hintenliegenden Kofferraums ist dadurch bei Frontantrieb mit einer stärkeren Verschiebung des Schwerpunkts nach hinten verbunden. Ein Fahrzeug *untersteuert* um so mehr, je weiter der *Schwerpunkt vorn* liegt. Durch eine starke Schwerpunktverlagerung nach hinten kann sich das Untersteuern in Übersteuern ändern. Diese Eigenschaft ist besonders bei leichten Frontantriebsfahrzeugen mit relativ großer Zuladung zu beachten.

Die größere Untersteuertendenz bei stärker belasteter Vorderachse kann wie folgt erklärt werden: Im linearen Querbeschleunigungsbereich ist der *Eigenlenkgradient EG* nach Gleichung 4.24 ein Maß für das Untersteuern. Aus der Gleichung ist zu ersehen, daß, je größer der Zähler $m_g(C_h \cdot l_h - C_v \cdot l_v)$, um so stärker auch das Untersteuern ist.

Bei einer Schwerpunktverschiebung nach vorn nimmt $C_h \cdot l_h - C_v \cdot l_v$ und damit auch *EG* zu; das Fahrzeug wird stärker untersteuern.

Ein weiterer Grund ist der nichtlineare Einfluß der *Hochkraft*. Durch den degressiven Verlauf der Seitenkraftkennlinie über der Hochkraft bringt eine Vergrößerung der Hochkraft im höheren Lastbereich prozentual weniger Seitenkraftgewinn als im niedrigeren Lastbereich (Bild 5.1). Das Verhältnis Seitenkraft zu Hochkraft, über dem Schräglaufwinkel aufgetragen (Bild 5.2), zeigt, daß das höher belastete Rad einen höheren Schräglaufwinkel benötigt, um einen bestimmten Anteil der Hochkraft in Seitenkraft umzusetzen als das niedriger belastete Rad. Zum Umsetzen von 50 % der Hochkraft in Seitenkraft benötigt das

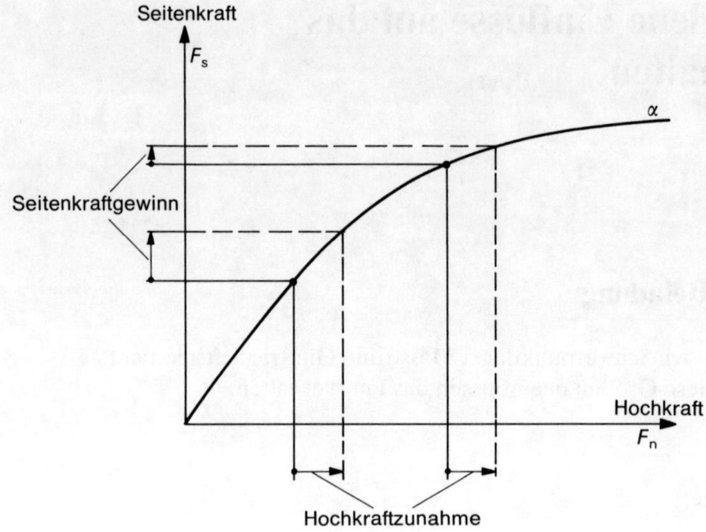

Bild 5.1 (oben) Abhängigkeit der Seitenkraft F_s von der Hochkraft F_n bei konstantem Schräglaufwinkel α. Der Seitenkraftgewinn durch Hochkraftzunahme ist im niedrigeren Lastbereich größer als im höheren Lastbereich (s. auch Bild 4.26).

Bild 5.2 (unten) Verlauf der auf die Hochkraft bezogenen Seitenkraft μ_s über dem Schräglaufwinkel. Der höher belastete Reifen kann relativ weniger Seitenkraft übertragen als der niedriger belastete (Reifen 175 R 14 88 H, 2.3 bar, s. auch Bild 2.22).

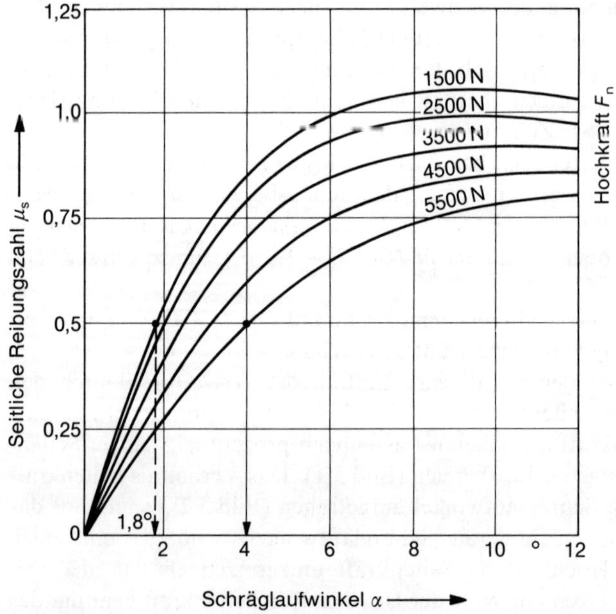

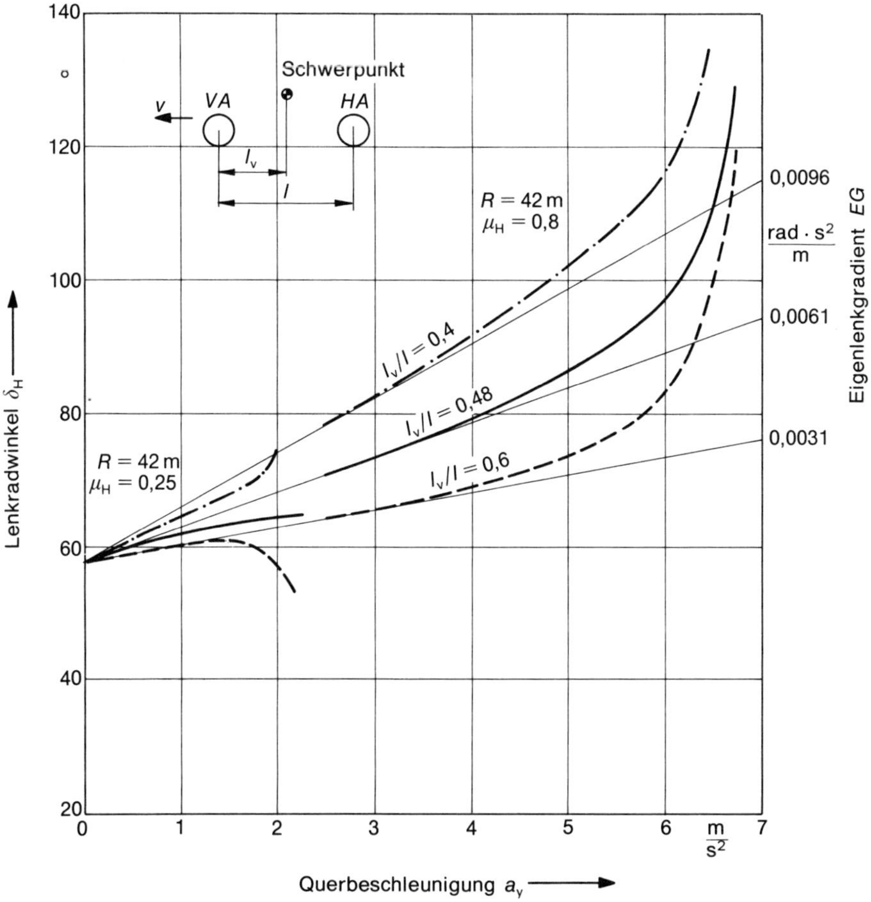

Bild 5.3 Einfluß der Schwerpunktlage l_v/l auf das Eigenlenkverhalten. Stationäre Kreisfahrt am konstanten Radius, $R = 42$ m, Fahrzeugmasse $m_g = 1860$ kg und Radstand $l = 2{,}8$ m. Beim hecklastigen Fahrzeug ändert sich das Eigenlenkverhalten auf glatter Fahrbahn im Grenzbereich in Übersteuern.

Rad mit der Hochkraft von 1500 N (im Beispielfall Bild 5.2) einen Schräglaufwinkel von 1,8° und das mit 5500 N belastete Rad einen Schräglaufwinkel von 4°.

Außerdem ist aus dem Bild 5.2 zu ersehen, daß ein höher belastetes Rad relativ weniger Seitenkraft auf die Straße bringen kann als ein niedriger belastetes Rad. Die stärker belastete Achse muß demnach auch die größeren Schräglaufwinkel haben. Mehr Last an der Vorderachse bedingt also den größeren Schräglaufwinkel vorn und damit mehr *Untersteuern*. Ein Ausgleich kann durch Änderung des Reifenluftdrucks erfolgen. Bild 5.3 zeigt den Einfluß der Schwerpunktlage auf den Verlauf des Lenkradwinkels über der Querbeschleunigung bei stationärer Kreisfahrt auf konstantem Radius für verschiedene Fahrbahnoberflächen.

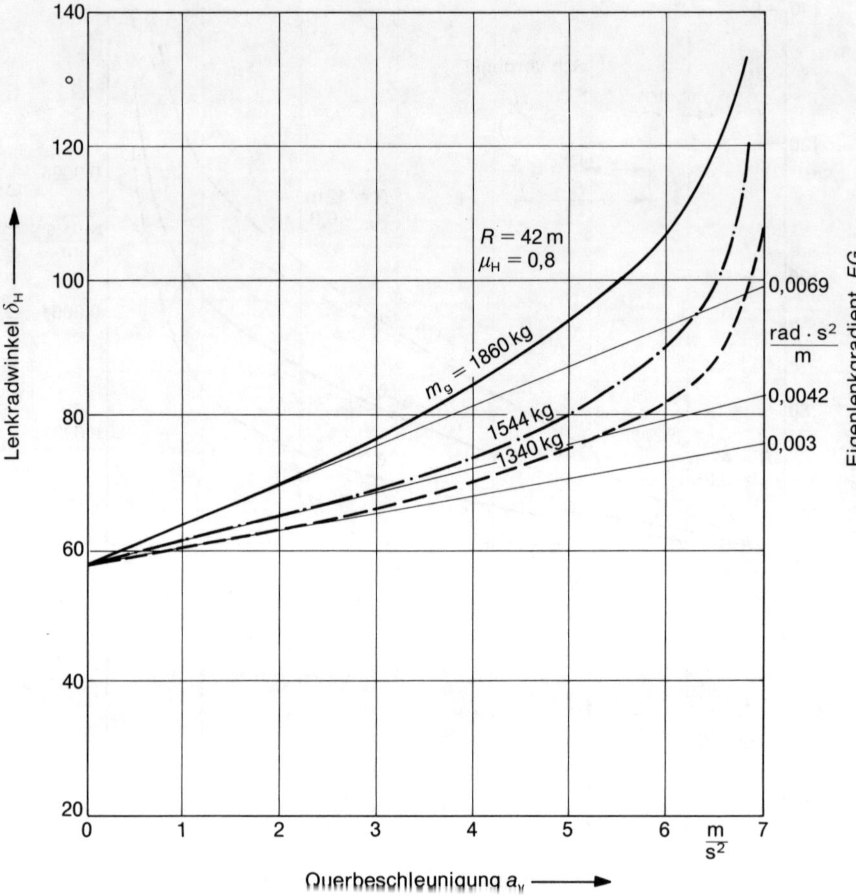

Bild 5.4 Einfluß der Fahrzeugmasse auf das Eigenlenkverhalten. Stationäre Kreisfahrt am konstanten Radius, $R = 42$ m, Radstand $l = 2{,}8$ m und Schwerpunktlage $l_v/l = 0{,}46$. Mit steigender Fahrzeugmasse untersteuert das Fahrzeug stärker.

5.1.2 Masse und Gierträgheitsmoment

Je größer die Fahrzeugmasse bei sonst unveränderten Fahrzeugparametern ist, um so stärker untersteuert das Fahrzeug. Diese Eigenschaft ist aus der Gleichung 4.24 für den Eigenlenkgradienten zu ersehen, weil die Masse m_g im Zähler der Gleichung steht. Durch Erhöhung von m_g wird auch EG größer; das bedeutet, daß das Fahrzeug mehr untersteuert (Bild 5.4).

Der Einfluß des Gierträgheitsmoments wird erst bei instationären Fahrvorgängen wirksam. Bild 5.5 zeigt den Verlauf der Giergeschwindigkeit beim Lenkwinkelsprungtest mit einem Versuchsfahrzeug, an dem bei sonst gleichbleibenden

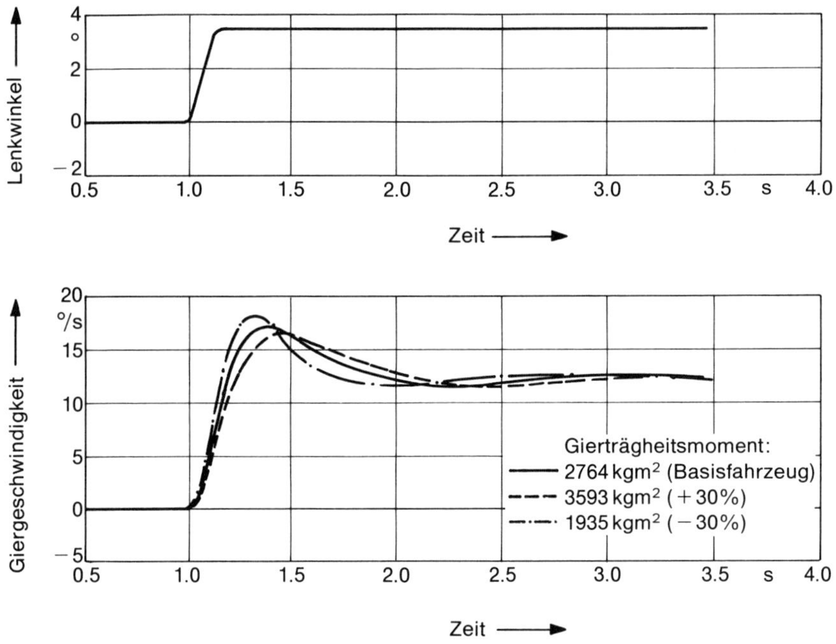

Bild 5.5 Einfluß des Gierträgheitsmoments auf das Fahrverhalten. Lenkwinkelsprungtest, Anreißen auf $a_y = 6\,m/s^2$ aus $v = 100\,km/h$, Fahrzeugmasse $m_g = 1544\,kg$, Schwerpunktlage $l_v/l = 0{,}48$.

Parametern das Gierträgheitsmoment um $\pm 30\,\%$ geändert wurde. Schwerpunktlage und Masse blieben bei den Varianten unverändert. Die Fahrzeugvariante mit dem niedrigsten Gierträgheitsmoment spricht am schnellsten an und schwingt stärker über als die mit den höheren Gierträgheitsmomenten. Diese Eigenschaften deuten auf ein stärkeres dynamisches Untersteuern hin (siehe hierzu die Beurteilungskriterien beim Lenkwinkelsprungtest im Abschnitt 6.5.5.1). Durch Erhöhung des Gierträgheitsmoments wird demnach das Fahrzeug in ungünstiger Weise in Richtung dynamisches Übersteuern verändert. Auch die Frequenzgänge zeigen diese Tendenz, die um so stärker ausgeprägt ist, je weniger das Fahrzeug in der Grundauslegung untersteuert (Bild 5.6). Einzelheiten über das Gierträgheitsmoment – auch Fahrzeugträgheitsmoment um die Hochachse genannt – sind in [1], [4] und [9].

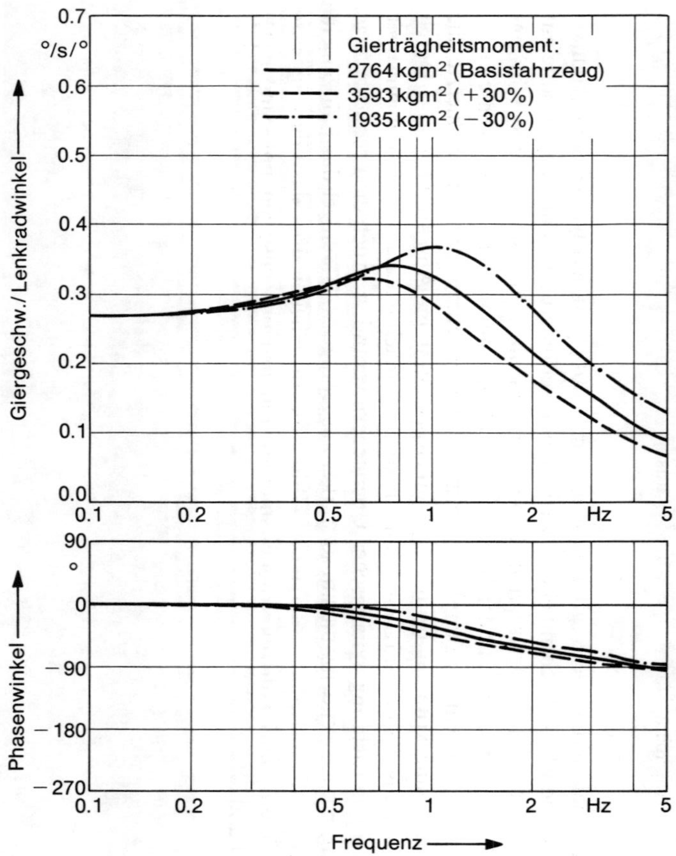
Giergeschw./Lenkradwinkel
°/s/°
0.7
0.6
0.5
0.4
0.3
0.2
0.1
0.0
Gierträgheitsmoment:
2764 kgm² (Basisfahrzeug)
3593 kgm² (+30%)
1935 kgm² (−30%)
Phasenwinkel
90
°
0
−90
−180
−270
0.1
0.2
0.5
1
2
Hz
5
Frequenz

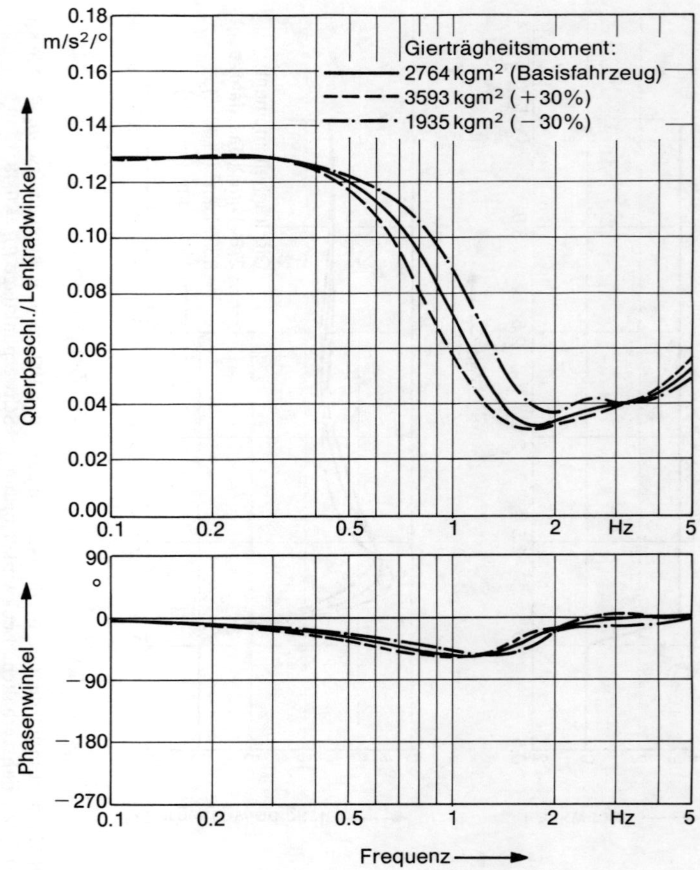
Querbeschl./Lenkradwinkel
m/s²/°
0.18
0.16
0.14
0.12
0.10
0.08
0.06
0.04
0.02
0.00
Gierträgheitsmoment:
2764 kgm² (Basisfahrzeug)
3593 kgm² (+30%)
1935 kgm² (−30%)
Phasenwinkel
90
°
0
−90
−180
−270
0.1
0.2
0.5
1
2
Hz
5
Frequenz

5.2 Einfluß von Fahrwerk und Lenkung

Bei der Auslegung von Fahrwerk- und Lenkungskomponenten bieten sich die meisten Möglichkeiten zur gezielten Beeinflussung des Fahrverhaltens. Im folgenden werden die wichtigsten Einflüsse auf das Eigenlenkverhalten behandelt. Hierzu gehört in erster Linie die Auslegung der Wanksteifigkeit und der Radstellungsänderungen beim Ein- und Ausfedern sowie unter Wirkung von Kräften und Momenten in der Kontaktfläche zwischen Reifen und Fahrbahn.

5.2.1 Wanksteifigkeit

Bei Kurvenfahrt neigt sich der Aufbau durch die im Schwerpunkt wirkende Fliehkraft. Die Räder auf der Kurvenaußenseite federn ein, auf der Kurveninnenseite federn sie aus. Gegen die Wankneigung werden Drehstäbe (Stabilisatoren) eingebaut, die dafür sorgen, daß die Wankfedersteifigkeit größer ist als die Federsteifigkeit bei paralleler Einfederung der Räder einer Achse. Die Größe der Wanksteifigkeit beeinflußt das Eigenlenkverhalten. Je härter die wechselseitige Federung ist, um so größer sind die für die Übertragung einer bestimmten Achsseitenkraft erforderlichen Schräglaufwinkel.

Das bedeutet, daß durch einen stärkeren Stabilisator vorn das Fahrzeug untersteuernder und durch einen stärkeren Stabilisator hinten übersteuernder gemacht werden kann.

Die Ursache dieses Verhaltens liegt im degressiven Verlauf der Seitenkraftkennlinien über der Hochkraft (Bild 5.7). Am weniger belasteten Innenrad bewegt sich der Betriebspunkt bei einer Hochkraftänderung am linearen Ast der Kurve, am Außenrad dagegen auf dem bereits abbiegenden Ast. Damit nimmt die Seitenkraft am Innenrad bei der Hochkraftverminderung um ΔF_n stärker ab als sie am Außenrad durch die Radlasterhöhung um ΔF_n zunimmt. Die mittlere übertragbare Seitenkraft sinkt um ΔF_s. Zur Übertragung der notwendigen Seitenkraft müssen die Schräglaufwinkel vergrößert werden. Dies bedeutet jedoch eine Tendenz an der Vorderachse zum Untersteuern und an der Hinterachse zum Übersteuern. Je größer die Wanksteifigkeit vorne ist, um so größer ist auch die Hochkraftänderung ΔF_{nv} im Verhältnis zu ΔF_{nh} und damit die Änderung des Eigenlenkverhaltens. Im niedrigen Querbeschleunigungsbereich bzw. auf glatten Fahrbahnen hat die Wanksteifigkeit praktisch keinen Einfluß auf das Eigenlenkverhalten, da sich hier auch das Außenrad noch im linearen Bereich der Reifenkennlinie befindet. Bild 5.8 zeigt das Verhalten eines Fahrzeugs bei stationärer Kreisfahrt mit verschiedenen Stabilisatorfederhärten.

Bild 5.6 (linke Seite) Einfluß des Gierträgheitsmoments auf das Fahrverhalten am Beispiel der Frequenzgänge eines Fahrzeugs mit der Masse $m_g = 1544$ kg, Fahrgeschwindigkeit $v = 100$ km/h.

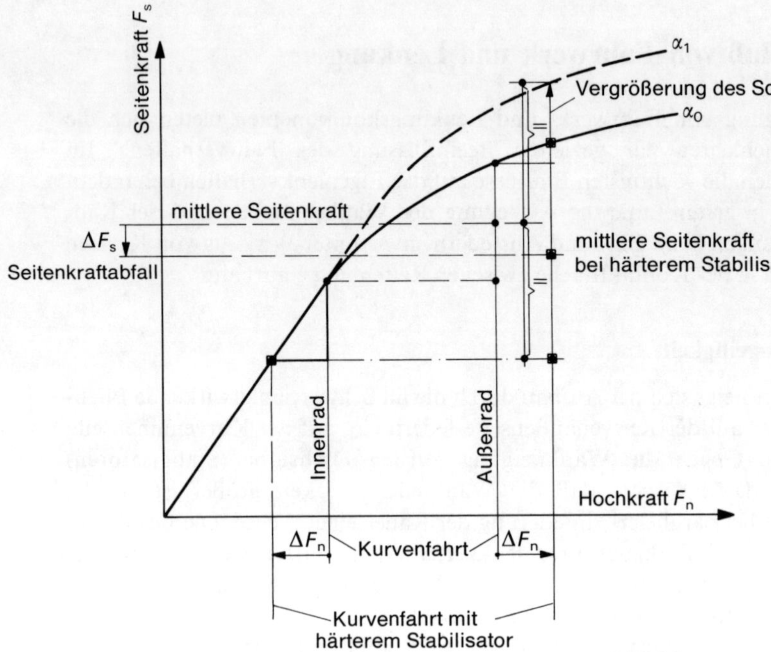

Bild 5.7
Einfluß der Stabilisatorfederhärte auf das Fahrverhalten. Durch härtere Stabilisatoren sinkt die mittlere übertragbare Seitenkraft, der Schräglaufwinkel vergrößert sich.

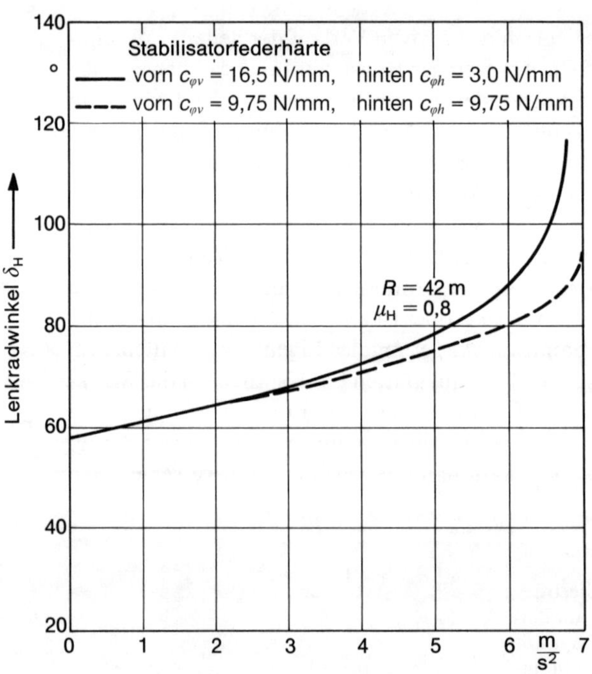

Bild 5.8
Einfluß der Stabilisatorfederhärte auf das Fahrverhalten. Stationäre Kreisfahrt am konstanten Radius $R = 42$ m; Fahrzeugmasse $m_g = 1544$ kg. Bei niedrigen Querbeschleunigungen und damit auch auf glatter Fahrbahn hat die Stabilisatorfederhärte keinen Einfluß auf das Eigenlenkverhalten.

5.2.2 Achskinematik

Die Achskinematik beschreibt die beim Ein- und Ausfedern von der Radaufhängung erzwungenen Bewegungen des Rades. Für das Fahrverhalten sind insbesondere die Vorspur- und Sturzänderungen wichtig. Bei Kurvenfahrt treten durch die Wankneigung des Aufbaus Vorspuränderungen auf, die für das Fahrzeug einen Lenkeffekt bewirken. Dieser Effekt heißt *Wanklenken*. Der *Wanklenkfaktor* ist eine charakteristische Größe, die die Stärke dieses Lenkeffektes beschreibt. Er ist das Verhältnis der Änderung des Lenkwinkels zur Änderung des kinematischen Wankwinkels

$$\frac{d\delta}{d\varphi_k}$$

Das Wanklenken wird zur gezielten Beeinflussung des Eigenlenkverhaltens genützt. Es wird meistens untersteuernd ausgelegt, da hierdurch die Stabilität erhöht wird. An der *Vorderachse* bedeutet diese Auslegung, daß das einfedernde Außenrad auf Nachspur und das ausfedernde Innenrad auf Vorspur geht. Auslegungsbeispiele siehe [1]. Die Spurwinkeländerung durch das kinematische Wanken wird *Wankuntersteuern* oder kinematisches Untersteuern, manchmal auch noch Rolluntersteuern (alte Bezeichnung) genannt.

An der *Hinterachse* sollten Lenkwinkeländerungen beim Ein- und Ausfedern möglichst vermieden werden, da sie die Geradeauslaufeigenschaften des Fahrzeugs

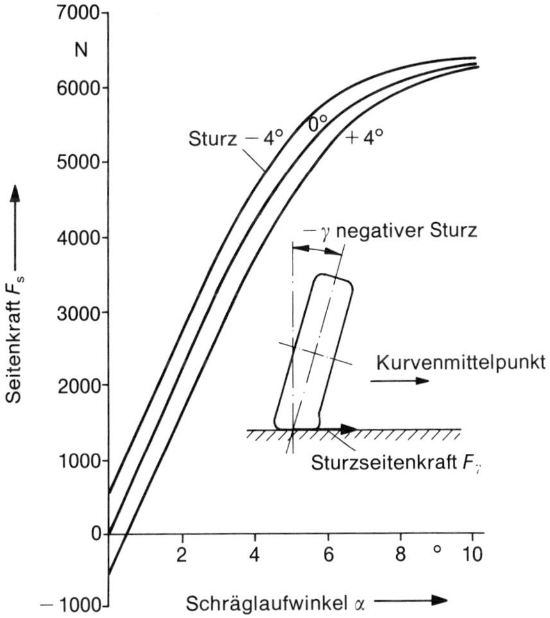

Bild 5.9
Einfluß des Sturzes auf die Seitenkraft. Durch einen negativen Sturz wird die übertragbare Seitenkraft um die Sturzseitenkraft erhöht (Reifen 175/70 HR 14, 2,4 bar, $F_n = 8000$ N).

verschlechtern. Ein kinematisches Wanklenken der Hinterräder ist dann sinnvoll, wenn dadurch andere, unerwünschte Lenkeffekte, z.B. durch Elastizitäten, kompensiert werden können. Oft ist jedoch ein Wanklenken, bedingt durch die Radaufhängungskinematik, nicht ganz vermeidbar. Bei der Achsauslegung muß ein Optimum durch Zusammenwirken von Wank- und Elastizitätslenken gefunden werden (Abschnitt 5.2.3).

Die durch Ein- und Ausfederungen hervorgerufenen *kinematischen Sturzänderungen* beeinflussen ebenfalls das Eigenlenkverhalten. Durch den Sturz entsteht eine Seitenkraft, die in die Neigungsrichtung des Rades zeigt. Je nach Richtung des Sturzes kann der Reifen bei dem gleichen Schräglaufwinkel eine mehr oder weniger große Seitenkraft übertragen (Bild 5.9). Das Vorzeichen des Sturzes ist in DIN 70000 relativ zum Fahrzeug definiert. Danach ist er positiv, wenn das Rad (obere Hälfte), bezogen auf die Fahrzeugmitte, nach außen, und negativ, wenn es nach innen geneigt ist.

Bei Kurvenfahrt ist diese Definition nicht eindeutig, da die Neigungsrichtung der Räder zur Fahrbahn durch die Wankkinematik von der fahrzeugbezogenen Neigungsrichtung abweichen kann. Ausgehend von der Sturzrichtung bei Geradeausfahrt, wobei die Neigung der Radebene zur Fahrbahn gleich mit dem Winkel zur Karosserie ist, ergibt sich der Sturz zur Fahrbahn bei Kurvenfahrt auf der Kurvenaußenseite als Summe und auf der Kurveninnenseite als Differenz vom Wankwinkel und Sturzwinkel zur Karosserie. Das Bild 5.10 zeigt Beispiele zur Ermittlung des Sturzes zur Fahrbahn bei verschiedenen Radführungen.

Daraus ist zu ersehen, daß bei Kurvenfahrt der Sturz zur Fahrbahn dann positiv ist, wenn das Rad, auf den Kurvenmittelpunkt bezogen, nach außen geneigt, und negativ, wenn es zur Kurvenmitte nach innen geneigt ist, unabhängig von seiner relativen Neigung zur Karosserie. Ein negativer Sturz erhöht damit die Seitenführungsfähigkeit, wie es aus Bild 5.9 ersichtlich ist.

Der Einfluß des Sturzes auf das Fahrverhalten kann aus diesen Zusammenhängen abgeleitet werden. Gehen die Räder einer Achse bei Kurvenfahrt in Richtung negativer Sturz zur Fahrbahn, werden die Seitenkräfte an dieser Achse um die durch den Sturz zusätzlich übertragbaren Seitenkräfte erhöht, und der Schräglaufwinkel nimmt bei gleichbleibender Querbeschleunigung ab. Diese Tendenz bedeutet – bezogen auf das ganze Fahrzeug – bei negativem Sturz nur an der Vorderachse weniger und nur an der Hinterachse mehr Untersteuern. Um eine gute Seitenführung zu erreichen, wird im allgemeinen angestrebt, durch eine entsprechende Radaufhängungskinematik am kurvenäußeren Rad einen negativen Sturz zu erreichen. Dies bedingt jedoch eine starke negative Sturzänderung zur Karosserie, die bei Einfederungen in Geradeausfahrt mit Nachteilen, wie z. B. Reifenverschleiß und Lenkungsunruhe, verbunden sein kann. Bei der Auslegung der Achskinematik müssen alle diese Faktoren und auch das Zusammenwirken der Vorder- und Hinterachseinflüsse berücksichtigt werden. [1] und [3] enthalten die Einzelheiten hierüber.

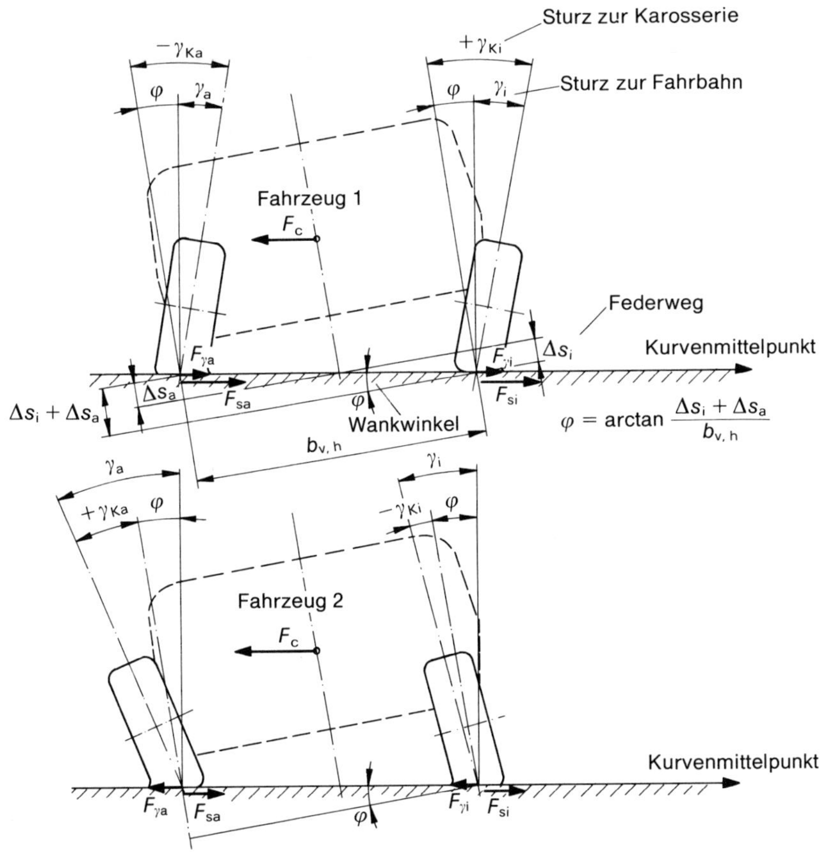

		Sturz zur Fahrbahn	Seitenkraft größer	Seitenkraft kleiner
Fzg. 1	Innenrad	$\gamma_i = \varphi - \gamma_{Ki}$	γ_i negativ	–
	Außenrad	$\gamma_a = \varphi + (-\gamma_{Ka})$	γ_a negativ	–
Fzg. 2	Innenrad	$\gamma_i = \varphi - (-\gamma_{Ki})$	–	γ_i positiv
	Außenrad	$\gamma_a = \varphi + \gamma_{Ka}$	–	γ_a positiv

Bild 5.10 Beispiele zur Berechnung des Sturzwinkels zur Fahrbahn $\gamma_{i,a}$ aus Wankwinkel φ und Sturzwinkel zur Karosserie $\gamma_{Ki,a}$ für verschiedene Achskinematik-Auslegungen. Neigt das Rad (Fahrzeug 2) vom Kurvenmittelpunkt weg nach kurvenaußen, dann ist der Sturz positiv, und die übertragbare Seitenkraft wird verkleinert (und umgekehrt).

5.2.3 Elastokinematik und Lenkelastizität

Die *Elastokinematik* beschreibt die bei Änderungen von Kräften zwischen Reifen und Fahrbahn und deren Momenten durch Elastizität in den Radaufhängungselementen hervorgerufenen Bewegungen eines Rades (DIN 70000). Die Radstellungsänderungen durch Hochkräfte werden zur Achskinematik gerechnet, weil eine getrennte Ermittlung dieser Größen nicht bei jeder Achse möglich ist. Hierzu müßten die Radaufhängungsgummilager bei der Ermittlung der Einfederungskinematik starr gemacht werden, was bei vielen neueren Achskonstruktionen die Federbewegung blockieren würde.

Die *Lenkelastizität* ist die resultierende Drehelastizität aller beim Lenken beanspruchten Bauteile im Lenksystem, reduziert auf die Lenkachse oder auf das Lenkrad.

Für das Fahrverhalten interessieren insbesondere die Lenkwinkelanteile durch die Elastizitäten, weil sie den Eigenlenkgradienten und das instationäre Lenkverhalten beeinflussen. Bei Kurvenfahrt sind die Lenkwinkeländerungen des Außenrades wichtig, weil hier die größeren Kräfte wirken. Am vorderen Außenrad bedeutet eine elastische Lenkwinkeländerung in Richtung Nachspur ein Hinauslenken aus der Kurve, d. h. eine Tendenz zum Untersteuern und an der Hinterachse eine Tendenz zum Übersteuern. Bei Betrachtung des mittleren Lenkwinkels einer Achse ist zu beachten, daß die Wirkung des Außenrades überwiegt. Größere elastische Lenkwinkeländerungen können auch bei Längskräften auftreten. Beim Bremsen ist es vorteilhaft, wenn die Räder an der Vorderachse unter Wirkung der Bremskraft in Vorspur und an der Hinterachse in Nachspur gehen. Dadurch wird bei asymmetrischer Bremskraft durch die entstehenden Seitenkräfte ein Stabilisierungsmoment erzeugt.

Die resultierende Steifigkeit der Räder bei Kurvenfahrt setzt sich aus den Steifigkeiten mehrerer in Reihe geschalteter Federn zusammen. Die bei fahrdynamischen Berechnungen einzusetzende *Schräglaufsteifigkeit* C der Achse (im englischen Sprachgebrauch *cornering stiffness*) ist die Resultierende aus Reifenschräglaufsteifigkeit C_R, Lenkungssteifigkeit C_S und Achs- bzw. Radaufhängungssteifigkeit C_A.

Die Schräglaufsteifigkeit der Achse kann entweder an einem Rollen- oder Flachbahnprüfstand gemessen oder aus den Einzelsteifigkeiten rechnerisch ermittelt werden.

Dynamische Messung: Die zu messende Achse wird auf einen Rollen- oder Flachbahnprüfstand gestellt und mit der gewählten Geschwindigkeit, z. B. 40 km/h, angetrieben. Bei Lenkachsen muß das Lenkrad blockiert werden. Die Karosserie wird über der zu messenden Achse seitlich über Kraftmeßdosen so abgestützt, daß die reine seitliche Haltekraft gemessen werden kann. Das Fahrzeug wird zur Prüfstandsmittellinie (Fahrtrichtung) stufenweise unter kleinen Winkeln schräggestellt; dabei wird die seitliche Haltekraft gemessen. Die Steigung der Seitenkraftkennlinie über den Schrägstellwinkel ist die resultierende Schräglaufsteifigkeit der Achse, die in die Rechnung direkt eingesetzt werden kann. In der Messung sind alle Elastizitätsanteile enthalten. Der Vorteil dieser Methode ist, daß ein dem wirklichen

Bild 5.11
Elastische Lenkwinkeländerung der Vorderräder unter Seitenkraftwirkung, Bestimmung des elastokinematischen Nachlaufs n_e.

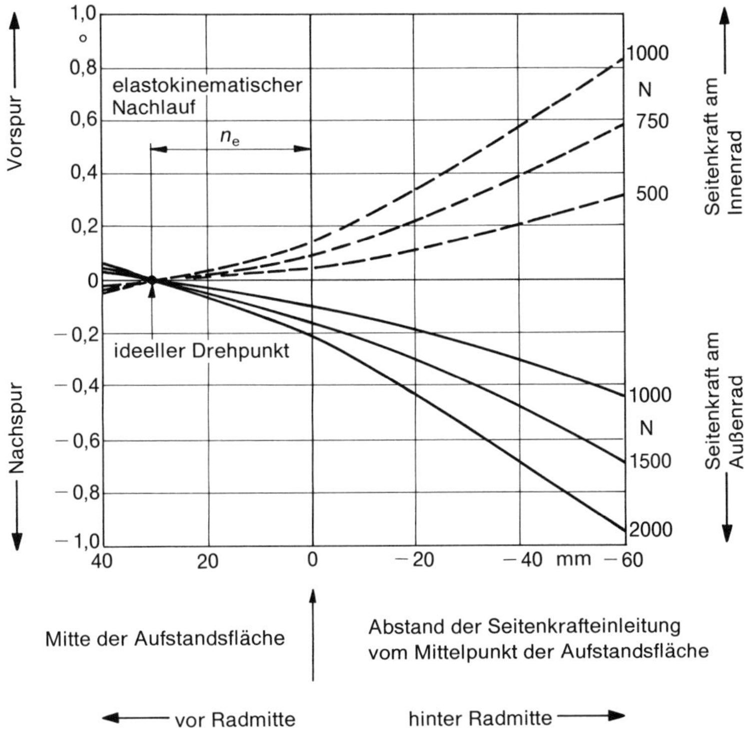

Fahrbetrieb sehr nahekommender Wert ermittelt wird. Die einzelnen Elastizitätsanteile sind jedoch nicht bekannt.

Bei Optimierungsrechnungen, für die die einzelnen Elastizitätsanteile bekannt sein müssen, wird die Schräglaufsteifigkeit der Achse aus *statischen Einzelmessungen* mit Hilfe des Reifenkennfeldes bestimmt. Hierzu müssen zunächst Achs- und Lenkungssteifigkeit ermittelt werden. Weil diese beiden Elastizitäten nur mit größerem meßtechnischem Aufwand (starre Lager) zu trennen sind, wird meistens die resultierende Achs- und Lenkungssteifigkeit C_{AS} gemessen. Die Karosserie wird für die Messung an einem Meßstand festgespannt, wobei die Räder auf Roll- oder Luftkissenplatten stehen. Es muß außerdem ein Achsmeßgerät vorhanden sein, an dem die Lenkwinkelbewegungen des Rades bei Belastung abgelesen werden können. An den Rollplatten werden entsprechend einer Kurvenfahrt stufenweise erhöht Seitenkräfte eingeleitet, und dabei wird der Lenkwinkel der Räder erfaßt. Der Seitenkrafteinleitungspunkt wird in Längsrichtung der Reifenaufstandsfläche stufenweise verschoben, und die Winkeländerungen des Rades werden über der Länge der Aufstandsfläche im Diagramm dargestellt (Bild 5.11). Auf der Längsachse des Reifens ergibt sich dabei ein *neutraler Punkt*, in dem sich die Kurven schneiden. Wenn die Seitenkraft in diesem Punkt wirkt, tritt keine Spurwinkeländerung auf. Damit ist der neutrale Punkt der *ideelle Drehpunkt* des Rades bei

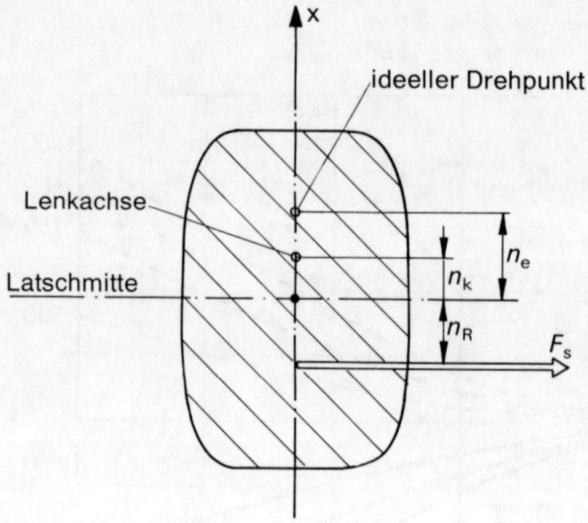

Bild 5.12 Bestimmung der Nachlaufstrecken in der Reifenaufstandsfläche
n_e = elastokinematischer Nachlauf
n_k = kinematischer Nachlauf
n_R = Reifennachlauf
n_e und n_k sind positiv, wenn sie vor der Latschmitte liegen.

Einwirkung von Seitenkräften zwischen Reifen und Fahrbahn. Der Abstand vom ideellen Drehpunkt zur Latschmitte ist *der elastokinematische Nachlauf* n_e (Bild 5.12). Das Moment der Seitenkraft, das den elastischen Lenkwinkel hervorruft, ergibt sich zu $F_s \cdot (n_R + n_e)$. Das Moment um die Lenkachse, das auf die Lenkelastizität wirkt, ist $F_s \cdot (n_R + n_k)$. Hierbei sind n_R der Reifennachlauf und n_k der konstruktive oder *kinematische Nachlauf*. Die Gesamtelastizität wird mit Hilfe von gemessenen Reifenkennfeldern bestimmt. Die Reifenkennlinien für Seitenkraft und Rückstellmoment über dem Schräglaufwinkel (Bild 2.22 und 2.23) können für kleine Winkel linearisiert werden. Dann gilt für die Steifigkeiten, daß

$$C_R = \frac{F_s}{\alpha} \quad [\text{N/rad}] \qquad \text{(Gl. 5.1)}$$

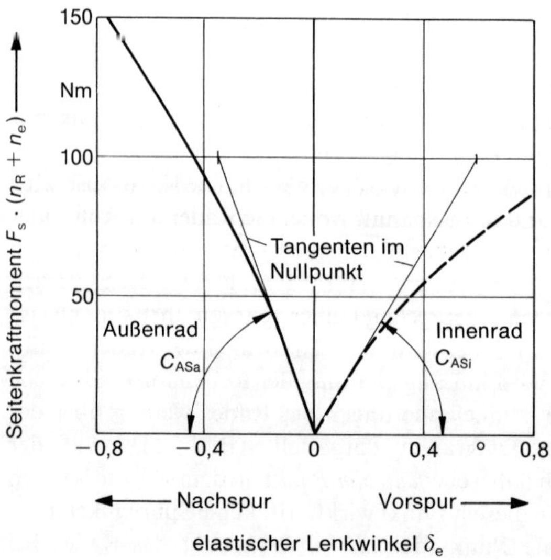

Bild 5.13
Bestimmung der resultierenden Radaufhängungs- und Lenkungssteifigkeit C_{AS} aus der am Prüfstand gemessenen Seitenkraftmomentkennlinie. (Die Kurven wurden aus Bild 5.11 mit $n_R = 0{,}03$ m berechnet.)

und $C_{MR} = \frac{M_{SR}}{\alpha}$ [Nm/rad] (Gl. 5.2)

wobei

$M_{SR} = F_s \cdot n_R$ [Nm] ist.

Daraus wird der Reifennachlauf:

$$n_R = M_{SR}/F_s = C_{MR}/C_R \qquad \text{(Gl. 5.3)}$$

Für die Ermittlung der wirksamen Gesamtsteifigkeit der Vorder- bzw. Hinterachse $C_{v,h}$ muß zum Reifenschräglaufwinkel α der elastische Lenkwinkel δ_e addiert werden. Die Steifigkeit C kann am Innen- und Außenrad unterschiedlich sein. Näherungsweise gilt für eine Achse:

$$C_{v,h} = \frac{2 \cdot F_s}{\alpha + \delta_e} \quad \text{[N/rad]} \qquad \text{(Gl. 5.4)}$$

δ_e ergibt sich aus der Messung nach Bild 5.11, wenn die Kurven in eine Momentenkennlinie umgezeichnet werden (Bild 5.13). C_{AS} ist die resultierende Steifigkeit aus Radaufhängungs- und Lenkungssteifigkeit:

$$\delta_e = \frac{F_s \cdot (n_R + n_e)}{C_{AS}} \quad \text{[rad]} \qquad \text{(Gl. 5.5)}$$

Aus den Gleichungen 5.1 bis 5.5 ergibt sich die resultierende Schräglaufsteifigkeit der jeweiligen Achse:

$$C_{v,h} = \frac{2 \cdot C_R \cdot C_{AS}}{C_{AS} + C_{MR} + C_R \cdot n_e} \quad \left[\frac{\text{N}}{\text{rad}}\right] \qquad \text{(Gl. 5.6)}$$

Bei nicht gelenkter Hinterachse ist statt C_{AS} C_A einzusetzen.

C_R und C_{MR} sind aus den Reifenkennfeldern zu entnehmen, C_{AS} und n_e ergeben sich aus der vorher beschriebenen Messung am Fahrzeug. Die Schräglaufsteifigkeit liegt bei heutigen Achsen im Bereich von 40000 bis 110000 N/rad für Vorderachsen und von 70000 bis 160000 N/rad für Hinterachsen. Ein Rechenbeispiel zeigt Bild 5.14.

Sind Lenkungssteifigkeit C_S und Radaufhängungssteifigkeit C_A getrennt bekannt, oder werden sie für eine Berechnung vorgegeben, dann kann die resultierende Schräglaufsteifigkeit nach folgender Formel gerechnet werden:

$$C_{v,h} = \frac{2 \cdot C_R \cdot C_A}{C_A + C_{MR}\left(1 + \frac{C_A}{C_S}\right) + C_R\left(n_e + n_k \frac{C_A}{C_S}\right)} \quad \left[\frac{\text{N}}{\text{rad}}\right] \qquad \text{(Gl. 5.7)}$$

Beispiel:

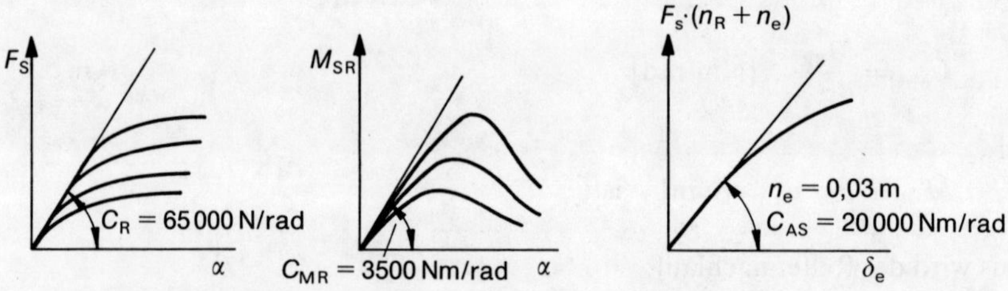

Schräglaufsteifigkeit der Vorderachse

$$C_v = \frac{2 \cdot C_R \cdot C_{AS}}{C_{AS} + C_{MR} + C_R \cdot n_e} = \frac{2 \cdot 65000 \cdot 20000}{20000 + 3500 + 65000 \cdot 0{,}03}$$

$$C = 102161 \text{ N/rad}$$

Bild 5.14 Rechenbeispiel für die Ermittlung der Schräglaufsteifigkeit der Vorderachse mit Hilfe der Reifenkennfelder und des gemessen elastokinematischen Nachlaufs (Bild 2.22 und Gleichung 5.6)

C_S ist die Drehsteifigkeit um die Lenkachse. Bei nicht gelenkter Hinterachse $C_S = \infty$. Bei der Messung müssen die Radaufhängungslager starr sein. C_A ist die Drehsteifigkeit um den ideellen Drehpunkt ohne Einfluß der Lenkelastizität. Bei der Messung muß die Seitenkraft im Abstand n_k vor Latschmitte eingeleitet werden. Die Steifigkeiten C_S, C_{MR} und C_A sind in Nm/rad, C_R in N/rad, n_e und n_k in m einzusetzen.

Ähnlich wie bei Querkräften wird das Rad auch bei Längskräften Lenkwinkeländerungen erfahren. Durch die Elastizitäten ergibt sich eine *ideelle Lenkachse*, um die sich das Rad bei Brems- oder Antriebskräften dreht. Der Abstand des Durchstoßpunktes der ideellen Lenkachse auf der Fahrbahn von der Latschlängsachse ist

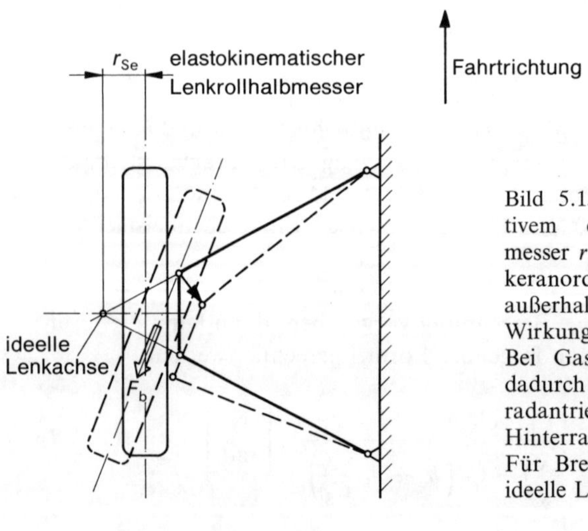

Bild 5.15 Hinterradaufhängung mit negativem elastokinematischen Lenkrollhalbmesser r_{Se}. Durch eine entsprechende Lenkeranordnung liegt die ideelle Lenkachse außerhalb der Spurweite, das Rad geht unter Wirkung einer Bremskraft F_b auf Vorspur. Bei Gaswegnahme in Kurvenfahrt wird dadurch die Lastwechselreaktion bei Hinterradantrieb gemildert, da das kurvenäußere Hinterrad gegen den Eindreheffekt lenkt. Für Brems- und Antriebskräfte kann die ideelle Lenkachse unterschiedlich sein.

der *elastokinematische Lenkrollhalbmesser* r_{Se}. Dieser kann je nach Lenkeranordnung und Aufhängungselastizitäten innerhalb oder außerhalb der Spurweite liegen. Dementsprechend gehen die Räder beim Bremsen auf Nach- oder Vorspur. Bild 5.15 zeigt eine Hinterradaufhängung, bei der die ideelle Lenkachse außerhalb der Spurweite liegt.

Für die Milderung der Lastwechselreaktion bei Kreisfahrt mit Hinterradantrieb ist ein negativer elastokinematischer Lenkrollhalbmesser an der Hinterachse günstig, da das Außenrad durch die Motorbremskraft in Vorspur geht und damit dem Eindreheffekt entgegenwirkt, z. B. bei der Weißach-Achse von Porsche. Näheres hierzu enthalten [1] und [3].

5.2.4 Hinterradlenkung

Eine reine Hinterradlenkung ist für Pkw aus mehreren Gründen nicht geeignet. Ein wesentlicher Nachteil der Hinterradlenkung gegenüber frontgelenkten Fahrzeugen ist die schlechtere Stabilität. Nach den im Abschnitt 4.2.4 abgeleiteten Stabilitätskriterien ist ein Fahrzeug im ganzen Geschwindigkeitsbereich nur dann stabil, wenn der Eigenlenkgradient *EG* positiv ist. Die Gleichung 4.24 gilt auch für ein Fahrzeug mit Hinterradlenkung. Die Stabilitätsforderung bedeutet, daß

$$C_h \cdot l_h \geqq C_v \cdot l_v$$

sein muß. Weil die resultierende Schräglaufsteifigkeit der Hinterachse C_h bei hintenliegender Lenkung wegen der Lenkelastizität wesentlich kleiner ist als an der nicht gelenkten Vorderachse, ist diese Bedingung in der Praxis kaum erfüllbar. Ein an der Hinterachse gelenkter Pkw wäre also ein Übersteuerer, der nur bis zu seiner kritischen Fahrgeschwindigkeit (Gleichung 4.33) stabil und darüber instabil ist.

Ein weiterer Nachteil der Hinterradlenkung ist, daß das Reifenrückstellmoment an den gelenkten Hinterrädern negativ ist. Dies bedeutet, daß die Lenkung keine Rückstellung hat und sich der Lenkeinschlag selbstätig vergrößert. Bild 5.16 zeigt, daß das Moment der hinter der Latschmitte angreifenden Seitenkraft am Vorderrad rückstellend, am Hinterrad jedoch einschlagvergrößernd wirkt. Eine solche Lenkung ist nicht brauchbar. Bei Arbeitsmaschinen, die aus funktionellen Gründen eine Hinterradlenkung haben müssen – z. B. Schaufellader – wird die Lenkungsrückstellung durch einen großen Vorlaufwinkel und eine große Spreizung erreicht. Die maximal zulässige Geschwindigkeit ist bei hinterradgelenkten Fahrzeugen aus Stabilitätsgründen begrenzt.

Ebenfalls nachteilig ist, daß ein am Bordstein oder an einer Wand geparktes Fahrzeug mit Hinterradlenkung vorwärts nicht wegfahren kann, ohne mit dem Heck gegen das Hindernis zu stoßen (Bild 5.17). Schon aus diesem Grund ist eine reine Hinterradlenkung für Straßenfahrzeuge nicht brauchbar.

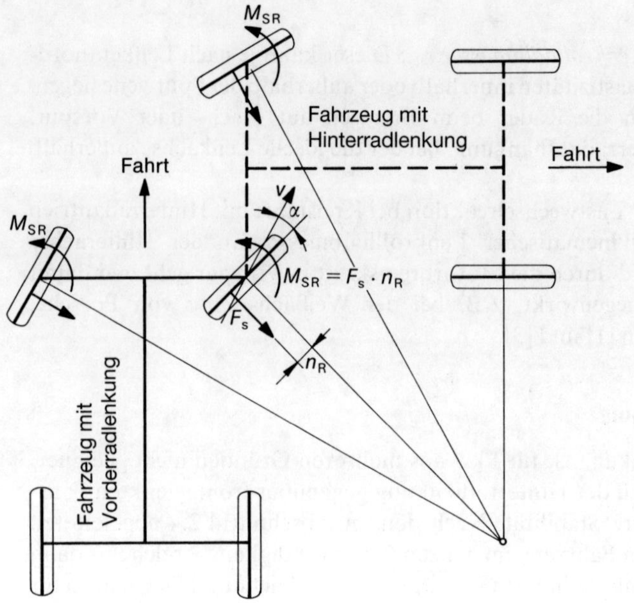

Bild 5.16 (oben) Vergleich von Hinterrad- und Vorderradlenkung. Das Reifenrückstellmoment M_{SR} vergrößert bei Hinterradlenkung den Lenkeinschlag. Die Lenkung dreht bei Kurvenfahrt selbsttätig bis zum Anschlag ein.

Bild 5.17 (unten) Fahrzeuge mit Hinterradlenkung können vom Bordstein vorwärts nicht wegfahren.

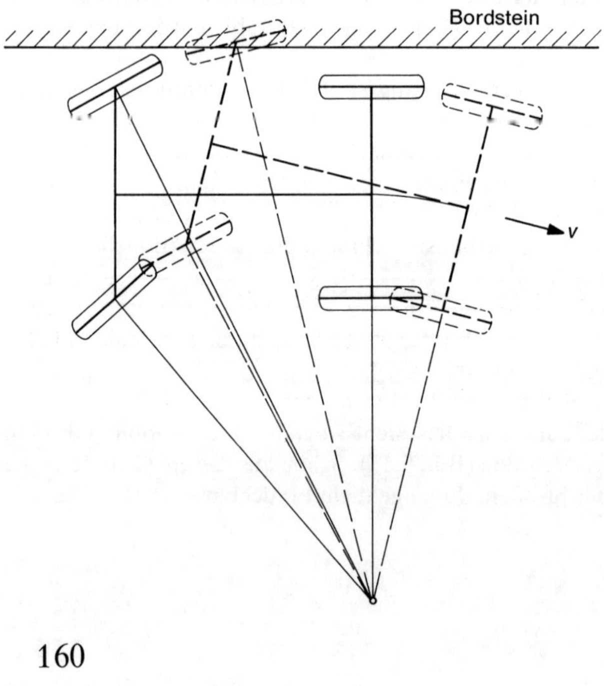

5.2.5 Allradlenkung

Durch eine Allradlenkung kann, im Gegensatz zur reinen Hinterradlenkung, das Fahrverhalten bei instationären Fahrmanövern verbessert werden. Eine gewisse stabilisierende Wirkung wird bereits durch eine entsprechende Elastokinematik der Hinterachse erreicht (Abschnitt 5.2.3). Gegenüber den passiv wirkenden elastokinematischen Lenkeffekten hat eine aktive Ansteuerung der Hinterräder wesentlich mehr Möglichkeiten zur Verbesserung des Fahrverhaltens. Durch eine Hinterrad-Zusatzlenkung können das Eigenlenkverhalten und das Ansprechverhalten eines Fahrzeugs in einem großen Bereich modifiziert werden. Mit Hilfe der Elastokinematik kann das Fahrzeug bei Kurvenfahrt durch den sich unter Wirkung der Seitenkraft elastisch einstellenden Vorspurwinkel am Kurvenaußenrand stabiler gemacht werden. Den gleichen Effekt kann eine Hinterrad-Zusatzlenkung an beiden Hinterrädern erzeugen.

Seit 1985 haben verschiedene japanische Hersteller Allradlenkungen serienmäßig eingeführt. Im *Nissan* Skyline wurden 1985 zum erstenmal eine Hinterrad-Zusatzlenkung serienmäßig verwirklicht. Bei dem HICAS-System (High Capacity Actively Controlled Suspension) wird der ganze Fahrschemel der Hinterachse mit Hilfe von zwei Hydraulikzylindern gleichsinnig zu den Vorderrädern um max. 0,5° gedreht. Dadurch ändert sich die Vorspur der beiden Hinterräder. Einflußgrößen sind der Lenkradwinkel und die Fahrgeschwindigkeit. Ziel ist die Erhöhung der Fahrstabilität und Verbesserung des Lenkansprechverhaltens. Das weiterentwickelte System heißt Super HICAS (Bild 5.18 a).

Bei Super HICAS reagiert die Servolenkung für die Vorderräder auf einen Lenkradeinschlag für einen Moment überproportional und gibt 1° Einschlagwinkel zusätzlich vor. Gleichzeitig führt die elektronisch gesteuerte Hydraulik der Hinterradlenkung eine entgegengesetzte Lenkbewegung aus, die in Bruchteilen von Sekunden in eine zu den Vorderrädern gleichgerichtete Lenkbewegung umkehrt. Mit diesem Prinzip wird eine schnellere Reaktion auf die Lenkbefehle des Fahrers und ein rascher Aufbau der Seitenführungskräfte erreicht. Damit werden Lenkpräzision und Handlichkeit verbessert.

Honda hat 1987 im Prelude eine mechanische Hinterradlenkung auf den Markt gebracht. Das Lenksystem hat eine veränderliche Eingangsgröße, den Lenkradwinkel. Die Lenkwinkel der Vorder- und Hinterräder stehen in direkter Abhängigkeit vom Lenkradwinkel. Die Bewegung des vorderen Lenkgetriebes wird durch eine Verbindungswelle auf das hintere Lenkgetriebe übertragen (Bild 5.18 b). Bis zum Lenkradeinschlag von 127° von der Geradeausstellung werden die Hinterräder in die gleiche Richtung gelenkt wie die Vorderräder (max. 1,5°). Wird dieser Lenkradwinkel überschritten, verlagert sich der Lenkeinschlag der Hinterräder allmählich in die entgegengesetzte Richtung und durchläuft bei einem Lenkeinschlag von 235° wieder die 0°-Position. Darüber hinaus nimmt der Einschlag der Hinterräder gegensinnig zu den Vorderrädern progressiv zu. Er erreicht mit 5,3° bei einem Lenkradeinschlag von 450° sein Maximum. Damit wird bei schneller Fahrt im Bereich kleiner Lenkwinkel eine Stabilisierungswirkung (mehr

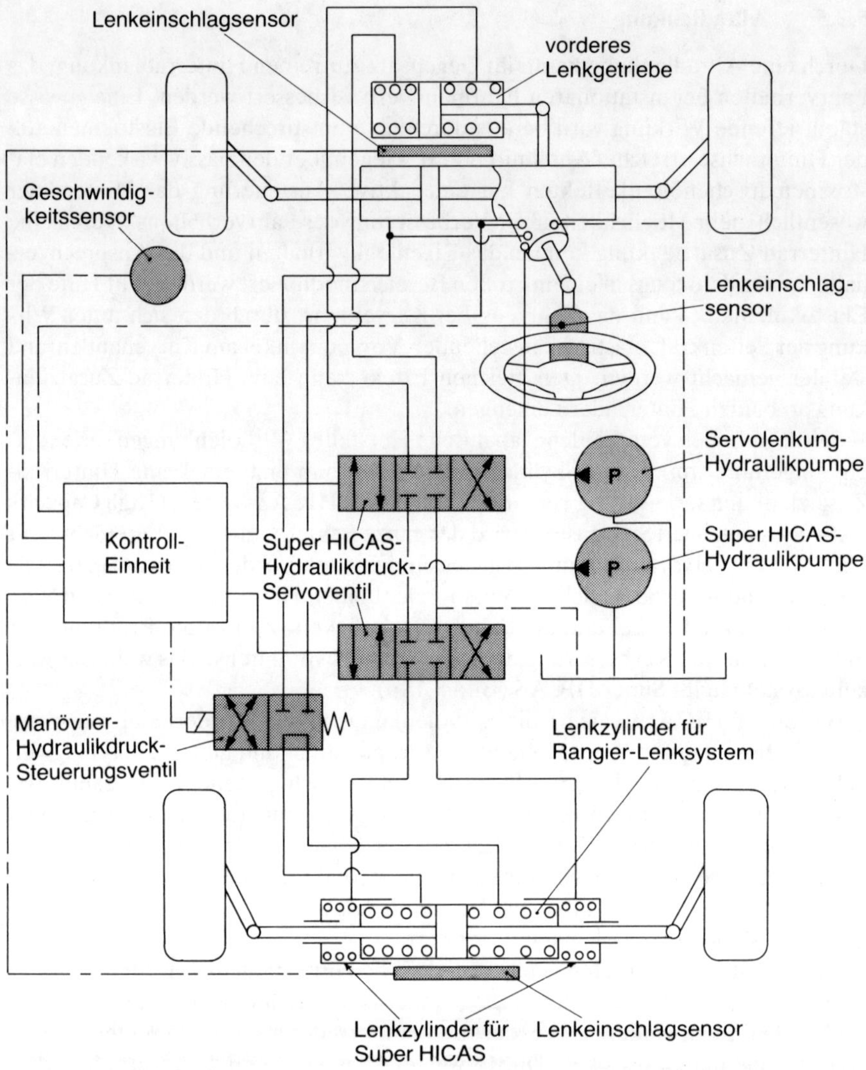

BIld 5.18 a Funktionsschema des Nissan-Super-HICAS-Allradlenksystems

Untersteuern) des Fahrzeugs erreicht. Bei größeren Lenkeinschlägen im Parkierbereich wird der Wendekreis deutlich verkleinert. Ein Planetengetriebe mit je einer exzentrischen Ein- und Ausgangswelle bewirkt in der Hinterachslenkung diesen komplizierten Bewegungsablauf (Bilder 5.18 c und 5.18 d).

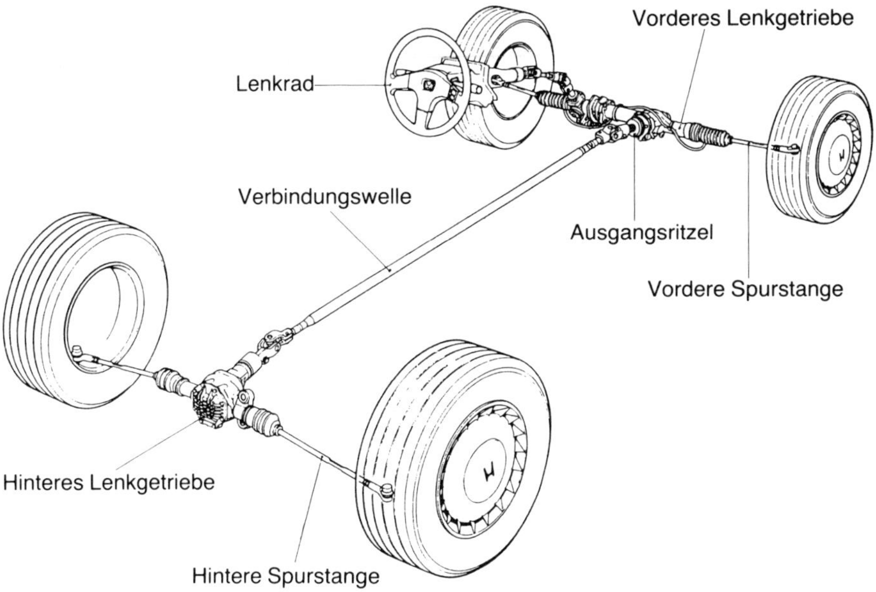

Bild 5.18b Honda-Allradlenkung: Gesamtsystem

Bild 5.18c
Honda-Allradlenkung: Funktion des hinteren Lenkgetriebes

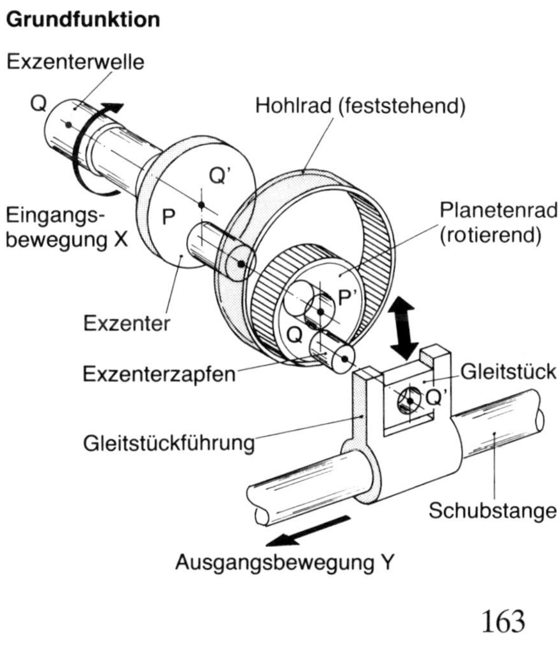

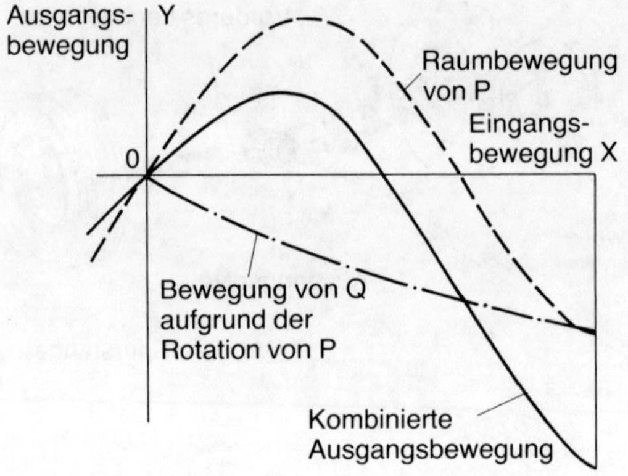

Bild 5.18d Honda-Allradlenkung: Funktionsdiagramm des hinteren Lenkgetriebes, siehe Bild 5.18c.

Mazda hat nach langer Forschungs- und Entwicklungsarbeit 1983 eine Fahrzeugstudie MX-02 mit Allradlenkung vorgestellt. Serienmäßig erschien die Allradlenkung im Modell 626 vier Jahre später (Bild 5.18e). Das Ziel ist, die Manövrierfähigkeit im unteren Geschwindigkeitsbereich zu verbessern und die Fahrstabilität bei mittleren und hohen Fahrgeschwindigkeiten zu erhöhen. Um diese Ziele zu erreichen, werdem beim Mazda die Hinterräder abhängig von Lenkradwinkel und Fahrgeschwindigkeit entweder gegen- oder gleichsinnig zu den Vorderrädern eingeschlagen. Unter 35 km/h und großem Lenkeinschlag lenken die Hinterräder gegensinnig, bei schneller Fahrt gleichsinnig zu den Vorderrädern. Der maximale Hinterradeinschlag ist in beiden Fällen auf 5° begrenzt. Die beiden Eingangsgrößen Lenkradwinkel und Fahrgeschwindigkeit werden in einem parallel zur Hinterachse angeordneten Übertragungsgetriebe (Phasensteuereinheit) verarbeitet (Bild 5.18f). Eine vom vorderen Lenkgetriebe nach hinten geführte Steuerwelle betätigt den Steuerschieber im mechanisch-hydraulischen Steuerventil, das die Arbeitskammern des Hydraulikzylinders in Abhängigkeit der jeweiligen Steuerschieberstellung mit Druck beaufschlagt. Die Lenkbewegung wird über die beiden Spurstangen auf die Hinterräder übertragen.

Mitsubishi führte die Allradlenkung 1988 im Galant GTi 16V Dynamic 4 in Deutschland ein. Durch einen vom Lenkradwinkel und der Fahrgeschwindigkeit abhängigen, zu den Vorderrädern gleichsinnigen Hinterradeinschlag (max. 1,5°) soll die Fahrstabilität vor allem im mittleren und hohen Geschwindigkeitsbereich erhöht werden. Unter 50 km/h erfolgt, der Zielvorgabe entsprechend, kein Mitlenken der Hinterräder. Die Mitsubishi-Allradlenkung arbeitet mit zwei getrennten hydraulischen Systemen. Das Steuerventil des Hydraulikzylinders an der Hinterachse wird durch den hydraulischen Druck von der Zahnstangen-Servolenkung für die Vorderachse betätigt. Eine vom Ausgleichsgetriebe der Hinterräder angetriebene zweite Ölpumpe liefert in Abhängigkeit von der Fahrgeschwindigkeit den Druck für den Arbeitskolben, der über je eine Spurstange die Lenkbewegung auf die Rad-Längslenker überträgt. Bild 5.18g zeigt das Funktionsschema

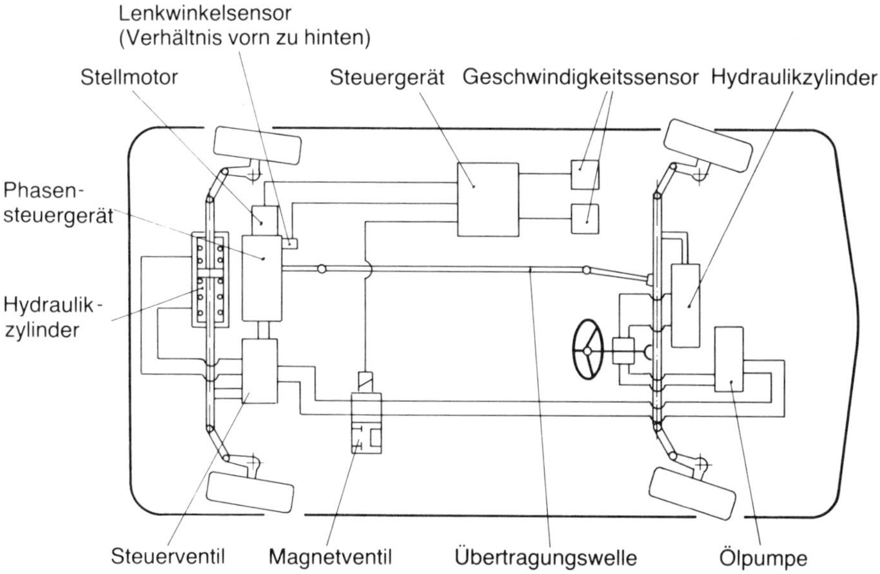

Bild 5.18e Mazda-Allradlenkung: Schema des Gesamtlenksystems

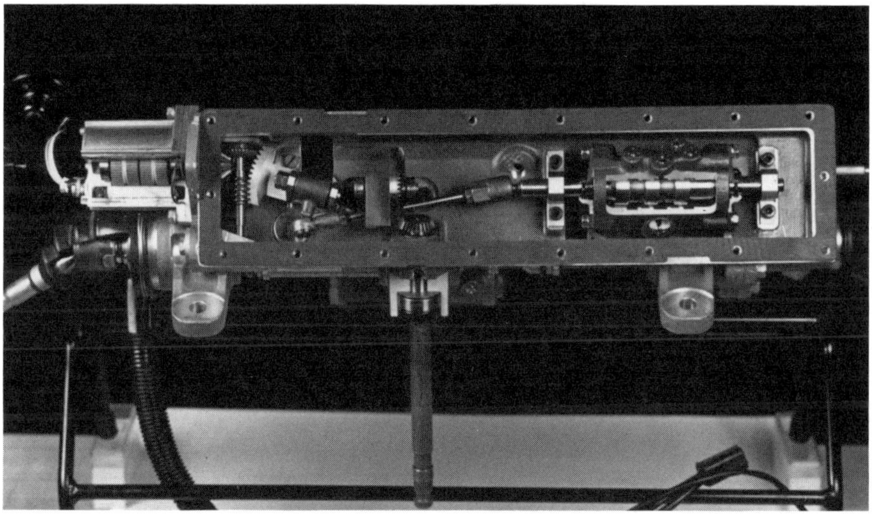

Bild 5.18f Mazda-Allradlenkung: hydraulisch-mechanische Steuereinheit (Phasensteuergerät der Hinterradlenkung

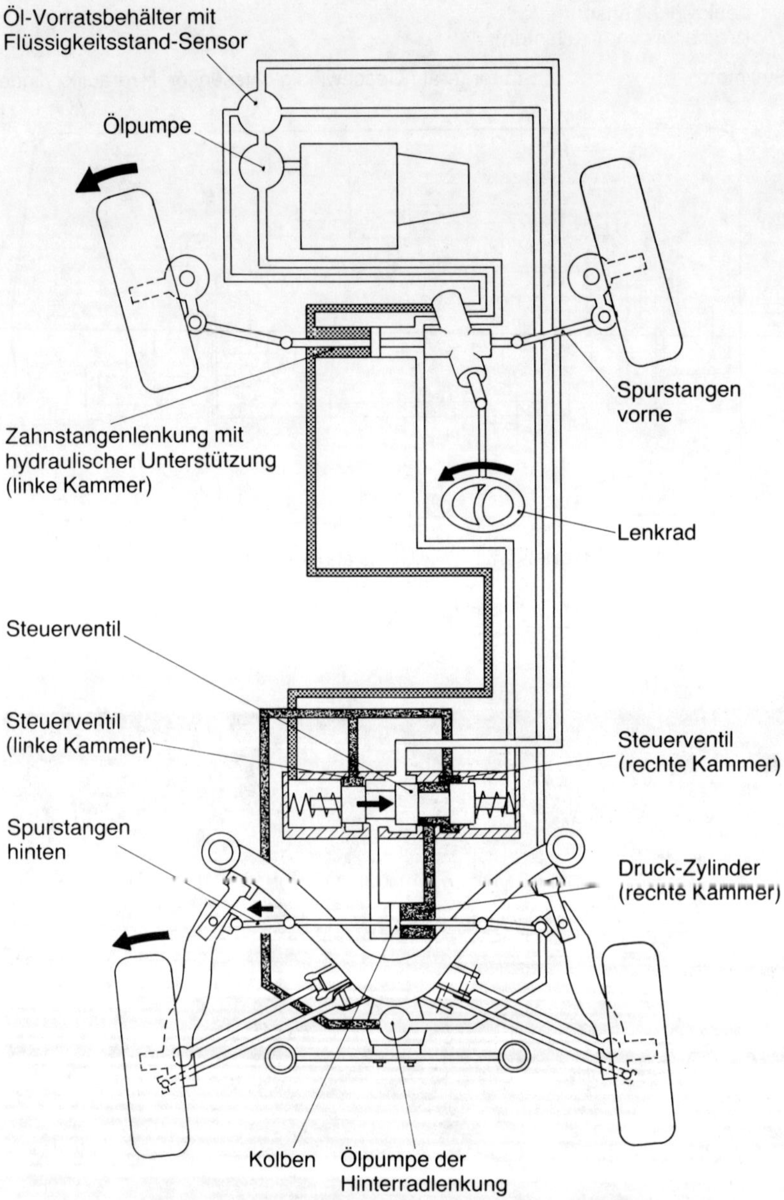

Bild 5.18g Mitsubishi Allradlenkung beim Durchfahren einer Linkskurve

der Mitsubishi-Allradlenkung. Neben den japanischen Herstellern haben auch die meisten europäischen und amerikanischen Automobilfirmen schon seit mehreren Jahren Versuchsträger mit mechanischen, hydraulischen und elektrischen Hinterradlenkungen in der Entwicklung und Erprobung. Einer allgemeinen Verbreitung der Allradlenkung stehen zur Zeit die relativ hohen Kosten im Weg. Kybernetische Hinterradlenkungen, die äußere Störungen, wie zum Beispiel Seitenwind, automatisch ausregeln, sind bereits in Versuchsfahrzeugen verwirklicht und zeigen die Möglichkeiten und Vorteile der Allradlenkung für die Verbesserung des Fahrverhaltens und Entlastung des Fahrers auf. Es bleibt abzuwarten, ob es in den nächsten Jahren gelingt, einen preiswerten Giergeschwindigkeitssensor zu entwikkeln, der der kybernetischen Allradlenkung zu einem Durchbruch auf dem Markt verhelfen könnte. Weitere konstruktive Einzelheiten sind in [2] zu finden.

5.2.5.1 Kinematik der Allradlenkung

Die Hinterräder können *gleichsinnig* oder *gegensinnig* zu den Vorderrädern eingeschlagen werden (Bild 5.19). Der gleichsinnige Einschlag entspricht in seiner Wirkung einer Verlängerung des Radstandes, das Fahrzeug wird kurvenunwilliger. Bei gegensinnigem Einschlag wird der Radstand scheinbar verkürzt, das Fahrzeug wird kurvenwilliger (Bild 5.20). Das Übersetzungsverhältnis der Einschlagwinkel hinten zu vorn ist:

$$k_L = \frac{\delta_h}{\delta_v} \qquad \text{(Gl. 5.8)}$$

Bei Vorderradlenkung ist $k_L = 0$. Bei gleichsinnigem Einschlag der Hinterräder gilt $k_L > 0$ und bei gegensinnigem Einschlag $k_L < 0$. Der Einfluß der Hinterrad-Zusatzlenkung auf das Fahrverhalten hängt im wesentlichen von der Größe k_L ab.

k_L kann eine Konstante sein oder sich nach einem bestimmten Lenkgesetz abhängig von verschiedenen fahrdynamischen Parametern ändern. Der maximale

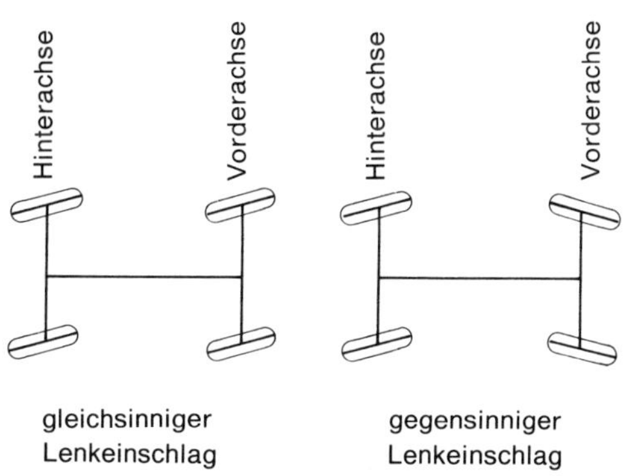

Bild 5.19
Definition des gleichsinnigen und gegensinnigen Lenkeinschlags bei Fahrzeugen mit Allradlenkung.

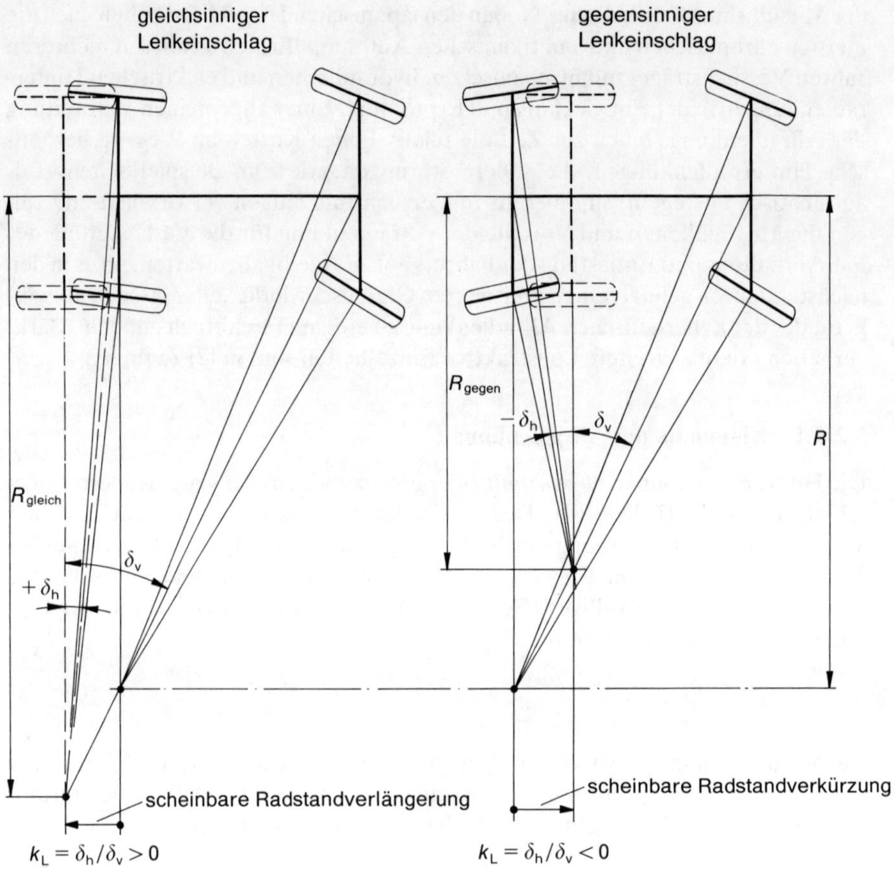

Bild 5.20 Scheinbare Veränderung des Radstands und damit Veränderung der Kurvenwilligkeit bei gleich- und gegensinnigem Einschlag der Hinterräder.

Einschlagwinkel der Hinterräder wird in jedem Fall aus Sicherheitsgründen begrenzt.

Beim zusätzlichen Lenken der Hinterräder ändert sich der Ackermannwinkel (Bild 5.21 a). Der scheinbar verlängerte Radstand durch einen gleichsinnigen Einschlag der Hinterräder ergibt sich nach Bild 5.21 a zu:

$$l^* = l + R \cdot k_L \cdot \delta_A^* \qquad \text{(Gl. 5.9 a)}$$

δ_A^* ist der Ackermannwinkel des Fahrzeugs mit Allradlenkung:

$$\delta_A^* = \frac{l^*}{R} = \frac{l}{R} + k_L \cdot \delta_A^* \quad \text{und daraus}$$

$$d_A^* = \frac{l}{R} \cdot \frac{1}{1 - k_L} = \delta_A \cdot \frac{1}{1 - k_L} \qquad \text{(Gl. 5.9 b)}$$

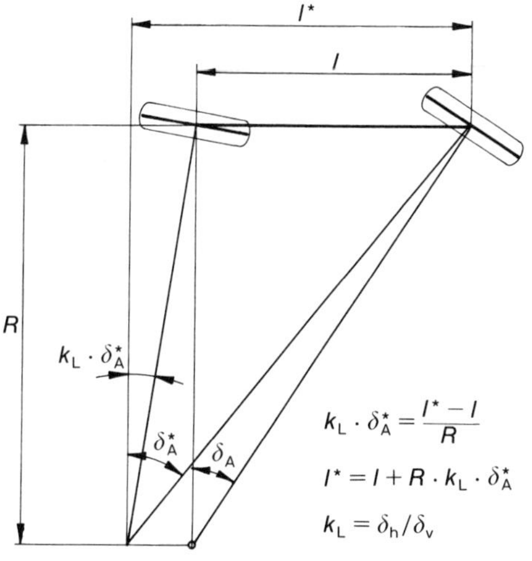

Bild 5.21 a Berechnung des scheinbar verlängerten Radstands l^* bei gleichsinnigem Einschlag der Hinterräder und konstant bleibendem Kurvenhalbmesser R

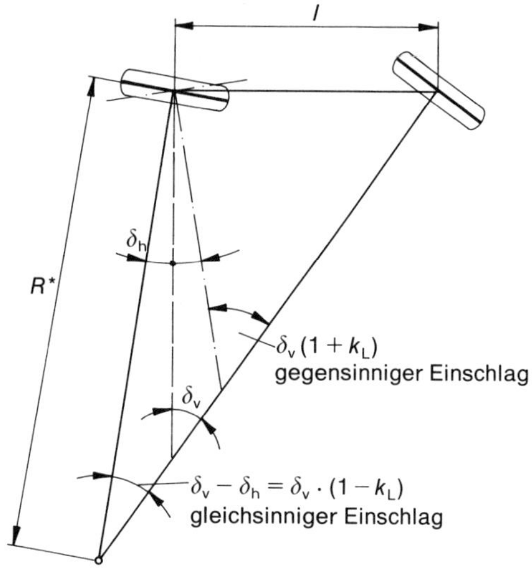

Bild 5.21 b Berechnung des durch eine Hinterrad-Zusatzlenkung veränderten Kurvenhalbmessers R^*

Im Vergleich zur reinen Vorderradlenkung wird der Ackermannwinkel bei gleichsinnigem Lenken der Hinterräder größer und bei gegensinnigem Einschlag kleiner. Der für den gleichen Kurvenradius erforderliche Lenkradwinkel ändert sich bei Allradlenkung um den Faktor $1/(1 - k_L)$. Die Gesamtlenkübersetzung der Allradlenkung wird mit der Winkeländerung $\Delta\delta_H$ am Lenkrad

$$i_S^* = i_{Sv} \cdot \frac{1}{1 - k_L} = \frac{\Delta\delta_H}{\Delta\delta_v} \cdot \frac{1}{1 - k_L} \qquad \text{(Gl. 5.10 a)}$$

Da sich die Gesamtlenkübersetzung bei Allradlenkungen in Abhängigkeit von verschiedenen Einflußgrößen, wie zum Beispiel Fahrgeschwindigkeit, Lenkwinkel usw., ändern kann, wird hier die differenzielle Lenkübersetzung berechnet. Sie ist das Verhältnis der Änderung des Lenkradwinkels zur Änderung des Lenkwinkels der Vorder- oder Hinterräder:

$$i_{Sv} = \frac{\Delta\delta_H}{\Delta\delta_v} \quad \text{und} \quad i_{Sh} = \frac{\Delta\delta_H}{\delta_h} \qquad \text{(Gl. 5.10 b)}$$

Mit den Lenkwinkeln bzw. den Lenkübersetzungen vorne und hinten ausgedrückt, ist die Gesamtlenkübersetzung bei Allradlenkung:

$$i_S^* = \frac{\Delta\delta_H}{\Delta\delta_v - \Delta\delta_h} = \frac{i_{Sh} \cdot i_{Sv}}{i_{Sh} - i_{Sv}} \qquad \text{(Gl. 5.10 c)}$$

Wird der Vorderradlenkwinkel konstant gehalten, ändert sich der Kurvenradius abhängig vom k_L. Bei langsamer Fahrt ergibt sich aus Bild 5.21 b mit Hilfe des Sinussatzes der Kurvenradius bezogen auf Mitte Hinterachse.

$$R^* = \frac{l \cdot \cos \delta_v}{\sin [\delta_v (1 - k_L)]} \sim \frac{l}{\delta_v \cdot (1 - k_L)} \quad \text{(für kleine Winkel)} \quad \text{(Gl. 5.11)}$$

Bild 5.22 zeigt diesen Zusammenhang.

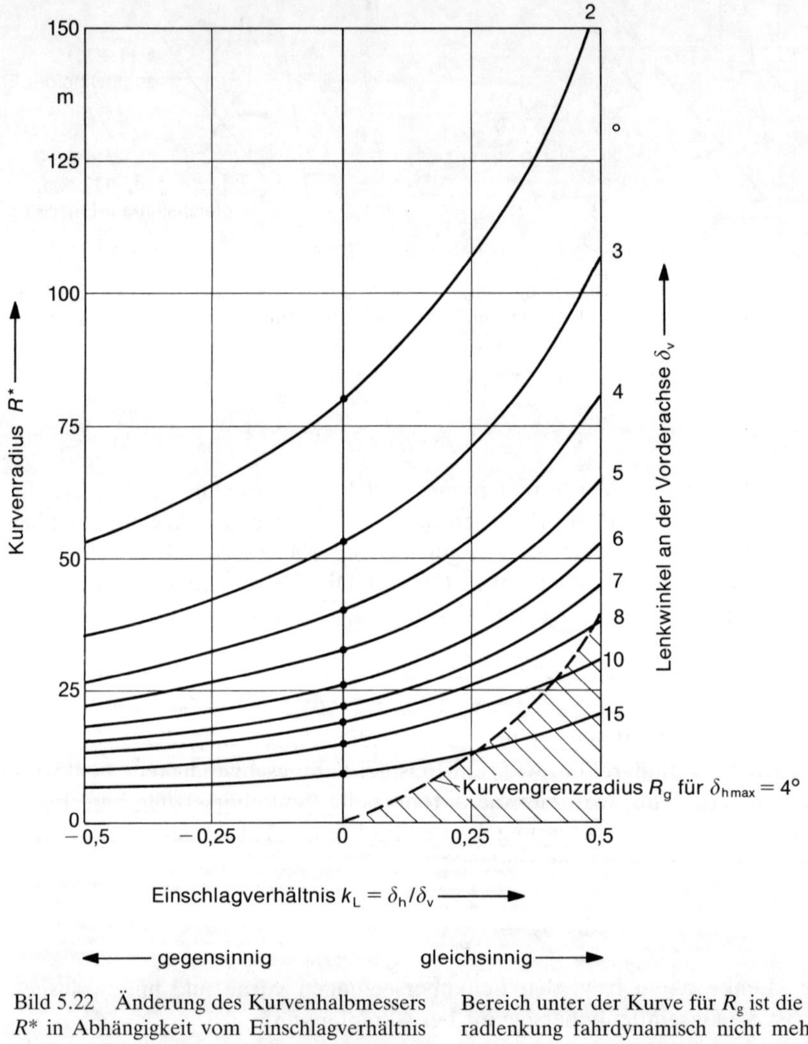

Bild 5.22 Änderung des Kurvenhalbmessers R^* in Abhängigkeit vom Einschlagverhältnis k_L bei Hinterrad-Zusatzlenkung, Radstand $l = 2{,}8$ m. Der Kurvengrenzradius R_g ist für $\delta_{h\,max} = 4°$ eingezeichnet. Im schraffierten Bereich unter der Kurve für R_g ist die Hinterradlenkung fahrdynamisch nicht mehr wirksam, d. h. der max. Hinterradlenkwinkel ist bereits bei langsamer Fahrt erreicht.

Der maximale Einschlagwinkel der Hinterräder wird aus Sicherheitsgründen begrenzt (z. B. $\delta_{h\,max} \leq 4°$). Mit $\delta_{h\,max}$ kann ein Kurvengrenzradius R_g berechnet werden, unter dem die Hinterradlenkung fahrdynamisch wirkungslos ist. Bei Kurvenradien, die kleiner als R_g sind, wird der gesamte zur Verfügung stehende Hinterradlenkwinkel bereits bei langsamer Fahrt ausgenützt. Aus den Gleichungen 5.8 und 5.9 b wird:

$$\delta_{hmax} = k_L \cdot \delta_v = k_L \cdot \frac{l}{R_g} \cdot \frac{1}{1 - k_L} \qquad \text{(Gl. 5.12 a)}$$

und daraus der Kurvengrenzradius:

$$R_g = \frac{l \cdot k_L}{\delta_{hmax} \cdot (1 - k_L)} \qquad \text{(Gl. 5.12 b)}$$

In Bild 5.22 ist der Kurvengrenzradius R_g für $\delta_{h\,max} = 4°$ eingezeichnet.

5.2.5.2 Einfluß der Allradlenkung auf das Fahrverhalten

Stationäre Kreisfahrt: Bei konstantem Einschlagverhältnis k_L = konst. kann das Verhalten des Fahrzeugs mit Allradlenkung dem Verhalten eines Fahrzeugs mit Vorderradlenkung durch Änderung der Vorderachslenkübersetzung um den Faktor $(1 - k_L)$ angeglichen werden. Der Verlauf des Lenkradwinkels über der Querbeschleunigung ist dann im linearen Bereich für beide Fälle identisch.

Ein Unterschied ergibt sich im stationären Schwimmwinkel, da er bei dem gleichsinnigen Hinterradeinschlag aufgrund der veränderten Kurvengeometrie auch bei größeren Querbeschleunigungen negativ bleibt, d. h., der Fahrzeugbug zeigt zur Kurvenaußenseite. Bei Vorderradlenkung wechselt der Schwimmwinkel im mittleren Querbeschleunigungsbereich das Vorzeichen, der Fahrzeugbug zeigt somit bei höheren Querbeschleunigungen nach kurveninnen (Bild 5.23). Die maximal erreichbare Querbeschleunigung ist bei beiden Fahrzeugen nahezu gleich.

Die *instationären Fahreigenschaften* werden durch Lenkwinkelsprung und Frequenzgang beschrieben. Bild 5.24 zeigt die wirkenden Querkräfte bei einem Lenkwinkelsprung. Bei gegensinnigem Einschlag der Hinterräder haben die Seitenkräfte an Vorder- und Hinterachse die gleiche Drehrichtung um den Schwerpunkt und ergeben damit die stärkste Gierreaktion. Bei dem fahrdynamisch allein interessanten gleichsinnigen Einschlag ist die Gierreaktion am kleinsten, die Querkraft im Schwerpunkt – als Summe der Seitenkräfte – ist dagegen groß. Dadurch baut sich bei dieser Lösung die Querbeschleunigung schneller auf als bei den beiden anderen Fahrzeugen. Auch die mit dem linearen Modell mit $k_L = 0{,}3$ konst. berechneten Zeitverläufe von Giergeschwindigkeit und Querbeschleunigung zeigen diese Tendenzen (Bild 5.25).

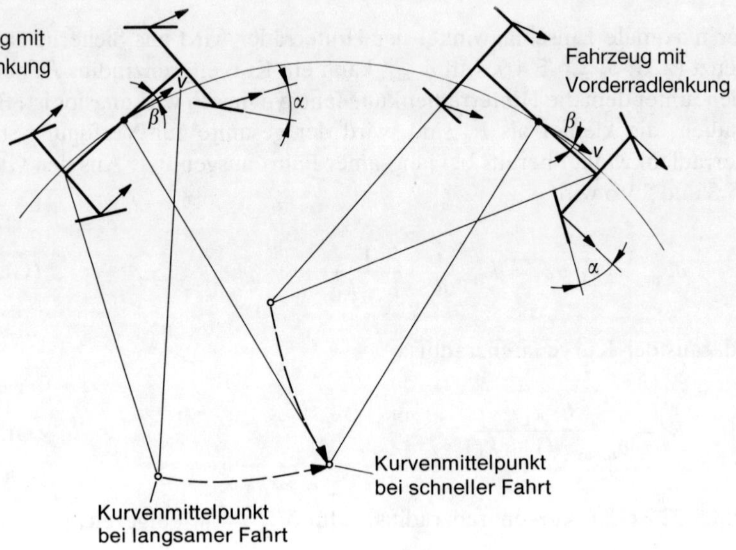

Bild 5.23 Bei einem Fahrzeug mit Allradlenkung bleibt der Schwimmwinkel β auch bei größeren Querbeschleunigungen negativ. Der Fahrzeugbug zeigt somit zur Kurvenaußenseite hin, dadurch ergibt sich ein etwas verändertes Fahrgefühl gegenüber nur an der Vorderachse gelenkten Fahrzeugen.

Bild 5.24 Wirkende Kräfte am Fahrzeug beim Lenkwinkelsprung. Gegenüberstellung von Vorderrad- und Allradlenkung

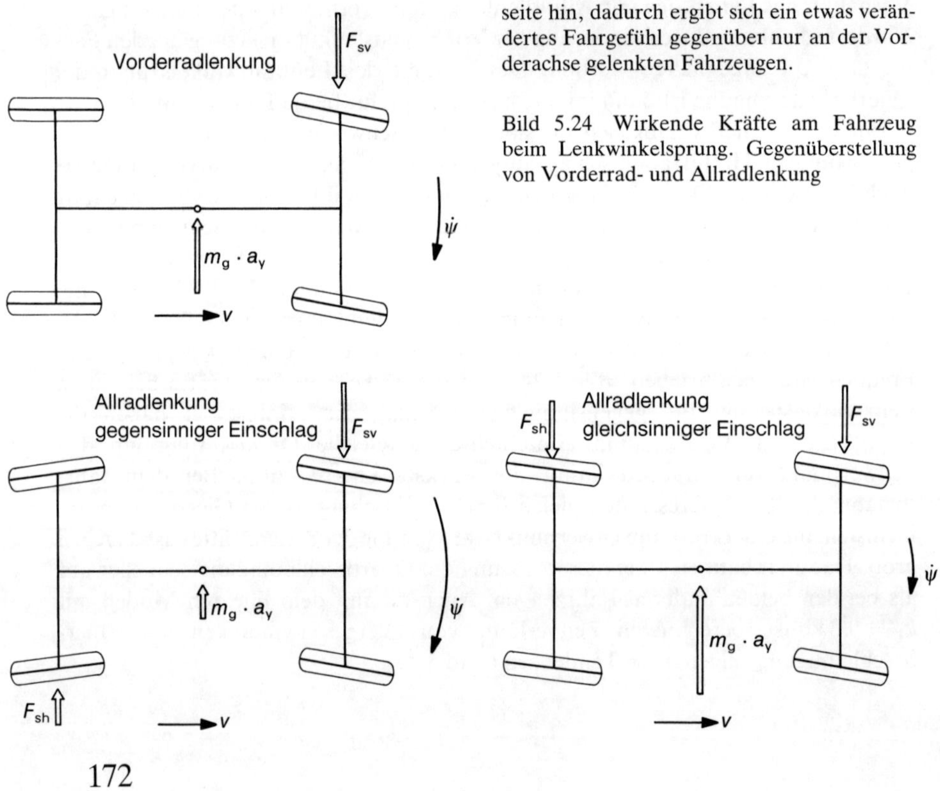

Bild 5.25
Zeitlicher Verlauf der Giergeschwindigkeit $\dot{\psi}$ und der Querbeschleunigung a_y beim Lenkwinkelsprung für ein Fahrzeug mit und ohne Hinterrad-Zusatzlenkung. (Anregung durch praxisnahe, rampenförmige Lenkradwinkelfunktion.)

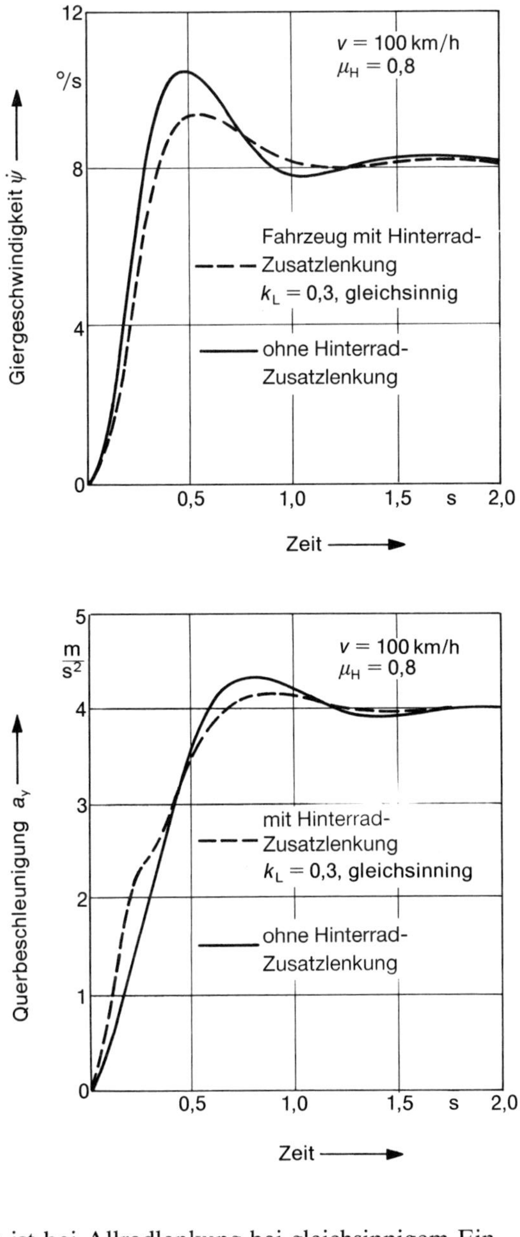

Im Vergleich zur Frontlenkung ist bei Allradlenkung bei gleichsinnigem Einschlag der Anstieg der Giergeschwindigkeit nach einem Lenkwinkelsprung langsamer, das Fahrzeug hat eine längere Ansprechzeit. Das Überschwingen ist dagegen kleiner, die Gierdämpfung ist also größer. Dies ist bei höheren Geschwindigkeiten von Vorteil, weil mit steigender Geschwindigkeit die Dämpfung ohnehin kleiner

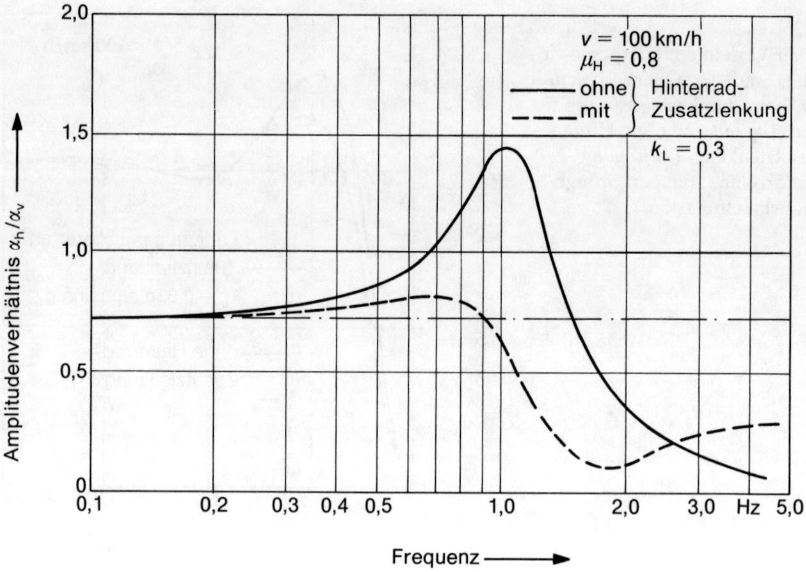

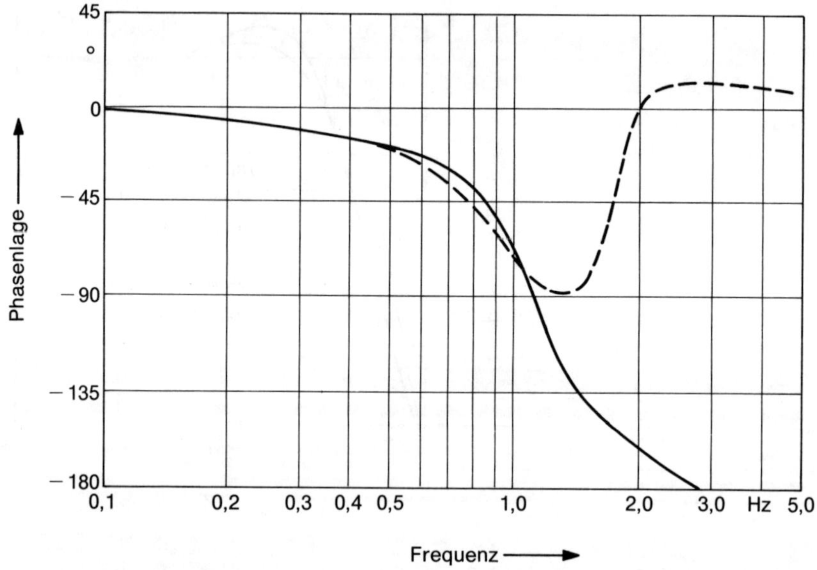

Bild 5.26 Frequenzgang des Schräglaufwinkelverhältnisses hinten/vorn, α_h/α_v, für ein Fahrzeug mit und ohne Hinterrad-Zusatzlenkung, v = 100 km/h, a_y = 4 m/s².

wird (Bild 4.11). Die Querbeschleunigung baut sich anfangs schneller auf, das Überschwingen ist auch hier kleiner.

Diese Eigenschaften kommen dem Fahrzeug mit Allradlenkung besonders bei schnellen Ausweichmanövern zugute. Beim ISO-Wedeltest (Abschnitt 6.5.6) können mit Allradlenkung wesentlich kürzere Durchfahrtzeiten erreicht werden als mit Frontlenkung. Durch den gleichsinnigen Einschlag der Hinterräder baut sich sofort nach Lenkbeginn eine große Querbeschleunigung auf; damit ergibt sich ein schneller Querversatz bei niedriger Giergeschwindigkeit. Durch die schwächere Gierdrehung ist das Fahrzeug leichter zu stabilisieren.

Die Frequenzgänge der Giergeschwindigkeit und der Querbeschleunigung liefern die gleichen Aussagen wie der Lenkwinkelsprung. Zum Vergleich der instationären Fahreigenschaften eignet sich besonders der Schräglaufwinkelfrequenzgang (Hinterachsschräglaufwinkel bezogen auf den Vorderachsschräglaufwinkel). Bild 5.26 zeigt, daß die Amplitudenüberhöhung beim Schräglaufwinkelfrequenzgang durch die Allradlenkung im Vergleich zum Frontlenker so weit abgebaut wird, daß die Schräglaufwinkel an der Vorderachse auch bei interstationären Lenkbewegungen größer sind als die Schräglaufwinkel an der Hinterachse. Dies bedeutet eine wesentlich bessere Stabilität im ganzen Frequenzbereich.

Für die Beeinflussung der Fahreigenschaften in einem weiten Bereich müssen Einschlagverhältnis k_L und Lenkübersetzung i_S beliebig veränderbar sein. Weil diese Forderung aufwendige elektronische Lenkeinrichtungen voraussetzt (Abschnitt 6.7.2.3), werden in Versuchsfahrzeugen zunächst einfachere, geschwindigkeitsabhängige Lenkgesetze erprobt.

Die Überlegung, daß ein Fahrzeug, bei dem die Bewegungsrichtung eines Aufbaupunkts stets in Fahrzeuglängsrichtung zeigt, durch Lenkreaktionen allein nicht ins Schleudern gebracht werden kann, führte zu Lenkgesetzen, bei denen der Schwimmwinkel in einem Fahrzeugpunkt zu null gemacht wird. Für den Fahrzeugschwerpunkt des linearen Einspurmodells läßt sich diese Forderung mit den Eingangsgrößen Lenkradwinkel und -geschwindigkeit sowie Fahrzeuggeschwindigkeit erfüllen.

Soll der Schwimmwinkel nur für die stationäre Kreisfahrt null sein, genügt es, das Einschlagverhältnis k_L nur von der Fahrgeschwindigkeit abhängig zu machen. Für diesen Fall ergibt sich ein Zusammenhang $k_L(v)$ nach Bild 5.27. Unterhalb von etwa 50 km/h wird k_L negativ, d.h., die Hinterachse lenkt gegensinnig zur Vorderachse. Bei engen Kurvenradien muß der Hinterradeinschlag begrenzt werden. Bei einem solchen Fahrzeug wird der Wendekreis bei niedrigen Geschwindigkeiten verkleinert. Andererseits ist jedoch aus Fahrversuchen bekannt, daß die Fahreigenschaften bei gegensinnigem Einschlag der Hinterräder auch unterhalb 50 km/h subjektiv unangenehm und damit nicht annehmbar sind. Erst bei Schrittempo (Parkierbereich) ist der gegensinnige Einschlag günstig.

Grundsätzlich werden durch eine geschwindigkeitsabhängige Lenkcharakteristik der Hinterachse die stationären Fahreigenschaften verändert. Ein Lenkgesetz, wie es im Bild 5.27 dargestellt ist, hat zur Folge, daß das Fahrzeug deutlich stärker untersteuert als ohne Hinterradlenkung (Bild 5.28). Bei der Optimierung

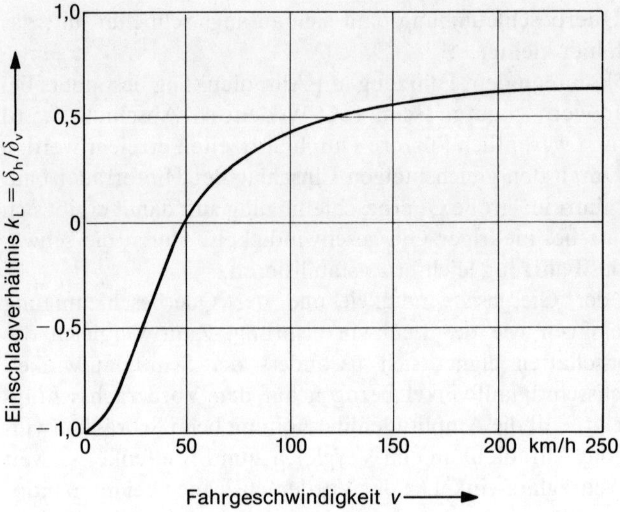

Bild 5.27 Verlauf des Einschlagverhältnisses k_L über der Fahrgeschwindigkeit für ein Lenkgesetz, bei dem der stationäre Schwimmwinkel im Fahrzeugschwerpunkt null ist

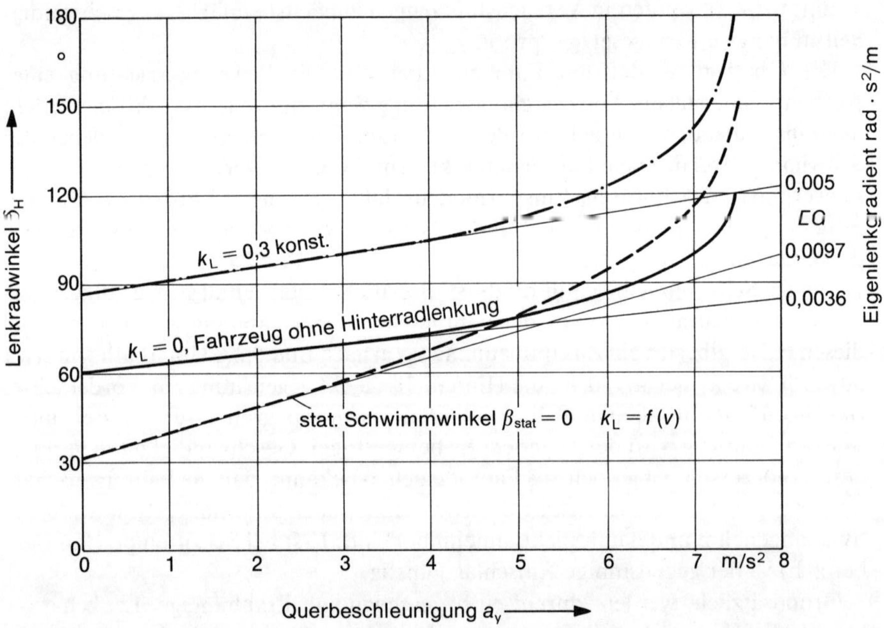

Bild 5.28 Stationäre Kreisfahrt auf konstantem Radius $R = 42{,}5$ m mit und ohne Hinterrad-Zusatzlenkung. Bei einem Lenkgesetz nach Bild 5.27 ($\beta_{stat} = 0$) untersteuert das Fahrzeug wesentlich stärker. Der Eigenlenkgradient ist in Abschnitt 4.2.4 beschrieben.

des Fahrverhaltens mit Hilfe einer Hinterradlenkung müssen deshalb neben den instationären auch die stationären Fahreigenschaften berücksichtigt werden. Sollen bei einer geschwindigkeitsabhängigen Lenkcharakteristik die stationären Fahreigenschaften unverändert bleiben, muß die Vorderachslenkübersetzung auch geschwindigkeitsabhängig sein.

Eine Allradlenkung bietet eine Möglichkeit zur Verbesserung der Fahreigenschaften. Darüber hinaus kann durch eine elektronische Ansteuerung der einzelnen Räder eine komfortoptimale Längsweichheit der Radaufhängung ohne fahrdynamische Nachteile verwirklicht werden (Vorspurkorrektur).

5.2.5.3 Adaptive Hinterradlenkung

Eine adaptive (sich einstellende) Hinterradlenkung ermöglicht die automatische Ausregelung von Störungen, wie z. B. Seitenwind oder Fahrbahnunebenheiten. Sie wird auch kybernetische Hinterradlenkung genannt. Aufgabe ist es, das Fahrzeug nach einer Störung ohne Eingriff des Fahrers zu stabilisieren. Regelungstechnisch sind hierzu zwei Verfahren möglich:

- ☐ die Störgrößenaufschaltung und
- ☐ die Störgrößenausregelung.

Bei der *Störgrößenaufschaltung* wird die Störung, z. B. der Seitenwind, mit einer entsprechenden Meßeinrichtung am Fahrzeug (z. B. Bild 6.61) gemessen. Die Hinterräder werden automatisch gegengelenkt.

In der Praxis ist das zweite Regelkonzept, die *Störgrößenausregelung*, einfacher realisierbar. Die Störung wird hierbei indirekt über die Messung der Regelgröße, z. B. Querbeschleunigung oder Giergeschwindigkeit, erfaßt. Die von der Störung

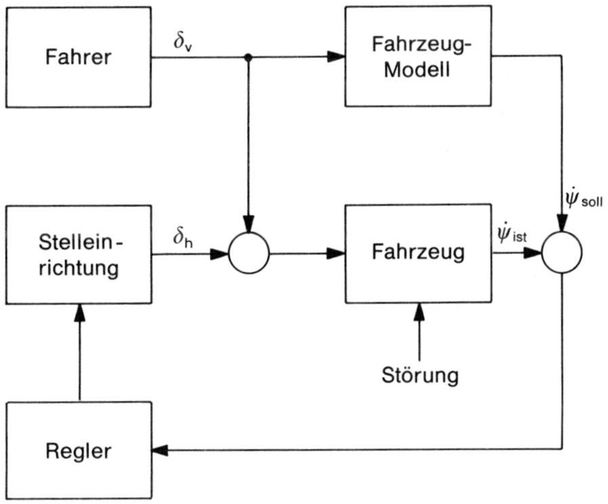

Bild 5.29
Blockschaltbild einer Störgrößenausregelung mit Hilfe einer Hinterradlenkung. Die Regelgröße ist die Giergeschwindigkeit, die Störung ist z. B. Seitenwind.

verursachte Abweichung der Regelgröße von dem in einem Fahrzeugmodell berechneten Sollwert wird mit Hilfe der Stelleinrichtung an der Hinterachse ausgeregelt. Bei Versuchen hat sich gezeigt, daß am besten die Giergeschwindigkeit als Regelgröße geeignet ist.

Bild 5.29 zeigt das Schema der *Störgrößenausregelung*. Der vom Fahrer eingestellte Lenkwinkel wird parallel zum Fahrzeug auch in ein Fahrzeugersatzmodell eingegeben. Die im Ersatzmodell berechnete Sollgiergeschwindigkeit wird mit dem am Fahrzeug mit einem Sensor gemessenen Istwert verglichen. Die Differenz dieser beiden Signale wird über den Regler der Stelleinrichtung zugeführt, die damit nur die durch eine Störung verursachte Giergeschwindigkeit kompensiert.

Eine adaptive Hinterradlenkung kann auch bei Pkw-Zügen die Pendelschwingung des Anhängers (Abschnitt 5.4.1) dämpfen. Hierzu muß der Knickwinkel zwischen Zugwagen und Anhänger $\Delta\psi$ gemessen werden. Mit Knickwinkel und -geschwindigkeit ergibt sich der zum Stabilisieren des Gespanns erforderliche Hinterradeinschlag zu:

$$\delta_h = K_1 \cdot \Delta\psi + K_2 \cdot \Delta\dot{\psi} \qquad \text{(Gl. 5.13)}$$

K_1 und K_2 sind Konstanten, die aus der Rechnung oder aus Versuchen mit dem entsprechenden Pkw-Zug ermittelt werden.

5.3 Einfluß des Antriebskonzepts

5.3.1 Art des Antriebs

Die Fahrwerksauslegung heutiger Kraftfahrzeuge ist so optimiert, daß die Art des Antriebs im normalen Fahrbetrieb keinen bemerkbaren Einfluß auf das Fahrverhalten hat. Die Unterschiede zeigen sich erst im physikalischen Grenzbereich. Grundsätzlich gilt, daß beim Beschleunigen und an einer Steigung die Vorderachse entlastet und die Hinterachse belastet wird. Dadurch haben hinterradangetriebene Fahrzeuge in der Traktion Vorteile gegenüber Frontantriebsfahrzeugen. Diese wirken sich allerdings nur bei höheren Beschleunigungen auf trockener Straße aus. Auf glatter Fahrbahn, d. h. im Bereich kleinerer Beschleunigungen, hat dagegen der Frontantrieb wegen seiner höheren statischen Last an der Vorderachse Vorteile. Der Allradantrieb ist in jedem Fall den einachsangetriebenen Fahrzeugen überlegen. Eine wichtige Rolle spielen außerdem die Lage des Schwerpunkts und seine Änderung mit der Beladung. Im allgemeinen liegt der Schwerpunkt bei Frontantrieb weiter vorn als bei Heckantrieb, und die Schwerpunktlage ändert sich beim Frontantrieb stärker mit der Beladung. Von den Heckantriebsfahrzeugen wird hier nur die am meisten verbreitete Standardbauweise (Motor vorn, Antrieb hinten) betrachtet. Die Einflüsse der Antriebsart auf die Längs- und Querdynamik werden getrennt behandelt (siehe auch [9]).

Bild 5.30 Auf das Fahrzeug wirkende Kräfte beim Beschleunigen an einer Steigung

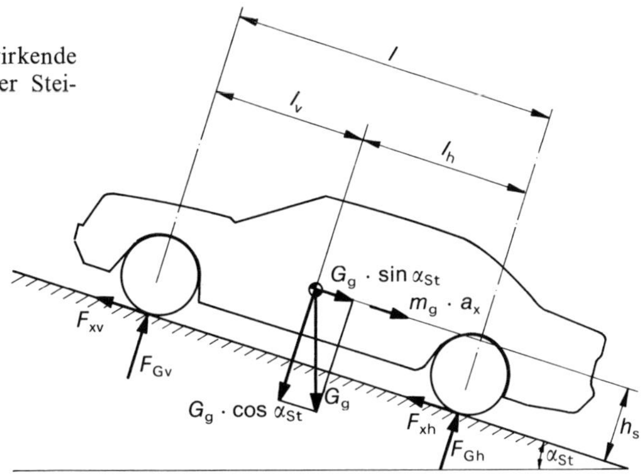

5.3.1.1 Einfluß auf die Längsdynamik

Das *Traktionsvermögen*, d.h. die maximal übertragbare Vortriebskraft, kann durch die *Grenze der Steigfähigkeit* oder die *maximal erzielbare Anfahrbeschleunigung* in der Ebene ausgedrückt werden. Die Steigfähigkeit ist die Steigung, die das Fahrzeug gerade noch ohne Durchrutschen der Antriebsräder bewältigen kann. Die maximale Anfahrbeschleunigung wird – wie auch die Steigfähigkeit – bei ausreichend starken Motoren durch den Kraftschluß zwischen den angetriebenen Rädern und der Fahrbahn bestimmt.

Das Traktionsvermögen wird zweckmäßigerweise durch eine *Ersatzsteigung* q_E charakterisiert, die die Grenze der kombinierten Steig- und Beschleunigungsfähigkeit angibt. An einer Steigung muß zunächst der Steigungswiderstand $G_g \cdot \sin \alpha_{St}$ überwunden werden (Bild 5.30). Wird das Fahrzeug zusätzlich beschleunigt, kommt der Beschleunigungswiderstand $m_g \cdot a_x$ hinzu. Hierbei ist $m_g = G_g/g$ die Fahrzeugmasse; die Beschleunigung der rotierenden Massen wird einfachheitshalber vernachlässigt. Weil die maximale Traktion im niedrigsten Gang bei kleinen Geschwindigkeiten auftritt, kann der Luftwiderstand ebenfalls vernachlässigt werden. Es ist vorausgesetzt, daß das nötige Drehmoment zum Erreichen der Kraftschlußgrenze zwischen Reifen und Fahrbahn vom Motor zur Verfügung steht. Weitere Einzelheiten und Rechenbeispiele enthalten [1] und [4].

Mit diesen Annahmen ergibt sich die an den Antriebsrädern zu übertragende Längskraft zu:

$$F_x = G_g \cdot \sin \alpha_{St} + G_g \cdot \frac{a_x}{g} \qquad \text{(Gl. 5.14)}$$

Die zur Übertragung dieser Längskraft notwendige Reibungszahl wird durch die Gewichtskraft bestimmt:

$$\mu = \frac{F_x}{F_G} \qquad \text{(Gl. 5.15)}$$

wobei

$$F_G = G_g \cdot \cos \alpha_{St} \tag{Gl. 5.16}$$

ist. Bei gleichen Kraftschlußverhältnissen an den angetriebenen Rädern ist die Reibungszahl nach Gleichung 5.15 gleich der Ersatzsteigung q_E. Bei Vernachlässigung des Rollwiderstands wird der dimensionslose Wert:

$$q_E = \tan \alpha_{St} + \frac{a_x}{g \cdot \cos \alpha_{St}} \tag{Gl. 5.17}$$

Die maximal erreichbare Anfahrbeschleunigung in der Ebene ($\alpha_{St} = 0$) ist $a_{x\max} = g \cdot q_E$.

Die Ersatzsteigung läßt sich für die verschiedenen Antriebsarten aus Bild 5.30 ableiten (siehe auch [1]).

Frontantrieb: Die zur Kraftübertragung erforderliche Reibungszahl an der Vorderachse ist:

$$\mu_v = \frac{G_g}{F_{Gv}} \cdot \left(\sin \alpha_{St} + \frac{a_x}{g} \right) \tag{Gl. 5.18}$$

Aus dem Momentengleichgewicht um die Hinterachse

$$F_{Gv} \cdot l + G_g \cdot \left(\sin \alpha_{St} + \frac{a_x}{g} \right) \cdot h_S = G_g \cdot \cos \alpha_{St} \cdot l_h$$

wird die Gewichtskraft an der Vorderachse F_{Gv} berechnet.

$$F_{Gv} = G_g \cdot \left[\cos \alpha_{St} \cdot \frac{l_h}{l} - \left(\sin \alpha_{St} + \frac{a_x}{g} \right) \cdot \frac{h_S}{l} \right] \tag{Gl. 5.19}$$

Die für die Bewältigung von q_E erforderliche Reibungszahl bei Frontantrieb ergibt sich aus den Gleichungen 5.18 und 5.19 zu:

$$\mu_v = \frac{q_E}{\frac{l_h}{l} - q_E \cdot \frac{h_S}{l}} \tag{Gl. 5.20}$$

Damit ist die Ersatzsteigung bei einer gegebenen Haftreibungszahl zwischen Reifen und Straße bei Frontantrieb:

$$q_{E\,Front} = \frac{\frac{l_h}{l}}{\frac{1}{\mu_H} + \frac{h_S}{l}} \tag{Gl. 5.21}$$

Rechenbeispiel:

Als Beispiel soll ein vorderradangetriebener, mit 2 Personen besetzter Pkw dienen. Gesucht ist die Beschleunigung a_x bei $\mu_H = 0{,}8$ auf einer 10%-Steigung ($\tan \alpha_{St} = 0{,}1$).

Gegeben sind: $m_v/m_g = l_h/l = 0{,}6$, $l = 2{,}5\,\mathrm{m}$, $h_S = 0{,}58\,\mathrm{m}$

$$q_{E\,Front} = \frac{0{,}6}{\frac{1}{0{,}8} + \frac{0{,}58}{2{,}5}} = \frac{0{,}6}{1{,}25 + 0{,}232}$$

$$q_{E\,Front} = 0{,}405$$

$$q_{E\,Front} = \tan \alpha_{St} + \frac{a_x}{g \cdot \cos \alpha_{St}} \qquad (\cos \alpha_{St} \sim 1)$$

$$a_x = (q_{E\,Front} - \tan \alpha_{St}) \cdot g = (0{,}405 - 0{,}1) \cdot 9{,}81$$

$$a_x = 3\,\mathrm{m/s^2}$$

Heckantrieb: Ähnlich wie bei Frontantrieb lassen sich auch bei Heckantrieb die für das Befahren einer Steigung q_E erforderliche Reibungszahl μ_h und die Ersatzsteigung bei gegebener Haftreibungszahl μ_H berechnen.

$$\mu_h = \frac{q_E}{\frac{l_v}{l} + q_E \cdot \frac{h_S}{l}} \qquad \text{(Gl. 5.22)}$$

Die mit Heckantrieb maximal erreichbare Ersatzsteigung ist:

$$q_{E\,Heck} = \frac{\frac{l_v}{l}}{\frac{1}{\mu_H} - \frac{h_S}{l}} \qquad \text{(Gl. 5.23)}$$

Allradantrieb: Bei ausgeglichenem Allradantrieb (Zentraldifferential) wird das Antriebsmoment zwischen Vorder- und Hinterachse in einem bestimmten Verhältnis verteilt. Der Momentenanteil der Hinterachse ist:

$$\Phi_M = \frac{M_h}{M_{ges}} \qquad \text{(Gl. 5.24)}$$

Bei Frontantrieb wird $\Phi_M = 0$ und bei Heckantrieb $\Phi_M = 1$. Bei serienmäßigen Allradantriebsfahrzeugen sind folgende Momentenverteilungen gewählt:

Audi	$\Phi_M = 0{,}5$
BMW 325iX	$\Phi_M = 0{,}63$
Mercedes-Benz 4MATIC	$\Phi_M = 0{,}65$

Die Verteilung der Längskräfte auf Vorder- und Hinterachse ergibt sich mit Φ_M zu:

$$F_{xv} = (1 - \Phi_M) \cdot G_g \cdot \left(\sin \alpha_{St} + \frac{a_x}{g}\right) \quad \text{(Gl. 5.25)}$$

$$F_{xh} = \Phi_M \cdot G_g \cdot \left(\sin \alpha_{St} + \frac{a_x}{g}\right) \quad \text{(Gl. 5.26)}$$

Die Gewichtskraft an der Hinterachse ist nach Bild 5.30:

$$F_{Gh} = G_g \cdot \left[\cos \alpha_{St} \cdot \frac{l_v}{l} + \left(\sin \alpha_{St} + \frac{a_x}{g}\right) \cdot \frac{h_S}{l}\right] \quad \text{(Gl. 5.27)}$$

Aus den Gleichungen 5.19, 5.25, 5.26 und 5.27 können die erforderlichen Reibungszahlen bei Allradantrieb an Vorder- und Hinterachse berechnet werden.

$$\mu_v = \frac{F_{xv}}{F_{Gv}} = \frac{(1 - \Phi_M) \cdot q_E}{\frac{l_h}{l} - q_E \cdot \frac{h_S}{l}} \quad \text{(Gl. 5.28)}$$

$$\mu_h = \frac{F_{xh}}{F_{Gh}} = \frac{\Phi_M \cdot q_E}{\frac{l_v}{l} + q_E \cdot \frac{h_S}{l}} \quad \text{(Gl. 5.29)}$$

Das übertragbare Moment an den Achsen hängt von den Achslasten ab. Welche Achse zuerst die Rutschgrenze erreicht, wird bei konstanter Haftreibungszahl μ_H von der momentanen Achslastverteilung bestimmt. Ist die zum Übertragen des Momentenanteils erforderliche Reibungszahl z. B. an der Vorderachse größer als an der Hinterachse, beginnt das Durchrutschen der Räder an der Vorderachse. Ab diesem Zeitpunkt kann auch die Hinterachse nicht mehr Moment übertragen. Die Ersatzsteigung wird bei Durchrutschen der Vorderräder nach Gleichung 5.28 bestimmt.

Das heißt, bei $\mu_v > \mu_h$ wird:

$$q_{EAllr} = \frac{\frac{l_h}{l}}{\frac{1 - \Phi_M}{\mu_H} + \frac{h_S}{l}} \quad \text{(Gl. 5.30)}$$

Ist dagegen $\mu_h > \mu_v$, rutschen zuerst die Hinterräder durch, und die Ersatzsteigung wird

$$q_{EAllr} = \frac{\frac{l_v}{l}}{\frac{\Phi_M}{\mu_H} - \frac{h_S}{l}} \quad \text{(Gl. 5.31)}$$

Im Idealfall, wenn die im Schwerpunkt wirkende Längskraft die Vorderachse entsprechend der Momentenverteilung im Verteilergetriebe entlastet und die Hinterachse dementsprechend belastet, ist die maximal mögliche Steigfähigkeit erreicht. In diesem Fall gilt:

$$q_{\mathrm{E\,Allr}} = \mu_{\mathrm{H}} \tag{Gl. 5.32}$$

Dies entspricht auch dem *längsgesperrten* Allradantrieb. Wird der Antrieb von Vorder- und Hinterachse starr gekoppelt, verteilen sich die Momente nach den jeweiligen Normalkräften und Haftreibungszahlen.

Bild 5.31 zeigt Rechenbeispiele. Die Ersatzsteigungen für die verschiedenen Antriebsarten sind in Abhängigkeit von der Haftreibungszahl dargestellt. Wie zu erwarten, hat das Fahrzeug mit Allradantrieb deutliche Vorteile. Es kann bei kleinen Haftreibungszahlen etwa die doppelte Ersatzsteigung gegenüber den beiden anderen Antriebsarten bewältigen. Das Sperren des Zentraldifferentials bringt – zufolge der angenommenen gleichen μ_{H}-Werte an den Rädern – nur eine geringfügige Verbesserung.

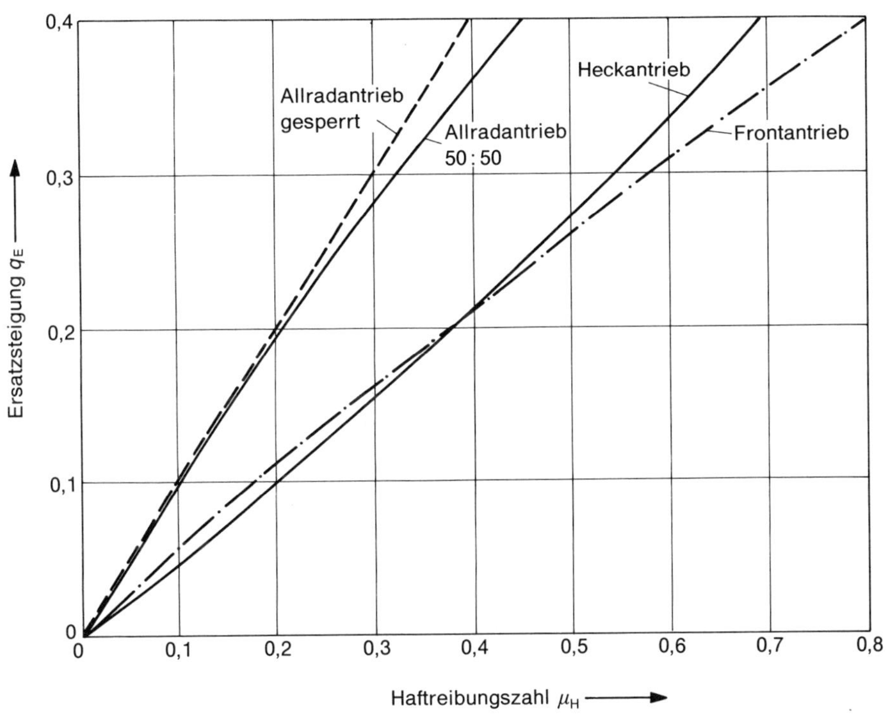

Bild 5.31 Steig- und Beschleunigungsfähigkeit q_{E} bei verschiedenen Antriebsarten

Frontantrieb $l_{\mathrm{v}}/l = 0{,}43$
Heckantrieb $l_{\mathrm{v}}/l = 0{,}49$
Allradantrieb $l_{\mathrm{v}}/l = 0{,}48$

5.3.1.2 Einfluß auf die Querdynamik

Der Einfluß der Antriebsart auf die Querdynamik ergibt sich dadurch, daß die angetriebenen Räder im Sinne des Coulombschen Reibungskreises (Abschnitt 2.2.3) weniger Seitenkraft übertragen können als die nichtangetriebenen Räder. Im normalen Fahrbereich auf griffiger Fahrbahn sind die Unterschiede bei modernen Autos für den Fahrer nicht bemerkbar. Lediglich auf den Lenkkomfort haben Vortriebskrafteinflüsse bei angetriebenen Vorderrädern einen gewissen Nachteil.

Die antriebsbedingten Einflüsse zeigen sich deutlich im physikalischen Grenzbereich bzw. auf Fahrbahnen mit niedrigem Reibwert.

Bei *Frontantrieb* wird die Kraftschlußgrenze zuerst an der Vorderachse erreicht; das Fahrzeug schiebt vorn aus der Kurve, es untersteuert im Grenzbereich. Fahrzeuge mit *Heckantrieb* können durch die Fahrwerkabstimmung auch bis in den Grenzbereich untersteuernd ausgelegt werden. Bei drehmomentstarken Motoren oder auf glatter Fahrbahn kann sich jedoch das Eigenlenkverhalten in ein starkes Übersteuern ändern, wenn die Antriebsräder die Traktionsgrenze überschreiten, durchrutschen und damit die Seitenführungsfähigkeit an der Hinterachse verlorengeht.

Das Ausbrechen des Hecks kann ein geübter Fahrer unter Umständen durch Gegenlenken abfangen, weil die Seitenführungskraft an der Vorderachse noch nicht ausgeschöpft ist. Beim Frontantrieb ist die Lenkung im Grenzbereich wirkungslos; der Fahrer muß Gas wegnehmen, um auf den ursprünglichen Kurs zurückzukehren (Einfluß des Lastwechsels auf den Kursverlauf siehe Abschnitt 4.5). Die erreichbaren Kurvengrenzgeschwindigkeiten sind bei Front- und Heckantrieb etwa gleich.

Beim *Allradantrieb* hängt das Verhalten im Grenzbereich davon ab, in welchem Verhältnis die Antriebsmomente und die Gewichtskräfte auf die Achsen verteilt sind. Bei einer Momentenverteilung von 50:50, wie sie bei den Audi-Modellen gewählt wurde, erreichen beide Achsen nahezu gleichzeitig die Grenze der Seitenführung; das Fahrzeug schiebt sich seitlich zur Kurvenaußenseite hin. Durch die Momentenverteilung von 37:63 beim BMW 325iX wurde auch im Grenzbereich eine gewisse Heckantriebscharakteristik erhalten, d.h., die Seitenführung wird zuerst an der Hinterachse verloren, das Fahrzeug drängt mit dem Heck aus der Kurve.

Die Vorteile des Allradantriebs sind besonders auf Fahrbahnen mit niedriger Haftreibungszahl deutlich. Weil die Vortriebskräfte auf zwei Achsen verteilt sind, können die Räder bei gleicher Gesamtvortriebskraft mehr Seitenkraft übertragen. Durch Sperren des Zentraldifferentials wird eine weitere Verbesserung erreicht, weil dann kein Rad allein die Haftgrenze überschreiten kann.

Hierin liegt allerdings die grundsätzliche Problematik des Allradantriebs. Der Fahrer erkennt die Annäherung an die fahrdynamische Grenze meistens zu spät, weil ihm dies vom Fahrzeug nicht so deutlich durch verstärktes Unter- bzw. Übersteuern – wie beim Einachsantrieb – gemeldet wird. Weil alle vier Räder Antriebskräfte übertragen, steht beim Erreichen der auf glatter Fahrbahn höheren

Kurvengeschwindigkeit auch bei einer Momentenverteilung mit stärkerer Beteiligung der Hinterachse weniger Seitenkraftreserve zur Stabilisierung des Fahrzeugs zur Verfügung.

Einige typische Allradunfälle, insbesondere bei der 50:50-Momentenverteilung, sind darauf zurückzuführen, daß der Fahrer durch die bessere Traktion und Stabilität seines Allradfahrzeugs auf glatter Fahrbahn zu schnellerer Fahrweise verleitet wird und den plötzlichen Stabilitätsverlust an der Grenze bei der relativ höheren Geschwindigkeit nicht mehr beherrscht. Mehr über das Risikoverhalten siehe Abschnitt 7.2.5. Aus diesem Grund wird bei neueren Allradfahrzeugen auf die Warnung des Fahrers großer Wert gelegt. Deshalb wurde z.B. beim BMW 325iX die Heckantriebscharakteristik, d.h. zunehmendes Übersteuern im Grenzbereich durch die Momentenverteilung 37:63, beibehalten.

Mercedes-Benz hat nicht zuletzt aus diesem Grund das Konzept eines automatisch schaltenden 4-Rad-Antriebs (4MATIC) gewählt. Das 4MATIC-Fahrzeug fährt normalerweise mit Hinterradantrieb. Erst wenn Längs- oder Querschlupf bestimmte Grenzwerte überschreiten, wird der Vorderradantrieb elektronisch zugeschaltet. Dies wird dem Fahrer durch eine im Tachometerinstrument aufleuchtende Informationslampe angezeigt. Mit dem Signalisieren des Zuschaltvorgangs soll dem Fahrer deutlich gemacht werden, daß er sich der fahrdynamischen Grenze genähert hat und daß er sein weiteres Fahrverhalten darauf einstellen muß.

Die Zuschaltschwellen sind so niedrig gewählt, daß die Zuschaltung auch auf eisglatter Fahrbahn noch vor Gefährdung der Kursstabilität erfolgt. Damit wird der Fahrer noch früher gewarnt, als dies beim 2-Rad-Antrieb durch die Änderung des Eigenlenkverhaltens geschehen kann. Zum Warneffekt kommt bei der 4MATIC als weitere Sicherheitsfunktion dazu, daß durch das Zuschalten der zweiten Achse die ursprüngliche Antriebsachse teilweise von Vortriebskräften entlastet wird und dadurch Seitenkraftreserve gewinnt. Damit wird gerade im Moment des Bedarfs die Seitenführungsfähigkeit erhöht und die Stabilität verbessert.

Die Verbesserung des Fahrverhaltens durch den Allradantrieb zeigen die Bilder 5.32 und 5.33, in denen die Lastwechselreaktion beim Gasgeben und Gaswegnehmen für die verschiedenen Antriebsarten dargestellt ist. Die Fahrzeugreaktion wird durch die Abweichung der Giergeschwindigkeit vom Referenzwert der ungestörten Kreisfahrt eine Sekunde nach Einleiten des Lastwechsels beschrieben. Der längsgesperrte Allradantrieb hat in beiden Fällen die kleinste Fahrzeugreaktion.

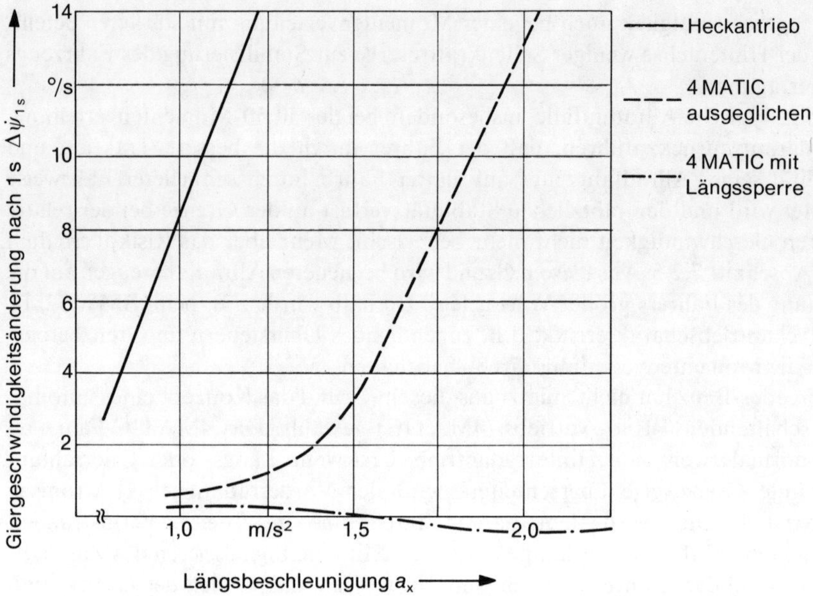

Bild 5.32 (oben) Giergeschwindigkeitsänderung beim Beschleunigen in der Kurve. $R = 100$ m auf glatter Fahrbahn, $\mu_H = 0{,}25$; Ausgangsquerbeschleunigung $a_y = 1{,}5$ m/s^2; Mercedes-Benz-4MATIC; automatisch schaltender 4-Rad-Antrieb; Momentenverteilung 35:65 (VA/HA) mit ausgeglichenem und längsgesperrtem Zentraldifferential.

Bild 5.33 (unten) Giergeschwindigkeitsänderung bei Gaswegnahme in der Kurve. $R = 100$ m auf glatter Fahrbahn, $\mu_H = 0{,}25$; Mercedes-Benz-4MATIC; automatisch schaltender 4-Rad-Antrieb; Momentenverteilung 35:65 (VA/HA) mit ausgeglichenem und längsgesperrtem Zentraldifferential.

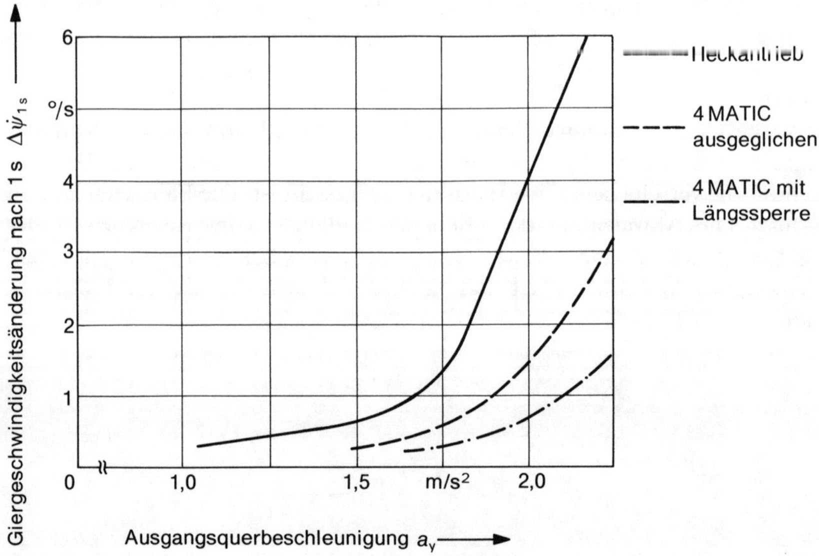

5.3.2 Differentialsperren

5.3.2.1 Wirkungsweise und Aufbau

Ein Ausgleichsgetriebe (Differential) im Antriebsstrang ermöglicht es, daß sich die Drehzahlen der Antriebsräder unabhängig voneinander, entsprechend den unterschiedlichen Weglängen der Fahrspuren, z.B. bei Kurvenfahrt innen und außen oder den unterschiedlichen Reifenradien, einstellen können. Das Ausgleichsgetriebe ist bei Einachsantrieb zwischen dem linken und rechten Antriebsrad eingebaut. Beim Allradantrieb müssen an beiden Antriebsachsen Ausgleichsgetriebe vorhanden sein. Außerdem wird in vielen Fällen ein Zentraldifferential zum Drehzahlausgleich zwischen beiden Achsen verwendet, um Verspannungen im Antriebsstrang zu vermeiden.

Durch ein Ausgleichsgetriebe wird das Antriebsmoment des Motors gleichmäßig auf das linke und rechte Antriebsrad verteilt. Dadurch entsteht beim Beschleunigen auch auf einseitig glatter Fahrbahn kein Giermoment um den Fahrzeugschwerpunkt. Der Nachteil der symmetrischen Vortriebskraftverteilung ist, daß bei unterschiedlichen Haftreibungszahlen an den Rädern, z.B. auf einseitiger Glätte oder bei Kurvenfahrt mit hoher Querbeschleunigung, die übertragbaren Vortriebskräfte durch die kleinere Haftreibungszahl beschränkt werden. Dies hat zur Folge, daß beim Durchdrehen des Rades mit dem niedrigeren μ-Wert auch das andere Antriebsrad mit dem höheren Kraftschlußpotential praktisch keine Vortriebskraft mehr übertragen kann. Das eingeleitete Motormoment bewirkt in diesem Fall keine Traktion, sondern es wird in eine nutzlose Beschleunigung der Drehmassen umgesetzt.

Zur Verbesserung der Traktion unter solchen extremen Kraftschlußverhältnissen dienen *Differentialsperren.* Sie unterbinden teilweise oder vollständig den Drehzahlausgleich zwischen den Antriebsrädern und verhindern weitgehend das Durchdrehen eines Rades durch Umlenken des überschüssigen Antriebsmoments zum Rad mit dem höheren Kraftschlußpotential. Es sind heute manuell schaltbare, selbsttätig sperrende und automatisch geregelte Sperrdifferentiale bekannt. Die grundsätzliche Wirkungsweise eines Sperrdifferentials zeigt schematisch Bild 5.34.

Das Antriebskegelrad treibt das Tellerrad und das damit verbundene Differentialgehäuse an. Im Differentialgehäuse sind die beiden Ausgleichskegelräder gelagert, die mit den auf den Hinterachshalbwellen sitzenden Antriebskegelrädern im Eingriff stehen. Sind die Raddrehzahlen links und rechts gleich, erfolgt der Antrieb der Hinterachswellen ohne Relativdrehung der Ausgleichskegelräder um ihre Drehachse. Drehzahlunterschiede gleichen sich dadurch aus, daß sich die Hinterachswellen zueinander verdrehen können, wobei die Ausgleichskegelräder in Drehung versetzt werden (siehe auch [9]).

Zur Sperrung des Ausgleichs wird eine Hinterachshalbwelle mit dem Differentialgehäuse formschlüssig verbunden (Klauenkupplung), oder es werden beide Abtriebskegelräder über Lamellenkupplungen durch Reibung (kraftschlüssig) an der Relativdrehung zum Differentialgehäuse gehindert. Bei Sperrdifferentialen mit begrenztem Schlupf (limited slip) ist durch eine Feder bzw. durch das eingeleitete

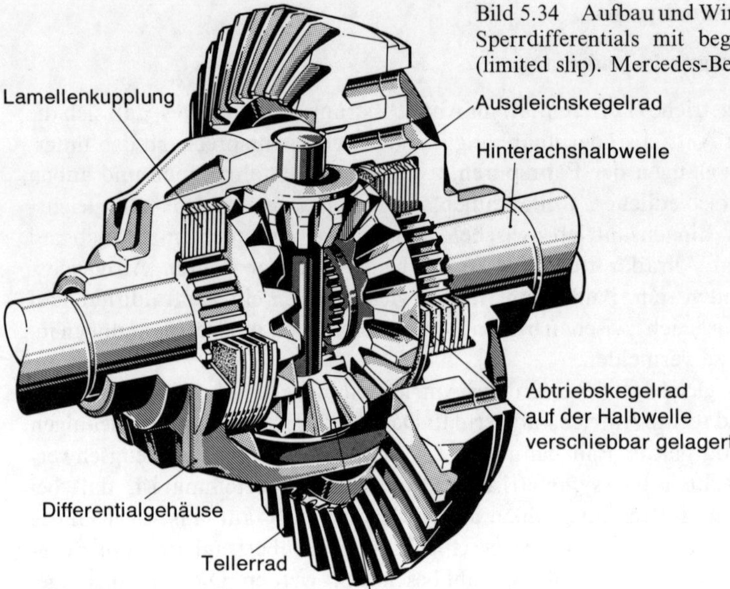

Bild 5.34 Aufbau und Wirkungsweise eines Sperrdifferentials mit begrenztem Schlupf (limited slip). Mercedes-Benz 190 E 2.3–16.

Moment mit Hilfe der an den Zahnflanken der Abtriebskegelräder wirkenden Axialkräfte immer eine gewisse Sperrwirkung vorhanden. Damit kann ein über dem eingeleiteten Antriebsmoment annähernd konstanter Sperrgrad erreicht werden.

Der Sperrgrad S wird als Verhältnis aus Differenz und Summe beider Einzelabtriebsmomente definiert.

$$S = \frac{\Delta M_{ab}}{\Sigma M_{ab}} \cdot 100\,\% \qquad \text{(Gl. 5.33)}$$

Das Sperrmoment ist gleich der Differenz der Abtriebsmomente. Mit dem Eingangsantriebsmoment M_A, der Achsübersetzung i_D und dem Wirkungsgrad $\eta_D = 0{,}95$ bis $0{,}97$ ausgedrückt, ergibt sich das Sperrmoment zu:

$$M_{Sperr} = \frac{S}{100} \cdot i_D \cdot \eta_D \cdot M_A \quad [\mathrm{Nm}] \qquad \text{(Gl. 5.34)}$$

S ist in % einzusetzen.

Die Verlustleistung, bedingt durch die Sperrung, beträgt:

$$P_{Verlust} = \frac{1}{2} \cdot M_{Sperr} \cdot \Delta n \quad \left[\frac{\mathrm{Nm}}{\mathrm{s}}\right] \qquad \text{(Gl. 5.35)}$$

wobei Δn die Differenzdrehzahl der Räder in s^{-1} ist.

Die Momentenverteilung kann mit dem Sperrgrad berechnet werden. Der Momentenanteil des Rades mit der höheren Reibungszahl ist:

$$\Phi_{\text{M hoch}} = \frac{S}{2} + 50\,\% \qquad \text{(Gl. 5.36)}$$

Beispiel: Bei einem Sperrgrad von 40 % wird dem Rad auf der griffigeren Seite $\Phi_{\text{M hoch}} = 40/2 + 50 = 70\,\%$ des Antriebsmoments zugeteilt (Momentenverteilung = 70 %:30 %). Ein von Hand gesperrtes Differential – z. B. durch Klauenkupplung – hat ein Sperrgrad von 100 %. In diesem Fall ist $\Phi_{\text{M hoch}} = 100\,\%$.

5.3.2.2 Einfluß der Sperrwirkung

Differentialsperren wurden in erster Linie zur Verbesserung der Traktion für Geländefahrzeuge entwickelt. Bei Pkw haben sich Sperrdifferentiale mit begrenztem Schlupf bewährt, die neben einer gewissen Traktionsverbesserung in manchen Punkten auch eine günstige Auswirkung auf das Fahrverhalten haben (z. B. schwächere Lastwechselreaktion). Sperrdifferentiale sind bei einachsangetriebenen Fahrzeugen im wesentlichen auf Fahrzeuge mit Hinterradantrieb begrenzt, weil die ungleichmäßige Verteilung der Antriebskräfte beim Frontantrieb starke Störmomente in der Lenkung hervorrufen würde.

Allradfahrzeuge, bei denen auf gute Geländegängigkeit Wert gelegt wurde, haben auch an der Vorderachse sperrbare Differentiale, z. B. das G-Modell von Mercedes-Benz. Die Sperrung eines zwischen den Achsen sitzenden Zentraldifferentials gleicht die mittleren Drehzahlen der Achsen aus und verteilt die Antriebskräfte entsprechend den herrschenden Haftreibungszahlen und Achsgewichtskräften. Dadurch werden insbesondere auf glatten Fahrbahnen das Beschleunigungsvermögen verbessert und die Lastwechselreaktion gemildert (Bilder 5.32 und 5.33).

Die Traktionsverbesserung durch Einlegen von Differentialsperren ist auf einseitig glatten Fahrbahnen (μ-Split) am deutlichsten. Bild 5.35 zeigt die dominierende Wirkung der Hinterachsquersperre beim *Beschleunigen auf μ-Split-Fahrbahn* mit einem Allradfahrzeug. Die Längssperre allein bringt bei diesen Verhältnissen nur wenig Vortriebsverbesserung. Die einseitig hohe Kraft auf ungleichen Fahrbahnen mit Quersperre ergibt ein Giermoment um den Fahrzeugschwerpunkt, das durch einen Lenkeinschlag kompensiert werden muß. Die Stärke des Giermoments hängt vom eingeleiteten Antriebsmoment, vom Sperrmoment und von den Haftreibungszahlen auf der linken und rechten Fahrbahnseite ab.

Die Verhältnisse werden an einem Heckantriebsfahrzeug mit Sperrdifferential sowie links und rechts gleichen Radhochkräften auf einseitig glatter Fahrbahn ($\mu_H = 0{,}2/0{,}8$) erläutert. Die übertragbaren Vortriebskräfte auf der linken und rechten Seite sind durch die jeweilige Kraftschlußpotantiale $\mu_H \cdot F_n$ gegeben. Ist das vom Fahrer eingeleitete Antriebskraftangebot kleiner als das zweifache Kraftschlußpotential des auf der glatten Fahrbahnseite ($\mu_H = 0{,}2$) befindlichen Rades – $F_A < 2 \cdot \mu_{H0,2} \cdot F_n$ –, dann kann die Antriebskraft ohne Sperrung je zur Hälfte am

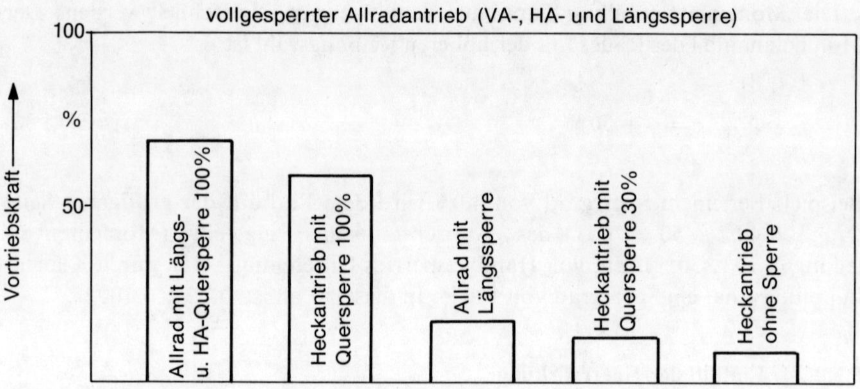

Bild 5.35 Einfluß der Antriebsart und des Sperrdifferentials auf die Vortriebskraft auf einseitig glatter Fahrbahn, $\mu_H = 0{,}1/0{,}8$. Die meisten Vorteile bringt eine 100%ige Sperrung des Hinterachsdifferentials.

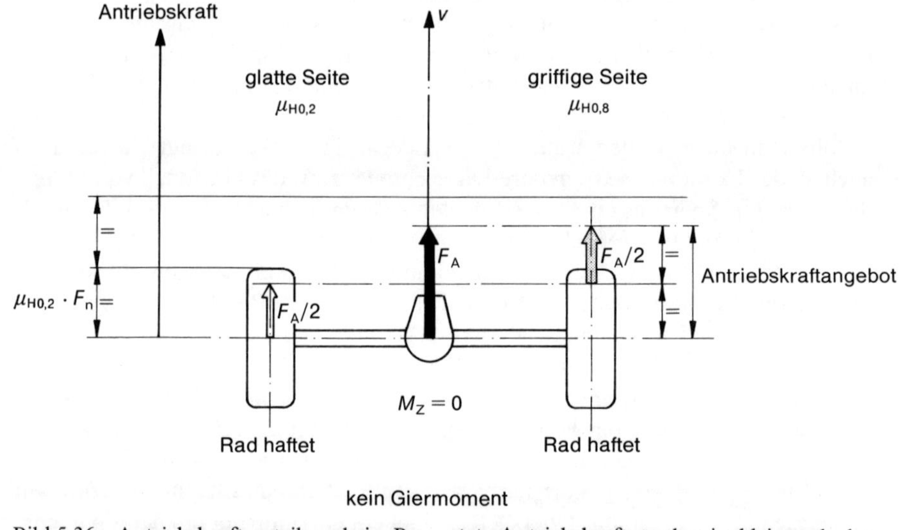

Bild 5.36 Antriebskraftverteilung beim Beschleunigen auf links und rechts unterschiedlichen Reibwerten. Das vom Fahrer eingeleitete Antriebskraftangebot ist kleiner als das doppelte Kraftschlußpotential des Rades auf der glatten Seite.

linken und rechten Rad übertragen werden (Bild 5.36). In diesem Fall haften beide Räder, und es entsteht kein Giermoment.

Ist das Antriebskraftangebot größer als $2 \cdot \mu_{H0,2} \cdot F_n$, dann hängt es von der Größe des Sperrmoments und der Summe der Kraftschlußpotentiale der Antriebsräder ab, wie groß das Giermoment ist und ob ein Rad durchdreht. Die Verteilung der Kräfte zeigt Bild 5.37.

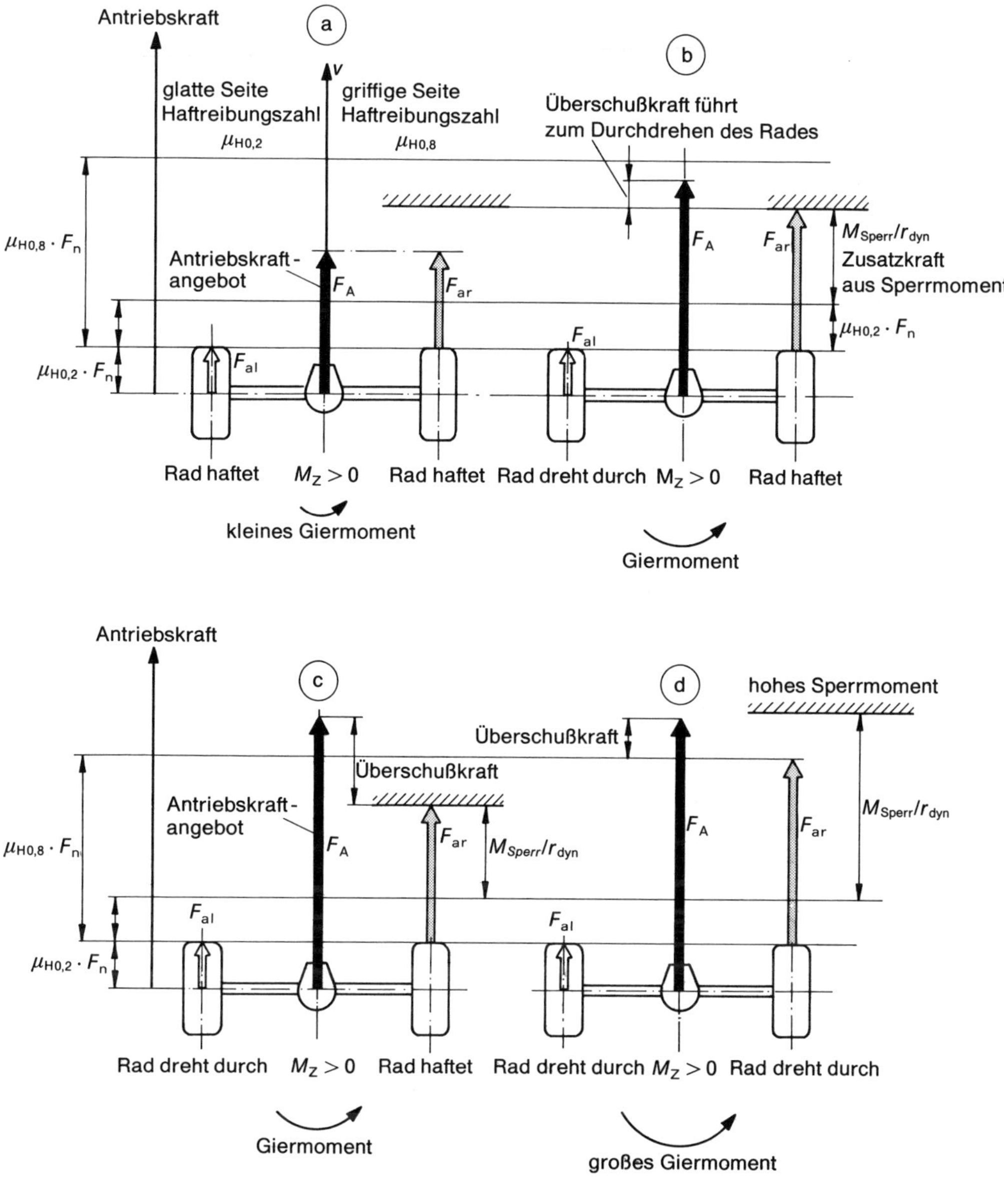

Bild 5.37 Antriebskraftverteilung beim Beschleunigen auf links und rechts unterschiedlichen Reibwerten. Zusammenhang zwischen Antriebskraftangebot, Kraftschlußpotential, Sperrmoment und Gierstabilität.

Durch das Sperrmoment wird die überschüssige Vortriebskraft vom Rad auf der glatten Fahrbahnseite zum Rad auf der griffigen Seite ($\mu_H = 0{,}8$) umgeleitet. Mit der aus dem Sperrmoment resultierenden Zusatzumfangskraft M_{Sperr}/r_{dyn} kann das Rad auf der griffigen Seite eine Vortriebskraft von

$$F_{ar} = \mu_{H0,2} \cdot F_n + M_{Sperr}/r_{dyn} \qquad \text{(Gl. 5.37)}$$

übertragen, jedoch nur bis zur Höhe seines Kraftschlußpotentials, $F_{ar} \leqq \mu_{H0,8} \cdot F_n$. Die Bilder 5.37 Pos. a, b und c zeigen verschiedene Möglichkeiten für diesen Fall. Abhängig von den Kraftverhältnissen kann das Rad auf der glatten Seite durchdrehen. Ist jedoch bei einem entsprechend hohen Antriebskraftangebot das Sperrmoment so hoch, daß $\mu_{H0,2} \cdot F_n + M_{Sperr}/r_{dyn} > \mu_{H0,8} \cdot F_n$ ist, dann drehen beide Räder durch, und das Fahrzeug wird instabil (Bild 5.37 Pos. d).

Beim *Bremsen auf einseitiger Glätte* ohne ABS baut sich wegen der links und rechts unterschiedlichen Bremskräfte mit oder ohne Sperrung ein Giermoment auf. Ab mittleren Verzögerungen wird dieses Giermoment bei gesperrtem Hinterachsdifferential etwas größer sein als ohne Sperrung, da der auf der glatten Seite nicht mehr absetzbare Anteil der Bremskraft auf das Rad mit dem höheren Kraftschlußpotential umgeleitet wird. Es kann dadurch auch zur Verstimmung der Bremskraftverteilung VA/HA kommen, wobei die Hinterachse vor der Vorderachse blockiert und das Fahrzeug instabil wird.

Beim Bremsen mit ABS tritt durch die Select-low-Regelung an der Hinterachse ohne Sperrung kein Giermoment auf. Durch ein Sperrmoment wird jedoch das normalerweise zuerst zum Blockieren neigende Hinterrad auf der glatten Seite vom anderen Rad mitgenommen, so daß die Regelung nicht mehr vom Rad mit dem niedrigeren Reibwert ausgelöst werden kann. Statt nach dem Select-low- läuft die Regelung nach dem Select-high-Prinzip ab, wodurch auch an der Hinterachse ein Giermoment aufgebaut wird. Eine Sperrwirkung im Differential verschlechtert also die Richtungsstabilität beim Bremsen mit ABS.

Bei *stationärer Kreisfahrt* wird durch ein gesperrtes Differential am Innen- und Außenrad die gleiche Drehzahl erzwungen. Dies bewirkt ein Abbremsen des am größeren Radius laufenden kurvenäußeren Rades und ein zusätzliches Antreiben des kurveninneren Rades. Damit ist die Vortriebskraft kurveninnen größer als kurvenaußen. Das hieraus resultierende untersteuernd wirkende Giermoment M_D muß durch einen größeren Lenkeinschlag kompensiert werden.

Bild 5.38 zeigt, daß ein Fahrzeug mit Hinterachssperre am gleichen Kreis größere Lenkradwinkel erfordert als ohne Sperre. Auf griffiger Fahrbahn ist der prinzipielle Verlauf des Lenkradwinkels über der Querbeschleunigung mit Sperre etwa gleich dem ohne Sperrung, die Kurve ist allerdings zu höheren Lenkradwinkeln hin verschoben. Abhängig von der Fahrzeugauslegung kann es bei höheren Querbeschleunigungen vorkommen, daß durch die Entlastung des Innenrades und die anwachsenden Schlupfwerte das Außenrad die größere Vortriebskraft überträgt. Damit nimmt auch der durch die Sperre bedingte, zusätzliche Lenkeinschlag ab.

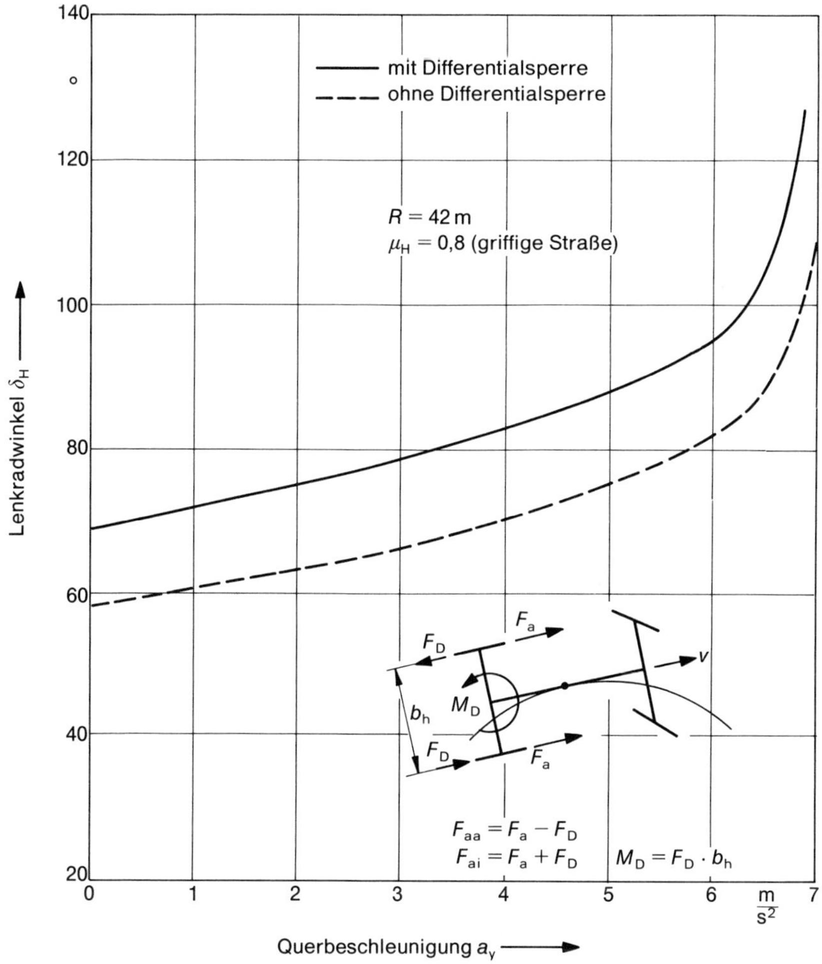

Bild 5.38 Einfluß einer Differentialsperre auf den Lenkradwinkelverlauf über der Querbeschleunigung bei stationärer Kreisfahrt auf griffiger Straße

Auf glatter Fahrbahn ist bei geschlossener Differentialsperre ebenfalls ein größerer Lenkeinschlag nötig, das Fahrzeug kann jedoch in engen Kurven ($R = 15$ m) durch eine Hinterachsdifferentialsperre übersteuert werden (Bild 5.39).

Die *Lastwechselreaktion* nach Gaswegnahme bei Kreisfahrt wird durch das Sperrdifferential gemildert (siehe auch Abschnitt 4.5.4). Das Sperrmoment bewirkt eine stärkere Beaufschlagung des kurvenäußeren Rades mit den Bremskräften aus dem Motorschleppmoment und damit ein nach kurvenaußen gerichtetes Giermoment M_D (siehe Bild 5.38). Dies wirkt dem Eindreheffekt entgegen und mildert die Lastwechselreaktion.

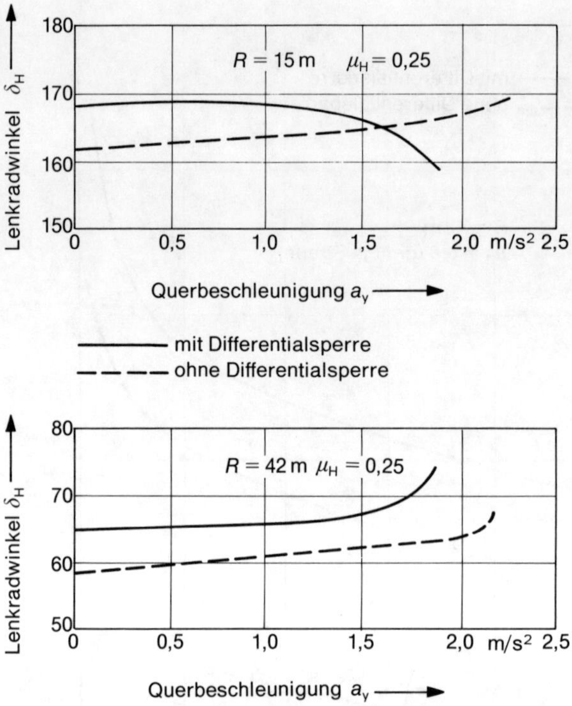

Bild 5.39
Einfluß einer Differentialsperre auf den Lenkradwinkelverlauf über der Querbeschleunigung bei stationärer Kreisfahrt auf glatter Fahrbahnoberfläche. Verhalten auf zwei unterschiedlichen Kreisradien $R = 15\,\text{m}$ und $R = 42\,\text{m}$.

Beim *Bremsen in der Kurve* wirkt infolge der Entlastung der Innenräder die größere Bremskraft auf der Kurvenaußenseite. Dadurch entsteht bei stärkerer Bremsung ein nach außen drehendes Giermoment. Beim leichten Anbremsen dagegen wird durch die Achslastverlagerung nach vorne der von der Lastwechselreaktion her bekannte Eindreheffekt verstärkt, und das Fahrzeug dreht, insbesondere auf glatter Fahrbahn, heftig in den Kreis hinein. Das Motorschleppmoment verstärkt diese Tendenz. Durch eine stärkere Bremsung kann diese Gierbewegung stabilisiert werden. Ein Sperrdifferential unterstützt die Verlagerung der Bremskraft zum Außenrad hin und vergrößert dadurch das nach kurvenaußen drehende Moment. Auf niedrigem μ kann es dabei zum Blockieren der Hinterachse kommen.

Beim *Bremsen mit ABS* wird durch die Sperre das Select-low-Prinzip aufgehoben, was ebenfalls eine größere Bremskraft am hinteren Außenrad und damit ein stärker nach außen drehendes Giermoment bewirkt. Diese Wirkung ist jedoch wegen der wesentlich größeren Bremskraft an der Vorderachse nicht dominierend. Das Fahrzeugverhalten hängt weniger vom Sperrmoment als von der Fahrwerksauslegung ab.

Beim *Beschleunigen in der Kurve* wird der Anstieg der Vortriebskraft nach Durchtreten des Gaspedals durch die Sperre zum größten Teil dem kurvenäußeren Rad mit dem größeren Kraftschlußpotential zugeführt. Damit wird die bei der stationären Kreisfahrt beschriebene Untersteuerneigung abgebaut, das Fahrzeug wirkt bei den niedrigeren Ausgangsquerbeschleunigungen neutraler.

Bei höheren Ausgangsquerbeschleunigungen tritt ein nach kurveninnen drehendes Giermoment auf. Wenn das Antriebskraftangebot das Kraftschlußpotential der Hinterachse übersteigt, bricht beim Fahrzeug mit Sperrdifferential sofort das Heck aus. Beim Fahrzeug mit Ausgleichsgetriebe wird die Überschußumfangskraft durch ein Durchdrehen des kurveninneren Rades abgebaut, ohne daß deshalb die Gierbewegung instabil werden muß.

5.3.3 Antriebsschlupfregelung

Eine wichtige Möglichkeit zur Optimierung des Fahrverhaltens ist die Antriebsschlupfregelung, abgekürzt ASR, die von immer mehr Autofirmen als Sonderausstattung angeboten wird. Durch die Regelung des Schlupfes wird das Durchdrehen von Antriebsrädern infolge Überschußmoment auf ähnliche Weise verhindert wie das Blockieren beim Bremsen durch das ABS (Abschnitt 3.4).

Die ASR ist eine Weiterentwicklung und Erweiterung des Grundgedankens des ABS auf den Antriebsbereich. Ein durchdrehendes Rad kann genauso wenig wie ein blockierendes Rad Seitenführungskräfte übertragen und führt deshalb besonders bei Hinterradantrieb zu Stabilitätsverlust. Drehen beide Hinterräder durch, dann ist ein Anfahren bzw. Beschleunigen nicht mehr möglich, und das Heck bricht bei der kleinsten Störkraft aus.

Zur Regelung des Antriebsschlupfs sind grundsätzlich zwei Möglichkeiten gegeben:

- die Antriebsmomentenregelung AMR und
- die Bremsmomentenregelung BMR, kombiniert mit AMR.

Die einfachere Lösung ist die alleinige Regelung des Motormoments, da der zusätzliche Bremseneingriff wesentlich mehr regelungstechnischen Aufwand erfordert. Einzelheiten sind in [8] zu finden.

5.3.3.1 Antriebsmomentenregelung

Das Antriebsmoment des Motors kann durch Beeinflussung der Drosselklappenstellung mit Hilfe eines elektrischen Gaspedals (E-Gas) oder durch Eingriff in die elektronische Zündung und Einspritzanlage geregelt werden.

Zur Reduzierung des Motormoments können die verschiedenen Maßnahmen kombiniert verwendet werden. Die wirksamste Eingriffsmöglichkeit ist die Zündungsausblendung (Reaktionszeit ca. 30 ms bis 100 ms), die jedoch nur kurz und meistens nur in Verbindung mit einer Kraftstoffabschaltung möglich ist. Bei einer Drosselklappenrückstellung muß mit Reaktionszeiten von über 150 ms gerechnet werden. Eine weitere Möglichkeit ist die Zündwinkelspätverstellung. Durch eine sinnvolle Kombination dieser Maßnahmen können Anfahren und Traktion auf glatten Fahrbahnen verbessert sowie Kraftstoffverbrauch und Reifenverschleiß reduziert werden. Das Kurvenfahren wird stabiler, auch ein unangepaßtes Durchtreten des Gaspedals verursacht kein Ausbrechen des Fahrzeughecks.

Ein Beispiel für die Motormomentenregelung ist das *ETC-System, Electronic Traction Control*, von Volvo. Es ist die erste in einem Serienfahrzeug – im Volvo 760 Turbo – angebotene Antriebsschlupfregelanlage.

Das System besteht aus den vier Drehzahlsensoren an den Rädern, dem ETC-Steuergerät und einer zusätzlichen Einrichtung (Motronic) zur Steuerung der Kraftstoffeinspritzmenge. Aus den Drehzahlinformationen wird im ETC-Steuergerät der Schlupf an den Rädern errechnet und nach einer bestimmten Logik bewertet. Übersteigt der Antriebsschlupf an einem Rad den vorgegebenen Schwellenwert, wird zunächst der Turbolader abgeschaltet und anschließend die Benzineinspritzung mit Hilfe der Motronic stufenweise gedrosselt. In der ersten Stufe wird jede zweite Einspritzung für Zylinder 1 ausgelassen. In der zweiten Stufe wird die Einspritzung für Zylinder 1 ganz abgestellt. Wenn weiterhin Schlupf vorhanden ist, wird Zylinder 2 gedrosselt usw., bis der Motor nur noch mit einem Zylinder arbeitet, bei dem jede zweite Einspritzung blockiert ist. Die ETC-Logik errechnet die Reibungszahl zwischen Reifen- und Fahrbahn und läßt je nach Reibung 5 bis 25 % Schlupf zu. Bei Eisglätte wird mit dem niedrigsten Schlupfwert gearbeitet. Durch diese Anpassung der Schlupfschwelle an die Fahrbahnverhältnisse soll die unter den gegebenen Umständen bestmögliche Traktion erreicht werden, wobei die Fahrstabilität Vorrang hat. Bild 5.40a zeigt den Aufbau des ETC-Systems.

Ein weiteres Beispiel für die Antriebsmomentenregelung ist die Automatische Stabilitäts-Kontrolle ASC von BMW (Bild 5.40b).

Radschlupf wird durch den Vergleich der Drehzahlen der angetriebenen und nichtangetriebenen Räder ermittelt. Wird ein stabilitätskritisches Antriebsradverhalten festgestellt, erfolgt ein Eingriff in das Motormanagement. Je nach Schlupfcharakteristik werden zwei Regelkreise aktiviert. Im ersten Kreis wird die Drosselklappenstellung mit Hilfe der EML (Elektronische Motor-Leistungsregelung) geregelt. Bei sehr schnellem Schlupfaufbau wird im zweiten Regelkreis über die Motronic in die Zündung eingegriffen.

Bei festgestellter Radinstabilität wird zunächst die Drosselklappe auf einen von der ASC berechneten Sollwert zurückgenommen und notfalls bei nicht ausreichender Stabilisierungstendenz stufenweise weiter zurückgefahren. Die Drosselklappenregelung erfolgt vergleichsweise langsam und wird durch die schnellen Regelkreise Zündwinkelverstellung und Zündungsausblendung unterstützt. Durch die Zündwinkelverstellung in Richtung Spätzündung wird eine weichere Verbrennung mit reduzierter Motorleistung bewirkt.

Bei hoher Radinstabilität wird zusätzlich eine Zündausblendung vorgenommen, wobei mit zeitlichem Vorlauf vorab die Einspritzausblendung erfolgt, um sicherzustellen, daß bereits angesaugter oder im Ansaugkrümmer vorgelagerter Kraftstoff sicher verbrannt und nicht die Katalysatorfunktion beeinträchtigt wird. Gleichzeitig mit der kombinierten Zündungs-/Einspritzausblendung wird auch eine Zündwinkelspätverstellung vorgenommen.

Ist die Stabilisierungsphase der Antriebsräder wieder erreicht, werden die Zündungs- und Einspritzausblendung aufgehoben, und gleichzeitig wird der Zündwin-

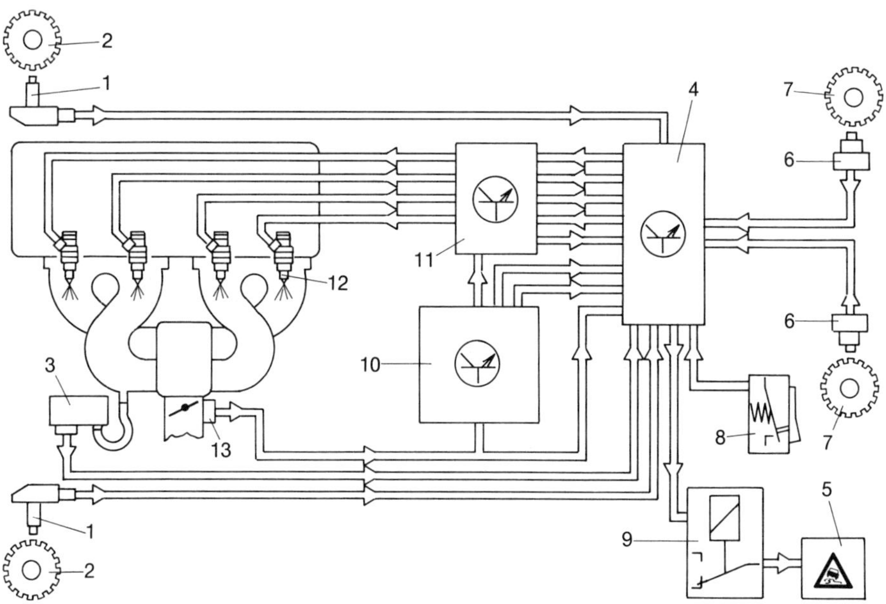

Bild 5.40a Funktionsschema des ETC-Systems (Electronic Traction Control) von Volvo

1 Drehzahlsensor vorn
2 Impulsgeber
3 Druckgeber für Saugrohrunterdruck
4 ETC-Steuergerät
5 Warnleuchte
6 Drehzahlsensor hinten
7 Impulsgeber
8 Ausschalter
9 Relais für Warnleuchte
10 Steuergerät, Motronic mit 11
11 Endstufe
12 elektromagnetische Einspritzventile
13 Drosselklappenschalter

kel auf seinen Sollwert zurückgefahren. Eine dem jeweiligen Fahrbahnreibwert adaptiv angepaßte Zugaberoutine fährt die Drosselklappe von der ausgeregelten Stellung auf die Fahrervorgabe zurück. Die Funktion der ASC-Regelung wird dem Fahrer im Instrumentenkombi optisch zur Anzeige gebracht, ebenso wie ein eventueller Systemausfall. Für Sonderbedingungen mit erhöhtem Schlupfbedarf kann die ASC abgeschaltet werden. Derartige Bedingungen können bei Verwendung von Schneeketten, Freischaukeln im Tiefschnee oder forcierter, sportlicher Fahrweise vorliegen. Bei jedem Neustart erfolgt eine automatische Wiederzuschaltung der ASC.

Eine Weiterentwicklung von ASC ist das ASC-T-(Traktion-)Konzept, bei dem zusätzlich zur Momentenregelung ein gezieltes Einsteuern von Bremsdruck in das als erstes durchdrehende Rad erfolgt. Damit läßt sich eine Differentialsperrwirkung erzielen, wodurch die Traktion auf Fahrbahnen mit links und rechts unterschiedlichen Reibwerten verbessert wird. Weitere Systeme sind in [8] ausführlich beschrieben.

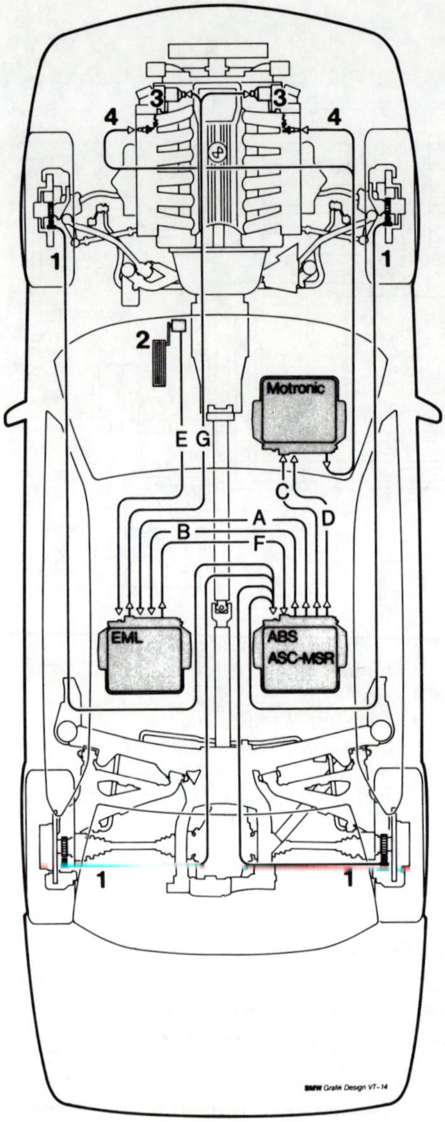

Bild 5.40b Schema des Antriebsschlupf-Regelsystems von BMW, ASC (Automatische Stabilitäts-Kontrolle)

1 Raddrehzahlsensoren
2 Fahrpedal mit Positionsgeber
3 Drosselklappe mit elektr. Stellmotor
4 Zündungsanlage

A Reduzierung Drosselklappenöffnungswinkel
B Erhöhung Drosselklappenöffnungswinkel
C Zündungsausblendung
D Zündungswinkelverstellung
E Fahrpedalvorgabe
F Drosselklappenvorgabewert
G Ansteuerung Drosselklappen-Stellmotor

5.3.3.2 Bremsmomentenregelung

Bei dieser Methode wird das zum Durchdrehen neigende Rad durch Eingriff in die Radbremse abgebremst.

Die Bremsmomentenregelung ist nur in Verbindung mit der Motormomentenregelung sinnvoll. Nach dem Bremseneingriff muß die Abregelung des Motormoments folgen, weil sonst kein sinnvolles Gleichgewicht zwischen Brems- und Motormoment entstehen kann.

Die von Mercedes-Benz/Bosch entwickelte *Mercedes-Benz-Antriebsschlupfregelung* arbeitet mit zwei Regelkreisen: mit einer Bremsmomentenregelung BMR und einer Antriebsmomentenregelung AMR. Beide Regelkreise sind voneinander logisch getrennt. Das Funktionsschema zeigt Bild 5.41.

Funktion der BMR: Beginnt ein Rad durchzudrehen, wird die Radbremse über das Umschaltventil mit dem Hochdruckspeicher verbunden. Der Bremsdruck wird sofort aufgebaut. Erreicht der Bremsdruck eine Höhe, die ein weiteres Ansteigen der Raddrehzahl verhindert (Umkehrung von Radbeschleunigung in Radverzögerung), wird das zum Rad gehörende Regelventil in die Stellung «Druckhalten» geschaltet. Nähert sich die Raddrehzahl des derart gebremsten Rades dem optimalen Schlupf, wird durch Umschalten des Regelventils der Druck mit Hilfe der ABS-Rückförderpumpe abgebaut. Dieser Regelungsablauf kann auch beim gleichzeitigen Durchdrehen beider Antriebsräder an jedem Rad individuell erfolgen. Dreht nur ein Hinterrad durch, wird am anderen Hinterrad der Druckaufbau durch das zugehörige Regelventil während der ganzen Regelzeit verhindert, sofern nicht auch dieses Rad geregelt werden muß.

Funktion der AMR: Führt das Durchdrehen eines Hinterrades zum Ansprechen der Bremsmomentenregelung, erfolgt sofort danach die Abregelung des Motormoments durch Schließen der Drosselklappe mit Hilfe des elektrischen Gaspedals. Bei der AMR sind zwei Bereiche zu unterscheiden:

- ☐ Regelung nach dem *Select-high*-Prinzip (siehe auch Abschnitt 3.4.2) bei Fahrgeschwindigkeiten unter 40 km/h und wenn nur ein Hinterrad anfängt durchzudrehen. In diesem Fall beginnt die Reduzierung des Drosselklappenwinkels, wenn der Schlupf am Rad auf der griffigeren Fahrbahnseite (High-Rad) gerade den Schwellenwert überschreitet. Das Rad auf der glatten Fahrbahnseite (Low-Rad) wird zu diesem Zeitpunkt bereits gebremst. Durch den verzögerten Motoreingriff bei Select-high-Regelung wird bei unterschiedlichen Reibwerten links und rechts ein Maximum an Traktion erreicht, weil das Rad mit dem höheren Reibwert durch die Sperrdifferentialwirkung der ASR ein höheres Motormoment übertragen kann.
- ☐ Regelung nach dem *Select-low*-Prinzip bei Fahrgeschwindigkeiten oberhalb 40 km/h oder wenn beide Hinterräder an der Durchdrehgrenze angelangt sind. Bei der Select-low-Regelung wird der Drosselklappenwinkel sofort reduziert, wenn die Differenz der mittleren Achsdrehzahlen einen bestimmten Schwellenwert überschreitet. In diesem Fall kann die AMR vor der BMR aktiv werden.

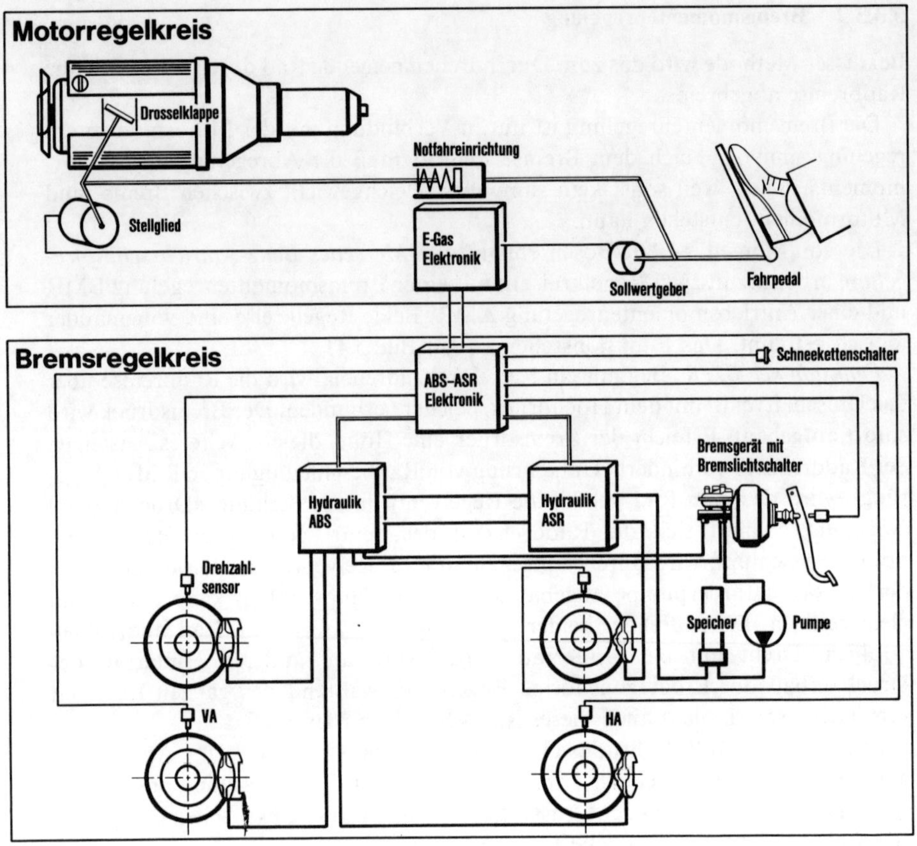

Bild 5.41 Funktionsschema der Antriebs-schlupfregelung ASR von Mercedes-Benz mit Motormoment- und Bremsregelkreis

Regelungskriterien: Die ASR verfügt über vier Drehzahlsensoren, deren Signale im Steuergerät durch logische Verknüpfungen zu Regelkriterien verarbeitet werden. Die Modulation des Bremsdrucks und die Veränderung des Drosselklappenwinkels erfolgen in Abhängigkeit von Raddrehzahlen, Drehzahldifferenzen und Radbeschleunigungen. Bei der BMR werden die Drehzahlen der Räder an einer Fahrzeugseite miteinander verglichen. Zusätzlich werden die Radbeschleunigungen und -verzögerungen der durchdrehenden Räder errechnet und bewertet. Bei der AMR im Select-high-Bereich werden wie bei der BMR die Radgeschwindigkeiten auf jeweils einer Fahrzeugseite miteinander verglichen. Im Select-low-Regelbereich wird dagegen die Differenz der mittleren Raddrehzahlen an der angetriebenen und nichtangetriebenen Achse bewertet. Außerdem wird auch die Fahrzeugbeschleunigung berücksichtigt.

Schneekettenlogik: Bei Straßenverhältnissen, die mit einem größeren Radschlupf eine bessere Traktion ergeben, z. B. mit Schneeketten in tieferem Schnee, kann der Fahrer einen Schneekettenschalter betätigen. Danach erfolgt die Regelung bei einem erhöhten Schlupf. Es wird also ein begrenztes Durchdrehen der Räder zugelassen, damit sich das Fahrzeug im Schnee etwas «freifräsen» kann. Dies ist jedoch mit einer Verringerung der Stabilität verbunden; deshalb wird über 40 km/h auf die normalen Schlupfschwellen zurückgeschaltet. Verzögert das Fahrzeug wieder unter 40 km/h, wird die erhöhte Schlupfschwelle automatisch geschaltet. Beim Überschreiten von 60 km/h wird die Speicherung in der Elektronik gelöscht; der Fahrer muß bei Bedarf den Schneekettenschalter erneut betätigen.

Anzeigelogik: Während der Regelung der ASR leuchtet im Tachometer eine Funktionsanzeigelampe auf. Die Funktionsleuchte ist ein wesentliches Merkmal der Mercedes-Benz-ASR. Sie soll den Fahrer informieren, daß er zumindest an einem Rad die Kraftschlußgrenze erreicht hat. Damit hat er die Möglichkeit, seine Fahrweise an die vorherrschenden Fahrbahnverhältnisse anzupassen.

Die ASR bietet durch die Bremsmomentenregelung folgende Vorteile:

☐ Schleudersicherheit auch in extremen Fahrsituationen, beim Überholmanöver und auf einseitig glatter Fahrbahn;

☐ optimale Traktion und effektive Ausnutzung des Reibwerts durch eine automatische *Sperrdifferentialwirkung*, dadurch Erhöhung des Vortriebs auf einseitiger Glätte. Das aufwendige Sperrdifferential kann eingespart werden.

5.3.3.3 Motorschleppmomentenregelung

Bei Gaswegnahme oder Schaltvorgängen entsteht durch das Bremsmoment (Schleppmoment) des Motors ein Schlupf an den Antriebsrädern.

Besonders bei Hinterradantrieb auf Eis kann dieser Schlupf zur Instabilität führen. Als Gegenmaßnahme wird die sogenannte Motorschleppmomentenregelung MSR eingesetzt. Bei Entstehen von kritischem Schubschlupf wird die Drosselklappe automatisch um einen von der Motormomentkennline abhängenden Wert geöffnet, damit das Reibmoment des Motors an der Hinterachse ausgeglichen wird. Anschließend wird der Schlupf auf einen Wert von ca. 3% eingeregelt. Durch diese Logik kann das Ausbrechen der Antriebsachse unter Beibehaltung der durch das Schleppmoment gegebenen Bremswirkung vermieden werden.

Bei den BMW-Modellen mit ASC ist die Motorschleppmomentenregelung mit integriert.

5.3.3.4 Antriebsschlupfregelung für Nkw und Omnibusse

Bei Nutzkraftwagen und Omnibussen müssen im Vergleich zu Pkw ähnlich wie beim ABS die konstruktiven und einsatzbedingten Unterschiede berücksichtigt werden. Für die vielseitigen Anforderungen wurde von den Firmen Wabco und Mercedes-Benz gemeinsam eine Antriebsschlupfregelung entwickelt, die auf die

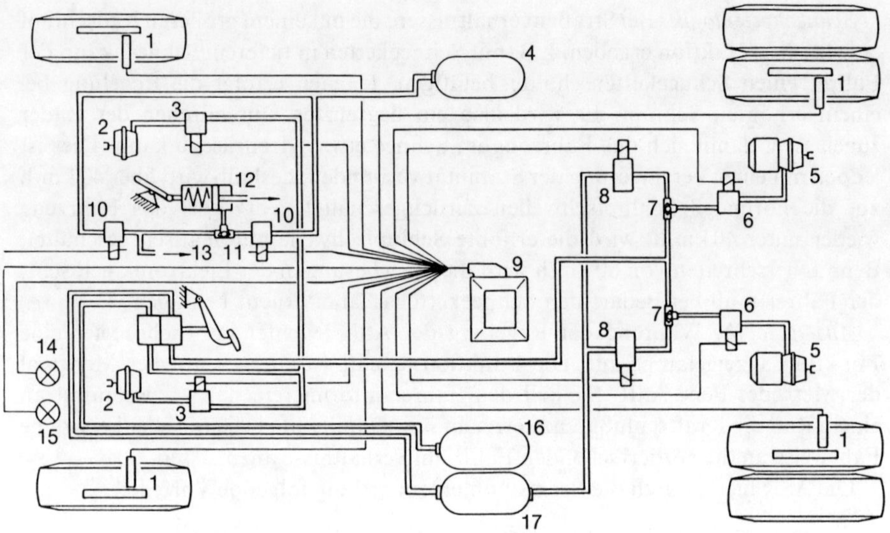

Bild 5.42 Schema eines ABS/ASR-Systems für 2-Achs-Nkw bzw. Omnibus mit Hinterachsantrieb (4 × 2), (Wabco/Mercedes-Benz).

1 Drehzahlsensor
2 Bremszylinder VA
3 ABS-Magnetventil VA
4 Nebenverbraucherkreis
5 Bremszylinder HA
6 ABS/ASR-Magnetventil HA
7 2-Wege-Ventil
8 Differentialbremsventil
9 Elektronisches Steuergerät
10 Motorregelventil
11 2-Wege-Ventil
12 Stellzylinder für Motorregelung
13 Zusatzvolumen
14 Warnleuchte
15 Funktionsleuchte
16 Druckluft-Vorratsbehälter für Vorderachsbremskreis
17 Druckluft-Vorratsbehälter für Hinterachsbremskreis

Grundlage des ABS aufbaut. Das Prinzip beruht auf der kombinierten Brems- und Motormomentenregelung. Zusätzliche Komponente für ASR sind die Differentialbremsventile, der Stellzylinder für die mechanische Motorregelung, das Motorregelventil und die ASR-Funktionsleuchte im Armaturenbrett, die während der Regelung aufleuchtet und damit dem Fahrer als Glättewarnung dient. Der Aufbau des Systems ist aus dem Bild 5.42 zu ersehen.

Die ASR-Funktion wird am Beispiel eines *2-Achs-Nkw* beschrieben. Sofort mit Fahrzeugstart und Einschalten der Elektronik überwacht diese das Drehverhalten aller Räder oberhalb einer Radgeschwindigkeit von etwa 2 km/h. Die Geschwindigkeiten und Beschleunigungen der Antriebsräder werden mit denen der nichtangetriebenen diagonal liegenden Vorderräder verglichen. Erkennt hierbei die Elektronik das Überschreiten einer bestimmten Geschwindigkeitsdifferenz bzw. Schlupfschwelle, setzt die ASR-Regelung ein, die dann auch Radbeschleunigungs- und -verzögerungsschwellen berücksichtigt. Je nachdem, ob auf einseitig glatter

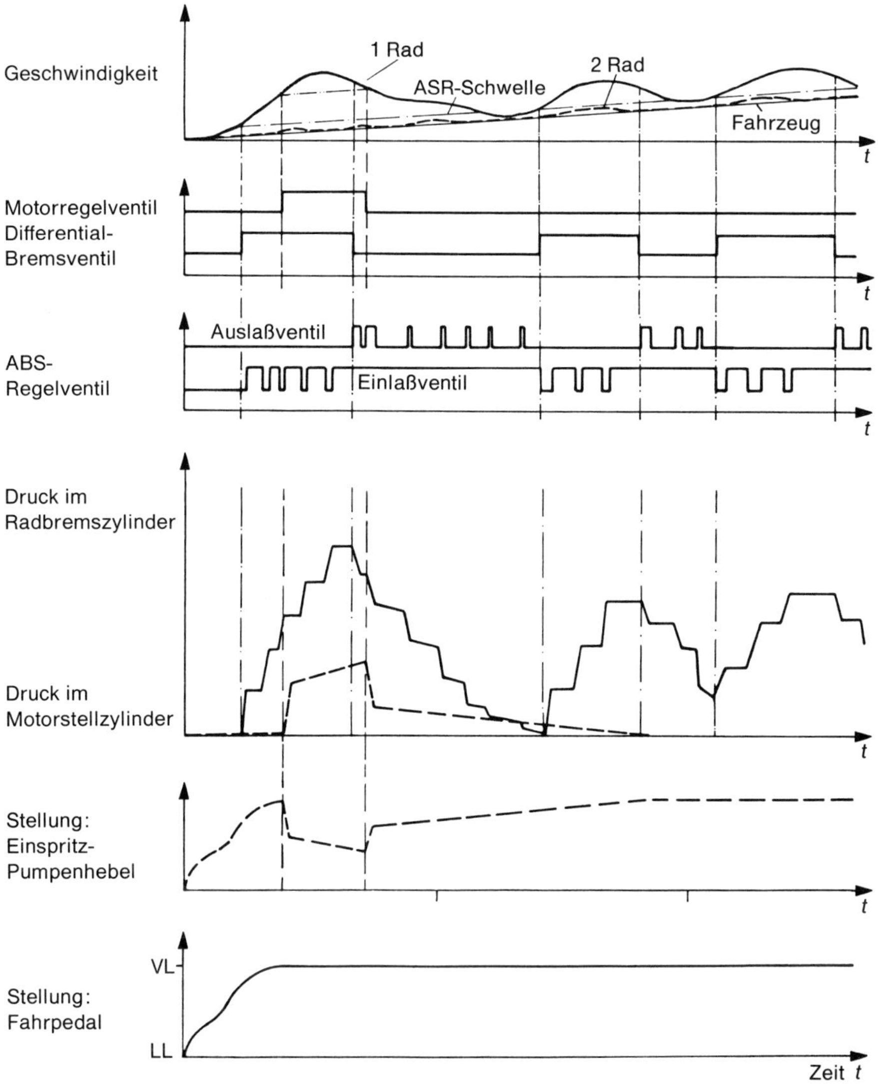

Bild 5.43 Zeitlicher Verlauf der Regelung beim Anfahren eins 2-Achs-Nkw mit ASR auf μ-Split-Fahrbahn (Wabco/Mercedes-Benz)

Fahrbahn nur ein Antriebsrad die – bei Kurvenfahrt automatisch korrigierte – Schlupfschwelle überschreitet oder ob auf beidseitig glatter Fahrbahn auch das zweite Rad der Antriebsachse gleichzeitig durchdrehen will, greift die ASR mit unterschiedlichen Maßnahmen ein.

Differentialbremsregelung: Sobald der Schlupf eines Antriebsrades eine Schwelle überschreitet (Bild 5.43), steuert die Elektronik das zugehörige Differentialbremsventil an und damit den Bremsdruck in den zugehörigen Bremszylinder ein. Dieser wird bei Überschreiten einer Radbeschleunigungsschwelle von dem ABS-Magnetregelventil feinstufig aufgepulst und bei wieder verzögertem Rad abgepulst. Spätestens mit Unterschreiten der Schlupfschwelle wird das Differentialbremsventil wieder abgeschaltet und der Bremsdruck gesenkt. Dieser Regelzyklus wiederholt sich, wenn das Rad erneut Durchdrehneigung zeigt. Sollte trotz der Bremsdruckregelung das Rad eine sehr hohe Schlupfschwelle überschreiten, wird zusätzlich die Motorleistung reduziert, bis diese Schlupfschwelle wieder unterschritten ist oder eine starke Radverzögerung auftritt. Je mehr Bremsmoment an dem auf der glatten Fahrbahnseite befindlichen weiterhin drehenden Rad (Low-Rad) wirkt, desto stärker kann sich das Motorantriebsmoment an diesem Rad abstützen, wodurch die Antriebskraft an dem anderen Rad (High-Rad) und damit die Traktion ähnlich wie bei eingelegter Differentialsperre steigt.

ASR-Motorregelung: Überschreitet infolge der Differentialbremswirkung oder auf gleichmäßig glatter Fahrbahn sofort auch das zweite Rad der Antriebsachse eine Schlupfschwelle, wird die Differentialbremsregelung beendet und die Motorleistung reduziert. Dazu steuert die Elektronik das Motorregelventil an, das über den ASR-Stellzylinder den Verstellhebel der Einspritzpumpe zunächst schnell und dann langsam in Richtung Leerlaufstellung bewegt, auch wenn der Fahrer das Fahrpedal nicht zurücknimmt oder sogar voll betätigt. Sobald die Räder durch die Bremswirkung des Motors ausreichend verzögert werden und die Schlupfschwelle unterschritten haben, entlüftet das Motorregelventil den Stellzylinder zunächst schnell und dann langsam. Dadurch steigt die Motorleistung wieder bis zu der vom Fahrer gewählten Höhe oder so lange an, bis ein erneutes Abregeln stattfindet.

Auf winterlichen öffentlichen Straßen variieren die Reibwerte. Infolgedessen wechseln sich Motor- und Differentialbremsregelung ab. Um ein zu häufiges Wechseln zu vermeiden, setzt die ASR-Logik zunächst die Differentialbremse ein und schaltet erst auf die Motorregelung um, wenn auch das zweite Rad eine Schlupfschwelle überschreitet. Dann wird jedoch für eine bestimmte Sperrzeit der Motorregelung Vorrang gegeben.

Auf einseitig vereisten Fahrbahnen kann es allerdings an langen Steigungen – besonders bei unbeladenen hochmotorisierten Nutzkraftwagen mit einer Antriebsachse – vorkommen, daß nur ein Antriebsrad über eine längere Strecke geregelt werden muß. Um eine bei alleiniger Anwendung der Bremsregelung mögliche Überbeanspruchung der Radbremse zu vermeiden, läßt die ASR-Elektronik über 25 km/h die Differentialbremsregelung nicht mehr zu. Dann wird ausschließlich der Motor geregelt, auch wenn nur ein Rad Durchdrehneigung zeigt.

Falls der Fahrer im Verlauf eines Anfahr- oder Beschleunigungsvorgangs bremst, wird eine laufende Antriebsschlupfregelung sofort abgebrochen und einer eventuell notwendigen Bremsschlupf- bzw. ABS-Regelung untergeordnet. In diesem integrierten System wird also der ABS-Funktion Vorrang vor der ASR-Funktion eingeräumt.

Bei *Mehr-Achs-Nkw* mit *zwei angetriebenen Hinterachsen* (6 × 4 oder 8 × 4) besteht die Möglichkeit, den Antriebsschlupf entweder nur an den Rädern der zweiten Hinterachse (4-Kanal-System) oder an allen vier angetriebenen Rädern (6-Kanal-System) zu sensieren. Beim *4-Kanal-System* wird beim Einsetzen der Differentialbremsregelung an einem sensiertem Hinterrad auch das davor laufende Hinterrad mit eingebremst und somit am Durchdrehen gehindert. Prinzipiell kann ein nicht-sensiertes Hinterrad als erstes Rad durchdrehen. Dadurch wird die Fahrzeugstabilität jedoch nicht wesentlich beeinträchtigt, weil mindestens die sensierten Räder auf niedrigen Antriebsschlupf geregelt werden. Um auch die volle Funktion beim Anfahren zu erhalten, ist es zweckmäßig, das in solchen Fahrzeugtypen befindliche Verteilergetriebe zwischen den Hinterachsen durch die oft serienmäßige Längssperre zu sperren. Dann werden auch die nichtsensierten Räder von der ASR der sensierten Räder mitgeregelt.

Das *6-Kanal-System* vergleicht die Geschwindigkeiten aller übrigen Räder mit denen der Vorderachse, so daß damit die vier Antriebsräder eines Nutzkraftwagens – oder auch Gelenkomnibusses – mit zwei Antriebsachsen individuell auf Antriebsschlupf überwacht werden können. Das Differentialbremsventil ist für beide Antriebsräder einer Seite vorgesehen. Dreht eines dieser Antriebsräder durch, wird es geregelt gebremst. Damit das andere Antriebsrad der Seite nicht gebremst wird, sperrt dessen ABS-Magnetregelventil die Bremsdruckzufuhr zu dessen Radzylinder. Die Motorleistung wird auch von diesem System erst reduziert, wenn mindestens ein Antriebsrad jeder Fahrzeugseite die entsprechende ASR-Schlupfschwelle überschreitet.

5.3.3.5 Antriebsschlupfregelung bei Allradantrieb

Die Stabilitäts- und Traktionsvorteile der ASR können grundsätzlich auch bei allradangetriebenen Fahrzeugen genutzt werden. Hier besteht jedoch die Schwierigkeit darin, daß alle Räder Antriebsschlupf haben und deshalb aus den Raddrehzahlen allein keine ausreichend genaue Referenzgeschwindigkeit abgeleitet werden kann. Zur Stützung der Referenz ist die Messung anderer fahrdynamischer Größen, z.B. der Längsbeschleunigung, notwendig. Als zusätzliche Information kann auch das momentan abgegebene Motormoment, berechnet aus Drehzahl und Drosselklappenstellung, zur Referenzbildung herangezogen werden. Damit ist der Aufwand für die Antriebsschlupfregelung bei Allradantrieb wesentlich größer als bei Hinterradantrieb.

5.4 Einfluß eines Anhängers

Der Einfluß eines Anhängers auf das Fahrverhalten wird im wesentlichen durch die Pendelstabilität, die Seitenwindempfindlichkeit und die Bremsstabilität des Pkw-Zuges bestimmt; grundlegende Einzelheiten enthalten [4] und [9].

5.4.1 Pendelstabilität

Ein Zugfahrzeug-Anhänger-System wird im Fahrbetrieb durch Störungen wie Windböen, Fahrbahnunebenheiten oder Ausweichmanöver zu Pendelschwingungen angeregt, die mit zunehmender Fahrgeschwindigkeit immer langsamer abklingen. Bei der gespannspezifischen «kritischen Geschwindigkeit» wird die Dämpfung $D = 0$. Über dieser kritischen Geschwindigkeit wird der Zug instabil, d.h., es kommt zu einer aufklingenden Schwingung, die leicht zu Unfällen führen kann.

Die Mechanik der Pendelschwingung eines Einachsanhängers läßt sich mit dem im Bild 5.44 gezeigten einfachen Modell veranschaulichen. Das System hat zwei Freiheitsgrade: den Knickwinkel $\Delta\psi$ und die Querverschiebung des Kupplungspunkts s_y.

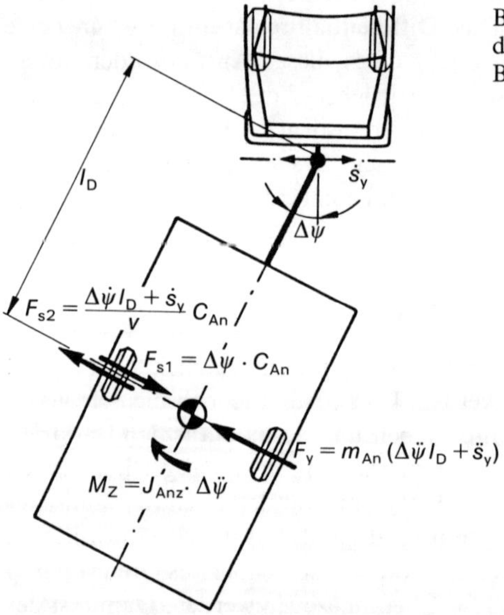

Bild 5.44 Modell zur Darstellung der Pendelschwingung eines Einachsanhängers. (Die Beziehungen gelten für kleine Winkel.)

Beim Pendeln wirkt auf den Anhänger die Reifenseitenkraft F_s mit einem rückstellenden und einem dämpfenden Anteil F_{s1} und F_{s2}.

Im Moment der größten Auslenkung bildet die Reifenseitenkraft eine Rückstellkraft, die dem Knickwinkel proportional ist. Der Knickwinkel $\Delta\psi$ ist in diesem Fall gleich dem Schräglaufwinkel des Reifens. Multipliziert mit der Schräglaufsteifigkeit C_{An} der Anhängerachse, ergibt sich die Seitenkraft F_{s1}:

$$F_{s1} = \Delta\psi \cdot C_{An} \qquad \text{(Gl. 5.38a)}$$

Beim Nulldurchgang ist die Reifenseitenkraft proportional zur Knickwinkelgeschwindigkeit. Der Schräglaufwinkel kann hier als Verhältnis von Quergeschwindigkeit am Reifen $\Delta\dot{\psi} \cdot l_D + \dot{s}_y$ zur Fahrgeschwindigkeit v gebildet werden. Diese Kraft ist gegen die Bewegung gerichtet. Sie wirkt damit dämpfend:

$$F_{s2} = \frac{\Delta\dot{\psi} \cdot l_D + \dot{s}_y}{v} \cdot C_{An} \qquad \text{(Gl. 5.38b)}$$

Außerdem wirken die Massenkraft F_y und das Giermoment M_z auf den Anhänger.

Die Querbewegungen des Kupplungspunkts treten als Folge von Deichselkräften auf. Sie werden wesentlich von der Achsgeometrie und der Quersteifigkeit der Zugfahrzeugachse beeinflußt. Für kleine Winkel wird vereinfachend angenommen, daß die Querbewegung des Kupplungspunkts proportional zum Knickwinkel ist:

$$s_y = k \cdot \Delta\psi \qquad \text{(Gl. 5.39)}$$

k ist der Proportionalitätsfaktor.

Für Stützlast = 0 ergibt sich damit eine Bewegungsgleichung 2. Ordnung mit nur einem Freiheitsgrad, der Knickbewegung:

$$m_{An} \cdot l_D \cdot (l_D + k) \cdot \Delta\ddot{\psi} + J_{Anz} \cdot \Delta\ddot{\psi} + \frac{C_{An} \cdot l_D}{v} \cdot (l_D + k) \cdot \Delta\dot{\psi} + C_{An} \cdot l_D \cdot \Delta\psi = 0$$

(Gl. 5.40)

Hierin sind

m_{An} = Anhängermasse,
J_{Anz} = Anhängerträgheitsmoment,
l_D = Deichsellänge,
C_{An} = Schräglaufsteifigkeit der Anhängerachse,
$\Delta\psi$ = Knickwinkel
und k = die angenommene Proportionalitätskonstante.

Daraus läßt sich eine Beziehung für das Dämpfungsmaß der Pendelschwingung ableiten:

$$D = \frac{1}{2 \cdot v} \cdot \sqrt{\frac{C_{An}}{\frac{1}{l_D + k} \cdot \left(m_{An} + \frac{J_{Anz}}{l_D \cdot (l_D + k)}\right)}} \qquad \text{(Gl. 5.41)}$$

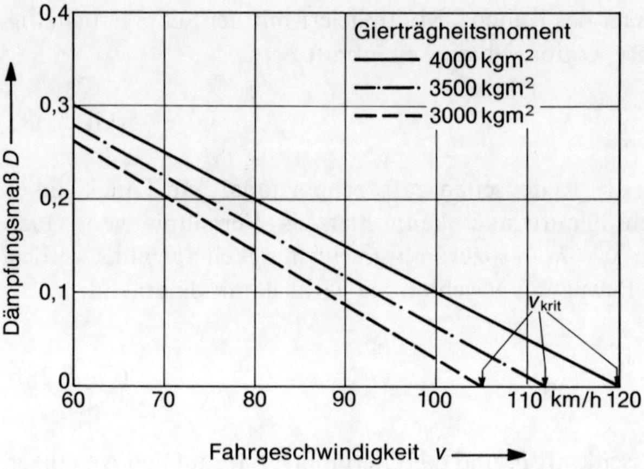

Bild 5.45 Einfluß des Zugwagen-Gierträgheitsmoments J_{gz} auf die Dämpfung der Pendelschwingung eines Pkw-Zuges. Pkw-Masse $m_g = 1880$ kg; Anhängermasse $m_{An} = 1500$ kg; Anhänger-Gierträgheitsmoment $J_{Anz} = 4700\,kgm^2$; Deichsellänge $l_D = 3{,}8$ m; Kupplungsüberhang $l_k = 1{,}2$ m; Schräglaufsteifigkeiten in N/rad; $C_v = 43000$; $C_h = 88000$; $C_{An} = 122000$.

Gleichung 5.41 zeigt, daß die Dämpfung mit zunehmender Schräglaufsteifigkeit der Anhängerachse und mit der Deichsellänge größer wird. Mit Zunahme von Fahrgeschwindigkeit, Anhängermasse und Anhängerträgheitsmoment wird sie dagegen kleiner.

Der Einfluß von Fahrzeugparametern auf die Dämpfung der Pendelschwingung und damit auf die kritische Geschwindigkeit wurde von Mercedes-Benz durch Messungen mit einem «Experimentieranhänger» untersucht (Versuchsdurchführung siehe Abschnitt 6.5.8). Folgende Einflüsse wurden hierbei festgestellt:

Fahrzeugmasse und Gierträgheitsmoment: Eine Erhöhung der Fahrzeugmasse m_g bei gleichbleibendem Gierträgheitsmoment bewirkt nur eine unwesentliche Zunahme der kritischen Geschwindigkeit v_{krit}. Mit zunehmendem Gierträgheitsmoment J_{gz} dagegen steigt auch v_{krit} an (Bild 5.45).

Reifen: Bessere Seitenführungseigenschaften, also eine größere Federsteife C_R, höherer Luftdruck, setzen v_{krit} herauf.

Stützlast: Eine größere Stützlast ergibt ein höheres v_{krit} (Bild 5.46), hier sind jedoch durch die zugelassenen Werte Grenzen gesetzt.

Kupplungsüberhang: Abstand Mitte Hinterachse zu Kupplungspunkt und *Deichsellänge* haben einen starken Einfluß auf die Dämpfung. Mit Verkürzung des Kupplungsüberhangs l_k oder mit größerer Deichsellänge l_D nimmt v_{krit} zu (Bilder 5.47 und 5.48).

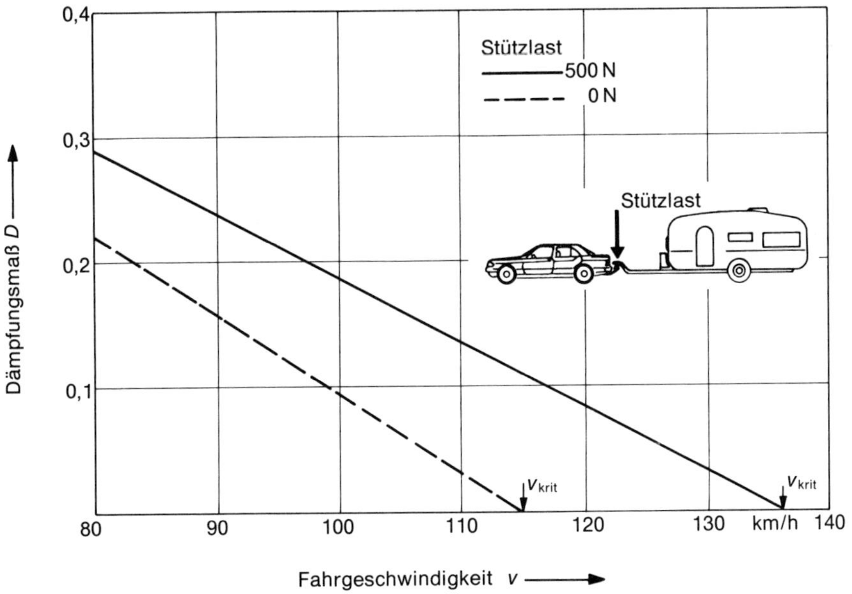

Bild 5.46 Einfluß der Stützlast auf die Dämpfung der Pendelschwingung eines Pkw-Zuges. $m_g = 2140$ kg; $m_{An} = 1500$ kg; $J_{gz} = 3750$ kg m^2; $J_{Anz} = 5234$ kg m^2; $l_D = 4{,}47$ m; $l_k = 1{,}28$ m.

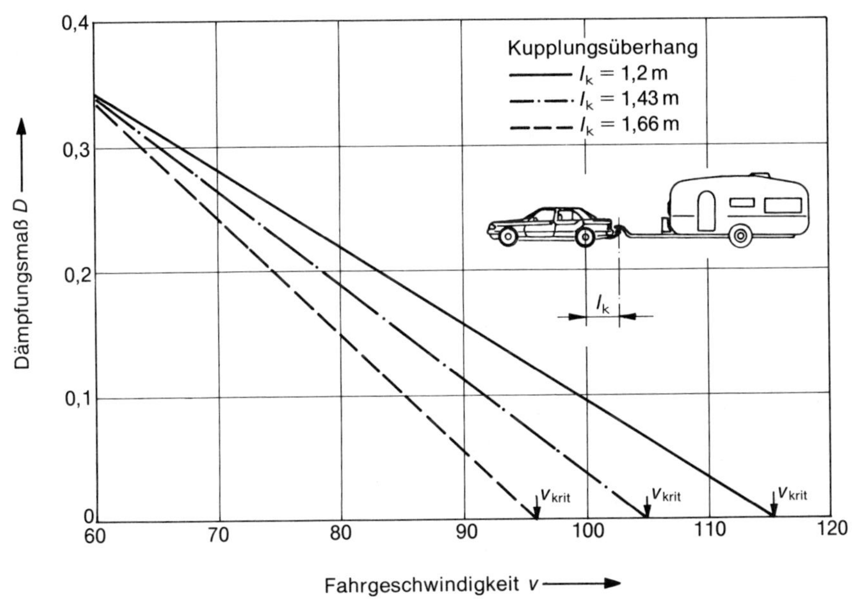

Bild 5.47 Einfluß des Kupplungsüberhangs auf die Dämpfung der Pendelschwingung eines Pkw-Zuges. $m_g = 1730$ kg; $m_{An} = 1200$ kg; $J_{gz} = 2900$ kg m^2; $J_{Anz} = 4250$ kg m^2; $l_D = 4{,}47$ m; $C_{An} = 132000$ N/rad.

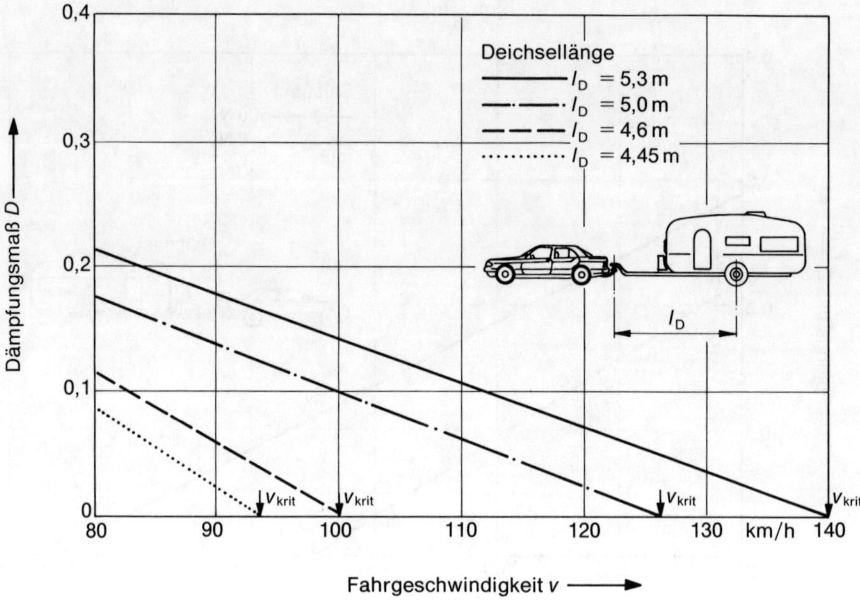

Bild 5.48 Einfluß der Deichsellänge auf die Dämpfung der Pendelschwingung eines Pkw-Zuges. $m_g = 1370$ kg; $m_{An} = 1500$ kg; $J_{gz} = 2076$ kg m²; $J_{Anz} = 4720$ kg m²; $l_k = 1{,}08$ m; Stützlast = 500 N.

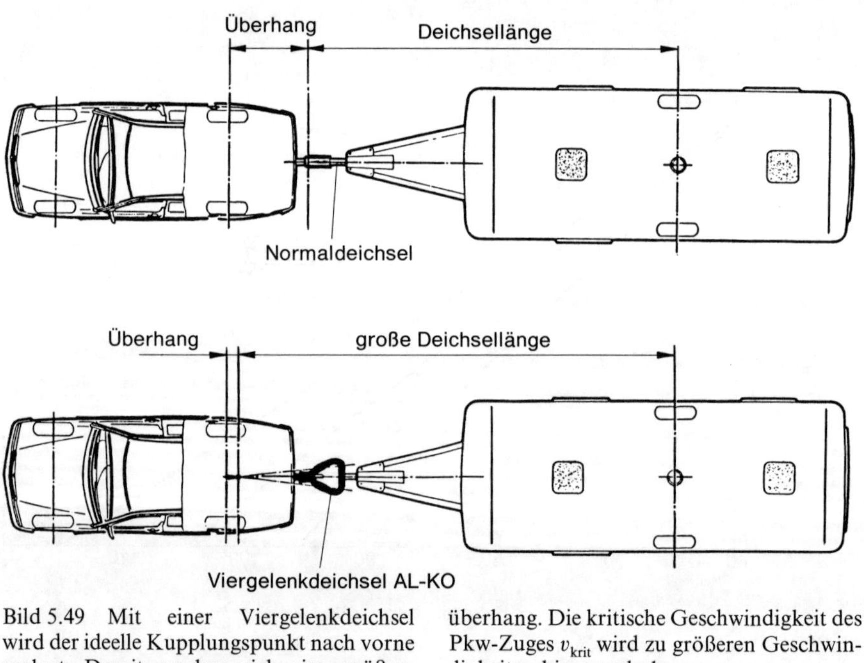

Bild 5.49 Mit einer Viergelenkdeichsel wird der ideelle Kupplungspunkt nach vorne verlegt. Damit ergeben sich eine größere Deichsellänge und ein kleinerer Kupplungsüberhang. Die kritische Geschwindigkeit des Pkw-Zuges v_{krit} wird zu größeren Geschwindigkeiten hin verschoben.

Viergelenkdeichsel: Die positiven Einflüsse eines kurzen Kupplungsüberhangs und einer langen Deichsel gelten auch dann, wenn der übliche reale Drehpol (Kupplungspunkt) durch einen ideellen Pol ersetzt wird. Aus dieser Überlegung entstand die Idee der Anhängerankopplung mit Hilfe eines Gelenkvierecks. Durch entsprechende Auslegung des Gelenkvierecks kann der Momentanpol nach vorn in den Bereich der Hinterachse verlegt werden; das ist gleichbedeutend mit einem kurzen Überhang oder langer Deichsel (Bild 5.49).

Bild 5.50 zeigt eine Versuchsausführung einer Viergelenkdeichsel (Kober/Mercedes-Benz). Mit dieser Vorrichtung konnte eine deutliche Erhöhung der kritischen Geschwindigkeit von Pkw-Zügen erreicht werden. Eine ähnliche Wirkung haben Vorrichtungen, die durch eine definierte Reibung die Pendelschwingung dämpfen (Schlingerdämpfer), z.B. der Orismat von der Fa. Oris. Diese Einflüsse sind aus dem Bild 5.51 zu ersehen.

Das Bild 5.52 zeigt tabellarisch die Einflüsse von verschiedenen Parameteränderungen am Zugwagen und am Anhänger auf die Pendelstabilität. Messungen s. Abschnitt 6.5.8. [9] enthält weitere Einzelheiten.

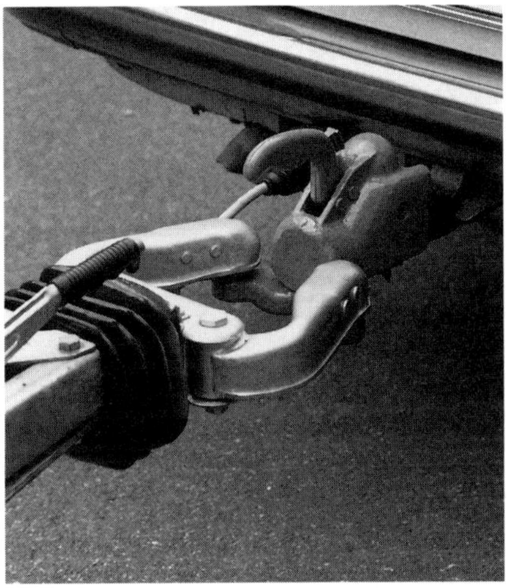

Bild 5.50 AL-KO Viergelenkdeichsel Geomatic (Fa. Kober)

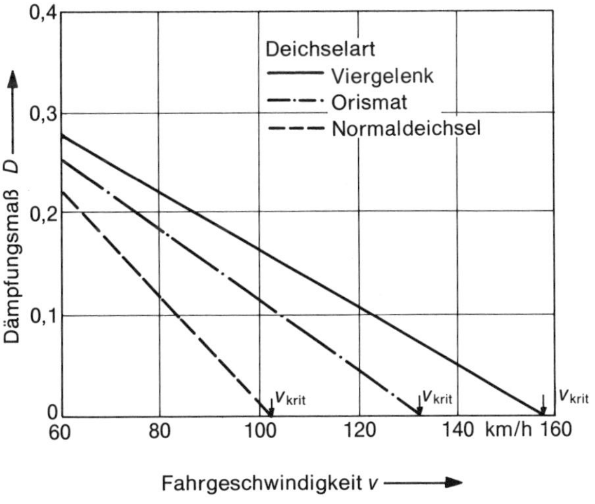

Bild 5.51 Erhöhung der kritischen Geschwindigkeit v_{krit} eines Pkw-Zuges durch eine Viergelenkdeichsel AL-KO Geomatic (Fa. Kober) und Reibungsdämpfer Orismat (Fa. Oris) gegenüber einer Normaldeichsel mit einer Länge $l_D = 4{,}6$ m und bei einem Kupplungsüberhang $l_k = 1{,}08$; Fahrzeugmasse $m_g = 1370$ kg; Anhängermasse $m_{An} = 1500$ kg.

Bild 5.52
Einfluß von Konstruktionsparametern des Zugwagens und Anhängers auf das Fahrverhalten von Pkw-Zügen

Konstruktionsparameter des Zugwagens	Einfluß auf Querdynamik	Einfluß auf Längsdynamik
Gierträgheitsmoment	∧	–
Radstand	∧∧	∧
Bereifung (Luftdruck, Dimension, Bauart, Fabrikat)	×	×
Masse	∧∧∧	∨∨∨
Überhang HA – Kupplungskopf	∨∨∨	–
Kugelpunkthöhe (Niveauregelung)	×	–
Achslastverteilung	×	×
Fahrwerkseigenschaften	×	×
Motorleistung (Leistungsgewicht vom Gespann)	–	∧∧∧
Motordrehmoment	∨	∧∧∧
Antriebsart, VA-HA-Antrieb	×	×
Getriebeart mechanisch, automatisch	×	×
Gesamtübersetzung (Getriebe, Achsgetriebe, Raddurchmesser)	–	×
Motorbremsmoment	∨∨	∧
ABV-Zugfahrzeug	×	×
Bremskraftverteilung des Zugfahrzeugs	×	×

Konstruktionsparameter des Anhängers	Einfluß auf Querdynamik	Einfluß auf Längsdynamik
Deichsellänge	∧∧∧	∧
Gierträgheitsmoment	∨∨∨	–
Bereifung (Luftdruck,Dimension, Fabrikat, Bauart, Tragfähigkeit, V_{max})	×	×
Einrichtung zur Radlastverlagerung (Equalizer)	×	×
Schlingerdämpfer	×	–
Masse	×	∨∨∨
Fahrwerkseigenschaften	×	×
Stützlast	∧	×
Schwerpunktshöhe	∨∨	∨
Achsbauart	×	–
Spurweite	∧∧	–
Schwerpunkt Längslage	×	×
Deichselelastizität	×	–
Windangriffsfläche und Druckpunkt	∨∨	∨∨∨
Luftwiderstandsbeiwerte (3 Richtungen)	∨	∨∨∨
Bauart-Betriebsbremse	–	×
Auflaufkraft	∨∨	∨∨
ABV-Anhänger	×	×
Radstand	∧∧	–

Symbole: ∧ Vergrößerung besser
∨ Vergrößerung schlechter
× nicht bewertet
– kein Einfluß

5.4.2 Seitenwindverhalten von Pkw-Zügen

Das Verhalten des Solofahrzeugs bei Seitenwind ist aus Abschnitt 4.4 bekannt. Typisch ist der Anstieg der Giergeschwindigkeit bei Windeinfahrt, das Einschwingen auf einen nahezu konstanten Wert und der Abfall bei Windausfahrt mit Zurückschwingen auf den Wert Null. Bei einem Pkw-Zug wechselt die Giergeschwindigkeit des Zugwagens durch die Einwirkung des Anhängers während der Seitenwindstörung das Vorzeichen. Der Zugwagen wird bei der Windeinfahrt zunächst vom Wind weg-, kurz danach in den Wind hineingedreht. Bei der Windausfahrt wiederholt sich der Vorgang in umgekehrter Richtung. Das Hineindrehen in den Wind wird durch die auf den Anhänger einwirkenden Windkräfte verursacht, die sich anteilig über die Anhängerachse auf der Fahrbahn und über die Deichsel an der Anhängekupplung abstützen. Eine Verkürzung des Kupplungsüberhangs bringt hier eine Verbesserung (Bild 5.53).

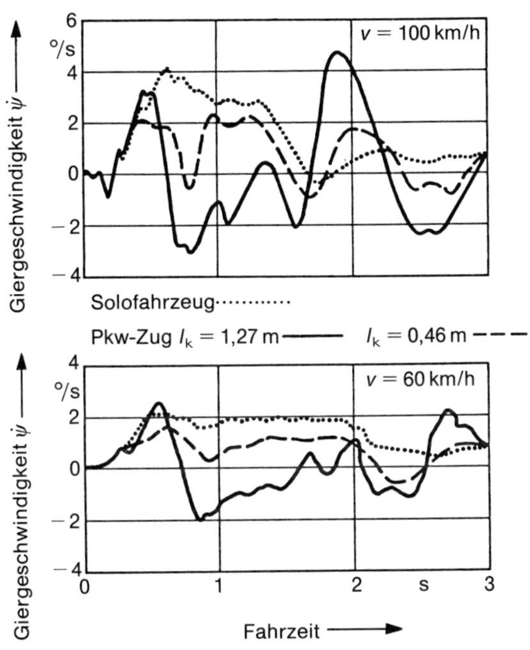

Bild 5.53
Zeitverlauf der Giergeschwindigkeit $\dot{\psi}$ des Zugwagens eines Pkw-Zuges mit Wohnwagen bei Seitenwind. Einfluß des Kupplungsüberhangs l_k. Windgeschwindigkeit w = 75 km/h. Länge der Seitenwindstrecke 32 m.

Zur Beurteilung des Seitenwindverhaltens von Pkw-Zügen lassen sich aus dem Zeitverlauf der Giergeschwindigkeit verschiedene Bewertungskriterien ableiten. Ein dem subjektiven Empfinden entsprechendes Kriterium ist die Giergeschwindigkeitsänderung $\ddot{\psi}_B$ im Zugwagen im Zeitpunkt des Vorzeichenwechsels von $\dot{\psi}$. Bild 5.54 zeigt, wie sich dieses Bewertungskriterium mit dem Radstand und dem

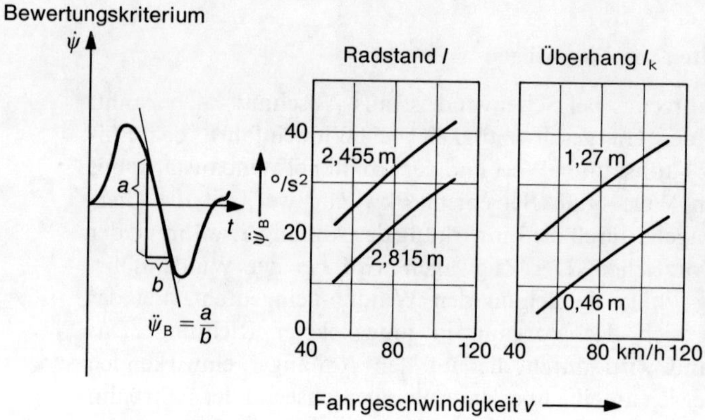

Bild 5.54
Giergeschwindigkeitsänderung $\ddot{\psi}_B$ im Zugwagen eines Pkw-Wohnwagenzugs während Vorbeifahrt an einer Seitenwindanlage als Bewertungskriterium für die Seitenwindempfindlichkeit. Einfluß von Radstand l und Kupplungsüberhang l_k. Je kleiner $\ddot{\psi}_B$ ist, um so leichter kann der Fahrer den Pkw-Zug bei Seitenwind beherrschen.

Kupplungsüberhang ändert. Je kleiner $\ddot{\psi}_B$ ist, um so sicherer ist der Zug bei Seitenwind durch den Fahrer zu beherrschen.

Ein weiteres für die Fahrsicherheit wichtiges Kriterium ist, wie weit der Pkw-Zug bei *Vorbeifahrt* eines größeren Fahrzeugs – besonders kritisch sind *Omnibusse* – gestört wird. In der Umströmung eines schnell fahrenden Omnibusses entstehen Zonen mit Über- oder Unterdruck. Auf einen nahe vorbeifahrenden Pkw-Zug mit großer Seitenfläche (z. B. Caravan) wirken dadurch Kräfte, die je nach momentaner Überdeckung der Fahrzeuge zu einem Wegdrängen oder zu einem gegenseitigen Anziehen führen.

Die für den Fahrer des Pkw-Zuges unangenehmste Situation tritt ein, wenn der Omnibus den Zug überholt. Bei der Annäherung des Omnibusses wird der Anhänger durch das Überdruckgebiet an der Omnibusfront und das gleich darauf folgende Unterdruckgebiet an den Omnibusflanken zu Pendelschwingungen angeregt und zum Omnibus hingezogen. Messungen von Mercedes-Benz (Bild 5.55) zeigen die angeregten Pendelschwingungen während eines solchen Manövers

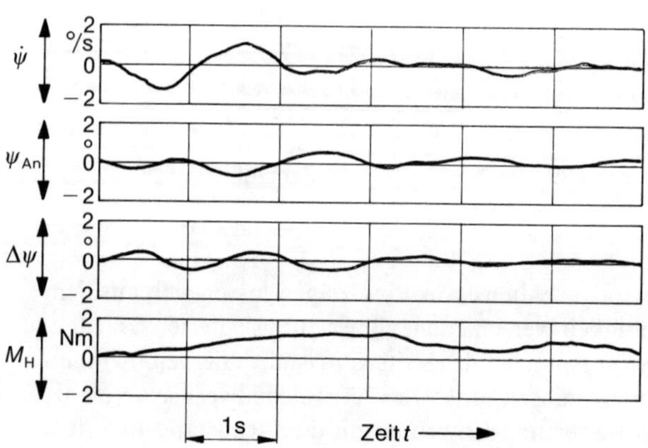

Bild 5.55
Zeitverlauf der Meßgrößen während des Überholvorgangs: Omnibus überholt Pkw-Wohnwagenzug. Giergeschwindigkeit im Zugwagen $\dot{\psi}$, Anhänger-Gierwinkel ψ_{An} und Knickwinkel $\Delta\psi$ sowie Lenkradmoment M_H bei festgehaltenem Lenkrad. Fahrgeschwindigkeiten $v_{Bus} = 100$ km/h; $v_{Zug} = 80$ km/h.

bei festgehaltenem Lenkrad. Das Lenkradmoment steigt etwas an. Der Fahrer des Zuges ist in der Regel auf diese Kraftwirkung nicht vorbereitet und kann unter Umständen Lenkbewegungen einleiten, deren Folgen gefährlich werden können.

5.4.3 Bremsverhalten von Pkw-Zügen

Entscheidend für das Kurshalten eines Pkw-Zuges beim Bremsen ist das Blockierverhalten der einzelnen Achsen des Zuges. Die Bremskraftverteilung des Zugwagens ist für den Solobetrieb ausgelegt. Bei Anhängerbetrieb verändert sich die Kraftschlußausnutzung beim Bremsen an Vorder- und Hinterachse durch die zusätzliche Belastung am Kupplungspunkt. Demzufolge blockiert bei einem Pkw-Zug mit zunehmender Abbremsung zuerst die Vorderachse, dann die Anhängerachse und zum Schluß die Hinterachse des Zugwagens. Mit Antiblockiersystem (ABS) im Zugwagen sind die Verhältnisse anders, weil die Personenwagenachsen nicht blockieren. Einzelheiten hierüber enthält Kapitel 4 in [7].

Messungen von Mercedes-Benz mit einem Experimentieranhänger zeigten, daß die Bremsstabilität des Zuges ganz wesentlich von der *Bremskraftübersetzung* i_K (Anhängerbremskraft geteilt durch Deichselkraft) beeinflußt wird. Ist der i_K-Wert zu hoch, blockiert frühzeitig die Anhängerachse, der Anhänger kann seitlich ausbrechen.

Hierbei ist zu beachten, daß die bei einer Bremsung wirksame Bremskraftübersetzung bei den üblichen Konstruktionen der Auflaufbremse in der Praxis nicht mit dem theoretisch installierten i_K-Wert übereinstimmt.

Die wirksame Bremskraftübersetzung hängt vom zeitlichen Aufbau der Auflaufkraft, von der Reibung in der Bremsvorrichtung und von der Bremsentemperatur ab. Bild 5.56 zeigt Meßergebnisse mit drei unterschiedlichen installierten

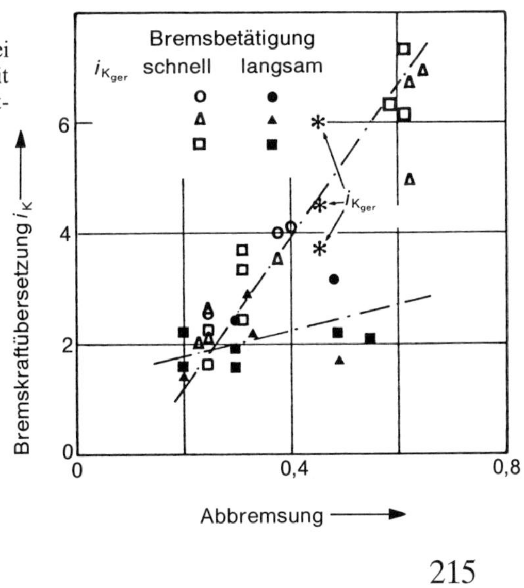

Bild 5.56
Gemessene Bremskraftübersetzung i_K bei einem Pkw-Zug mit Auflaufbremse mit verschiedenen Bremsgestängeübersetzungen $i_{K\,ger}$

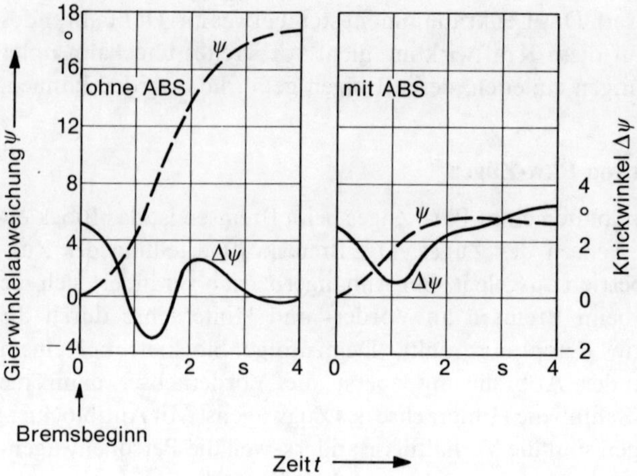

Bild 5.57 Abweichung des Zugwagengierwinkels ψ vom Sollkreis und Knickwinkel $\Delta\psi$ beim Bremsen in der Kurve mit einem Pkw-Zug. Kurvenhalbmesser $R = 100$ m; Ausgangsfahrgeschwindigkeit $v = 80$ km/h; Bremsverzögerung $a_x = 6{,}5$ m/s².

i_K-Werten. Daraus ist zu sehen, daß die tatsächliche Bremskraftübersetzung unabhängig vom installierten Wert etwa linear über der Abbremsung ansteigt. Bei schneller Bremsbetätigung ergeben sich höhere und bei langsamer Betätigung niedrigere Werte. Hierfür sind Reibungseinflüsse in den Bremsbetätigungsteilen verantwortlich. Bild 5.57 zeigt das Gierverhalten eines Pkw-Zuges beim Bremsen in einer Kurve von 100 m Radius mit einer Verzögerung von 6,5 m/s² aus $v = 80$ km/h. Die Abweichung des Zugwagengierwinkels ψ vom Sollkreis und der Knickwinkel zwischen Zugwagen und Anhänger $\Delta\psi$ sind während der Bremsung dargestellt. Ohne ABS (Bild 5.57 links) blockiert die Vorderachse, der Zugwagen dreht demzufolge von der ursprünglichen Kreisbahn weg nach außen, wobei der Anhänger noch kurze Zeit auf dem Kreisbogen bleibt. Dadurch verringert sich der Knickwinkel, er wird sogar negativ. Wenn auch der Anhänger die ursprüngliche Kreisbahn verläßt, wird der Knickwinkel null, d.h., das Gespann streckt sich und schiebt mit blockierten Vorderrädern gerade aus dem Kreis heraus.

Mit ABS im Zugwagen (Bild 5.57 rechts) blockiert die Vorderachse nicht. Wegen der zusätzlichen Umfangskräfte werden aber die Schräglaufwinkel größer, so daß der Zugwagen auch hier zunächst etwas aus dem Kreis herausfährt. Der Anhänger kann ihm jedoch folgen, so daß der Knickwinkel wieder seinen ursprünglichen Wert erreicht. Das Gespann befährt zum Schluß einen etwas größeren Radius.

Bei niedrigen Kraftschlußbeiwerten besteht vor allem beim Bremsen mit ABS die Gefahr, daß die Deichselkraft durch die bessere Verzögerung des Zugwagens hoch wird und die Räder des Anhängers blockieren. Die Bremskraftübersetzung sollte deshalb bei ABS im Zugwagen niedriger sein als bei einem Gespann ohne Bremskraftregelung im Zugwagen. Anhaltswerte sind: $i_K = 4$ bis 6 ohne ABS, $i_K \leqq 2$ mit ABS.

6 Test- und Bewertungsmethoden für das Fahrverhalten

6.1 Regelkreis Fahrer–Fahrzeug–Umwelt

Das System *Fahrer–Fahrzeug–Umwelt* bildet einen *geschlossenen Regelkreis* (Abschnitt 1.1). Der Fahrer ist der *Regler*, das Fahrzeug die *Regelstrecke* und die Umwelt eine *Informations- und Störungsquelle*. Ein vereinfachtes Blockschaltbild verdeutlicht die Zusammenhänge (Bild 6.1).

Der Fahrer hat die Aufgabe, den *Istkurs* des Fahrzeugs mit dem *Sollkurs*, gegeben durch den Straßenverlauf und die Fahraufgabe, in Übereinstimmung zu bringen. Hierzu stehen ihm folgende Eingangsgrößen zur Verfügung:

- Straßenverlauf,
- Fahraufgabe,
- Kenntnisse über Fahrzeugverhalten und Verkehrsvorschriften,
- Beobachtungen des Verkehrsraums und Verkehrsgeschehens.

Die *Informationsaufnahme* des Fahrers kann gestört werden, z.B. durch Blendung oder witterungsbedingte Sichtbehinderung. Die *Informationsverarbeitung* wird beeinflußt durch Fahrerbefinden, Müdigkeit, Alkohol, Medikamente sowie durch nicht verkehrsbedingte Reize.

Das Fahrzeug als Regelstrecke reagiert auf die Fahrerhandlungen und Störungen mit einer von der Bauweise und Auslegung der Fahrzeugparameter abhängigen Bewegung. Die Informationen über die Fahrzeugbewegung erhält der Fahrer in Form von Trägheitswirkungen, Bedienungskräften, Sicht und spezifischen Fahrleistungen.

In Kenntnis dieser Zusammenhänge kann das Fahrverhalten genauer definiert werden:

Fahrverhalten ist die Fahrzeugreaktion auf Fahrerhandlungen und Störungen während des Bewegungsablaufs, beschrieben durch die Bewegungsgrößen. Gutes Fahrverhalten ist die Möglichkeit der exakten Kurshaltung im Sinne der Führungsaufgabe und damit ein wesentlicher Bestandteil der *Regelgüte des Gesamtsystems.*

Der wichtigste Gesichtspunkt für das Beurteilen und Bewerten des Fahrverhaltens ist insbesondere der Beitrag zur Vermeidung von Verkehrsunfällen. Gutes Fahrverhalten bedeutet, daß das Unfallrisiko für Fahrer und Fahrzeug im Straßenverkehr auf ein Minimum reduziert wird.

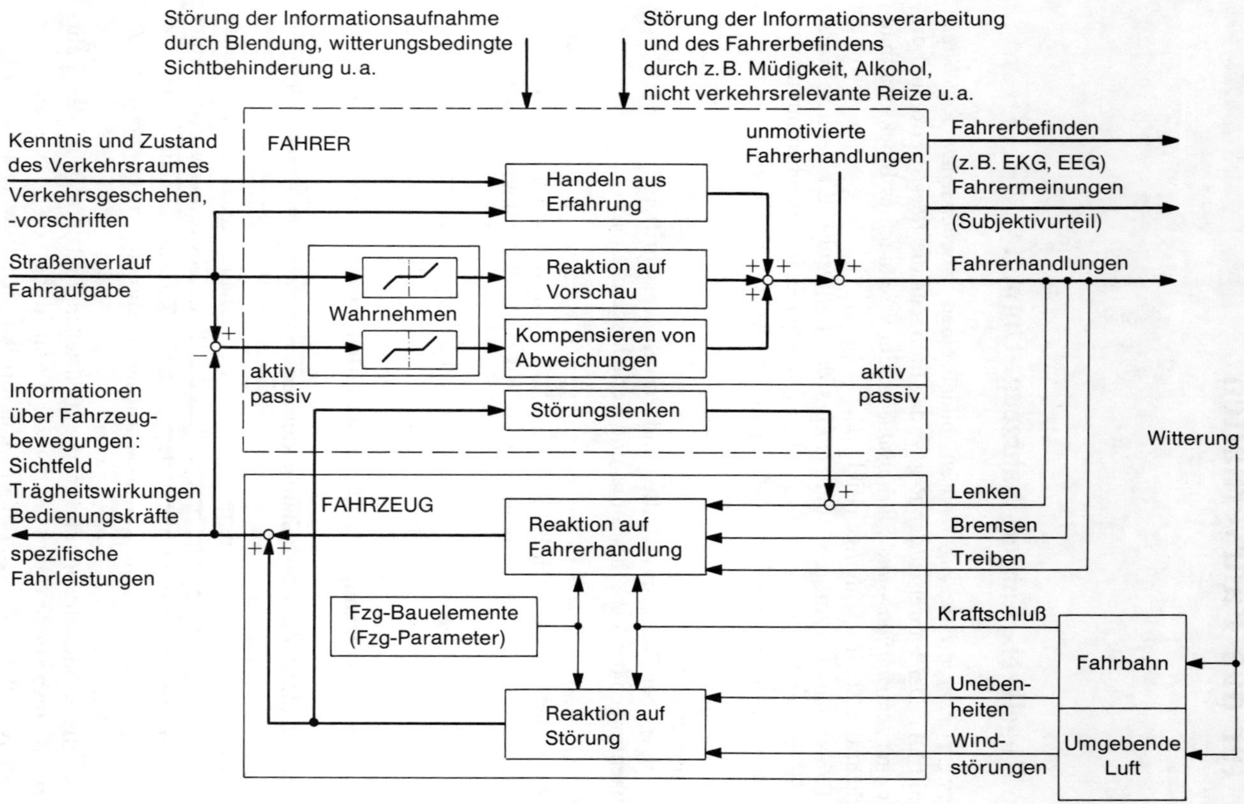

Bild 6.1 Blockschaltbild des Regelkreises Fahrer – Fahrzeug – Umwelt

Der Fahrer als Regler *kompensiert Abweichungen* der Fahrzeuglage und -bewegungen von Sollwerten; er *reagiert auf die Vorschau*, die ihm Informationen über den künftig aufgrund von Straßenverlauf und Fahraufgabe erforderlichen Bewegungsablauf liefert, und *handelt aus Erfahrung*, d.h., er verwendet seine gespeicherten Kenntnisse über Fahrzeugverhalten und Verkehrsraum unter Berücksichtigung der Verkehrsvorschriften und des aktuellen Verkehrsgeschehens.

Neben dieser Regeltätigkeit des Fahrers sind auch *unmotivierte Handlungen* (*sogenanntes Fahrerrauschen*) möglich. Außerdem können bei schwachen Störungen der Fahrzeugbewegungen – wobei der Fahrer noch nicht eingreifen muß – durch das Abstützen der Lenkkräfte im elastischen Hand-Arm-System Lenkbewegungen, sogenanntes *Störungslenken*, auftreten.

Als Schnittgrößen am Ausgang des Reglers «*Fahrer*» stehen

- ☐ das Fahrerbefinden,
- ☐ die Fahrermeinung, d.h. das *Subjektivurteil*, und
- ☐ die Fahrerhandlungen *Lenken*, *Bremsen* und *Antreiben*.

Letztere dienen neben den Störeinflüssen von Fahrbahn und umgebender Luft als Eingangsgrößen für das Fahrzeug.

6.2 Systematik von Testverfahren

Aufgabe von Testverfahren ist es, die Bewegungsabläufe eines fahrenden Fahrzeugs zu analysieren sowie die Fahrzeugeigenschaften zu beschreiben und zu bewerten. Wegen der Komplexität des Gesamtsystems *Fahrer–Fahrzeug–Umwelt* kann jeweils nur ein Teilgebiet des Fahrverhaltens geprüft werden. Aus diesem Grund gibt es heute eine große Anzahl von Verfahren, die von verschiedenen Stellen entwickelt wurden und damit auch stark unterschiedlich sind. Die Testverfahren können nach folgenden Kriterien geordnet werden:

Zweck der Prüfung:

- ☐ *Entwicklung:* Während der Entwicklungsstufen des Fahrzeugs wird die Abstimmung des Fahrverhaltens laufend kontrolliert, um die optimale Anpassung an den Menschen zu erreichen.
- ☐ *Vergleichstests:* Das fertige Fahrzeug wird im Vergleich mit anderen Fahrzeugen getestet.
- ☐ *Vorschriften:* Es wird geprüft, ob bestimmte Normen und Vorschriften eingehalten werden.

Bewertungsmethodik:

- ☐ *Subjektive Beurteilung:* Das Subjektivurteil versierter Fahrer ist auch heute noch die wichtigste Aussage über die Qualität des Fahrverhaltens eines Fahrzeugs. Ein absoluter Maßstab ist hier nicht definierbar; die Beurteilung wird im Vergleich mit anderen Fahrzeugen durchgeführt.

☐ *Messung* der für die zu untersuchende Disziplin wichtigen Bewegungsgrößen und Bewertung entweder im Absolutmaßstab (z.B. der Grenzwerte) oder im Vergleich mit Messungen an anderen Fahrzeugen.

☐ *Messung* bestimmter Bewegungsgrößen *und zusätzliche subjektive Beurteilung* in der untersuchten Disziplin nach einer vorgegebenen Bewertungsskala. Zur Absicherung der Ergebnisse Ermittlung der Übereinstimmung zwischen Subjektivbewertung und Meßgrößen.

Struktur des Regelkreises:

☐ *Geschlossener Regelkreis* (*closed loop*): Bei diesem Verfahren wird das Gesamtsystem zusammen mit dem Fahrer geprüft. Es wird die Führungsgröße wie z.B. der Fahrbahnverlauf, Sollspur oder Fahraufgabe vorgegeben. Das Fahrzeug wird auf Stabilität sowie Lenk- und Bremsbarkeit untersucht. Eine wichtige Rolle spielt hierbei das Lenk- und Bremsvermögen des Fahrers. Vorteil dieser Methode ist, daß sie der realen Verkehrssituation nahekommt. Nachteilig ist die große Streuung der Ergebnisse wegen unterschiedlicher Fahrereigenschaften.

☐ *Offener Regelkreis* (*open loop*): Der Fahrereinfluß wird soweit wie möglich ausgeschaltet (evtl. durch Verwendung von Lenk- und Bremsmaschinen, siehe Abschnitt 6.7.2.4). Wegen der fehlenden Fahrerreaktion bleibt hier der Regelkreis offen. Ziel ist die Untersuchung der Fahrzeugreaktion auf Betätigungen und Störungen, wobei sich die Fahrspur ergibt. Mit dieser Methode können auch die physikalischen Grenzen für das Fahrzeug ermittelt werden. Vorteil ist die gute Reproduzierbarkeit der Versuche auch bei schwierigen Fahrmanövern, so daß der Einfluß von fahrzeugspezifischen Parametern gefunden werden kann. Nachteilig ist, daß jeweils nur ein kleines Gebiet des Fahrverhaltens erfaßt wird.

Bei dieser Methode ist eine weitere Differenzierung nach der Art der Lenkradbetätigung möglich:

☐ Das Lenkrad wird festgehalten (*fixed control*).

☐ Das Lenkrad wird freigelassen (*free control*).

☐ Die Lenkradbewegung wird vorgegeben, z.B. Sinus- oder Sprungfunktion.

☐ Bei theoretischen Untersuchungen ergibt sich außerdem noch die Möglichkeit, einen «*idealen Fahrer*» einzusetzen, der so schnell und richtig lenkt, daß das Fahrzeug nicht von der gewünschten Fahrspur abweicht.

Bild 6.2 zeigt die systematische Einordnung der Testverfahren nach den hier beschriebenen Kriterien und die jeweiligen Möglichkeiten der Bewertung.

Nach den Hauptfahrsituationen ergibt sich folgende Aufteilung: Die Untersuchung von

☐ Geradeausverhalten,

☐ Übergangsverhalten,

☐ Kurvenverhalten,

☐ Wechselkurvenverhalten,

☐ Gesamtverhalten.

Struktur des Regelkreises		Geschlossener Regelkreis			Offener Regelkreis		
Bewertungsmethodik / Zweck		Subjektiv	Messung	Messung + subjektiv	Subjektiv	Messung	Messung + subjektiv
Prüfverfahren für	Entwicklung	●	●	●	–	●	●
	Vergleichstests	●	●	–	–	●	–
	Überprüfung der Erfüllung von Normen u. Vorschriften	–	●	–	–	●	–

● kennzeichnet die sinnvollen Kombinationen von Methoden, wie sie heute allgemein praktiziert werden.

Bild 6.2 Einordnung der Prüfverfahren nach Zweck, Bewertungsmethodik und Struktur des Regelkreises

In jeder der Hauptfahrsituationen können sich zusätzlich *Antreiben*, *Bremsen* oder *Störungen* überlagern. Werden dazu noch *Beladung*, *Reifeneinfluß*, *Straßenbeschaffenheit* und *Witterungseinflüsse* berücksichtigt, ergibt sich eine sehr große Anzahl möglicher Prüfbedingungen. In der Fahrzeugentwicklung müssen alle diese Faktoren erfaßt werden.

Die heute verwendeten Testverfahren sind im Bild 6.3 nach Hauptfahrsituationen geordnet.

6.3 Subjektive Beurteilung des Fahrverhaltens

Die Beurteilung des Fahrverhaltens durch versierte Versuchsingenieure hat sich in der Geschichte der Fahrzeugtechnik mit dem Fahrzeug entwickelt. Die *subjektive Beurteilung* ist ein wichtiges Mittel zur Feinabstimmung der Fahreigenschaften und Anpassung des Fahrzeugs an den Menschen. Obwohl die zu bewertenden Einzelkriterien durch Verfeinerung der Eigenschaften immer mehr zunehmen und der Mensch in seiner Filterfähigkeit begrenzt ist, hat das Subjektivurteil nach wie vor große Bedeutung in der Fahrzeugentwicklung.

		Geschlossener Regelkreis	Offener Regelkreis Lenkrad fest	Lenkrad frei	Lenkwinkelvorgabe
Geradeausverhalten	Geradeauslauf – Spurhaltung	●	●	●	–
	Lenkungsansprechen/Anlenken	●	–	–	–
	Anreißen – Lenkung loslassen	–	–	●	–
	Lastwechselreaktion	●	●	●	–
	Aquaplaning	●	●	●	–
	Geradeausbremsen	●	●	●	–
	Seitenwindempfindlichkeit	●	●	●	–
	Auftrieb bei hohen Geschwindigkeiten	–	●	–	–
	Reifenschlitzen	●	●	●	–
Übergangs-/Übertragungsverhalten	Lenkwinkelsprung	–	–	–	●
	Einfache Sinuseingabe	–	–	–	●
	Kontinuierliche Sinuseingabe	–	–	–	●
	Dreieckimpuls	–	–	–	●
	Stochastische Lenkwinkeleingabe	●	–	–	●
	Einfahrt in einen Kreis	●	–	–	–
	Ausfahrt aus einem Kreis	●	–	–	–
	Rückstellverhalten	–	–	●	–
	Einfacher Fahrbahnwechsel	●	–	–	–
	Doppelter Fahrbahnwechsel	●	–	–	–
Kurvenverhalten	Stationäre Kreisfahrt	–	●	–	–
	Instationäre Kreisfahrt	●	●	–	–
	Lastwechselreaktion bei Kreisfahrt	●	●	–	–
	Reinfallen der Lenkung	–	–	●	–
	Bremsen in der Kurve	●	●	–	–
	Aquaplaning in der Kurve	●	●	–	–
Wechselkurvenverhalten	Wedeln, Slalom um Pylonen	●	–	–	–
	Handling-Kurse	●	–	–	–
	Pendeln – Anreißen und Beschleunigen	–	–	●	–
Gesamtverhalten	Kippsicherheit	●	–	–	●
	Reaktions- und Ausweichtests	●	–	–	–

Bild 6.3 Allgemein gebräuchliche Prüfverfahren zu verschiedenen Fahrverhaltensdisziplinen, geordnet nach Hauptfahrsituationen

6.3.1 Methodik und Beurteilungssysteme

Die Meinung verschiedener Fahrer über das Fahrzeugverhalten in einer Disziplin kann stark unterschiedlich sein, so daß eine große Streuung der Ergebnisse unvermeidbar ist. Um diese Streuung einzuengen, werden an die Beurteiler hohe Anforderungen hinsichtlich ihrer Urteilsfähigkeit gestellt. Sie müssen ein gutes *Wahrnehmungsgedächtnis* und *Unterscheidungsvermögen* haben, um ihre Empfindungen bis zur Endbeurteilung speichern zu können. Störende Faktoren sollten so weit wie möglich ausgeschaltet sein. Solche sind z.B. *Parteilichkeit*, weil der Beurteiler für die Entwicklung verantwortlich ist, *Einseitigkeit* durch Gewöhnung an das eigene Fabrikat, Beeinflussung durch *andere Reize* wie z.B. Geräusche usw. Außerdem wird oft versucht, Wahrnehmungsmängel durch technisches Wissen auszugleichen. Deshalb sollte beim Vergleich verschiedener Detaillösungen die gerade eingebaute *Variante* für den Beurteiler *unbekannt* sein. Weil die Eignung der Fahrer zu subjektiver Beurteilung unterschiedlich ist, wird meistens eine Gruppe von Beurteilern eingesetzt. Damit ist es möglich, die Streuung der Beurteilung einzuengen, weil Ausreißer, d.h. große Abweichungen vom Mittelwert, erkannt und eliminiert werden können.

Für die Beurteilung werden die zu untersuchenden Fahrzeuge bzw. Varianten je nach Aufgabe in verschiedenen Disziplinen gefahren. Wichtige Beurteilungsdisziplinen sind *Geradeauslauf*, *Lenkpräzision*, *Ansprechen*, *Eigenlenkverhalten*, *Kurvenverhalten*, *Fahrspurwechsel*, *Lastwechselreaktion*, *Bremsverhalten* und *Seitenwindempfindlichkeit*. Außerdem wird häufig auf kurvenreichen Strecken das *Gesamtverhalten* beurteilt.

Für die subjektive Beurteilung der Fahrzeuge wird für das jeweilige Testverfahren ein *Fragebogen* aufgestellt, in dem die Beurteiler die Fahrzeuge nach einer bestimmten Skala bewerten können. Bild 6.4 zeigt beispielhaft den Fragebogen, der für die subjektive Beurteilung des Fahrverhaltens beim *ISO-Spurwechseltest* (siehe ISO/TR 3888-1975) entwickelt wurde. In dem Fragebogen können acht Fahrzeugeigenschaften im Bereich von 0 bis 60 Punkten in Stufen von fünf Punkten bewertet werden. Auswahl und Formulierung der gestellten Fragen spielen für den Erfolg der Auswertung eine wesentliche Rolle. Die Möglichkeit einer Gewichtung der verschiedenen Einzelkriterien ist im Fragebogen ebenfalls vorgesehen.

Grundsätzlich sind für die Bewertung zwei *Skalentypen* möglich (Bild 6.5).

Offene Skala: Die Null bzw. kleine Zahlen werden dem Urteil «*schlecht*», große Zahlen dem Urteil «*gut*» zugeordnet. Eine offene Skala heißt auch *unipolare* Skala, weil die Skalenwerte von null wachsen und kein Vorzeichenwechsel erfolgt.

Geschlossene Skala: Kleine oder große Zahlen werden dem Urteil «*schlecht*» und eine mittlere Zahl dem Urteil «*gut* = *gerade richtig*» zugeordnet. Diese mittlere Zahl kann auch die Null sein. In diesem Fall wird von einer *bipolaren* Skala gesprochen, weil das Vorzeichen der Beurteilungspunkte wechselt.

Für den Beurteiler ist die *offene, unipolare Skala* am einfachsten zu übersehen. Sie hat außerdem den Vorteil, daß man für mehrere Beurteilungsdisziplinen einen Mittelwert bilden kann. Bei der Beurteilung von *Ansprechzeiten*, *Lenkmomenten*

Subjektive Beurteilung
des Fahrverhaltens beim ISO-Spurwechseltest

Fahrzeug: ______________ Name: ______________
Datum:

1. Ansprechen des Fahrzeugkurses auf Lenkeinschlag (Zeitverzug?)*
2. Zielgenauigkeit in der Meßstrecke
3. Größe der erforderlichen Lenkrad-Drehwinkel*
4. Größe der erforderlichen Lenkrad-Drehmomente*
5. Gefühl für Fahrbahnkontakt
6. Stabilisieren des Fahrzeugs (Nachschwingen)
7. Größe der Wankwinkel
8. Leichtigkeit der Eingewöhnung

Beurteilung und Punktezahl		Urteil über die Eigenschaft							
		1	2	3	4	5	6	7	8
Nicht annehmbar	0								
	5								
Grenzfall	10								
	15								
Ausreichend	20								
	25								
Befriedigend	30								
	35								
Gut	40								
	45								
Sehr gut	50								
	55								
Ausgezeichnet	60								
Multiplikator									
Produkt									

Zutreffendes ankreuzen! Summe der Produkte: ______________

* Bei Beurteilung mit weniger als 40 Punkten bitte angeben ob zu kurz, zu lang, zu groß, zu klein.

Besondere Bemerkungen: ______________

Bild 6.4
Fragebogen zur subjektiven Beurteilung des Fahrverhaltens beim ISO-Spurwechseltest

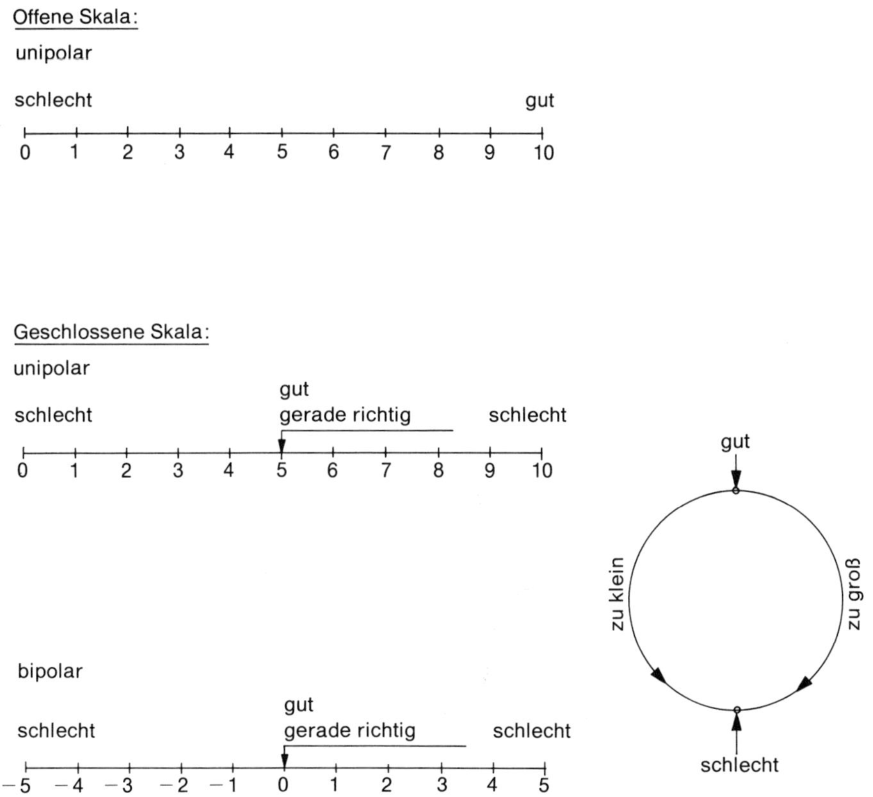

Bild 6.5 Verschiedene Skalentypen für die subjektive Beurteilung des Fahrverhaltens

oder *Lenkwinkeln* muß hierbei angegeben werden, ob der Wert zu lang oder zu kurz bzw. zu groß oder zu klein empfunden wurde.

Jeder Skalenpunkt soll einen möglichst engen, aber noch wirklich wahrnehmbaren Unterschied in der Empfindung darstellen. Um eine mittlere Beurteilung zu ermöglichen, haben die Skalen eine ungerade Anzahl von Stufen. Im allgemeinen werden je nach Aufgabe 7, 9, 11 oder 13 Stufen verwendet. Eine Empfehlung des *SAE Vehicle Handling Subcommittee* schreibt 11 Stufen von 0 bis 10 vor, wobei die 5 einer mittleren Beurteilung zugeordnet wird.

Wichtig für den Erfolg der Beurteilung ist eine treffende Wortfindung für die Güte der Eigenschaft in den jeweiligen Stufen. Je besser die Wertigkeit beschrieben wird, um so leichter ist die Einordnung der Empfindungsstufen. Im Bild 6.4 sind 7 Stufen von «*nicht abnehmbar*» bis «*ausgezeichnet*» benannt. Ein anderes Beispiel mit 11stufigen Skalen zeigt Bild 6.6. Dieser Fragebogen wurde auch bei ISO-Vergleichstests verwendet und ist für die Beurteilung des Fahrverhaltens auf einer kurvenreichen Teststrecke ausgelegt.

Fragebogen zur subjektiven Fahrzeugbeurteilung

Fahrzeug:	Motor: .... cm^3, ... kW	Reifen: ....
Fahrer:	Getriebe:	Reifendruck: v/h. .... bar
Datum:	Lenkung:	Beladung: ....
	Fahrbahn: naß/trocken	

Nr.	Frage	Skala	Links (0)	Rechts (10)	Zusatz
01	**Gesamteindruck** Das Fahrzeug ist für schnelles Fahren auf kurvenreicher Strecke ...	0 1 2 3 4 5 6 7 8 9 10	↑ schlecht geeignet	↑ hervorragend geeignet	
02	**Reaktion des Fahrzeugs** Das Fahrzeug reagiert auf schnelle Lenkbewegungen ...	0 1 2 3 4 5 6 7 8 9 10	↑ nicht akzeptabel	↑ genau richtig	☐ zu schnell ☐ zu langsam
03	**Zielgenauigkeit** Das Durchfahren einer Kurve ...	0 1 2 3 4 5 6 7 8 9 10	erfordert ständiges Korrigieren mit Lenkrad oder Gaspedal	ist praktisch ohne jede Korrektur möglich	
04	**Lenkradwinkel** Die zum Befahren der Teststrecke erforderlichen Lenkradwinkel sind ...	0 1 2 3 4 5 6 7 8 9 10	↑ nicht akzeptabel	↑ genau richtig	☐ zu klein ☐ zu groß
05	**Seitenneigung** Der Wankwinkel bei Kurvenfahrt bzw. schnellem Spurwechsel	0 1 2 3 4 5 6 7 8 9 10	↑ ist zu groß	↑ stört nicht	
06	**Grenzbereich** Das Verhalten des Fahrzeugs im Grenzbereich ...	0 1 2 3 4 5 6 7 8 9 10	↑ erfordert äußerste Aufmerksamkeit	↑ ist völlig problemlos	☐ übersteuernd ☐ untersteuernd

6.3.2 Übereinstimmung zwischen subjektiver Beurteilung und Messung

Der Zusammenhang zwischen den in verschiedenen Fahrverhaltensdisziplinen gemessenen Kennwerten und realen Verkehrssituationen bzw. Unfallursachen ist heute noch nicht genügend erforscht. Meßergebnisse können oft nur aufgrund von Erfahrungen gedeutet werden. Ziel der Fahrzeugentwicklung ist es jedoch, das Verhalten so zu verbessern, daß diese Verbesserungen zur Reduzierung der auf das Fahrverhalten zurückführbaren Unfälle beitragen. Wie der Fahrer mit dem Fahrverhalten seines Fahrzeugs im realen Verkehr zurechtkommt, kann nur durch die subjektive Beurteilung ermittelt werden. Um hier eine Verbindung zwischen den Meßwerten und der subjektiven Beurteilung zu finden, sind Vergleiche, sogenannte *Korrelationsuntersuchungen*, erforderlich. Diese werden heute für jedes angewendete Meßverfahren durchgeführt.

Ziel der Untersuchung ist es, aus den gemessenen Größen solche *objektive Kriterien* zu finden, die zur Beschreibung der *subjektiven Beurteilung* am besten geeignet sind. Zu diesem Zweck werden zunächst möglichst viele als für geeignet erscheinende objektive Kriterien aus den Meßkurven ausgesucht. Aus gemessenen Zeitfunktionen können arithmetische oder quadratische Mittelwerte, die Streuung, Maximalwerte oder andere statistische Kenngrößen ermittelt und als *objektive Kriterien* in die Korrelationsrechnung eingeführt werden.

Als erster Schritt werden die *einfachen Korrelationen* der ausgewählten objektiven Kenngrößen untereinander und auch zu den subjektiven Beurteilungspunkten in den verschiedenen Kriterien ermittelt. Aufgrund der *Korrelationskoeffizienten* kann festgestellt werden, welche Meßgrößen stark miteinander korrelieren und dadurch austauschbar sind, und wie stark ihr Zusammenhang mit dem Subjektivurteil ist.

Im nächsten Schritt wird für die Verknüpfung der *objektiven* und *subjektiven* Daten eine *schrittweise mehrfache Regressionsanalyse* durchgeführt.

Mit diesem Verfahren wird zwischen den *abhängigen Variablen*, d.h. den subjektiven Beurteilungspunkten und den *unabhängigen Meßgrößen*, eine analytische Beziehung hergestellt. Das Empfinden der Fahrer wird durch eine gewichtete Kombination von Meßgrößen gedeutet. Weil die *mehrfache Regression* voneinander unabhängige Variablen voraussetzt, muß von zwei miteinander stark korrelierenden objektiven Kenngrößen jeweils eine weggelassen werden. Nach dieser *Datenverminderung* werden solche Kenngrößen in die Rechnung eingeführt und den subjektiven Beurteilungen in den entsprechenden Kriterien gegenübergestellt, die einerseits eine möglichst hohe Korrelation mit den Subjektivurteilen aufweisen, andererseits aber untereinander schwach korreliert sind, also nur eine geringe Wechselbeziehung zueinander haben.

Bild 6.6 (linke Seite) Fragebogen zur subjektiven Beurteilung des Fahrverhaltens auf einer kurvenreichen Teststrecke

Bei mehreren Untersuchungen hat sich gezeigt, daß die subjektive Beurteilung des Fahrverhaltens in den meisten Fällen durch ein *lineares Regressionsmodell* beschrieben werden kann. Als Modell wird folgende Beziehung angenommen:

$$y = a_0 + a_1 \cdot x_1 + a_2 \cdot x_2 + \ldots + a_n \cdot x_n \qquad \text{(Gl. 6.1)}$$

Hierbei ist y die abhängige Variable, $a_0, a_1 \cdots a_n$ sind die gesuchten Koeffizienten. Die *Regressionsanalyse* liefert für eine bestimmte Anzahl von Meßfahrten die besten Werte für die Koeffizienten im Sinne der kleinsten Quadrate. Bei der *schrittweisen mehrfachen Regression* ergibt sich bei jedem Rechenschritt durch Hinzufügen einer neuen Variablen eine Regressionsgleichung in der folgenden Weise:

$$\begin{aligned} y &= a_0 + a_1 \cdot x_1 \\ y &= a_0' + a_1' \cdot x_1 + a_2 \cdot x_2 \qquad \text{(Gl. 6.2)} \\ y &= a_0'' + a_1'' \cdot x_1 + a_2' \cdot x_2 + a_3 \cdot x_3 \\ &\vdots \\ &\text{usw.} \end{aligned}$$

Dabei wird jeweils die Variable in die Rechnung eingeführt, die die größtmögliche Verbesserung der *mehrfachen Korrelationskoeffizienten* bewirkt. Für die Durchführung der Korrelations- und der mehrfachen Regressionsanalyse stehen für die meisten Rechner fertige Programme zur Verfügung. Die Bearbeitung bereitet keine größeren Schwierigkeiten, wenn ein entsprechender Rechner eingesetzt wird. Die aus mehreren Meßfahrten ermittelten Meßgrößen und die subjektiven Beurteilungspunkte werden nach einem bestimmten Schema eingegeben. Der Rechner

Rechenschritt	in die Regression eingeführte Variable: obj. Kriterien Nr.	Zeichen	mehrfacher Korrelationskoeffizient r
1	12	$\dot{\psi}/\delta$	0,821
2	15	D	0,858
3	7	$T_{\dot{\psi}\,max}$	0,882
4	3	T_{Ray}	0,891
5	13	T_Z	0,897

Bild 6.7 Ergebnis einer Regressionsanalyse aus dem Lenkwinkelsprungtest mit 8 Fahrzeugen und den subjektiven Beurteilungen von 15 Fahrern auf einer kurvenreichen Teststrecke. Aus der Analyse mit 15 objektiven Kriterien ergab sich die Reihenfolge der fünf eingeführten Variablen. Durch eine lineare Kombination dieser Meßgrößen nach Gleichung 6.1 wird die subjektive Beurteilung mit einer hohen Korrelation ($r = 0{,}897$) beschrieben. Weitere Erklärungen zu diesem Test sind im Abschnitt 6.5.5.1 zu finden.

liefert dann in tabellarischer Form die Korrelationskoeffizieten und die entsprechenden Koeffizienten der Regressionsgleichungen.

Bild 6.7 zeigt ein Beispiel für die subjektive Beurteilung des *Übergangsverhaltens* mit 8 Fahrzeugen und 15 Beurteilern im Vergleich zu den Meßwerten aus dem *Lenkwinkelsprungtest* (Abschnitt 6.5.5.1). Bei den hier dargestellten Kriterien wurde allgemein nach der Eignung des Fahrzeugs für schnelle Fahrten auf kurvenreichen Strecken gefragt. Der *Gierverstärkungsfaktor* $\dot{\psi}/\delta_H$ (siehe Gleichung 4.27) wurde als erste Variable in die Regression eingeführt, weil diese Größe nach dem Ergebnis der Korrelationsanalyse den höchsten Korrelationskoeffizienten zu der subjektiven Beurteilung hat ($r = 0{,}821$, siehe Bild 6.7).

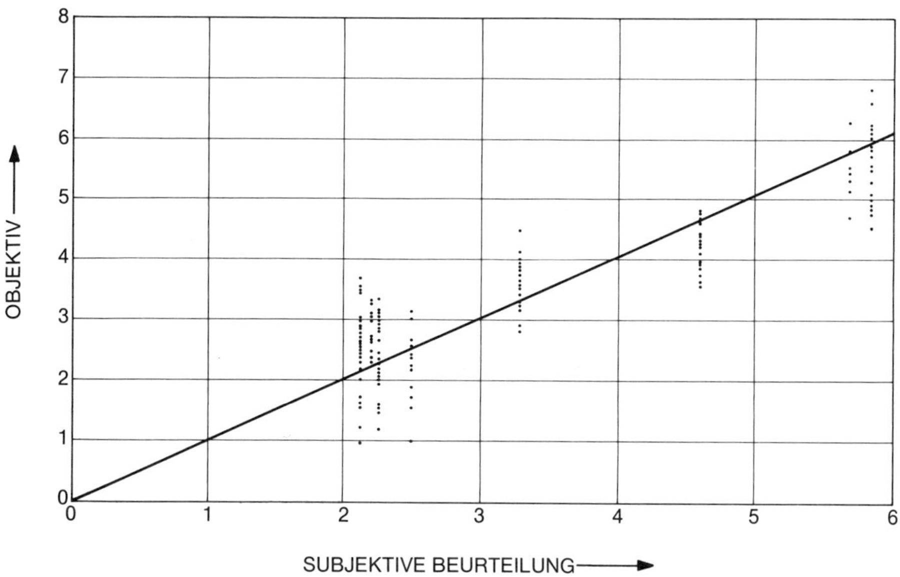

Bild 6.8 Ergebnis der Regressionsanalyse nach Bild 6.7, in Diagrammform dargestellt. Die nach Gleichung 3 berechneten y-Werte aus 172 Meßfahrten mit 8 Fahrzeugen (Ordinate) werden den arithmetischen Mittelwerten der subjektiven Beurteilungspunkte von 15 Beurteilern (Abszisse) gegenübergestellt. Jeder Punkt im Diagramm entspricht einer Meßfahrt.

Durch schrittweise Einführung weiterer Variablen wird der *mehrfache Korrelationskoeffizient* bis auf 0,897 verbessert (Definition der Variablen siehe Abschnitt 4.3.2 u. 4.3.3). In Bild 6.8 wird das Ergebnis der Regressionsanalyse in Diagrammform gezeigt. Auf der Abszisse sind die arithmetischen Mittelwerte der Beurteilungspunkte von 15 Fahrern für die 8 Fahrzeuge aufgetragen. Die Ordinatenwerte y_i ergeben sich nach Gleichung 6.1 aus der Regressionsanalyse.

Für das gezeigte Beispiel lautet die *Regressionsgleichung* für eine Meßfahrt:

$$y_i = a_0 + a_1 \cdot \dot{\psi}/\delta_H + a_2 \cdot D + a_3 \cdot T_{\dot{\psi}max} + a_4 \cdot T_{Ray} + a_5 \cdot T_Z \qquad \text{(Gl. 6.3)}$$

Die Koeffizienten werden aus der Analyse und die Variablen der jeweiligen Messung entnommen. Auf diese Weise kann für jede Meßfahrt ein Punkt im Diagramm berechnet werden.

6.4 Meßtechnik und Versuchsbedingungen

Neben der subjektiven Beurteilung des Fahrverhaltens sind fahrdynamische Messungen immer mehr ein Hilfsmittel bei der Entwicklung von Fahrzeugen geworden. Der allgemeine Wunsch, das Gefühl erfahrener Versuchsingenieure in Form von reproduzierbaren Daten festzuhalten, um für Verbesserungen Vergleichsmöglichkeiten zu haben, führte besonders in den letzten Jahren zu verstärktem Einsatz der Meßtechnik. Aufgrund dieser Entwicklung entstanden Testmethoden, die die für die Fahrzeugbeurteilung wichtigen Fahrsituationen erfassen. Für eine erfolgreiche Unterstützung der Entwicklungsarbeit durch Messungen ist es erforderlich, daß die Meßergebnisse von verschiedenen Varianten möglichst schnell zur Verfügung stehen. Die Erfüllung dieser Forderung setzt die Verwendung von Rechnern bei der Datenaufnahme und Auswertung voraus.

6.4.1 Fahrdynamische Meßgrößen

Bei den fahrdynamischen Messungen werden Zeitverläufe von physikalischen Größen erfaßt, die die Betätigungsfunktionen Lenken, Gasgeben und Bremsen sowie die Fahrzeugbewegung in den sechs Freiheitsgraden beschreiben. Je nach Aufgabenstellung werden Wege bzw. Winkel, Geschwindigkeiten und Beschleunigungen gemessen.

Nach DIN 70000 sind die *Bewegungsgrößen* des Fahrzeugs in einem Koordinatensystem definiert (Bild 6.9). Die Drehfreiheitsgrade des Fahrzeugs um die drei Koordinatenachsen heißen: Wanken um die x-Achse, Nicken um die y-Achse und Gieren um die z-Achse. Es wird zwischen ortsfesten, fahrzeugfesten und horizontierten Koordinatensystemen unterschieden.

Bei fahrdynamischen Messungen muß berücksichtigt werden, in welchem Koordinatensystem das jeweilige Meßgerät arbeitet. Gegebenenfalls ist eine Korrektur der Meßwerte notwendig. Wenn z. B. die Querbeschleunigung mit einem fahrzeugfesten Beschleunigungsaufnehmer gemessen werden soll, muß die Anzeige mit dem Wankwinkel korrigiert werden. Einerseits zeigt das Meßgerät um die in die Meßebene wirkende Komponente der Erdbeschleunigung zuviel an, andererseits wird von der wirklichen horizontalen Querbeschleunigung auch nur ihre in die Meßebene fallende Komponente erfaßt. Die tatsächliche Querbeschleunigung ergibt sich damit nach Bild 6.10:

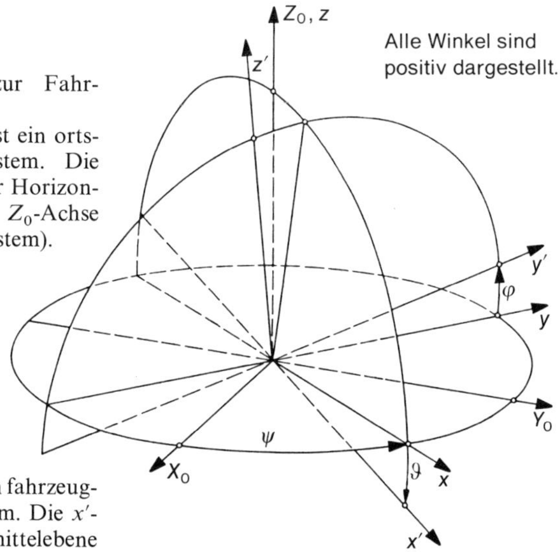

Bild 6.9 Koordinatensysteme zur Fahrdynamik nach DIN 70000.
X_0, Y_0, Z_0-Koordinatensystem ist ein ortsfestes, rechtwinkliges Rechtssystem. Die X_0- und Y_0-Achsen liegen in einer Horizontalebene (= Fahrbahnebene), die Z_0-Achse ist nach oben gerichtet (Inertialsystem).
x', y', z'-Koordinatensystem ist ein fahrzeugfestes, rechtwinkliges Rechtssystem. Die x'-Achse ist parallel zur Fahrzeugmittelebene und zeigt nach vorn, die z'-Achse zeigt nach oben.
x, y, z-Koordinatensystem ist ein fahrzeugfestes, horizontiertes, rechtwinkliges Rechtssystem. Es wird so im Fahrzeug mitgeführt, daß die xy-Ebene immer parallel zur $X_0\,Y_0$-Ebene (= Fahrbahnebene) liegt.
Winkellage der Koordinatensysteme X_0 zu x Gierwinkel ψ, x zu x' Nickwinkel ϑ, y zu y' Wankwinkel φ.

Bild 6.10 Bei Messung der Querbeschleunigung a_y mit einem fahrzeugfesten Beschleunigungsaufnehmer muß der Meßwert mit dem Wankwinkel und der Komponente der Erdbeschleunigung korrigiert werden.

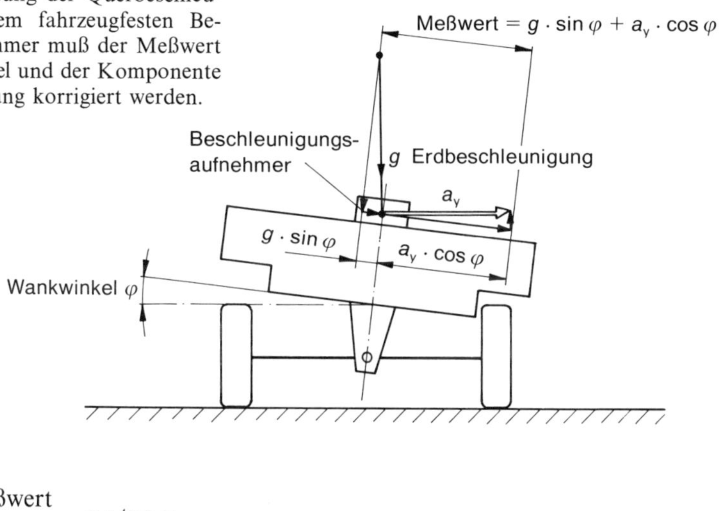

$$a_y = \frac{\text{Meßwert}}{\cos\varphi} - g \cdot \tan\varphi$$

Der Wankwinkel φ muß dazu mitgemessen werden.

Folgende Tabelle zeigt die wichtigsten Meßgrößen bei Fahrzeugmessungen mit erforderlichem Meßbereich und zulässigem Fehler in Anlehnung an die DIN/ISO-Normen und die Meßgeräte zur Erfassung dieser Größen:

Meßgröße	Formel-zeichen	Meßbereich	max. zul. Fehler der Meßkette	Meßgerät
Lenkradwinkel	δ_H	± 180°	± 2°	Meßlenkrad
Lenkradmoment	M_H	± 30 Nm	± 0,3 Nm	Meßlenkrad
Bremsdruck	p_B	150 bar	± 1,5 bar	hydraulischer Druckaufnehmer
Bremspedalweg	s_{BP}	0,15 m	± 0,002 m	induktiver Wegaufnehmer, Potentiometer
Bremspedalkraft	F_{BP}	700 N	± 7 N	Kraftmeßdose
Fahrpedalweg	s_{FP}	0,15 m	± 0,002 m	induktiver Wegaufnehmer, Potentiometer
Längsbeschleunigung	a_x	± 15 m/s²	± 0,15 m/s²	stabilisierte Plattform
Querbeschleunigung	a_y			Beschleunigungsaufnehmer
Längsgeschwindigkeit	v_x	0 bis 50 m/s	0,1 m/s	optischer Sensor Correvit L, Raddrehzahlsensor
Quergeschwindigkeit	v_y	± 10 m/s	± 0,01 m/s	optischer Sensor Correvit Q
Gierwinkel	ψ	± 150°	± 0,5 °/s	Gierkreisel
Giergeschwindigkeit	$\dot{\psi}$	± 50 °/s	± 0,5 °/s	Gierkreisel, Rate Sensor
Wankwinkel	φ	± 15°	± 0,15°	stabilisierte Plattform, optoelektronische
Nickwinkel	ϑ			Abstandsgeber
Schwimmwinkel	β	± 20°	± 0,15°	optische Sensoren Correvit L und Q
Schräglaufwinkel	α		± 0,2°	Schlepprad, Correvit L und Q
Lenkwinkel an den Rädern	δ	± 10°	± 0,05°	spezielle Vorrichtungen, induktive oder
Vorspurwinkel	δ_v			optoelektronische Geber
Raddrehzahl	n	0 bis 30 s^{-1}	0,3 s^{-1}	induktive Drehzahlgeber

Bild 6.11
Meßlenkräder zur Erfassung von Lenkradwinkel und Lenkradmoment. Oben: mit Torsionsmeßnabe für Momentenmessung, Kabelausführung in Lenkradmitte, programmierbare Scheibenbremse für Lenkradwinkeleinstellung
Unten: mit integrierter Momentenmeßbrücke und telemetrischer Übertragung der Meßwerte (Mercedes-Benz)

6.4.2 Meßwertaufnehmer

6.4.2.1 Lenkradwinkel und Lenkradmoment

Für die Messung des Lenkradwinkels und Lenkradmoments werden spezielle Meßlenkräder verwendet (Bild 6.11). Der Lenkradwinkel wird über Zahnräder (Spielausgleich durch Verspannung von zwei Zahnrädern zueinander) oder Zahnriemen auf ein Potentiometer übertragen. In das Meßlenkrad ist eine Meßnabe mit Dehnmeßstreifen für die Erfassung des Lenkradmoments integriert. Es gibt viele unterschiedliche Meßlenkradkonstruktionen, die zum größten Teil von den Anwendern selbst gebaut werden. Für die Einstellung eines bestimmten Lenkradwinkels z. B. bei Lenkwinkelsprungmessungen sind verstellbare Anschläge notwendig. Eine andere Lösung ist eine programmierbare, elektrisch betätigte Scheibenbremse unter dem Lenkrad, die die Anschläge ersetzt und bei Messungen im offenen Regelkreis für das Festhalten oder Loslassen des Lenkrades sorgt (Bild 6.11 oben). Damit das Meßkabel beim Drehen des Lenkrades nicht aufgewickelt werden muß, gibt es Lenkräder mit telemetrischer Übertragung (Pulse-Code-Modulation) der Momentenmeßwerte zum stehenden karosseriefesten Teil der Meßvorrichtung (Bild 6.11 unten). Es ist zu berücksichtigen, daß Masse und Trägheitsmoment des Meßlenkrads gegenüber der Serienausführung verändert werden.

6.4.2.2 Bremsen- und Fahrpedalbetätigung

Der Druck im Bremssystem bei hydraulischen Bremsen wird mit einem Druckaufnehmer in der Bremsleitung erfaßt, der hinter dem Hauptbremszylinder montiert ist. Brems- und Fahrpedalwege werden mit induktiven Wegaufnehmern oder mit Linearpotentiometern gemessen. Zur Erfassung von Pedalkräften dient eine Kraftmeßdose, die am Pedal befestigt ist.

6.4.2.3 Längs- und Querbeschleunigung

Beschleunigungen und Verzögerungen in einer horizontalen Ebene werden mit einem auf einer kreiselstabilisierten Plattform befestigten Beschleunigungsaufnehmer gemessen (Bild 6.12). Durch die Stabilisierung wird eine Beeinflussung des Meßergebnisses durch Komponenten der Erdbeschleunigung bei Nick- und Wankbewegungen vermieden. Die Meßrichtung bleibt horizontal. Einflüsse durch Neigung der Fahrbahn müssen jedoch berücksichtigt werden. Die Plattform kann ein- oder zweiachsig stabilisiert sein.

Bild 6.12
Kreiselstabilisierte Plattform zur Messung von Längs- und Querbeschleunigung am Fahrzeug (RMS Regelungs- und Meßtechnik)

Beschleunigungen können auch mit direkt am Fahrzeug montierten Aufnehmern gemessen werden (Bild 6.13). Der Fehler wegen der Neigung des Aufbaus muß bei der Auswertung korrigiert werden (Bild 6.10). Einige Aufnehmersysteme führen diese Korrektur online bereits während der Messung durch. Der Neigungswinkel wird dabei durch Integration eines Winkelgeschwindigkeitssignals gewonnen. Aufgrund der Neigung des Integrators zum Überlauf ist dieses Verfahren nur für Kurzzeitmessungen geeignet.

Wenn die Beschleunigungsaufnehmer nicht im Fahrzeugschwerpunkt befestigt sind, muß der Einfluß von Drehbeschleunigungen rechnerisch kompensiert werden. Zur Ermittlung der Schwerpunktsbahnnormalbeschleunigung ist außerdem der Schwimmwinkeleinfluß zu korrigieren.

Bild 6.13
Beschleunigungsaufnehmer, direkt am Fahrzeug montiert (Kistler)

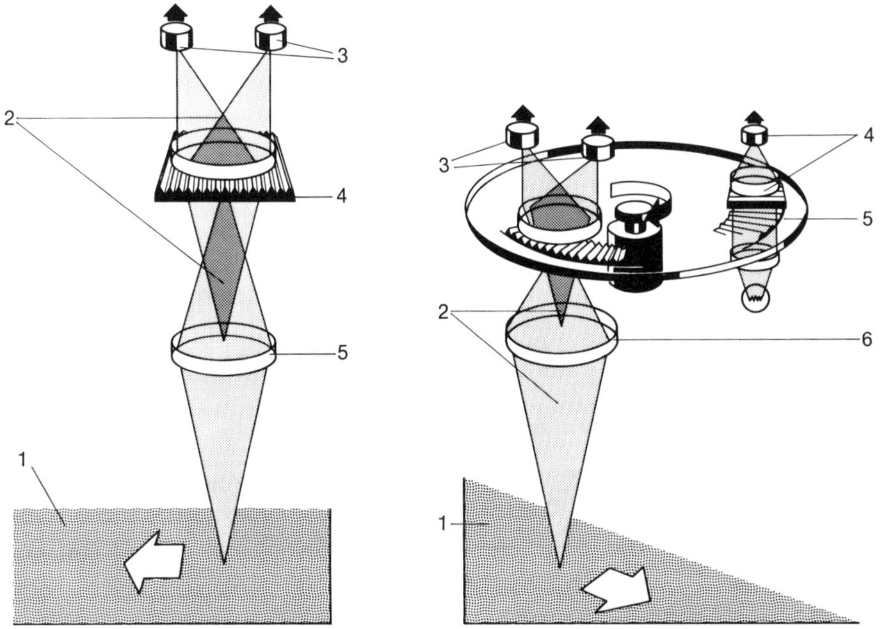

Bild 6.14 Arbeitsprinzip der Geschwindigkeitssensoren Correvit L and Q (Datron-Meßtechnik). Die Sensoren sind in den Bildern 6.15, 6.20 und 6.21 zu sehen.

Correvit L:
1 Meßobjekt (z. B. Straßenoberfläche) und Meßrichtung
2 Optischer Strahlengang
3 Fotoempfängersystem
4 Meßgitter
5 Objektiv

Correvit Q:
1 Meßobjekt (z. B. Straßenoberfläche) und Meßrichtung
2 Optischer Strahlengang
3 Fotoempfängersystem
4 Internes Referenzsystem
5 Rotierendes Meßgitter
6 Abbildungsobjektiv

(Die Sensoren wurden von den Firmen Leitz und Mercedes-Benz gemeinsam entwickelt)

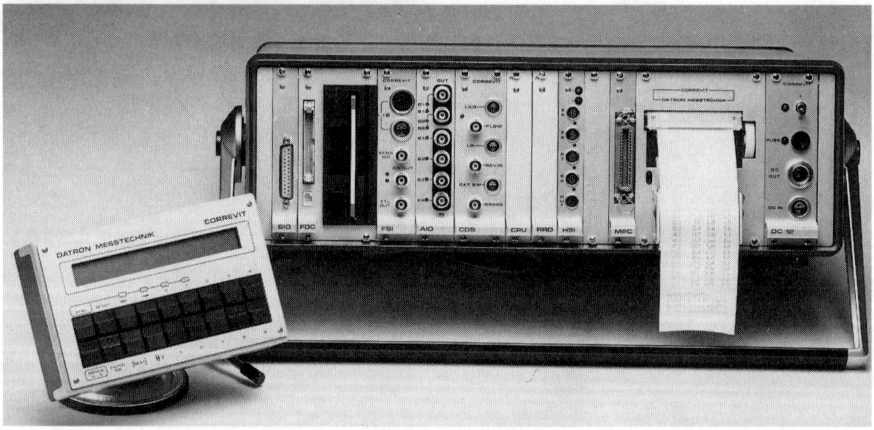

Bild 6.15 Berührungsloser Längsgeschwindigkeitssensor Correvit L mit Auswertegerät Correvit EEP-2 mit LCD-Anzeige für die Erfassung von Wegen und Beschleunigungen aus der gemessenen Geschwindigkeit (Datron-Meßtechnik)

6.4.2.4 Längs- und Quergeschwindigkeit

Die Längs- und Quergeschwindigkeit am Fahrzeug können am einfachsten mit berührungslosen Geschwindigkeitssensoren gemessen werden. Die hierfür von den Firmen Leitz und Mercedes-Benz gemeinsam entwickelten Sensoren Correvit L und Q arbeiten nach einem korrelationsoptischen Verfahren mit Ortsfrequenzfilterung. Die Oberflächenstruktur der Fahrbahn wird mit einem Objektiv auf einem optischen Gitter abgebildet, und das hindurchtretende Licht wird von einem

Fotoempfänger gesammelt (Bild 6.14). Durch Bewegen des Gitters entsteht eine Helligkeitsschwankung, die am Ausgang des Fotoempfängers als eine Frequenz erscheint. Diese Frequenz ist proportional der Geschwindigkeit, mit der die Gitterlinien quer zur Bildfläche (Fahrbahn) bewegt werden. Für den Correvit L wurde eine Auswerteelektronik entwickelt, die die direkte Aufzeichnung aller aus der Geschwindigkeit abgeleiteten Größen, wie z.B. Bremsweg und -Verzögerung, ermöglicht (Bild 6.15).

Die Fahrzeuglängsgeschwindigkeit kann auch aus der Drehgeschwindigkeit eines mit dem Fahrzeug mitgeführten Rades ermittelt werden. Eine altbekannte Methode ist die Messung mit dem «fünften Rad» (Peiselerrad), das entweder seitlich oder an der hinteren Stoßstange am Fahrzeug befestigt wird (Bild 6.16). Als Meßrad kann auch ein Fahrzeugrad verwendet werden, an dem eine Zahnscheibe angebracht ist. Ein induktiver Impulsgeber zählt die vorbeilaufenden Zähne. Die Impulse werden von einem Frequenz-Spannungs-Umsetzer weiterverarbeitet. Fahrzeuge mit ABS haben serienmäßig Drehzahlsensoren an den Rädern (Bilder 3.30 und 3.31). Die Geschwindigkeitssignale können an der ABS-Elektronik abgegriffen werden.

Bild 6.16
Fünftes Rad zur Messung der Fahrzeuggeschwindigkeit (Peiselerrad)

6.4.2.5 Gierwinkel und Giergeschwindigkeit

Zur Messung des Gierwinkels ψ kann ein zur z-Achse ausgerichteter stabilisierter Kreisel benutzt werden (Bild 6.17a). Das Verdrehen des am Fahrzeug befestigten Kreiselgehäuses gegenüber dem Kreisel wird mit einem Potentiometer erfaßt. Durch einen eingebauten Differentiator kann auch die Giergeschwindigkeit $\dot{\psi}$ ermittelt werden.

Ein kleineres und leichteres Meßgerät für die Erfassung der Giergeschwindigkeit ist der Gasstrahlsensor (Rate-Sensor, Bild 6.17b). Das Prinzip beruht darauf, daß ein zwischen zwei Heizdrähten durchgehender Gasstrahl beim Drehen des Gehäuses durch die Corioliskraft abgelenkt wird. Durch diese Ablenkung ändert

Bild 6.17a
Kreiselgerät zur Messung des Gierwinkels und der Giergeschwindigkeit (RMS Regelungs- und Meßtechnik)

Bild 6.17b
Gasstrahlsensor zur Messung der Giergeschwindigkeit (Humphrey)

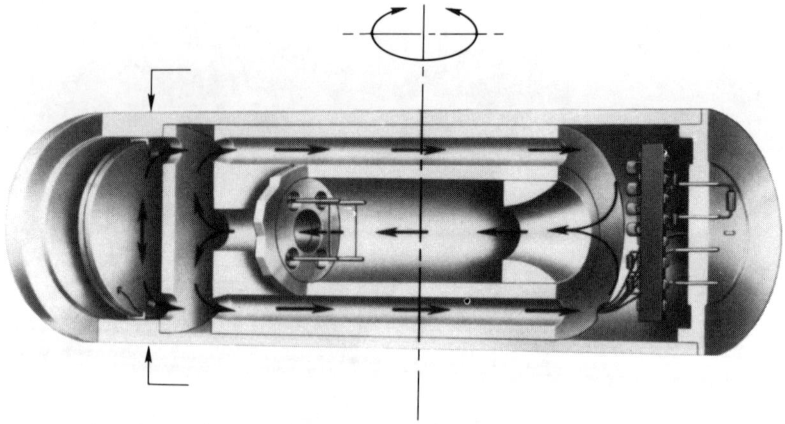

sich der Abstand des Gasstrahls zu den Heizdrähten, von denen einer mehr abgekühlt wird und seinen elektrischen Widerstand ändert. Die Widerstandsänderung ruft in einer Brückenschaltung eine Spannungsänderung hervor, die der Giergeschwindigkeit proportional ist.

Eine weitere Möglichkeit zur Messung der Giergeschwindigkeit ist der von der Fa. SEL entwickelte Faserkreisel (Bild 6.18).

Der Faserkreisel mißt die Drehgeschwindigkeit mit Hilfe eines Ringinterferometers. Den geschlossenen Lichtweg, der dafür erforderlich ist, bildet eine Lichtleitfaser. Für eine hohe Empfindlichkeit ist ein langer Ausbreitungsweg des

Bild 6.18 Faserkreisel – ein optischer Drehratensensor zur Messung der Giergeschwindigkeit mit Funktionsprinzipskizze (SEL)

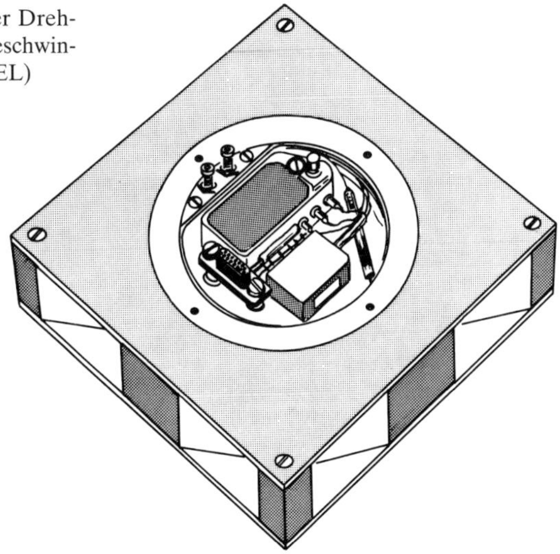

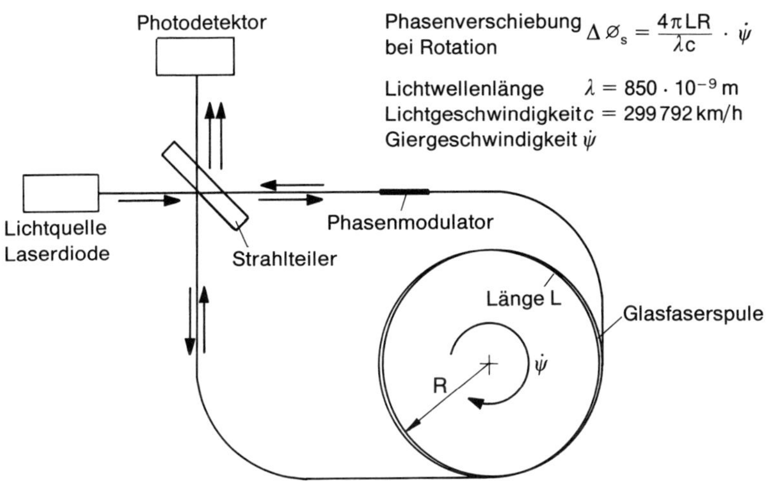

Lichtes notwendig. Hierzu wird der Lichtwellenleiter zu einer Spule mit sehr kleinem Volumen aufgewickelt.

Im wesentlichen besteht ein Faserkreisel aus den vier Komponenten:

- ☐ Halbleiterlaser als Lichtquelle
- ☐ Strahlteiler
- ☐ Lichtwellenleiterspule
- ☐ Photodetektor

Der Laserstrahl wird über den Strahlteiler in zwei Lichtwellen gleicher Intensität aufgeteilt. Der eine Laserstrahl passiert die Spule im Uhrzeigersinn, der andere in

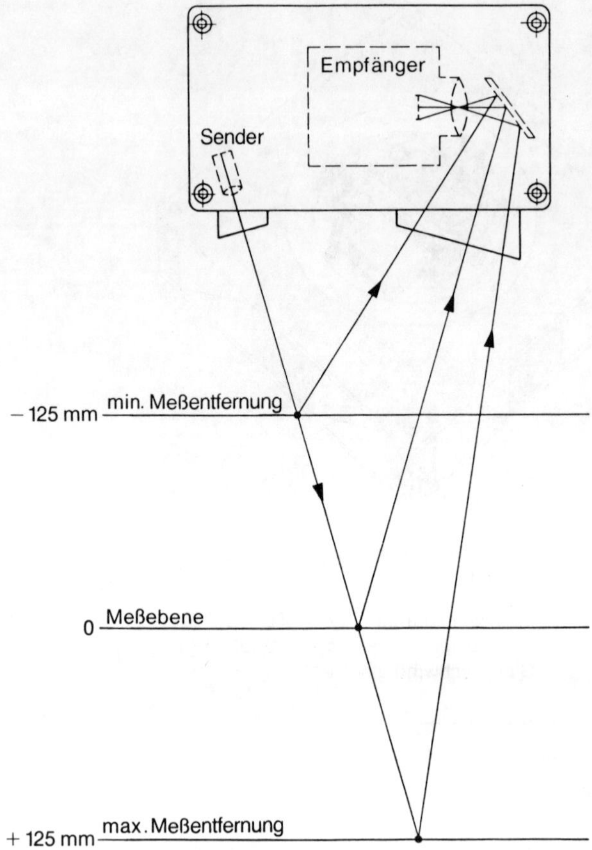

Bild 6.19 Prinzipskizze eines optoelektronischen Abstandsmeßgerätes zur Erfassung von Nick- und Wankwinkel durch Messung des Bodenabstandes an drei Punkten des Fahrzeugaufbaus. (Fa. OMT, Typ AMG 250: Arbeitsabstand 350 mm, Meßbereich ±125 mm, Auflösung 0,5 mm)

Bild 6.20 Berührungslose, optisch-elektronische Geschwindigkeitssensoren zur Messung der Längs- und Quergeschwindigkeit am Fahrzeug für die Bestimmung des Schwimmwinkels (Correvit L und Q von der Fa. Datron-Meßtechnik). Zur genauen Ausrichtung des Quersensors bei Geradeausfahrt (Nullabgleich) ist dieser an einem vom Fahrzeug aus elektrisch verstellbaren Präzisionsmeßtisch befestigt.

entgegengesetzter Richtung. Ist die Spule durchlaufen, werden beide Lichtwellen zur Interferenz gebracht. Sie sind ohne Drehbewegung in Phase.

Dreht sich der Faserkreisel um die vertikale Achse, tritt eine Phasenverschiebung zwischen den beiden Lichtwellen ein, denn der Lichtstrahl in Drehrichtung hat eine längere, der andere eine kürzere Laufzeit (Sagnac-Effekt).

Diese Phasenverschiebung führt zu einer Intensitätsänderung des Interferenzsignals, die der Photodetektor erfaßt. Daraus wird die Drehgeschwindigkeit ermittelt.

6.4.2.6 Wank- und Nickwinkel

Die kreiselstabilisierte Plattform nach Bild 6.12 ist auch für das Messen der Aufbauneigungswinkel geeignet. Die Schwenkbewegung des fahrzeugfesten Gerätegehäuses gegenüber der horizontal stabilisierten Plattform wird mit einem Potentiometer erfaßt und als dem Neigungswinkel proportionale Spannung ausgegeben. Bei nur in einer Achse stabilisierten Plattform müssen zwei Geräte um 90° verdreht eingebaut werden.

Eine andere Möglichkeit ist die berührungslose Messung des Bodenabstands an drei Punkten des Fahrzeugs mit optoelektronischen Abstandsgebern (Bild 6.19). Wank- und Nickwinkel können aus den Bodenabständen und den geometrischen Maßen der Anbringungsorte der drei Geber an der Karosserie berechnet werden.

6.4.2.7 Schwimm- und Schräglaufwinkel

Schwimm- und Schräglaufwinkel lassen sich aus den gemessenen Längs- und Quergeschwindigkeiten berechnen oder mit einem drehbar aufgehängten Schlepprad nach dem Prinzip eines Nachlaufrades direkt ermitteln. Zur Messung des Schwimmwinkels werden die Geräte an der Karosserie, für die Erfassung des Schräglaufwinkels am Rad angebracht (Bilder 6.20 und 6.21). Bild 6.22 zeigt die

Bild 6.21 Berührungslose Geschwindigkeitssensoren zur Messung der Schräglaufwinkel (Datron-Meßtechnik)

Bild 6.22 Schlepprad zur direkten Messung des Schräglauf- und Sturzwinkels am Rad (Fachhochschule Offenburg, Labor für Kraftfahrzeugtechnik)

Bild 6.23 Vorrichtung zur Messung des Lenkwinkels der Vorderräder mit einem induktiven Drehwinkelgeber (Mercedes-Benz, Drehwinkelgeber der Fa. TWK-Elektronik)

Befestigung eines Schleppradess. Der drehbar gelagerte Schleppradarm stellt sich in die Bewegungsrichtung ein. Ein Potentiometer mißt den Winkel zur Radebene, den Schräglaufwinkel. Mit einem zweiten Potentiometer läßt sich die Neigung der Radebene zur Fahrbahn, der Sturz, ermitteln.

6.4.2.8 Lenkwinkel an den Rädern, Vorspurwinkel

Für die Messung der Radwinkel zur Karosserie sind verschiedene Vorrichtungen entwickelt worden. Die Vorrichtung zur Messung des Vorderradeinschlagwinkels im Fahrbetrieb besteht aus einem Hebelmechanismus, der einen Tastbügel an eine Planscheibe am Rad drückt. Die Planscheibe ist am Radbolzen befestigt und dreht sich nicht mit dem Rad (Bild 6.23). Die Lenkwinkel des Rades werden an einen elektrischen Drehwinkelgeber übertragen. Spurweiten- und Sturzänderungen gleicht der parallelogrammförmige Hebelmechanismus aus.

Spurwinkeländerungen der Hinterräder zur Karosserie beim Fahrbetrieb können mit der gleichen Vorrichtung erfaßt werden. Die Planscheibe wird an der Hinterradfelge drehbar gelagert und mit einem Bügel zur stehenden Achse festgehalten, so daß sich die Scheibe nicht mit dem Rad dreht.

Bild 6.24
Vorrichtung zur Messung von Spur- und Sturzwinkeln am Rad mit einer Fotodiodenkamera von OMT (Optoelektronische Meßtechnik)

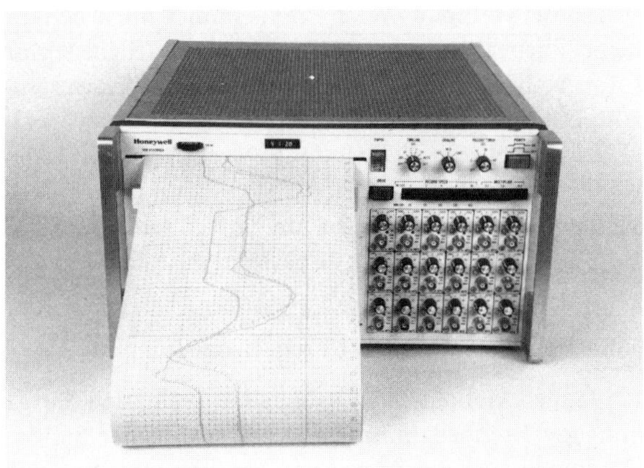

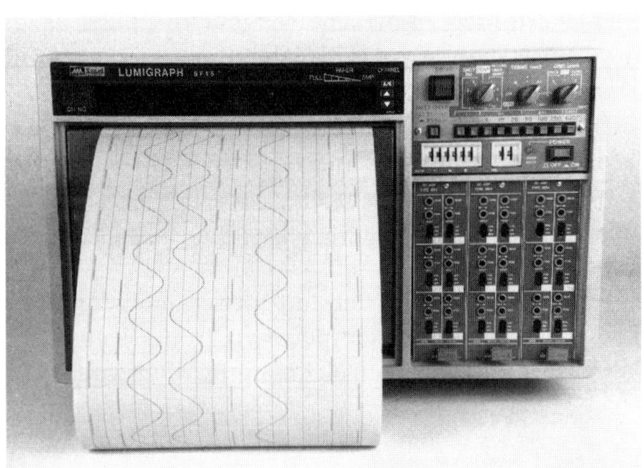

Bild 6.25
Direktschreibende Lichtstrahloszillographen für 18 Kanäle
Oben: Visicorder (Honeywell)
Unten: Lumigraph mit Rechneranschlußmöglichkeit (IMO-Industries Transinstruments)

Eine neuere Methode ist es, Spur- und Sturzwinkel am Rad mit Fotodiodenkameras zu messen. Die Kameras werden an einem mit der Karosserie verbundenen Tragrahmen befestigt, und sie erfassen die Winkelbewegungen eines am Rad angebrachten Spiegels (Bild 6.24).

6.4.3 Datenaufzeichnung und Auswertung

Je nach Aufgabenstellung werden verschiedene Datenaufzeichnungs- und Auswertemethoden verwendet.

6.4.3.1 Direktschreiber

Die einfachste Methode ist es, bei wenigen Meßgrößen und kurzer Meßdauer einen direktschreibenden Oszillographen für die Datenaufzeichnung zu verwenden (Bild 6.25). Trotz rascher Verbreitung der elektronischen Datenverarbeitung kann sich diese Methode in der Praxis immer noch behaupten, weil sie einfach ist und keine Vorbereitungen, wie Programmierarbeit, verlangt. Die Zeitfunktionen sind sofort während der Messung sichtbar. Das Auswerten erfolgt durch Ausmessen der Amplituden von Hand.

Bei schnelleren Schwingungsvorgängen mit vielen Daten ist diese Methode weniger geeignet. In solchen Fällen kann es trotzdem für die Betrachtung grundsätzlicher Zusammenhänge von Nutzen sein, die auf Magnetband aufgenommenen Vorgänge mit Hilfe eines direktschreibenden Oszillographen sichtbar zu machen.

6.4.3.2 Magnetband mit Frequenzmodulation

Bei langer Meßdauer und schnell ablaufenden Vorgängen hat sich die Aufzeichnung mit Frequenzmodulation (FM) auf einer Bandmaschine bewährt (Bild 6.26). Die frequenzmodulierten Analogbänder müssen anschließend digitalisiert werden, um die Auswertung mit einem Rechner durchführen zu können. Das Umsetzen der Bänder erfordert zusätzliche Zeit und Rechnerkapazität, deshalb ist diese Methode dort einsetzbar, wo das Ergebnis nicht sofort vorliegen muß. Die Anzahl der Kanäle ist begrenzt. Bei einem $^1/_2$"-Band können 7 Spuren und eine Sprachspur aufgespielt werden. Weil bei der FM-Methode Schwankungen der Bandgeschwindigkeit als Meßfehler eingehen, muß ein sehr genauer Gleichlauf des Bandes gewährleistet sein. Fahrzeugtaugliche, beschleunigungsfeste Bandgeräte sind verhältnismäßig groß und schwer. Dies muß bei der Versuchsplanung berücksichtigt werden.

Es ist zu erwarten, daß mit fortschreitender Entwicklung der Rechentechnik und zugehörigen Massenspeichern großer Kapazität, zum Beispiel optische Diskette, das Band als Aufzeichnungsmedium an Bedeutung verliert.

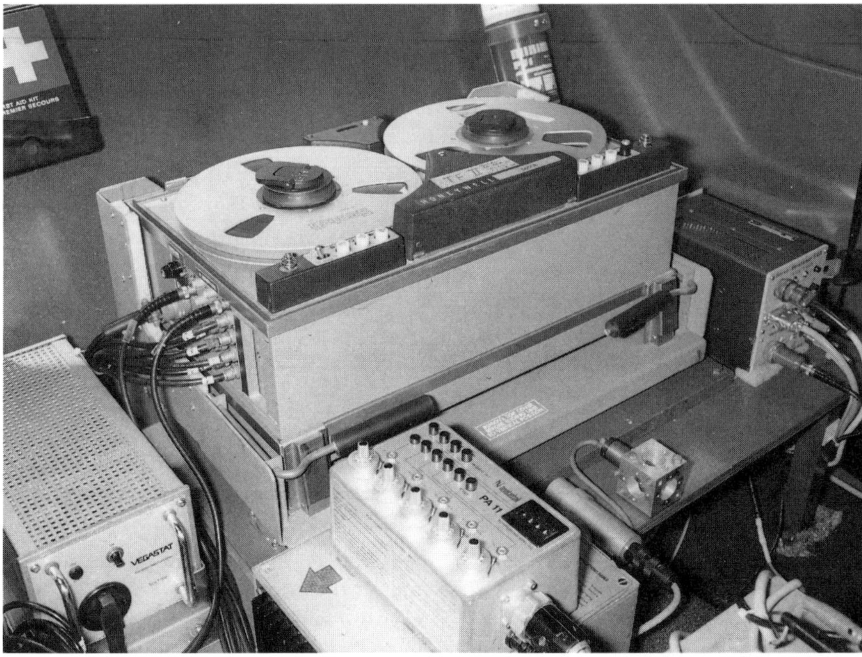

Bild 6.26 Frequenz-Modulations(FM)-Meßsystem (Bandmaschine der Fa. Honeywell)

6.4.3.3 Pulse-Code-Modulationsverfahren

Die Aufnahme der Meßdaten mit einer Pulse-Code-Modulationsanlage (PCM) erlaubt die Speicherung großer Datenmengen mit großer Aufnahmedynamik bei geringem Platzbedarf des Geräts (Bild 6.27 a). Bei diesem Verfahren werden die Analogsignale mit bestimmten Frequenzen abgetastet und die einzelnen Werte an einem Magnetband als binäre Zahl dargestellt. Die zeitgleichen Werte von verschiedenen Vorgängen werden mit dem Multiplexverfahren hintereinander am Band festgehalten. Auf einer Spur können acht Vorgänge aufgezeichnet werden. Nach Umformatierung sind die Meßgrößen direkt über einen Rechner auswertbar. Während der Messung können die auf Magnetband aufgezeichneten Meßgrößen nach Digital-Analog-Umwandlung an einem nachgeschalteten Oszillographen sichtbar gemacht werden (Hinterbandkontrolle). Größere Geräte zeichnen bis zu 56 Kanäle auf ein 1/2″-Magnetband mit 7 Spuren auf. Bei neueren Systemen werden als Aufzeichnungsmedium auch Videokassetten verwendet. Die Signalkontrolle erfolgt mit Hilfe vom eingebauten Display.

Besonders kleine Bauweise zeichnet die DAT-Recorder aus (Digital Audio Tape). Die Aufzeichnung erfolgt 8-kanalig in Schrägspur auf eine kleine Bandkassette (Bild 6.27 b). Diese Geräte legen großen Wert auf Datensicherheit, ein Rechnerinterface gehört ebenfalls zur Ausstattung.

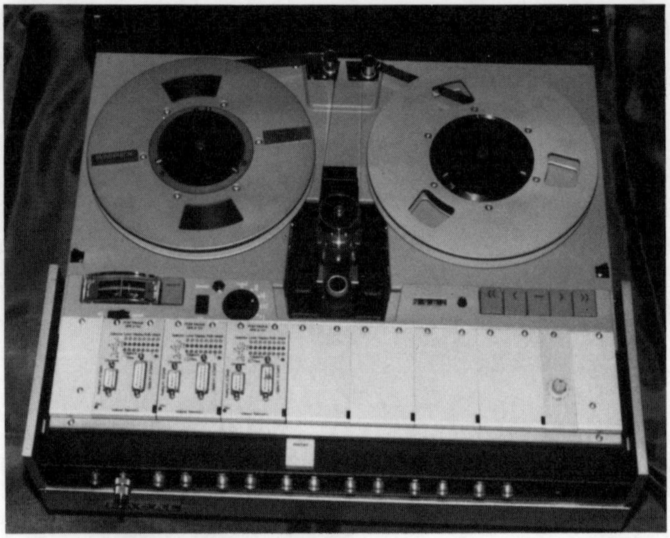

Bild 6.27a PCM-Bandgerät (Fa. Racal) mit eingebauten Encodern (Fa. Volland)

Bild 6.27b DAT-Recorder Digital-Audio-Tape (Fa. Sony)

6.4.3.4 Mobiles, rechnergesteuertes Meß- und Auswertesystem

Die hohen Anforderungen der heutigen Versuchspraxis, große Datenmengen schnell zu erfassen und gleich am Meßort auszuwerten, führten zur Entwicklung mobiler, rechnergesteuerter Systeme. Sie bestehen aus einem Meßdatenerfassungssystem im Versuchsfahrzeug und einem Auswertesystem, das zweckmäßigerweise in einem zum mobilen Labor umgebauten Transporter oder Caravan untergebracht ist. Firmen und Institute, die oft Messungen durchführen, verwenden meistens selbstentwickelte Meßsysteme.

Zur Verbindung zwischen Meßfahrzeug und mobilem Labor sind grundsätzlich zwei Möglichkeiten vorhanden, die Offline- und die Online-Datenverbindung (Bild 6.28).

Bei der Offline-Datenübergabe sind im Meßfahrzeug die Datenerfassungseinrichtung mit Signalaufbereitung, d. h. die benötigten Aufnehmer, Analogverstär-

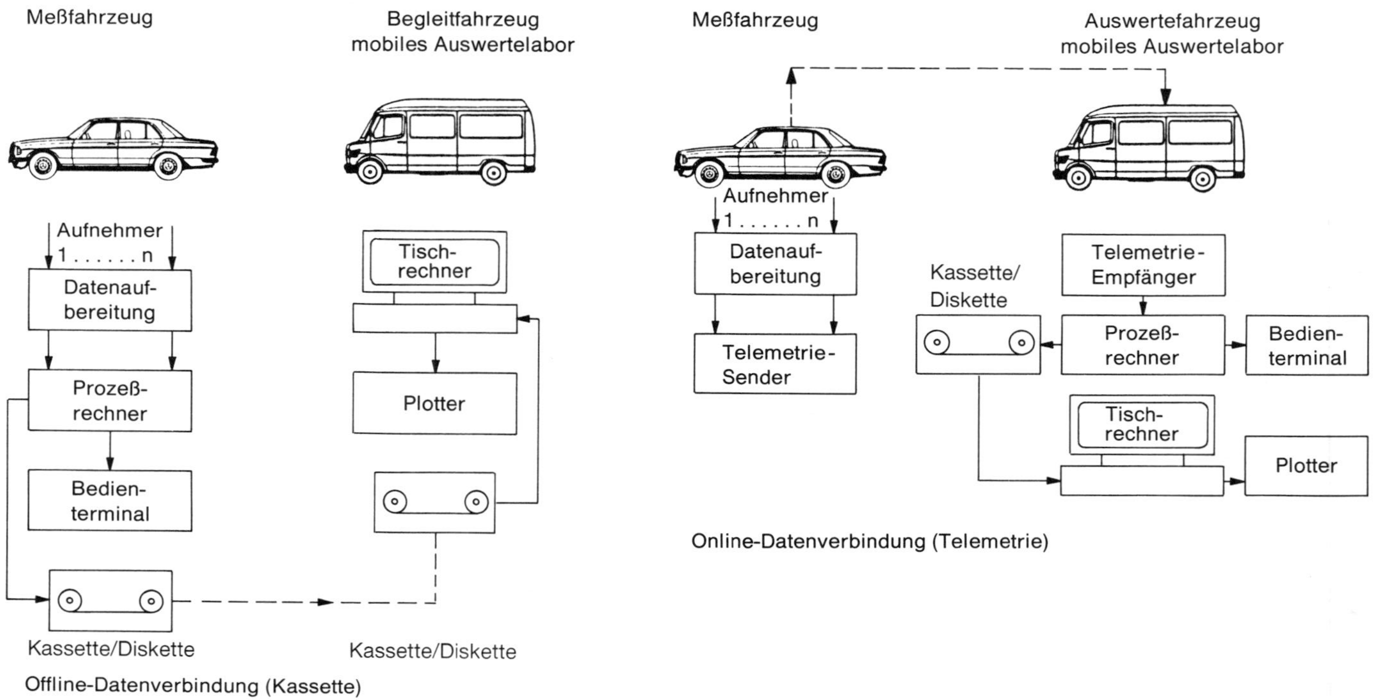

Bild 6.28
Verbindungsmöglichkeiten zwischen Meßfahrzeug und mobilem Auswertelabor bei Fahrdynamikmessungen

Bild 6.29
Meßvorrichtung mit Prozeßrechner im Fahrzeug für fahrdynamische Messungen (Toshiba)

Bild 6.30 Auswertegeräte für fahrdynamische Messungen im mobilen Labor (Mercedes-Benz)

ker und ein Prozeßrechner mit Bedienterminal sowie ein Disketten/Kassettenlaufwerk zur Zwischenspeicherung der Daten eingebaut. Für fahrdynamische Messungen im Fahrzeug haben sich besonders Rechner in kompakter Bauweise (Laptop) bewährt, die Bildschirm, Tastatur und Plattenlaufwerk für Datenaufzeichnung in einer Einheit enthalten (Bild 6.29). Die Auswerteeinrichtung, Tischrechner, Kassettenlaufwerk und Plotter zur Ausgabe berichtsfertiger Diagramme sind im Begleitfahrzeug (Labor) untergebracht (Bild 6.30). Nach einer oder mehreren Meßserien werden die Datenträger aus dem Meßfahrzeug entnommen. Während diese ersten Datensätze im Begleitfahrzeug ausgewertet werden, können im Fahrzeug die Messungen weiterlaufen.

Bei der Online-Datenübergabe werden die Daten aus dem Meßfahrzeug durch Telemetrie in das Begleitfahrzeug übertragen. Wenn aus versuchstechnischen Gründen nur wenige Geräte im Meßfahrzeug mitgeführt werden können, wird dieses System bevorzugt. Im Meßfahrzeug befinden sich dann nur die benötigten Aufnehmer mit Datenaufbereitung (Analogverstärker und Telemetriesender). Die Auswertung im Begleitfahrzeug erfolgt bereits während der Messung. Erfahrungsgemäß ist diese Methode jedoch nur dann einsetzbar, wenn das Begleitfahrzeug in der Nähe der Versuchsstrecke, möglichst in Sichtkontakt, abgestellt werden kann. Sonst können je nach Geländeform und Umgebung bei der Telemetrieübertragung Störungen auftreten. Unter ungünstigen Übertragungsbedingungen können im empfangenen Datenstrom Lücken auftreten. In diesem Fall können die ausgefallenen Daten nochmals angefordert werden, wenn die Signalqualität durch einen Rechner überwacht wird. Dies setzt eine Zwischenspeicherung im Meßfahrzeug und eine bidirektionale Übertragungsstrecke voraus.

6.4.4 Versuchsbedingungen

Um die Vergleichbarkeit von Versuchsergebnissen zu gewährleisten, werden in den DIN/ISO-Normen die Versuchsbedingungen allgemein festgelegt. Vor jedem Versuch sollten die Fahrzeugdaten in einem Datenblatt erfaßt werden. Ein Beispiel für das Datenblatt zeigt Bild 6.31. Bei speziellen Versuchen ist es erforderlich, auch weitere Daten über die Fahrzeugausrüstung festzuhalten, die für eine spätere Auswertung für Vergleiche notwendig sein können (z. B. Bremssystem, Bremskraftverteilung usw.).

6.4.4.1 Teststrecke

Versuche können auf Teststrecken oder auf öffentlichen Straßen durchgeführt werden. An die Teststrecken sind besondere Anforderungen zu stellen, wobei die Griffigkeit der Fahrbahnoberfläche die Meßergebnisse wesentlich beeinflußt. Aus diesem Grund wurden auch in der ISO Vorschläge für die Messung der Griffigkeit von Versuchsstrecken und für die Materialzusammensetzung von Fahrbahnoberflächen mit hoher Griffigkeit ausgearbeitet (ISO/TR 8349 und ISO/TR 8350-1986).

Allgemeine Daten

Fahrzeugbeschreibung:

Fabrikat, Baujahr, Modell, Typ: ____

Fahrgestell-Nr.: ____

Lenkungstyp: ____

Art der Radaufhängung – vorne: ____

– hinten: ____

Motorgröße, Sonderausstattung: ____

Reifen und Reifenzustand: ____

Reifendruck – kalt: ____ vorne ____ hinten ____ bar

– warm – nach Aufwärmen: ____ vorne ____ hinten ____ bar

falls gemessen – warm – nach dem Test: ____ vorne ____ hinten ____ bar

Felgengröße: ____

Radstand: ____ m

Spurweite – vorne: ____ m

– hinten: ____ m

Sonstiges: ____ m
(insbesondere wesentliche Radeinstellungsdaten)

Fahrzeugbeladung:

Beladungszustand und -verteilung: ____

Fahrzeuggewicht wie getestet: ____ LV ____ RV ____ kg

LH ____ RH ____ kg

Gesamt ____ kg

Testbedingungen:

Beschreibung der Fahrbahnoberfläche: ____

Wetterbedingungen: ____

Temperatur: ____ °C

Windgeschwindigkeit: ____ m/s

Bezugspunkt der Schwimmwinkelmessung: ____

Kreisbahnradius: ____ m

Versuchsfolge: ____

Testpersonal:

Fahrer: ____

Beobachter: ____

Auswerter: ____

Allgemeine Kommentare: ____

Die Versuche sollten auf einer sauberen, gleichmäßig harten Oberfläche aus Asphalt oder Beton mit hoher Griffigkeit durchgeführt werden. Das durchschnittliche Gefälle der Teststrecke soll nicht mehr als 2% in jeder Richtung, gemessen über einen Abstand zwischen 5 m und 25 m, betragen. Umgebungswindgeschwindigkeiten sollten je nach Test 2,5 bis 7 m/s nicht überschreiten.

6.4.4.2 Reifen

Einen wichtigen Einfluß auf die Meßergebnisse hat der Zustand der Reifen. Versuche können mit Reifen in beliebigem Abnutzungszustand durchgeführt werden, zum Ende des Tests sollte jedoch noch eine minimale Profiltiefe von 1,5 mm über der gesamten Reifenlauffläche (Berührungsfläche mit der Fahrbahn im Stand) bestehen. Für Vergleichsversuche, bei denen eine gleichmäßige Reifenbeschaffenheit erforderlich ist, sollten neue Reifen verwendet werden. Diese müssen 150 km bis 200 km in der üblichen Anordnung am Fahrzeug ohne übermäßige Beanspruchung, z.B. beim Bremsen, Beschleunigen und Kurvenfahren, eingefahren werden. Der vorgeschriebene Luftdruck ist bei kalten Reifen mit einer zulässigen Abweichung von $\pm$ 0,05 bar für Luftdrücke bis zu 2,5 bar und $\pm$ 2% für Luftdrücke über 2,5 bar einzuhalten.

Die Reifen sind vor Testbeginn aufzuwärmen. Hierzu wird in den Normen vorgeschlagen, eine Strecke von 10 km mit $v = 80$ km/h oder 5 km mit $v = 100$ km/h zu fahren oder bei Kreisfahrt mit $a_y = 3\,\mathrm{m/s^2}$ 500 m zurückzulegen.

6.4.4.3 Beladungszustand

Um den Einfluß der Beladung zu erfassen, werden Fahrverhaltensmessungen mit minimalem und maximalem Beladungszustand durchgeführt.

Der *minimale Beladungszustand* umfaßt das Fahrzeug-Leergewicht (siehe ISO 1176) und das Gewicht des Fahrers sowie der Instrumente.

Der *maximale Beladungszustand* ist bei Personenwagen das Gesamtgewicht des voll beladenen Fahrzeugs. Es setzt sich folgendermaßen zusammen: Leergewicht plus 68 kg mal Sitzanzahl im Fahrgastraum und das maximale Gepäckgewicht, entsprechend ISO 2416 gleichmäßig verteilt im Kofferraum (siehe hierzu [9]). Der Fahrgastraum soll so beladen werden, daß die daraus resultierenden Radlasten gleich denen sind, die bei Beladung jeden Sitzes mit 68 kg entsprechend ISO 2416 und DIN 70031 erhalten werden. Das Gewicht der Meßausrüstung ist in das Fahrzeuggewicht mit einzubeziehen. Es ist sorgfältig darauf zu achten, daß nur geringe *Abweichungen* des *Trägheitsmoments* im Vergleich zu den Beladungsbedingungen im normalen Gebrauch des Fahrzeugs auftreten.

Bild 6.31 (linke Seite) Datenblatt zur Erfassung der Fahrzeugdaten und Testbedingungen für fahrdynamische Messungen.

6.5 Testverfahren und Meßmethoden

Zur meßtechnischen Erfassung des Fahrverhaltens werden meistens aufgrund von Erfahrungen ausgesuchte Einzeldisziplinen untersucht. Wegen der großen Anzahl der möglichen Fahrmanöver und Betriebsbedingungen ist die objektive Messung des gesamten Fahrverhaltens nicht möglich. Es können jeweils nur Teilbereiche erfaßt und für verschiedene Fahrzeuge verglichen werden.

Die möglichen Testverfahren im offenen und geschlossenen Regelkreis sind im Bild 6.3 zusammengefaßt. Einige hiervon werden im Subkomitee ISO/TC 22/SC9 mit dem Ziel einer internationalen Normung bearbeitet. Die erste Norm für das Fahrverhalten ISO 4138 «Steady State Circular Test» (Stationäre Kreisfahrt) erschien 1982. Sie wurde 1984 als DIN/ISO 4138 auch in die deutsche Normung übernommen. Weitere ISO-Normen siehe Bild 1.1. In Vorbereitung für eine Normung sind die Testverfahren: «Lastwechselreaktion», «Seitenwindempfindlichkeit» und «Geradeauslauf».

1975 ist ein ISO-Technischer Bericht über den doppelten Fahrspurwechsel erschienen (Test Procedure for Severe Lane-Change Manoeuvre, ISO/TR 3888). Der ISO-Test «Doppelter Fahrspurwechsel» wird von den Fahrzeugherstellern als Vergleichstest benutzt. Der Text wurde nicht genormt, weil viele Messungen gezeigt haben, daß bei Prüfverfahren im geschlossenen Regelkreis wegen der unterschiedlichen Fahrereigenschaften ein absoluter Bewertungsmaßstab nicht festgelegt werden kann. Deshalb gehen die Bemühungen in der ISO dahin, nur Verfahren im offenen Regelkreis, d.h. ohne Fahrereinfluß, zu normen.

Außerdem wurden 1986 zwei weitere ISO-Technische Berichte veröffentlicht: «Messung der Straßenoberflächenreibung» (Measurement of road surface friction) ISO/TR 8349 und «Testfahrbahnoberfläche mit hoher Reibung – Spezifikationen» (High-friction test track surface – Specifications) ISO/TR 8350. Weitere veröffentlichte ISO/TR siehe Bild 1.1.

6.5.1 Verfahren zur Messung der Fahrwiderstände

Von den am Fahrzeug wirkenden Fahrwiderständen (Abschnitt 2.1) interessieren besonders die von der Fahrzeugauslegung abhängigen Komponenten, der Roll- und Luftwiderstand. Die Größe dieser Widerstände sollte einzeln bekannt sein, um gezielte Verbesserungen durchführen zu können. Die getrennte Ermittlung dieser beiden Kräfte im Fahrbetrieb erfordert einen großen meßtechnischen Aufwand.

6.5.1.1 Prüfstandsmessungen

Auf Prüfständen können die einzelnen Fahrwiderstände getrennt ermittelt werden; die Verhältnisse entsprechen jedoch nicht genau dem realen Fahrbetrieb.

Rollwiderstand: Geeignete Prüfstände zur Messung des Rollwiderstands sind Rollen- und Flachbahnprüfstände (Abschnitt 6.7.3.2). Wenn neben dem Walkwiderstand des Reifens auch die anderen, üblicherweise dem Rollwiderstand zugerechneten Anteile, wie Lagerreibung und Vorspurwiderstand, erfaßt werden sollen, muß möglichst am Gesamtfahrzeug, mindestens aber achsweise, gemessen werden. Die nicht gemessene Achse steht dann auf Luftkissenplatten. Das Fahrzeug wird in Längsrichtung über ein Kraftmeßglied festgehalten, das die Meßwerte für den Rollwiderstand liefert (siehe hierzu auch Band «Reifen und Räder»).

Luftwiderstand: Der Luftwiderstand wird im Windkanal gemessen. Das Fahrzeug steht auf einer Mehrkomponenten-Meßeinrichtung und wird von einem definierten Luftstrom angeblasen. Gegenüber der Straßenmessung sind einige systembedingte Abweichungen zu beachten:

- ☐ Windprofil. Wegen der Relativbewegung zwischen Luft und Umgebung bildet sich im Windkanal eine Bodengrenzschicht, die an der Fahrzeugunterseite zu anderen Strömungsverhältnissen führen kann als auf der Straße.
- ☐ Lüfterwiderstand der Räder. Infolge der im Windkanal nicht mitdrehenden Räder entsteht ein Fehler, der bei Straßenfahrzeugen mit den üblichen Radverkleidungen $<1\,\%$ ist.
- ☐ Antriebsmomente. Als Reaktion auf das Moment an den Antriebsrädern entstehen Stützmomente, die über die Radaufhängungen die Karosseriestellung und damit die Anströmrichtung beeinflussen. Dieser Fehler kann weitgehend vermieden werden, wenn die Fahrzeugabstützung über die gleichen Bauteile erfolgt wie im Fahrbetrieb (Motor blockieren).
- ☐ Reibung in den Radaufhängungen. Im realen Fahrbetrieb werden Reibungs- und Klemmeffekte in den Radaufhängungen durch die Erschütterungen gemindert, so daß das Fahrzeug frei federn kann. Die Karosseriestellung kann dadurch im Fahrbetrieb anders sein als im Windkanal, was zu Fehlern führt.

6.5.1.2 Straßenmessungen

Schleppmessungen: Zur Ermittlung des Rollwiderstands wird das zu messende Fahrzeug durch ein zweites Fahrzeug oder mit einer Seilwinde geschleppt. Die Zugkraft im Schleppseil entspricht dem Rollwiderstand. Nachteilig bei dieser Methode ist, daß die Messungen zum Ausschalten des Luftwiderstands nur bei sehr niedriger Geschwindigkeit durchgeführt werden können. Außerdem verursachen schon kleine Fahrbahnunebenheiten Geschwindigkeitsänderungen und Seilschwingungen. Dadurch sind dem Zugkraftsignal Störungen überlagert, die die Auswertung erschweren.

Eine Verbesserung der Schleppmethode und die Erweiterung auf höhere Geschwindigkeiten kann durch Abdecken des Meßfahrzeugs mit einem großen, haubenförmigen Anhänger gegen den Luftwiderstand erreicht werden. Bild 6.32 zeigt den von Mercedes-Benz gebauten Rollwiderstandsmeßanhänger. Die Zugkraft zwischen Anhänger und abgeschirmtem Fahrzeug wird mit einer speziellen Deichsel gemessen. Die Deichselkraft entspricht dem reinen Rollwiderstand. Der Anhänger

Bild 6.32 Rollwiderstandsmeßanhänger zur Abschirmung des Meßfahrzeugs gegen den Luftwiderstand (Mercedes-Benz)

Oben: Zugfahrzeug mit Anhänger bei der Messung
Unten: Meßfahrzeug bei der Montage der Meßdeichsel

ist über 8 m lang und wiegt 500 kg. Die Hälfte davon drückt als Stützlast auf die Anhängekupplung des Zugfahrzeugs, das deshalb mit einer Vorrichtung ausgerüstet ist, die über einen Biegestab einen Teil der hohen Hinterachslast auf die Vorderachse verlagert (Equalizer). Das freidrehende Lenkrad des Versuchsfahrzeugs stellt sich über den Vorderachsnachlauf auf den jeweiligen Kurvenradius ein.

Ausrollversuche: Bei antriebslosem Ausrollen des Fahrzeugs ist der Rollwiderstand bei Vernachlässigung des Luftwiderstands gleich der Verzögerungskraft:

$$k_R \cdot G_g = - m_g \cdot a_x$$

daraus wird mit $m_g = \frac{G_g}{g}$

$$-a_x = k_R \cdot \frac{G_g}{m_g} = k_R \cdot g$$

Durch zweifache Integration ergibt sich der Ausrollweg zu:

$$s_R = \frac{v_0^2}{2 \cdot g \cdot k_R} \qquad \text{(Gl. 6.4)}$$

bzw. die Rollwiderstandszahl

$$k_R = \frac{v_0^2}{2 \cdot g \cdot s_R} \qquad \text{(Gl. 6.5)}$$

(v_0 ist die Ausgangsgeschwindigkeit und g die Erdbeschleunigung.)

Am einfachsten ist es, das Fahrzeug von einem bestimmten Punkt einer definierten Gefällestrecke an ausrollen zu lassen (Bild 6.33 zeigt die Zusammenhänge). In diesem Fall kann die Rollwiderstandszahl aus den geometrischen Maßen des Gefälles und dem gemessenen Ausrollweg s_R berechnet werden. Mit den Bezeichnungen vom Bild 6.33 wird

$$k_R = \frac{s_{R0} \cdot \sin \alpha_{St}}{s_R + s_{R0} \cdot \cos \alpha_{St}} \qquad \text{(Gl. 6.6)}$$

Nachteilig bei dieser Ausrollmethode ist, daß definierte Betriebszustände, z. B. die Beharrungstemperatur der Reifen bei einer bestimmten Geschwindigkeit, nicht eingehalten werden können. Außerdem ist die Messung wegen der Vernachlässigung des Luftwiderstands nur auf kleine Geschwindigkeiten begrenzt.

Bei höheren Anfangsgeschwindigkeiten kann der Luftwiderstand nicht mehr vernachlässigt werden. In diesem Fall ist die Verzögerungskraft gleich der Summe aus Roll- und Luftwiderstand. Für den Rollwiderstand wird bis zu einer Geschwindigkeit von 150 km/h angenommen, daß er sich aus einem konstanten und einem geschwindigkeitsproportionalen Glied zusammensetzt. Bei größeren Fahrgeschwindigkeiten müssen noch Glieder höherer Ordnung berücksichtigt werden (s. Gleichung 2.3).

Mit den Bezeichnungen von Abschnitt 2.1 wird:

$$-a_x \cdot m_g = c_w \cdot A \cdot \frac{\varrho}{2} \cdot v^2 + k_{R1} \cdot G_g \cdot v + k_{R0} \cdot G_g \qquad \text{(Gl. 6.7)}$$

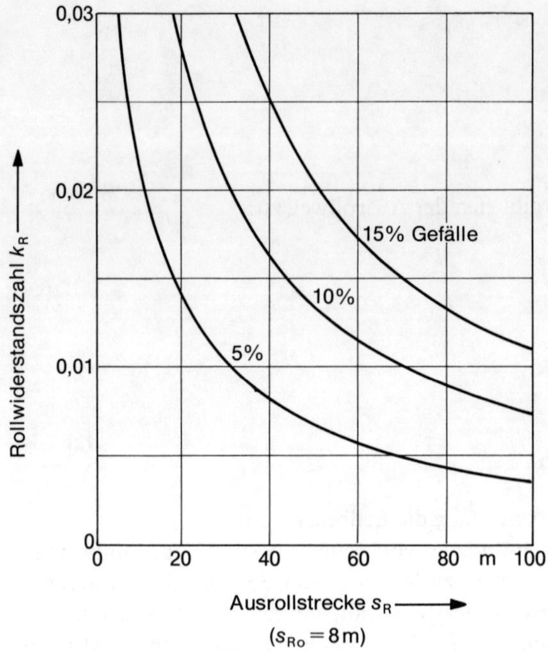

Bild 6.33
Ausrollen von einer Gefällestrecke zur Bestimmung der Rollwiderstandszahl k_R

$$k_R = \frac{s_{Ro} \cdot \sin \alpha_{St}}{s_R + s_{Ro} \cdot \cos \alpha_{St}}$$

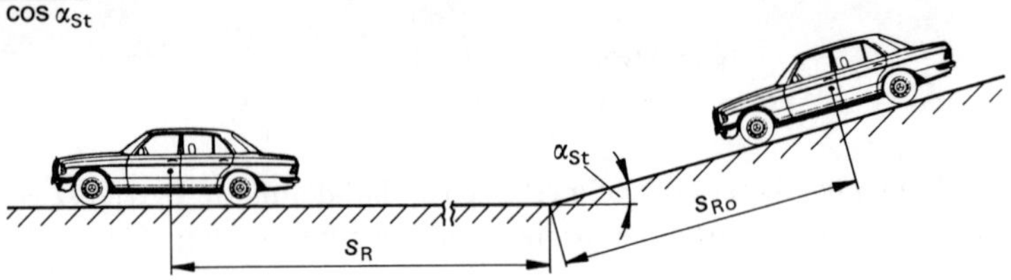

durch m_g dividiert:

$$-a_x = \frac{c_w \cdot A \cdot \frac{\varrho}{2}}{m_g} \cdot v^2 + k_{R1} \cdot g \cdot v + k_{R0} \cdot g \qquad \text{(Gl. 6.8)}$$

Werden in Gleichung 6.8 die Koeffizienten

$$K_2 = \frac{c_w \cdot A \cdot \frac{\varrho}{2}}{m_g}, \quad K_1 = k_{R1} \cdot g, \quad K_0 = k_{R0} \cdot g$$

eingesetzt, dann lautet die Fahrwiderstandsgleichung

$$-a_x = K_2 \cdot v^2 + K_1 \cdot v + K_0 \qquad \text{(Gl. 6.9)}$$

Der Luftwiderstandsbeiwert ergibt sich zu:

$$c_w = \frac{K_2 \cdot m_g}{A \cdot \frac{\varrho}{2}} \qquad \text{(Gl. 6.10)}$$

und die geschwindigkeitsabhängige Rollwiderstandszahl:

$$k_R(v) = v \cdot \frac{K_1}{g} + \frac{K_0}{g} \qquad \text{(Gl. 6.11)}$$

Beim Ausrollversuch kann entweder die Verzögerung oder die Geschwindigkeit gemessen werden. An die Genauigkeit der Messung werden hohe Anforderungen gestellt, weil das Verfahren sehr empfindlich auf Meßungenauigkeiten reagiert. Die beste Methode ist, die Geschwindigkeit während des Ausrollens mit einem Correvit L (Abschnitt 6.4.2.4) kontinuierlich zu messen und die Verzögerung durch numerische Differentiation zu ermitteln.

Zur Bestimmung der Werte c_w und $k_R(v)$ wird die Fahrwiderstandsgleichung 6.9 selbst, ein Polynom 2. Ordnung, als Regressionsansatz benutzt. Die Rechnung führt direkt zu den Koeffizienten K_2, K_1 und K_0, aus denen Luftwiderstandsbeiwert und Rollwiderstandszahl nach den Gleichungen 6.10 und 6.11 berechnet werden können. In die Berechnung gehen die Fahrzeugmasse, die Querspantfläche, der Luftdruck und die Lufttemperatur ein. Meßfehler bei diesen Größen bewirken daher auch Fehler bei den Werten c_w und k_R.

Konstantfahrt mit eigenem Antrieb: Eine weitere Möglichkeit zur Ermittlung der Fahrwiderstände ist die Messung der Antriebsmomente an den Rädern mit hochempfindlichen Drehmomentmeßnaben (Bild 6.34).

Bild 6.34 Drehmoment-Meßscheibe mit Dehnmeßstreifen zur Erfassung von Antriebs- und Bremsmomenten am Pkw-Rad (Mercedes-Benz)

Die Fahrwiderstandsgleichung und das Lösungsverfahren sind ähnlich wie beim Ausrollversuch. Die aus dem Antriebsmoment errechnete Zugkraft ist gleich der Summe von Luft- und Rollwiderstand.

Ähnlich der Gleichung 6.7 wird:

$$\frac{M_A}{r_{dyn}} = c_w \cdot A \cdot \frac{\varrho}{2} \cdot v^2 + k'_{R1} \cdot G_g \cdot v + k'_{R0} \cdot G_g \qquad \text{(Gl. 6.12)}$$

bzw. wie Gleichung 6.9 wird:

$$M_A = K'_2 \cdot v^2 + K'_1 \cdot v + K'_0 \qquad \text{(Gl. 6.13)}$$

M_A ist hier das gemessene Antriebsmoment an den angetriebenen Rädern. Die Messungen sollten bei möglichst eng gestuften jeweils konstanten Geschwindigkeiten durchgeführt werden. Wie beim Ausrollversuch führt auch hier eine Regressionsrechnung zu den gesuchten Koeffizienten K'_2, K'_1 und K'_0. Daraus können Luftwiderstandsbeiwert c_w und Rollwiderstandszahl k_R errechnet werden.

Bei dieser Methode wird der Gesamtfahrwiderstand ohne die Verluste im Antriebsstrang erfaßt.

Das Problem bei diesem Verfahren ist, daß wegen der geforderten großen Genauigkeit die Meßnaben sehr empfindlich sein müssen. Sie können nicht für den normalen Fahrbetrieb dimensioniert sein. Die Versuche müssen deshalb auf einer abgesperrten Strecke unter Vermeidung scharfer Anfahr-, Brems- und Kurvenmanöver gefahren werden.

6.5.2 Messung des Bremsverhaltens

6.5.2.1 Bremsen bei Geradeausfahrt

Bremsversuche bei Geradeausfahrt dienen zur Überprüfung des Verzögerungsvermögens und der Richtungsstabilität des Fahrzeugs beim Bremsen. Das Ergebnis wird wesentlich durch die Ausgangsgeschwindigkeit und die Fahrbahngriffigkeit beeinflußt. Zur Durchführung und Auswertung von Bremsversuchen gibt es nationale und internationale Regelungen, die die Mindestanforderungen an das Bremsvermögen in einer Folge von Bremsversuchen vorschreiben (Näheres siehe Abschnitt 3.1).

Bei den Bremsversuchen werden je nach Aufgabenstellung folgende Größen gemessen:

- ☐ Druck im Bremssystem,
- ☐ Bremspedalkraft,
- ☐ Bremsweg,
- ☐ Fahrgeschwindigkeit,
- ☐ Längsverzögerung

und für die Kontrolle der Richtungsstabilität

- □ Lenkradwinkel,
- □ Giergeschwindigkeit,
- □ Querbeschleunigung,
- □ Kursabweichung.

Für spezielle Untersuchungen des Radschlupfs und des Blockierverhaltens der Räder werden Raddrehzahlsensoren verwendet.

Bei der Durchführung der Versuche wird das Bremspedal entweder durch den Fahrer oder eine Bremsmaschine (Abschnitt 6.7.2.4) betätigt. Einen konstanten Bremsdruck kann der Fahrer mit Hilfe einer einstellbaren Pedalstütze erreichen. Das Lenkrad wird während des Bremsens in der Geradeausstellung festgehalten. Die Meßergebnisse werden als Zeitfunktion der Bewegungsgrößen dargestellt. Aus dem Geschwindigkeitsverlauf kann der Bremsweg abgeleitet werden. Er wird jedoch oft auch direkt gemessen. Hierzu wird eine Farbschußvorrichtung benutzt, die bei Einleitung der Bremsung über den Bremslichtschalter betätigt wird und den Anfangspunkt auf der Fahrbahn markiert. Der Bremsweg kann dann auf der Fahrbahn mit einem Bremsmeßrad abgenommen werden.

Ein wichtiges Testmanöver ist das *Bremsen auf einseitig glatter Fahrbahn* (μ-Split). Diese Situation tritt auf winterlichen Straßen auch in der Praxis oft auf, wenn die rechte Fahrbahnseite noch vereist, die Fahrbahnmitte jedoch schon trocken ist. Durch die einseitig größere Bremskraft entsteht um den Fahrzeugschwerpunkt ein Giermoment, das das Fahrzeug zur griffigeren Straßenseite drehen will. Bei extremen Verhältnissen ist das Fahrzeug nicht mehr beherrschbar. Negative Lenkrollhalbmesser mildern das Giermoment etwas, eine gewisse Entschärfung der Situation kann mit automatischen Blockierverhinderern erreicht werden. Auch hier muß der Fahrer leichte Lenkkorrekturen ausführen, um eine Drehung des Fahrzeugs zu verhindern.

Die Überprüfung des Fahrzeugverhaltens beim Bremsen auf einseitig glatter Fahrbahn gehört zu den Standardmeßprogrammen der Fahrzeugfirmen. Um reproduzierbare Verhältnisse zu sichern, wird für den Versuch eine etwa 1 m breite und 50 m lange Plastikfolie (0,5 mm dick) auf die Versuchsbahn gelegt. Die Folie wird mit Seifenwasser benetzt und während der Versuche immer wieder bespritzt. Damit kann ein Reibwert von 0,1 bis 0,2 konstant gehalten werden. Für Anfahrversuche kann auch Schmierseife ($\mu = 0{,}1$) verwendet werden.

Bei dem Bremsversuch fährt das Fahrzeug mit einer Seite auf der Folie, und es wird mit stufenweise erhöhtem Bremsdruck abgebremst. Der Test kann mit festgehaltenem Lenkrad oder mit Lenkkorrekturen des Fahrers durchgeführt werden. Als wesentliches Kriterium wird die Drehung des Fahrzeugs um die Hochachse in Abhängigkeit von der Bremsverzögerung gemessen. Außerdem müssen als Kontrollgrößen der Lenkradwinkel und der Bremsdruck aufgezeichnet werden. Für eingehende Untersuchungen werden auch die Lenkwinkel (Vorspurwinkel) der Räder erfaßt.

Die Ausgangsgeschwindigkeiten werden zwischen 60 km/h und 100 km/h variiert. Als Vergleichskriterium wird die Giergeschwindigkeit nach einer Sekunde über der mittleren Verzögerung aufgetragen. Wichtig ist die Kontrolle der Bremsentemperatur. Sie sollte vor der Messung 100 °C nicht überschreiten.

6.5.2.2 Bremsen bei Kurvenfahrt

Ein wichtiges praxisbezogenes Fahrmanöver ist das Bremsen in der Kurve. Das Fahrzeug soll dabei möglichst nicht vom eingeschlagenen Kurs abweichen, es soll sich auch nicht um seine Hochachse drehen. Dieser Test kann im geschlossenen oder offenen Regelkreis durchgeführt werden.

Beim geschlossenen Regelkreis wird der Fahrtkurs als abgesteckte Gasse vorgegeben. Der Fahrer muß Lenkeinschlag und Verzögerung so einrichten, daß er unter Einhaltung der Gasse einen vorgegebenen Bremsweg nicht überschreitet. Der Test ist praxisnah, die Ergebnisse sind jedoch fahrerabhängig. Aus diesem Grund müssen mehrere Fahrer eingesetzt werden. Auf diese Weise ist ein subjektiver Vergleich von Fahrzeugen möglich.

Soll dagegen das Bremsverhalten aufgrund objektiver Kennwerte beurteilt werden, wird ein Verfahren im offenen Regelkreis gewählt. Hierzu wurde bereits eine internationale Norm ausgearbeitet: DIN/ISO 7975.

Das Ziel des Tests ist, den Einfluß des Bremsens auf die Richtungshaltung des Fahrzeugs zu bestimmen, dessen stationäre Kreisfahrt nur durch das Bremsen gestört wird. Das Lenkrad wird während des Manövers festgehalten.

Folgende Größen werden gemessen:

- ☐ Lenkradwinkel,
- ☐ Bremsdruck,
- ☐ Querbeschleunigung,
- ☐ Längsverzögerung,
- ☐ Vorwärtsgeschwindigkeit,
- ☐ Giergeschwindigkeit.

Für tiefergehende Untersuchungen können noch weitere Größen ermittelt werden: Anhalteweg, Wank- und Nickwinkel, Schwimmwinkel, Quergeschwindigkeit, seitliche Abweichung des Schwerpunkts vom Anfangskreis.

Das Fahrzeug fährt auf einem Kreis mit einem bestimmten Durchmesser mit der vorgegebenen Geschwindigkeit (Bild 6.35). Aus der stationären Kreisfahrt wird mit stufenweise erhöhten Längsverzögerungen, beginnend von 2 m/s^2, abgebremst. Die Stufen betragen 1 m/s^2. Das Bremspedal wird dabei so schnell wie möglich betätigt.

Die aufgezeichneten Meßwerte werden zweckmäßigerweise mit Hilfe eines Rechners ausgewertet. Für jede Meßfahrt werden aus den Zeitfunktionen die Stationärwerte vor Bremsbeginn, Mittelwerte und Maximalwerte sowie Zeitwerte in einem bestimmten Zeitpunkt t_n nach Bremsbeginn ermittelt. Für t_n wird üblicherweise 1 s gewählt, weil diese Zeitspanne etwa der Reaktionszeit des Fahrers

Bild 6.35
Stationäre Ausgangsbedingungen beim Bremsen in der Kurve nach DIN/ISO 7975

Radius	Querbeschleunigung		Entsprechende Längsgeschwindigkeit	
m	m/s²	zul. Abw. %	km/h	zul. Abw. %
30 bis 50	5	±10	44 bis 57	±5
100	4	±10	72	±5

entspricht. Entscheidend ist die Größe der Fahrzeugbewegung in diesem Zeitpunkt, weil damit gerechnet werden muß, daß der Fahrer erst nach dieser Reaktionszeit korrigierend eingreifen kann. Deshalb werden die Zeitwerte der Bewegungsgrößen nach 1 s als Beurteilungskriterien für das Fahrzeugverhalten beim Bremsen in der Kurve genommen. Die ermittelten Werte $\dot{\psi}_{1\,s}$ und $a_{y1\,s}$ müssen auf die Stationärwerte vor Bremsbeginn $\dot{\psi}_{stat}$ und a_{ystat} bezogen werden, um Unterschiede durch Streuung der Ausgangsbedingungen zu vermindern. Weil sich das Fahrzeugverhalten bei verschieden starken Verzögerungen ändert, werden die Kurven $\dot{\psi}_{1\,s}/\dot{\psi}_{stat}$ und $a_{y1\,s}/a_{ystat}$ über der Verzögerung aufgetragen.

Um das Fahrzeugverhalten beurteilen zu können, sind Bezugswerte (Referenzwerte) notwendig. Die Bezugswerte werden unter der Annahme berechnet, daß sich das Fahrzeug während des Abbremsens auf dem Ausgangskreis mit konstanter Verzögerung, ohne zusätzliche Drehung um die Hochachse (Schwimmwinkel = konst.) weiterbewegt.

Für die Bezugsgiergeschwindigkeit als Funktion der Längsverzögerung gilt im Zeitpunkt t_n:

$$\dot{\psi}_{tnRef} = (v_0 - a_{xtn} \cdot t_n)\,\frac{1}{R_0} \qquad \text{(Gl. 6.14)}$$

Die Bezugsquerbeschleunigung errechnet sich nach folgender Gleichung

$$a_{ytnRef} = \frac{(v_0 - a_{xtn} \cdot t_n)^2}{R_0} \qquad \text{(Gl. 6.15)}$$

Hierbei sind:

v_0 = Anfangsfahrgeschwindigkeit vor Bremsbeginn in m/s
a_{xtn} = Längsverzögerung im Zeitpunkt t_n
t_n = gewählte Vergleichszeit nach Bremsbeginn (z.B. $t_n = 1$ s)
R_0 = Ausgangskreisradius

Ein weiteres Beurteilungskriterium ist die Abweichung des Gierwinkels vom Bezugswert im Zeitpunkt t_n. Durch die Gierwinkelabweichung kann sich der

Fahrer optisch zum Straßenverlauf orientieren. Diese Gierwinkelabweichung ergibt sich zu:

$$\Delta\psi_{tn} = \psi_{tn} - \psi_{tnRef} \tag{Gl. 6.16}$$

wobei ψ_{tn} der gemessene Gierwinkel und ψ_{tnRef} der Bezugsgierwinkel im Zeitpunkt t_n sind. Mit ψ_0 (Gierwinkel vor der Bremsung) ergibt sich

$$\psi_{tnRef} = \psi_0 + \left(v_0 - \frac{a_{xtn} \cdot t_n}{2}\right) \cdot \frac{t_n}{R_0} \tag{Gl. 6.17}$$

Die Bilder 6.36, 6.37 und 6.38 zeigen Meßkurven der Giergeschwindigkeit, der Querbeschleunigung und der Gierwinkelabweichung für drei unterschiedliche Fahrzeuge. Die Bezugslinien (Referenzkurven) sind mit in die Diagramme zum Vergleich eingezeichnet. Es zeigt sich z. B., daß die Meßwerte für Fahrzeug A relativ nahe an den Bezugslinien liegen. Damit sind für den Fahrer keine Schwierigkeiten bei der Beherrschung des Fahrzeugs zu erwarten. Die Kurven für Fahrzeug B signalisieren eine starke Drehung des Fahrzeugs bei mittleren Verzögerungen zur Kurveninnenseite hin. Damit dürfte dieses Fahrzeug beim Bremsen in der Kurve schwer beherrschbar sein.

Fahrzeug C dreht sich bei niedrigen Verzögerungen zur Kurveninnenseite, bei größeren Verzögerungen zur Kurvenaußenseite. Die Schnittpunkte mit den Bezugslinien zeigen den Beginn des Herausschiebens aus dem Kreis an. Der Nulldurchgang der Querbeschleunigung im Bild 6.37 bei einer Verzögerung von 5,5 m/s² bedeutet, daß hier bei Fahrzeug C die *Grenze der Lenkfähigkeit* erreicht ist. Die Vorderräder blockieren, und das Fahrzeug schiebt tangential aus dem Kreis heraus.

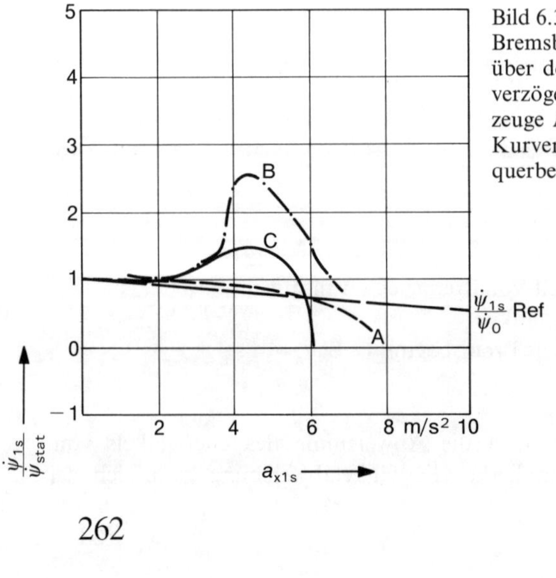

Bild 6.36 Giergeschwindigkeit 1 s nach Bremsbeginn, bezogen auf den Stationärwert über dem zugehörigen Zeitwert der Längsverzögerung a_{x1s} für drei verschiedene Fahrzeuge A, B und C. Bremsen in der Kurve, Kurvenhalbmesser $R_0 = 100$ m, Ausgangsquerbeschleunigung $a_{ystat} = 5$ m/s².

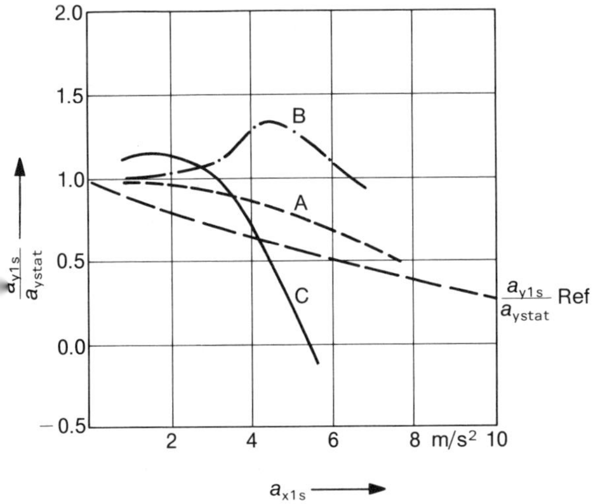

Bild 6.37 Querbeschleunigung 1 s nach Bremsbeginn, bezogen auf den Stationärwert über dem zugehörigen Zeitwert der Längsverzögerung a_{x1s} für drei verschiedene Fahrzeuge A, B und C. Bremsen in der Kurve, Kurvenhalbmesser $R_0 = 100$ m, Ausgangsquerbeschleunigung $a_{ystat} = 5$ m/s^2.

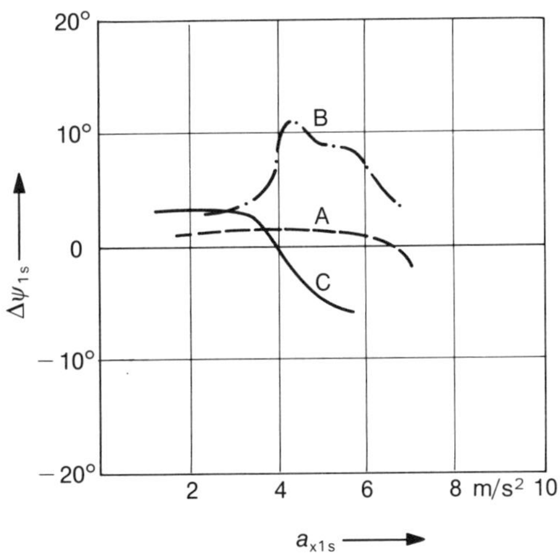

Bild 6.38 Gierwinkelabweichung vom Sollkreis 1 s nach Bremsbeginn $\Delta\psi_{1s}$ über dem zugehörigen Zeitwert der Längsverzögerung a_{x1s} für drei verschiedene Fahrzeuge A, B und C. Bremsen in der Kurve, Kurvenhalbmesser $R_0 = 100$ m, Ausgangsquerbeschleunigung $a_{ystat} = 5$ m/s^2.

Subjektiv wird eine starke Gierdrehung (Fahrzeug B, siehe auch die relativ große Gierwinkelabweichung bei Fahrzeug B im Bild 6.38) besonders ungünstig beurteilt. Andererseits wird jedoch auch ein mit zunehmender Verzögerung relativ früher Abfall der Gierdrehung, der das Herausschieben aus dem Kreis bedeutet, als nachteilig empfunden.

6.5.3 Messungen bei Geradeausfahrt

6.5.3.1 Geradeauslauf

Die Geradeausfahrt des Fahrzeugs wird durch Störungen, z.B. Bodenunebenheiten, beeinflußt. Der Fahrer muß während der Fahrt diese Störungen am Lenkrad korrigieren, um das Fahrzeug auf dem vorgegebenen geraden Kurs zu halten. Je kleiner und seltener die erforderlichen Lenkkorrekturen sind, um so besser ist der Geradeauslauf.

Für die Messung der Geradeauslaufeigenschaften können verschiedene Methoden verwendet werden. Entweder wird die Reaktion des Fahrzeugs auf Störungen bei festgehaltenem Lenkrad erfaßt oder der geschlossene Regelkreis mit Kursregelung des Fahrers untersucht. Bei der ersten Methode wird das Fahrzeug auf einer geraden Teststrecke mit fixiertem Lenkrad gefahren; die Kursabweichung wird nach einer bestimmten Fahrstrecke gemessen.

Eine bessere Beurteilung der Geradeauslaufeigenschaften ermöglichen Messungen, bei denen der Fahrer den Kurs regelt und die Häufigkeit der erforderlichen Lenkaktivität ermittelt wird. Dabei muß berücksichtigt werden, daß verschiedene Fahrer sehr unterschiedliche Lenkgewohnheiten haben können. Es müssen daher mehrere Fahrer eingesetzt werden. Vorteilhaft ist es, wenn die Meßwerte über eine längere Fahrstrecke, z.B. auf der Autobahn, aufgenommen werden. Gemessen werden Lenkradwinkel, Giergeschwindigkeit und Querbeschleunigung. Für die Beschreibung des Geradeauslaufs werden aus den Zeitfunktionen dieser Meßgrößen die Häufigkeitsverteilung und die spektrale Leistungsdichte berechnet. Die Deutung der Meßergebnisse und die Festlegung eines Beurteilungsmaßstabs ist wegen der Fahrer- und Streckeneinflüsse problematisch. Aus diesem Grund wird in jedem Fall auch die subjektive Beurteilung der Fahrer in die Auswertung mit einbezogen.

Um die *Einflüsse* des *Fahrwerks* auf den Geradeauslauf des Fahrzeugs zu ermitteln, werden oft Einfederungen und Lenkwinkel am Rad gemessen. Weil bereits Lenkwinkeländerungen von wenigen Winkelminuten bedeutend sein können, müssen die Meßgeräte eine sehr hohe Auflösung haben. Für diesen Zweck werden Fotodiodenkameras nach Bild 6.24 eingesetzt.

6.5.3.2 Ansprechen auf Lenkbewegungen

Für die Fahrsicherheit ist das Ansprechverhalten des Fahrzeugs auf Lenkbewegungen um die Lenkungsmittellage von großer Bedeutung. Für die Untersuchung des Einflusses verschiedener Lenkungen oder Reifen wird folgendes Verfahren angewandt:

Das Fahrzeug fährt mit konstanter Geschwindigkeit von 100 km/h. Der Fahrer lenkt von der Geradeausstellung der Lenkung langsam – je nach Straßenbreite – bis etwa 10° Lenkradwinkel aus. Damit wird das Ansprechverhalten aus der Nullage untersucht. Anschließend werden sinusförmige Lenkbewegungen mit einer Frequenz von etwa 0,1 Hz ausgeführt, um die Reibungsverhältnisse ermitteln zu können. Die Lenkamplituden werden so gewählt, daß eine Querbeschleunigung von $2\,m/s^2$ auftritt.

Folgende Größen werden gemessen:

☐ Lenkradwinkel,
☐ Lenkradmoment,
☐ Querbeschleunigung,
☐ Giergeschwindigkeit,
☐ Fahrgeschwindigkeit.

Für die Beurteilung des *Ansprechverhaltens* sind zwei Kriterien wichtig:

der Anstieg des Lenkradmoments aus der Mittellage (Bild 6.39) und der Anstieg der Giergeschwindigkeit als Reaktion des Fahrzeugs auf den Lenkeinschlag (Bild 6.40).

Bild 6.39
Meßkurven von drei verschiedenen Fahrzeugen A, B und C zur Beurteilung des Ansprechverhaltens der Lenkung aus der Mittellage. Fahrzeug A subjektiv gut beurteilt, Fahrzeug C ungünstig.

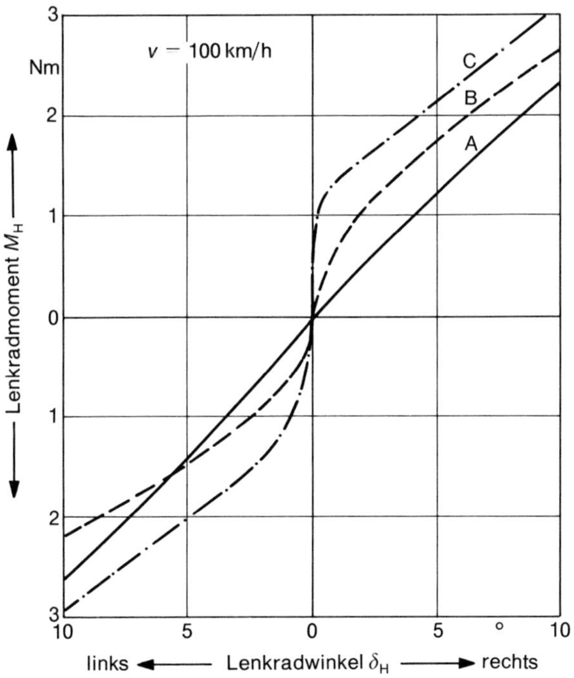

Bild 6.40
Giergeschwindigkeit $\dot{\psi}$ über dem Lenkradwinkel δ_H beim Auslenken aus der Mittellage. Meßkurven für drei verschiedene Fahrzeuge A, B und C zur Beurteilung des Fahrzeug-Ansprechverhaltens. Das Fahrzeug A wurde subjektiv am besten beurteilt.

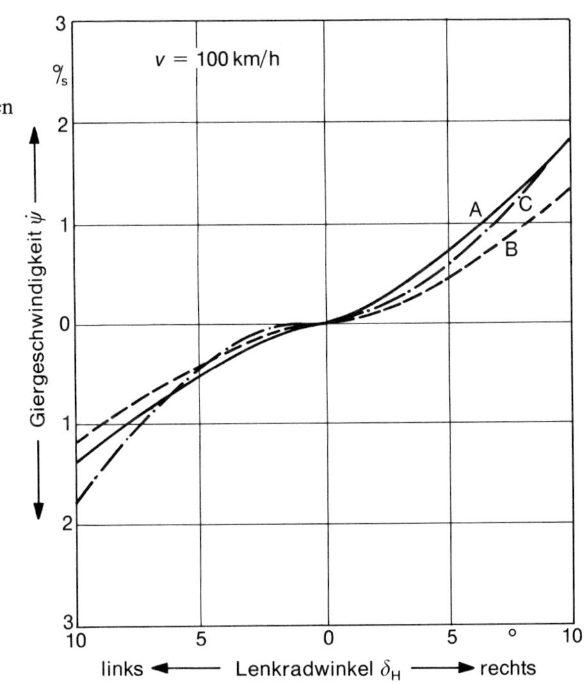

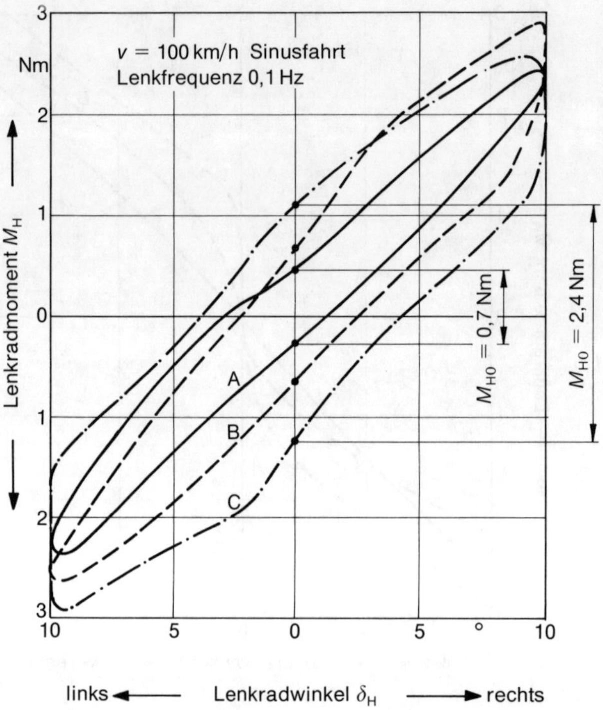

Bild 6.41
Lenkradmoment M_H über dem Lenkradwinkel δ_H bei Sinusfahrt mit $v = 100$ km/h. Meßkurven von drei verschiedenen Fahrzeugen A, B und C zur Beurteilung der Lenkempfindlichkeit. Subjektiv wurde Fahrzeug A am besten beurteilt. Die Breite der Hysterese M_{H0} bei $\delta_H = 0$ ist bei einer feinfühligen Lenkung $\leqq 1{,}6$ Nm.

Für die Beurteilung der *Lenkempfindlichkeit* wird die Hysteresekurve des Lenkradmoments über dem Lenkradwinkel bei der Sinusfahrt aufgezeichnet (Bild 6.41). Subjektive Beurteilungen mit mehreren Fahrzeugen ergaben, daß die Breite der Hysteresekurve bei $\delta_H = 0$ für eine feinfühlige Lenkung kleiner als 1,6 Nm sein sollte.

6.5.4 Messungen bei Kreisfahrt

6.5.4.1 Stationäre Kreisfahrt

Eine der ältesten Testmethoden in der Fahrdynamik ist die stationäre Kreisfahrt. Sie liefert grundsätzliche Vergleichsdaten für die Entwicklung von Fahrzeugen. Solche Daten sind neben der maximalen Querbeschleunigung die Verläufe verschiedener fahrdynamischer Größen über der Querbeschleunigung. Daraus wird das Eigenlenkverhalten bestimmt. Um stationäre Werte bei Kreisfahrt zu erhalten, sind vier Methoden möglich:

1. *Der Kreisradius ist konstant.* Die Geschwindigkeit und damit auch die Querbeschleunigung werden stufenweise oder kontinuierlich erhöht. Diese Methode ist in DIN/ISO 4138 beschrieben. Sie wird wegen der meist begrenzten Größe der zur Verfügung stehenden Prüfstrecken am häufigsten verwendet.

2. *Die Geschwindigkeit ist konstant.* Diese Methode ist für die Bestimmung des *Eigenlenkverhaltens* nach DIN 70000 am besten geeignet, erfordert jedoch eine sehr große Testfläche.

3. *Der Lenkradwinkel ist konstant.* Die Geschwindigkeit wird kontinuierlich gesteigert. Vorteil dieser Methode ist der fließende Übergang in den instationären Bereich. Damit kann das Verhalten im Grenzbereich untersucht werden. Nachteil ist der ebenfalls sehr große Testflächenbedarf.

4. *Die Gaspedalstellung ist konstant.* Aus der Geradeausfahrt werden sprungartig verschieden große Lenkwinkel eingestellt. Diese Methode bietet die Möglichkeit, das Übergangsverhalten, d.h. die Antwort des Fahrzeugs auf einen *Lenkwinkelsprung*, mit zu erfassen. Nach dem Einschwingen fährt das Fahrzeug stationär auf einem konstanten Radius. Zur Durchführung ist eine große Testfläche erforderlich.

Diese vier Methoden wurden ausführlich in einem Vorschlag des SAE Vehicle Handling Committee beschrieben (Recommended Practice). Alle vier Verfahren liefern stationäre Kennwerte des Fahrverhaltens, die jedoch untereinander nicht direkt vergleichbar sind. Für einen Vergleich müssen alle Fahrzeuge nach einer Methode gemessen werden, die je nach Aufgabe und Größe der Testfläche vorher auszuwählen ist.

Das Hauptanliegen des am häufigsten verwendeten Kreisfahrtests bei konstantem Radius ist die Erfassung des *Lenkradwinkels* als Funktion der *Querbeschleunigung* und die Beschreibung des Fahrzeug-Eigenlenkverhaltens.

Folgende Größen werden gemessen:

- Lenkradwinkel,
- Querbeschleunigung,
- Schwimmwinkel,
- Giergeschwindigkeit,
- Längsgeschwindigkeit,
- Lenkradmoment,
- Wankwinkel.

Das Fahrzeug wird zuerst mit der niedrigst möglichen Geschwindigkeit auf der ausgewählten Kreisbahn gefahren. Ein Radius von 30 m wird als Minimum angesehen. Die Meßsignale sind mit fixierter Lenkrad- und Gaspedalstellung aufzuzeichnen. Danach wird die Geschwindigkeit stufenweise in 0,5-m/s^2-Stufen oder auch sehr langsam kontinuierlich erhöht, bis der Grenzbereich erreicht wird, bei dem es nicht mehr möglich ist, den stationären Zustand aufrechtzuerhalten.

Unabhängig vom gewählten Radius ist der vorgegebene Kurs mit einem Spielraum von 0,3 m zu jeder Seite einzuhalten. Die Meßdaten sind bei jeder Querbeschleunigungsstufe für mindestens 3 s aufzuzeichnen. Die Messungen werden in Links- und Rechtskurve aufgenommen.

Die Auswertung erfolgt entweder von Hand aus den Oszillogrammen oder, wenn die Daten auf Band aufgenommen wurden, mit einem entsprechenden Rechenprogramm. Bei dem von Daimler-Benz entwickelten Auswerteprogramm wird das aufgenommene Band fortlaufend gelesen und abgefragt, ob die gemessene Quer-

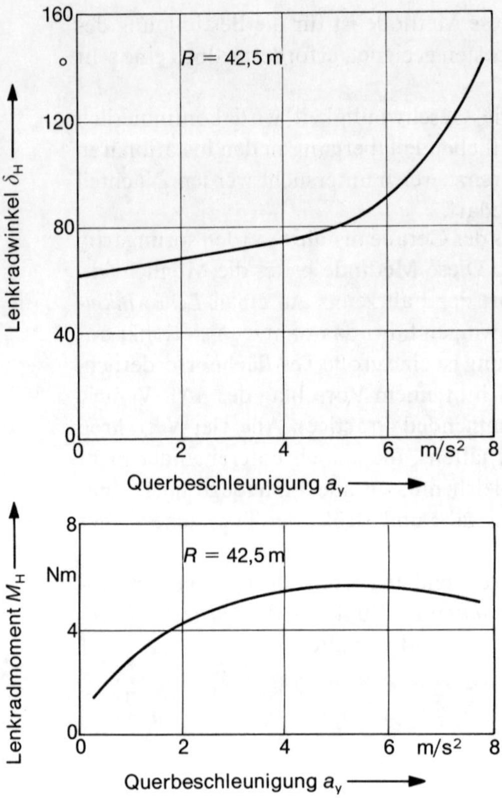

Bild 6.42 Lenkradwinkel δ_H und Lenkradmoment M_H über der Querbeschleunigung a_y bei stationärer Kreisfahrt nach DIN/ISO 4138. Fahrzeug: $m_g = 2000$ kg, $l = 2{,}9$ m, $l_v/l = 0{,}5$, Reifen 205/70 VR 14.

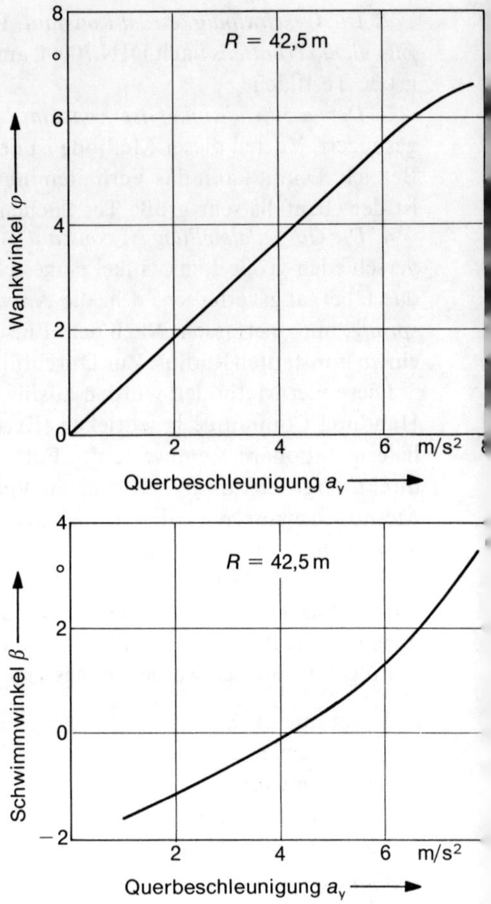

Bild 6.43 Wankwinkel φ und Schwimmwinkel β über der Querbeschleunigung a_y bei stationärer Kreisfahrt nach DIN/ISO 4138. Fahrzeugdaten siehe Bild 6.42.

beschleunigung innerhalb gewisser Grenzen liegt. Wenn ja, werden alle zeitgleich gemessenen Werte der anderen Meßgrößen diesem Querbeschleunigungsintervall zugeordnet. Dabei ist es vorteilhaft, den Bereich von $-10\,\mathrm{m/s^2}$ bis $+10\,\mathrm{m/s^2}$ in 100 Klassen aufzuteilen. Die Klassenbreite entspricht damit $0{,}2\,\mathrm{m/s^2}$. Von den zugeordneten Meßgrößen können Mittelwert, Streuung und Extremwerte berechnet werden. Die Meßwerte als Funktion der Querbeschleunigung werden mit einem Plotter aufgezeichnet. In DIN/ISO 4138 werden vier Diagramme verlangt: Lenkradwinkel, Lenkradmoment, Wankwinkel und Schwimmwinkel jeweils als Funktion der Querbeschleunigung. Die Bilder 6.42 und 6.43 zeigen Meßergebnisse, die nach dieser Methode gewonnen wurden.

6.5.4.2 Instationäre Kreisfahrt

Mit diesem Test wird der *Einfluß* von *Fahrbahnunebenheiten* auf die Kurshaltung des Fahrzeugs bei Kreisfahrt ermittelt. Die Fahrbahnunebenheiten werden durch quer über die Fahrbahn gelegte Hindernisse simuliert. Es können mehrere in gleichen oder ungleichen Abständen verlegte Hindernisse oder ein Einzelhindernis verwendet werden. Eine wichtige Rolle spielt die Form des Hindernisses.

In einem vom HSRI (Highway Safety Research Institute, Michigan, neuer Name: University of Michigan Transportation Research Institute, UMTRI, DOT/HS 800 375-1970) vorgeschlagenen Verfahren wird ein *Gitter* – bestehend aus sechs Stahlrohren von 44 mm Durchmesser, die im Abstand von 1,1 m voneinander auf der Fahrbahn befestigt werden – verwendet. Es wird mit verschiedenen Geschwindigkeiten über das Gitter gefahren, und zwar mit jeweils einem konstanten Lenkeinschlag, der einer Querbeschleunigung von 4 m/s^2 entspricht. Unmittelbar vor Berührung des Gitters wird das Gaspedal freigegeben. Während des Manövers wird das Lenkrad festgehalten. Gemessen wird die Änderung der Querbeschleunigung und der Giergeschwindigkeit über der Fahrgeschwindigkeit. Die Meßwerte werden auf die Anfangswerte bezogen. Neben diesem Verfahren im offenen Regelkreis kann ein Vergleich der Fahrzeuge auch im geschlossenen Regelkreis erfolgen. Hierbei wird von mehreren Fahrern auf einem bestimmten Kreisradius die maximal mögliche Geschwindigkeit beim Überfahren des Gitters ermittelt. Dabei wird die Lenkaktivität zusätzlich beurteilt.

Besser reproduzierbare Ergebnisse sind beim Überfahren eines *Einzelhindernisses* zu bekommen. Zur Überprüfung der Stoßdämpferwirksamkeit wurden verschiedene Hindernisformen entwickelt. Es hat sich gezeigt, daß das Einzelhindernis eine Breite von 300 bis 500 mm und eine Mindesthöhe von etwa 40 mm haben soll. Bei kürzeren Schlagleisten als die Reifenaufstandfläche geht das Schluckvermögen des Reifens stark in die Ergebnisse ein. Bild 6.44 zeigt Hindernisformen, die von

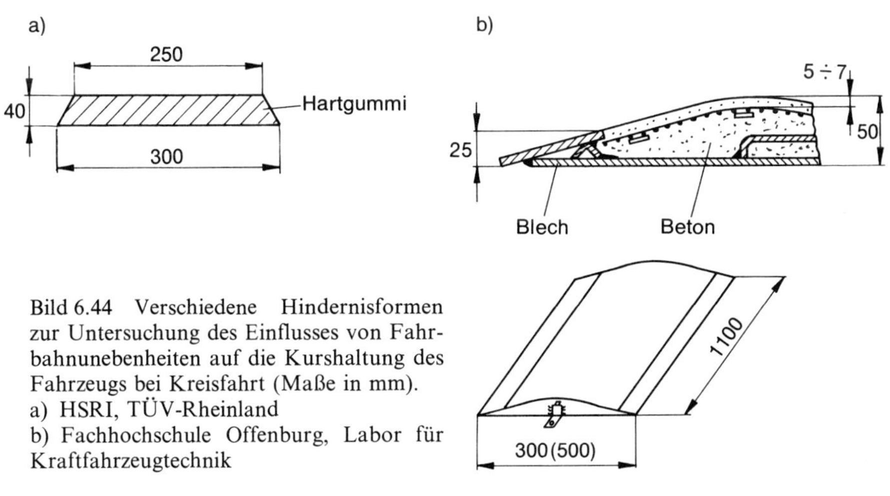

Bild 6.44 Verschiedene Hindernisformen zur Untersuchung des Einflusses von Fahrbahnunebenheiten auf die Kurshaltung des Fahrzeugs bei Kreisfahrt (Maße in mm).
a) HSRI, TÜV-Rheinland
b) Fachhochschule Offenburg, Labor für Kraftfahrzeugtechnik

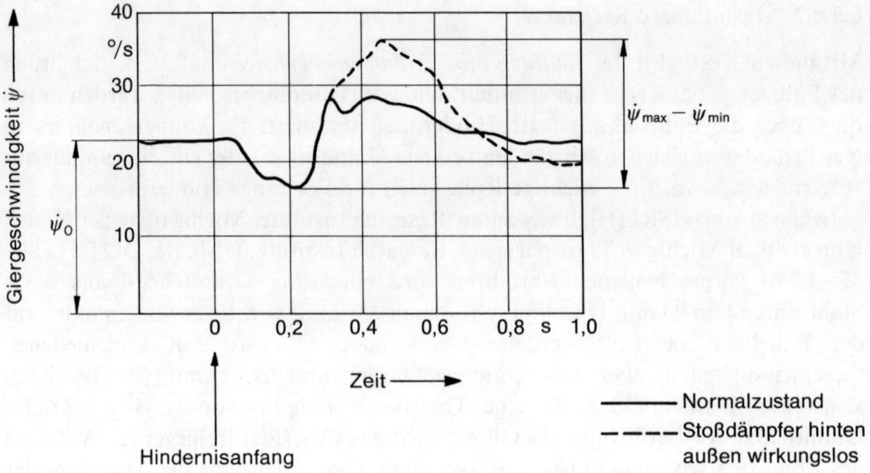

Bild 6.45 Giergeschwindigkeitsänderung beim Überfahren eines Einzelhindernisses nach Bild 6.44, Pos. b), bei Kreisfahrt, $R = 37\,\text{m}$, $a_{y0} \approx 6{,}5\,\text{m/s}^2$

Beurteilungskriterium für die Fahrzeugreaktion:

$$\frac{\dot\psi_{max} - \dot\psi_{min}}{\dot\psi_0}$$

verschiedenen Stellen zur Untersuchung der Stoßdämpfer im Fahrzeug verwendet wurden. Die Hindernisse werden aus Hartgummi oder Beton gefertigt. Um ein Ausbröckeln des Betons an den Kanten zu verhindern, wurden bei Messungen der Fachhochschule Offenburg mit Stahlblech verstärkte, sinusförmige Schlagleisten eingesetzt (Bild 6.44 Pos. b).

Die Messung wird auf einem konstanten Radius mit verschiedenen Querbeschleunigungen durchgeführt. Bewertet werden die auf den Anfangswert bezogene Änderung der Giergeschwindigkeit $\frac{\dot\psi_{max} - \dot\psi_{min}}{\dot\psi_0}$ und der seitliche Versatz nach dem Hindernis. Bild 6.45 zeigt Meßschriebe von der Fachhochschule Offenburg.

6.5.4.3 Lastwechselreaktion bei Kreisfahrt

Unter Lastwechselreaktion wird die *Bewegungsantwort* des Fahrzeugs auf eine Änderung der Gaspedalstellung verstanden. Mit der Änderung des Betriebszustands des Motors ist eine Änderung der Umfangskräfte an den angetriebenen Rädern verbunden, die eine Störung der Fahrzeugbewegung verursacht. Die Lastwechselreaktion kann bei Geradeausfahrt, bei Kreisfahrt oder kombiniert mit Lenkmanövern geprüft werden. Für den meßtechnischen Vergleich und die Beurteilung von Fahrzeugen eignet sich am besten der Lastwechseltest bei Kreisfahrt. Für diese Methode ist auch eine ISO-Norm in Vorbereitung.

Auf ein Gaswegnehmen bei Kreisfahrt reagiert das Fahrzeug mit einer Drehung zum Kurvenmittelpunkt hin. Die Gründe hierfür sind in Abschnitt 4.5 erläutert. Das Ziel des Tests ist es, die *Stärke* der *Fahrzeugdrehung* zu erfassen.

Zur Untersuchung der Lastwechselreaktion sind zwei Möglichkeiten gegeben:

1. Die Ausgangsgeschwindigkeit wird konstant vorgegeben. Zur Variation der Querbeschleunigung wird der Kreisradius geändert. Die Drehzahl des Motors, aus der der Lastwechsel eingeleitet wird, bleibt unabhängig von der Querbeschleunigung. Als Geschwindigkeiten werden 60, 80 und 100 km/h gewählt. Als Ergebnis eines solchen Versuchs kann die Lastwechselreaktion bei konstantem Schleppmoment des Motors als Funktion der Querbeschleunigung beschrieben werden. Für die Versuche ist eine relativ große Testfläche erforderlich.

2. Bei dem zweiten Verfahren wird der Kreisradius konstant gehalten. Die Anfangsgeschwindigkeit wird wie beim stationären Kreisfahrtest nach DIN/ISO 4138 schrittweise gesteigert. Aus der stationären Fahrt wird der Lastwechsel bei verschiedenen Querbeschleunigungen und unterschiedlichen Betriebszuständen untersucht. Vorteil des Verfahrens ist es, daß eine Kreisbahn mit einem Radius von 40 m (eventuell zusätzlich 100 m) ausreicht.

Zur Durchführung des Tests nach beiden Methoden wird das Fahrzeug auf der vorgegebenen Kreisbahn mit konstanter Geschwindigkeit und konstantem Lenkradeinschlag gefahren. Nach dem Erreichen des stationären Zustands wird das Gaspedal so schnell wie möglich freigegeben. Die Kreisbahnradien bzw. die Anfangsgeschwindigkeiten müssen so gewählt werden, daß sich Querbeschleunigungen schrittweise von 3 m/s^2 bis zum Maximum ergeben. Im Getriebe wird der jeweils kleinstmögliche Gang eingelegt. Im 1. Gang sollte wegen großer Streuungen nicht gefahren werden. Das Lenkrad wird von Hand oder durch eine Klemmvorrichtung festgehalten.

Folgende Meßgrößen sollen erfaßt und aufgezeichnet werden:

- □ Lenkradwinkel,
- □ Fahrgeschwindigkeit,
- □ Querbeschleunigung,
- □ Giergeschwindigkeit und/oder Gierwinkel,
- □ Fahrpedalweg oder Impuls zum Zeitpunkt der Fahrpedalfreigabe (Kontaktschalter am Pedal).

Zusätzlich können gemessen werden:

- □ Lenkradmoment,
- □ Quergeschwindigkeit bzw. Schwimmwinkel,
- □ Längsbeschleunigung,
- □ Wank- und Nickwinkel.

Die Lastwechselreaktion kann auch anhand des Fahrspurverlaufs, des momentanen Kreisbahnradius, der momentanen Krümmung der Bahnkurve oder der Kursabweichung bewertet werden. Diese Größen können aus den gemessenen Daten errechnet oder direkt, z. B. durch Wasserspritzen oder Farbschüsse auf die

Fahrbahn, ermittelt werden. Die Aufzeichnung der Meßwerte sollte mindestens 2 s oder einen $^1/_4$ Kreis vor Einleitung des Lastwechsels beginnen und frühestens 2 s oder einer Fahrstrecke von einem weiteren $^1/_4$ Kreis nach Gaswegnahme enden.

Für Auswertung und Beurteilung des Fahrzeugverhaltens werden aus den Zeitfunktionen der Meßgrößen ähnliche Kennwerte entnommen, wie im Abschnitt 6.5.2.2 beim Bremsen in der Kurve beschrieben wurde. Im einzelnen sind dies:

☐ Die Maximalwerte bezogen auf den jeweiligen Ausgangswert

$$\dot{\psi}_{max}/\dot{\psi}_0$$

$$a_{ymax}/a_{y0}$$

$$\beta_{max}/\beta_0$$

☐ Die Zeitwerte im Zeitpunkt t_n nach Gaswegnahme ($t_n = 1$ s)

$$\dot{\psi}_{tn}/\dot{\psi}_0$$

$$a_{ytn}/a_{y0}$$

$$R_{tn}/R_0$$

☐ Die Differenz zwischen dem Maximal- oder Momentanwert und Ausgangs- bzw. Referenzwert

$$\beta_{max} - \beta_0$$

$$\beta_{tn} - \beta_0$$

$$\dot{\psi}_{tn} - \dot{\psi}_{tnRef} = \dot{\psi}_{tn} - \frac{v_{xtn}}{R_0} \qquad \text{(Gl. 6.18)}$$

$$\psi_{tn} - \psi_{tnRef} = \psi_{tn} - \left(\psi_0 + t_n \cdot \frac{\dot{\psi}_0 + \dot{\psi}_{tnRef}}{2}\right) \qquad \text{(Gl. 6.19)}$$

$$a_{ytn} - a_{ytnRef} = a_{ytn} - \frac{(v_{xtn})^2}{R_0} \quad \text{mit} \quad t_n = 1\,\text{s} \qquad \text{(Gl. 6.20)}$$

(Die Beschreibung der Referenzwerte enthält Abschnitt 6.5.2.2.)

☐ Die auf den Referenzwert bezogenen Momentanwerte 1 s nach Lastwechseleinleitung:

$$\dot{\psi}_{tn}/\dot{\psi}_{tnRef} = \frac{\dot{\psi}_{tn}}{v_{xtn}} \cdot R_0 \qquad \text{(Gl. 6.21)}$$

$$a_{ytn}/a_{ytnRef} = \frac{a_{ytn}}{(v_{xtn})^2} \cdot R_0 \qquad \text{(Gl. 6.22)}$$

Fragebogen zur subjektiven Beurteilung der Lastwechselreaktion bei Kreisfahrt

1. Zusammenfassende Beurteilung
   Beim Lastwechsel in der Kurve ist das Fahrzeug

leicht zu handhaben	1 2 3 4 5 6 7 8 9	schwierig zu handhaben	

Lastwechselreaktion bei festgehaltenem Lenkrad
Die Lastwechselreaktion wird als

2.1		1 2 3 4 5 6 7 8 9		– mittl. Querbeschl. $R_0 = 40$ m
2.2	sehr gering empfunden	1 2 3 4 5 6 7 8 9	sehr stark empfunden	– hohe Querbeschl. $R_0 = 40$ m
2.3		1 2 3 4 5 6 7 8 9		– mittl. Querbeschl. $R_0 = 100$ m
2.4		1 2 3 4 5 6 7 8 9		– hohe Querbeschl. $R_0 = 100$ m

Kurshaltung
Wie gut ist das Fahrzeug nach dem Lastwechsel auf dem Kurs zu halten

3.1		1 2 3 4 5 6 7 8 9		– mittl. Querbeschl. $R_0 = 40$ m
3.2	sehr gut	1 2 3 4 5 6 7 8 9	sehr schlecht	– hohe Querbeschl. $R_0 = 40$ m
3.3		1 2 3 4 5 6 7 8 9		– mittl. Querbeschl. $R_0 = 100$ m
3.4		1 2 3 4 5 6 7 8 9		– hohe Querbeschl. $R_0 = 100$ m

Bild 6.46 Fragebogen zur subjektiven Beurteilung der Lastwechselreaktion bei Kreisfahrt (entwickelt im FAKRA-Arbeitsausschuß AA-I9)

☐ Die Zeitdifferenz zwischen Lastwechseleinleitung und Erreichen einer Kursabweichung (Abstand zum Anfangskreis) im Fahrzeugschwerpunkt von 1 m:

$$\Delta t_A$$

☐ Der Abstand zum Ausgangskreis nach 2 s:

$$\Delta s_{2s}$$

Diese Kenngrößen werden jeweils über der Querbeschleunigung aufgetragen.

Im FAKRA-Arbeitsausschuß AA-I9 wurde in gemeinsamen Versuchen mit 11 unterschiedlichen Fahrzeugen die Eignung dieser Kenngrößen zur Beurteilung des

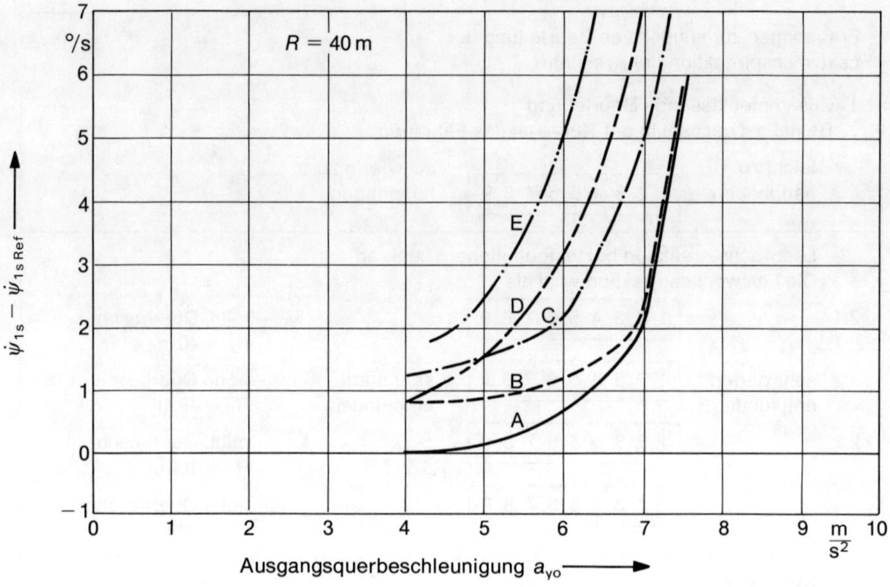

Bild 6.47 Lastwechsel bei Kreisfahrt mit 5 unterschiedlichen Fahrzeugen A, B, C, D und E. Bewertungskriterium: Differenz zwischen der gemessenen Giergeschwindigkeit und dem berechneten Referenzwert nach 1 s, $\dot\psi_{1s} - \dot\psi_{1s\,Ref}$.

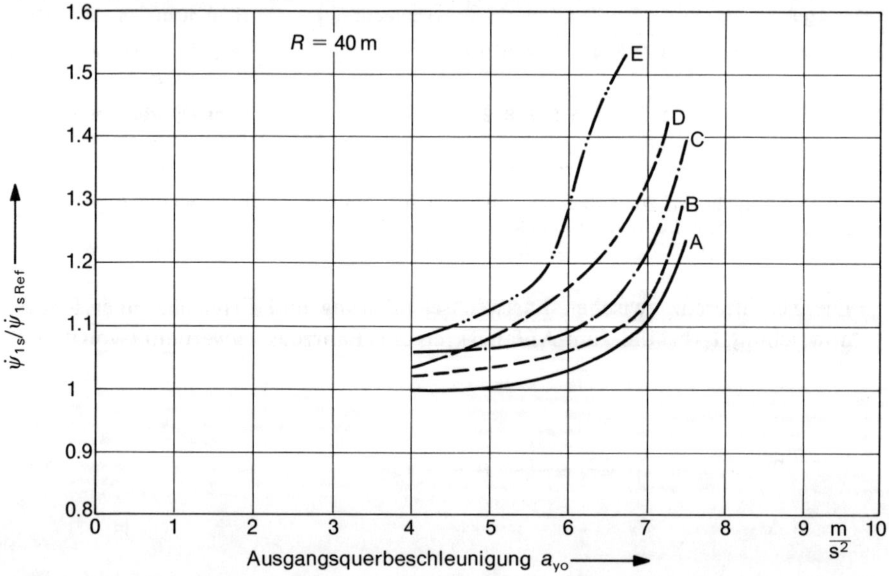

Bild 6.48 Lastwechsel bei Kreisfahrt mit 5 unterschiedlichen Fahrzeugen A, B, C, D und E. Beurteilungskriterium: auf den Referenzwert bezogener Momentanwert der Giergeschwindigkeit nach 1 s, $\dot\psi_{1s}/\dot\psi_{1s\,Ref}$.

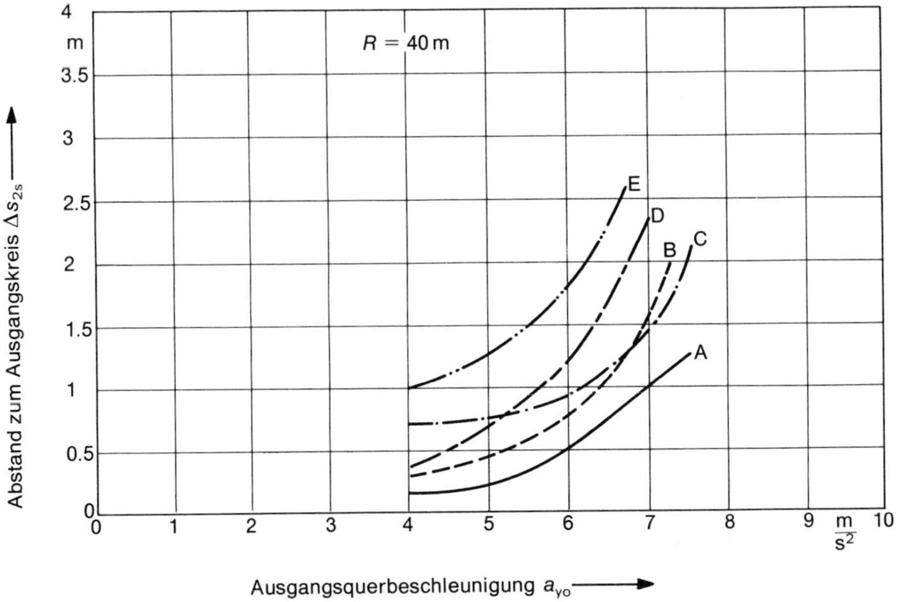

Bild 6.49 Lastwechsel bei Kreisfahrt mit 5 unterschiedlichen Fahrzeugen A, B, C, D und E. Beurteilungskriterium: Abstand zum Ausgangskreis nach 2 s, Δs_{2s}.

Lastwechselverhaltens untersucht. In die Untersuchung wurde auch die subjektive Beurteilung von geübten Fahrern mit einbezogen. Den hierzu verwendeten Fragebogen zeigt Bild 6.46. Es hat sich gezeigt, daß an dem konstanten Radius von $R = 40$ m eine gute Differenzierung der Fahrzeuge möglich ist. Am 100-m-Kreis ist darauf zu achten, daß alle Fahrzeuge im gleichen Gang fahren, da ein Gangwechsel die Meßergebnisse stark verändert. Einige mit der subjektiven Beurteilung gut übereinstimmende Kriterien sind in den Bildern 6.47, 6.48 und 6.49 für 5 unterschiedliche Fahrzeuge A, B, C, D und E über der Querbeschleunigung dargestellt. Je niedriger die Kurve liegt, um so unempfindlicher ist das Fahrzeug gegen Lastwechsel bei Kreisfahrt.

6.5.5 Verfahren zur Messung des Übertragungsverhaltens

Die Antwort des Fahrzeugs auf eine Lenkradwinkeleingabe ist ein wesentliches Kriterium zur Beurteilung des Fahrverhaltens. Es wurden in den verschiedenen Ländern (Bundesrepublik Deutschland, USA, Schweden, Japan, England) verschiedene Testmethoden in offenem Regelkreis entwickelt, die in einer ISO-Norm zusammengefaßt sind (Lateral Transient Response Test Procedure ISO/ 7401). Zur Beschreibung des Fahrzeugverhaltens sind Kennwerte und Funktionen sowohl im Zeitbereich (Übergangsverhalten) als auch im Frequenzbereich (Übertragungsverhalten) erforderlich. Folgende fünf Verfahren sind erprobt und können je nach Aufgabenstellung und zur Verfügung stehender Testfläche angewendet werden:

1. Lenkwinkelsprung (Step Input – Vorschlag von Deutschland und den USA).
2. Einzelsinus-Lenkradwinkeleingabe (One Period of Sinusoidal Input – Vorschlag von Schweden).
3. Dauersinus-Lenkradwinkeleingabe (Continuous Sinusoidal Input – Deutschland).
4. Dreieckimpuls (Pulse Input – Vorschlag von Japan).
5. Regellose Lenkradwinkeleingabe (Random Input – Vorschlag von England).

Bei allen Verfahren sind folgende Größen zu messen:

☐ Lenkradwinkel,
☐ Querbeschleunigung,
☐ Giergeschwindigkeit,
☐ stationärer Schwimmwinkel,
☐ Fahrgeschwindigkeit.

Empfohlene Meßgrößen:

☐ Quergeschwindigkeit oder instationärer Schwimmwinkel,
☐ Wankwinkel,
☐ Lenkradmoment.

Testgeschwindigkeit $v = 80\,\mathrm{km/h}$.

Wenn auch bei höheren Geschwindigkeiten gemessen wird, sind Stufen von 20 km/h zweckmäßig.

Eine Gegenüberstellung der wichtigsten Merkmale der fünf Verfahren zeigt Bild 6.50.

6.5.5.1 Lenkwinkelsprung

Dieses Verfahren liefert vor allem im Zeitbereich Kenngrößen zur Beurteilung der Fahrzeugreaktion, z. B. die Ansprechzeiten. Außerdem ist die Sprungeingabe eine wichtige Testfunktion der Systemdynamik, die zur Bestimmung von Modellparametern für Simulationsrechnungen verwendet werden kann.

Das Fahrzeug wird bei der vorgegebenen Fahrgeschwindigkeit aus der Geradeausfahrt durch eine möglichst schnelle rampenförmige Lenkwinkeleingabe auf eine Kreisbahn gebracht (siehe auch Abschnitt 6.5.4.1, Punkt 4). Der Lenkradwinkel wird in Vorversuchen so bestimmt, daß sich bei stationärer Kreisfahrt eine *Querbeschleunigung* von $4\,\mathrm{m/s^2}$ ergibt. Zusätzlich können Messungen bei 2 und $6\,\mathrm{m/s^2}$ durchgeführt werden. Die *Lenkgeschwindigkeit* soll zwischen 200 und 500 °/s liegen.

Bild 6.50 (rechte Seite) Wichtigste Merkmale verschiedener Testverfahren zur Untersuchung des querdynamischen Übertragungsverhaltens.

Merkmale / Verfahren	Lenkwinkelfunktion	Platzbedarf	Auswertung	Ergebnisdarstellung	Vorzugsweise verwendet in den Ländern:
Lenkwinkelsprung	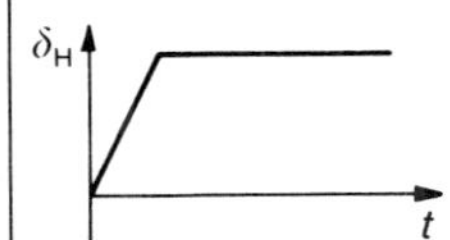	große Fahrdynamikfläche	Zeitbereich	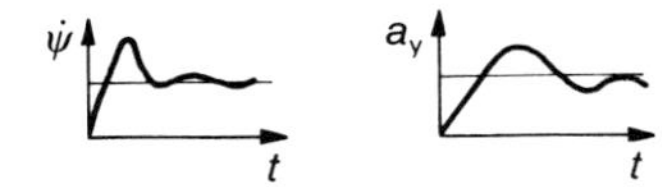 Zeitfunktionen und daraus Kenngrößen	USA Deutschland und andere Länder
Einzelsinus	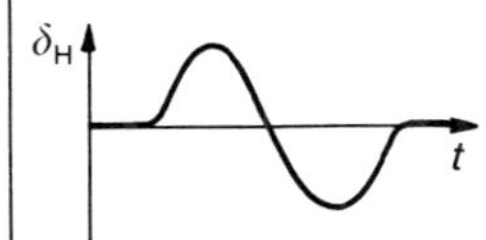	normale Straßenbreite		 Zeitfunktionen und daraus Kenngrößen	Schweden
Dauersinus	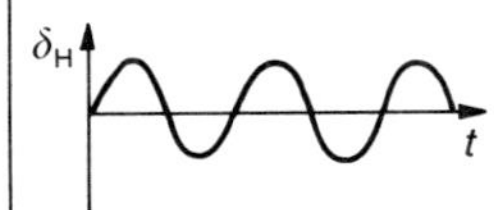	breite Testfläche	Frequenzbereich	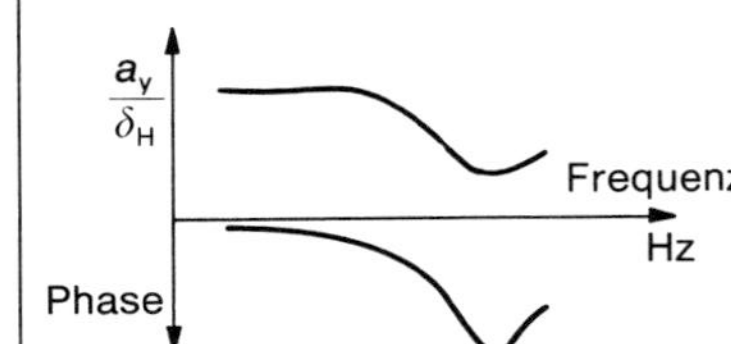	Deutschland
Dreieckimpuls		breite Testfläche oder Fahrdynamikfläche		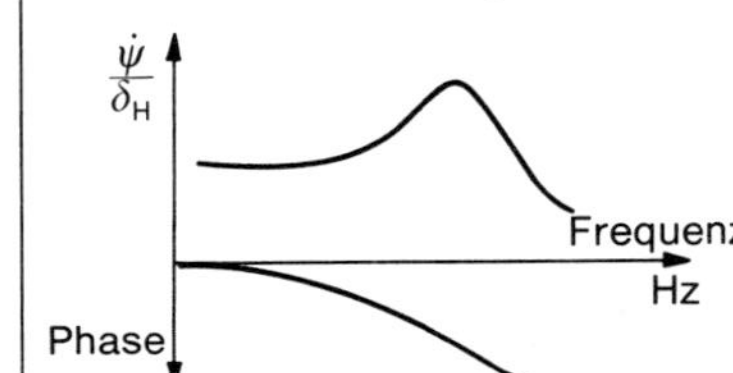	Japan
Regellose Lenkwinkeleingabe	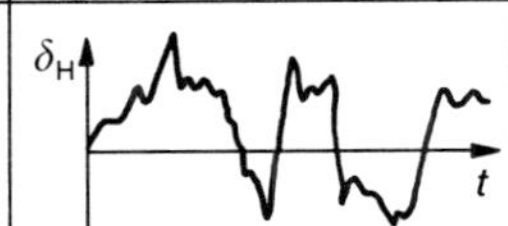	normale Straßenbreite		Frequenzgänge	England Deutschland

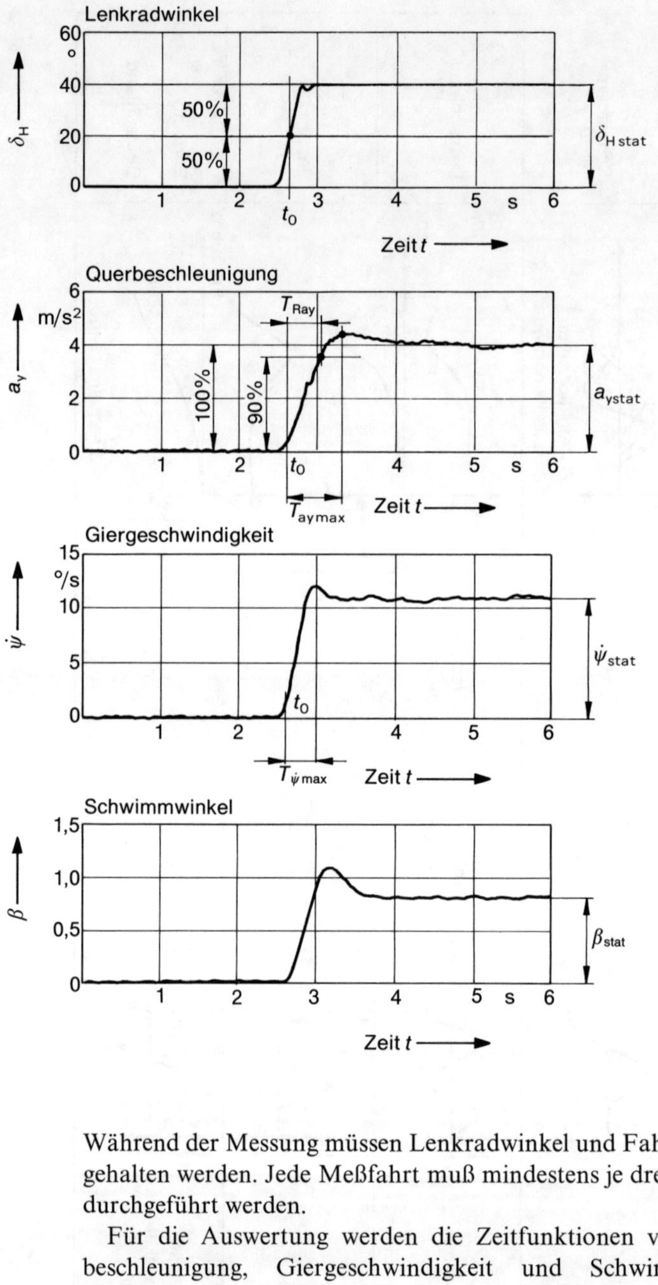

Bild 6.51
Zeitfunktion der Meßgrößen beim Lenkwinkelsprung-Test $v = 80$ km/h, $\alpha = 4$ m/s², Fahrzeugmasse $m_g = 1660$ kg, $l =$ 2,8 m, Reifen 195/65 VR 15.

Während der Messung müssen Lenkradwinkel und Fahrgeschwindigkeit konstant gehalten werden. Jede Meßfahrt muß mindestens je dreimal nach links und rechts durchgeführt werden.

Für die Auswertung werden die Zeitfunktionen von Lenkradwinkel, Querbeschleunigung, Giergeschwindigkeit und Schwimmwinkel aufgezeichnet. Bild 6.51 zeigt Meßschriebe. Aus den Zeitfunktionen werden Einzelkriterien entnommen bzw. berechnet und in eine Tabelle nach Bild 6.52 eingetragen. Diese Kriterien wurden in Versuchen mit subjektiver Beurteilung ausgesucht

Fahrdynamische Größe	Zeichen	Wertebereich für heutige Fahrzeuge	Einheit
Verstärkungsfaktor der Giergeschwindigkeit	$(\dot{\psi}/\delta_H)_{stat}$	0,15–0,3	1/s
Ansprechzeit (90%) der Querbeschleunigung	T_{Ray}	0,2 –0,6	s
Ansprechzeit (90%) der Giergeschwindigkeit	$T_{R\dot{\psi}}$	0,12–0,3	s
Zeit bis zum ersten Maximum der Querbeschleunigung	$T_{ay\,max}$	0,4 –1,0	s
Zeit bis zum ersten Maximum der Giergeschwindigkeit	$T_{\dot{\psi}\,max}$	0,2 –0,5	s
Überschwingweite der Querbeschleunigung	$U_{ay} = \frac{a_{y\,max}}{a_{y\,stat}}$	1,0 –1,4	–
Überschwingweite der Giergeschwindigkeit	$U_{\dot{\psi}} = \frac{\dot{\psi}_{max}}{\dot{\psi}_{stat}}$	1,0 –1,7	–
TB-Wert	$T_{\dot{\psi}\,max} \cdot \beta_{stat}$	0 –2,0	s · Grad

Bild 6.52 Tabelle der Bewertungskriterien beim Lenkwinkelsprung mit Wertebereich für heutige Fahrzeuge. Bei im allgemeinen fahrdynamisch gut beurteilten Fahrzeugen liegen die Werte etwa in der Mitte des angegebenen Wertebereichs. TB sollte jedoch möglichst klein sein. Bei zu kurzen Ansprechzeiten T_{Ray}, $T_{R\dot{\psi}}$ reagiert das Fahrzeug «giftig«, bei langen zu träge. Lenkwinkelsprung: $v = 80$ km/h, $a_y = 4$ m/s².

(Abschnitt 6.3.2). Der *Faktor TB* wird als Produkt aus der Verzugszeit des Giergeschwindigkeitsmaximums $T_{\dot{\psi}max}$ und dem stationären Schwimmwinkel β_{stat} bei $v = 80\,km/h$ und $a_y = 4\,m/s^2$ errechnet.

$$TB = T_{\dot{\psi}\,max} \cdot \beta_{stat} \qquad \text{(Gl. 6.23)}$$

Er eignet sich zum Vergleichen des Fahrverhaltens verschiedener Fahrzeuge. Je kleiner dieser Wert ist, um so besser kann ein Normalfahrer mit dem Fahrzeug auf einer kurvenreichen Strecke zurechtkommen.

Für die Ermittlung der Ansprechzeiten (response time) ist der Anfang t_0 der Zeitpunkt, in dem der Lenkradwinkel 50% seines Endwertes erreicht, siehe hierzu Bild 4.12.

6.5.5.2 Einzelsinus-Lenkradwinkeleingabe

Dieser Test eignet sich vor allem für die Bestimmung von Zeitverzügen zwischen verschiedenen Variablen. Es ist bekannt, daß Zeitverzüge, z.B. zwischen Lenkradwinkel und Giergeschwindigkeit oder Querbeschleunigung, wichtige fahrzeugspezifische Bewertungsgrößen sind, die mit der subjektiven Beurteilung des Fahrverhaltens gut übereinstimmen.

Das Fahrzeug wird bei der vorgegebenen Fahrgeschwindigkeit aus der Geradeausfahrt durch eine volle Periode Sinusbewegung am Lenkrad mit Frequenzen 0,5 und 1 Hz zu einem doppelten Fahrspurwechsel gezwungen. Die Querbeschleunigungsamplitude soll dabei 4 m/s² (bzw. zusätzlich 2 oder 6 m/s²) betragen. Die Messung soll mindestens je dreimal nach links und rechts durchgeführt werden. Zweckmäßigerweise ist eine Lenkmaschine zu verwenden (Abschnitt 6.7.2.4).

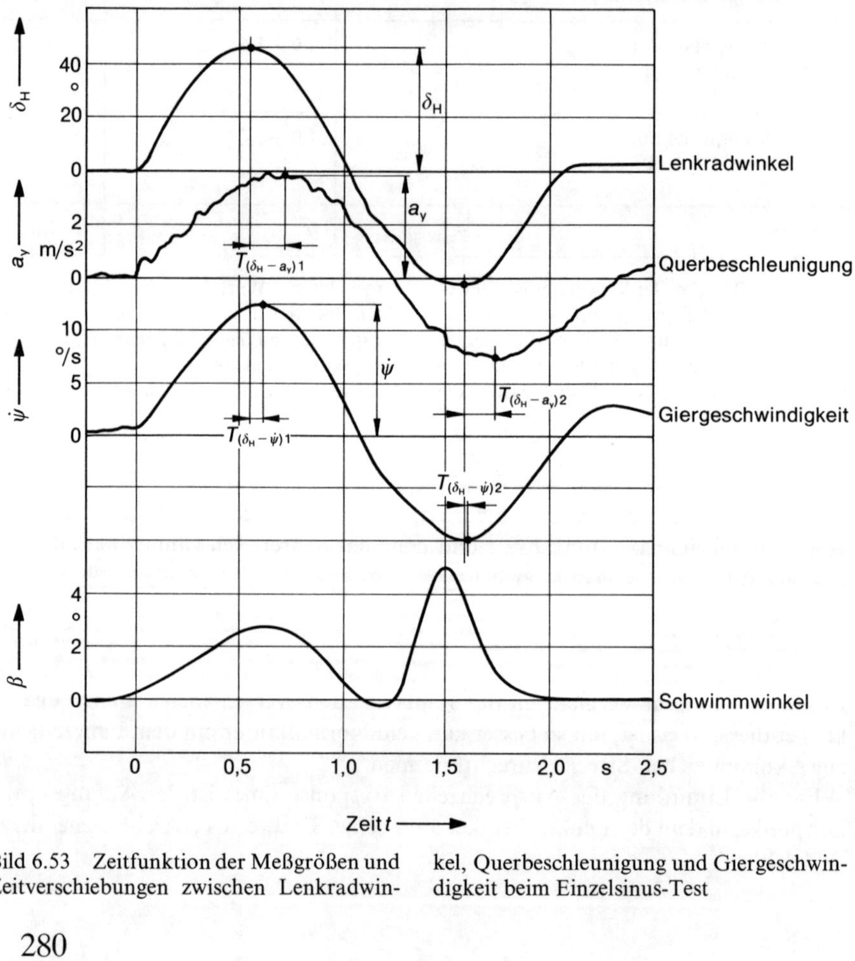

Bild 6.53 Zeitfunktion der Meßgrößen und Zeitverschiebungen zwischen Lenkradwinkel, Querbeschleunigung und Giergeschwindigkeit beim Einzelsinus-Test

Fahrdynamische Kenngröße		Zeichen	Einheit	Mittelwert	Streuung
Zeitverschiebung Lenkradwinkel-Querbeschleunigung	1. Maximum	$T_{(\delta_H - a_y)1}$	s	0,17	
	2. Maximum	$T_{(\delta_H - a_y)2}$	s	0,14	
Zeitverschiebung Lenkradwinkel-Giergeschwindigkeit	1. Maximum	$T_{(\delta_H - \dot{\psi})1}$	s	0,06	
	2. Maximum	$T_{(\delta_H - \dot{\psi})2}$	s	0,01	
Verstärkungsfaktor der Querbeschleunigung		$\frac{a_y}{\delta_H}$	$\frac{m}{s^2 \cdot Grad}$	0,085	
Verstärkungsfaktor der Giergeschwindigkeit		$\frac{\dot{\psi}}{\delta_H}$	$\frac{1}{s}$	0,27	

Bild 6.54 Tabelle der Bewertungskriterien beim Einzelsinus-Test. Weitere Einzelheiten zu diesem Test sind in ISO/TR 8725 zu finden. (Zahlenwerte aus der Messung nach Bild 6.53)

Zur Auswertung werden auch hier – wie bei dem Lenkwinkelsprungtest – die Zeitfunktionen der Meßgrößen aufgezeichnet (Bild 6.53). Daraus werden für die Fahrzeugbeurteilung wichtige Kriterien, wie z.B. Zeitverschiebung zwischen Lenkradwinkel und Querbeschleunigung bzw. Giergeschwindigkeit, entnommen und in eine Tabelle eingetragen (Bild 6.54). Aus diesen Messungen können noch weitere Kenngrößen für die Fahrzeugbeurteilung auch im Frequenzbereich ausgewertet werden. Über diese erweiterten Messungen wurde ein ISO-Technischer Bericht veröffentlicht (ISO/TR 8725-1985).

6.5.5.3 Dauersinus-Lenkradwinkeleingabe

Der Dauersinustest liefert im Frequenzbereich im Vergleich mit den anderen Verfahren die statistisch sichersten Ergebnisse. Aus diesem Grund wird in Deutschland für die Bestimmung der Fahrzeugfrequenzgänge überwiegend diese Methode als Standardmeßverfahren verwendet.

Beim Durchführen des Tests wird am Lenkrad eine fortdauernde Sinusbewegung mit konstanter Amplitude und Frequenz aufgebracht.

Die Lenkfrequenz wird stufenweise bis etwa 4 Hz erhöht. Die Lenkwinkelamplituden werden in Vorversuchen bei Kreisfahrt so gewählt, daß sich bei der Testgeschwindigkeit eine Querbeschleunigung von jeweils 4 m/s^2 (bzw. zusätzlich 2 und 6 m/s^2) einstellt. Die Fahrgeschwindigkeit muß während der Messung konstant gehalten werden. Die Meßwerte müssen im eingeschwungenen Zustand des Fahrzeugs aufgenommen werden. Die Lenkbewegungen können von geübten Fahrern von Hand oder durch eine Lenkmaschine aufgebracht werden.

Die Auswertung erfolgt anhand der aufgenommenen Zeitfunktionen des Lenkradwinkels, der Querbeschleunigung und der Giergeschwindigkeit. Als Beurteilungskriterien werden die Vergrößerungsfunktionen, d.h. die auf den Lenkradwinkel bezogene Querbeschleunigung und Giergeschwindigkeit sowie die Phasenwinkel, über der Frequenz aufgezeichnet. Bild 4.16 zeigt Meßergebnisse von zwei Fahrzeugen mit unterschiedlichem Eigenlenkverhalten.

6.5.5.4 Dreieckimpuls

Das Fahrzeug wird bei der vorgegebenen Fahrgeschwindigkeit aus der Geradeausfahrt durch einen dreieckförmigen Lenkimpuls ausgelenkt. Die Impulsdauer soll zwischen 0,3 und 0,5 s liegen. Die Lenkradwinkelamplitude wird – wie bei den anderen Verfahren – bei stationärer Kreisfahrt so bestimmt, daß sich eine Querbeschleunigungsamplitude von 4 m/s^2 ergibt. Wenn mehrere Dreieckimpulse nacheinander eingeleitet werden, sollte das Fahrzeug zwischen den Messungen jeweils 3 bis 5 s ungestört geradeaus fahren. Die Messung ist mindestens dreimal durchzuführen.

Zur Kontrolle der Lenkradwinkelamplitude wird im geprüften Frequenzbereich eine Frequenzanalyse für die Zeitfunktion des Lenkradwinkels durchgeführt. Das Verhältnis der Lenkradwinkelamplitude bei den einzelnen Frequenzen zu der Amplitude bei der niedrigsten Frequenz wird dargestellt (Bild 6.55). Die Messung ist nur dann gültig, wenn der Lenkradwinkel im ganzen Frequenzbereich nicht mehr als 12 dB (Dezibel) abfällt, dies entspricht einem Verhältnis 4 : 1. Bei den gültigen Messungen werden die Frequenzgänge, d. h. die Vergrößerungsfunktionen der Querbeschleunigung und der Giergeschwindigkeit, mit einem entsprechenden Rechner ermittelt und in Diagrammen dargestellt (siehe hierzu Bild 4.16).

6.5.5.5 Regellose Lenkradwinkeleingabe

Bei Geradeausfahrt mit der vorgegebenen Geschwindigkeit werden vom Fahrer oder einer Lenkmaschine (Abschnitt 6.7.2.4) regellose (stochastische) Lenkradbewegungen aufgebracht. Die maximale Lenkamplitude soll dabei – wie bei den anderen Verfahren – einer Querbeschleunigung von 4 m/s^2 bei stationärer Kreisfahrt entsprechen. Es ist darauf zu achten, daß der ganze Frequenzbereich bis etwa 4 Hz möglichst gleichmäßig belegt wird. Für die Auswertung sollte eine Fahrzeit von 12 min zur Verfügung stehen, die jedoch auch aus kürzeren Fahrstrecken (jeweils mindestens 30 s) zusammengesetzt werden kann.

Die Auswertung erfolgt nach den gleichen Gesichtspunkten wie beim Dreieckimpulstest. Als Ergebnis werden die Frequenzgänge dargestellt, siehe Bild 4.16. Über dieses Verfahren ist ein ISO-Technischer Bericht erschienen (ISO/TR 8726).

Vorteil dieses Verfahrens ist, daß es, wenn von Hand gelenkt wird, wenig Platz benötigt. Die Messungen können auf normalen Straßen durchgeführt werden. Der Einsatz einer Lenkmaschine ist nicht unbedingt erforderlich, die harmonischen Anteile der Lenkradwinkelamplituden im Eingangssignal sollten jedoch zur Kontrolle ermittelt werden (Bild 6.55).

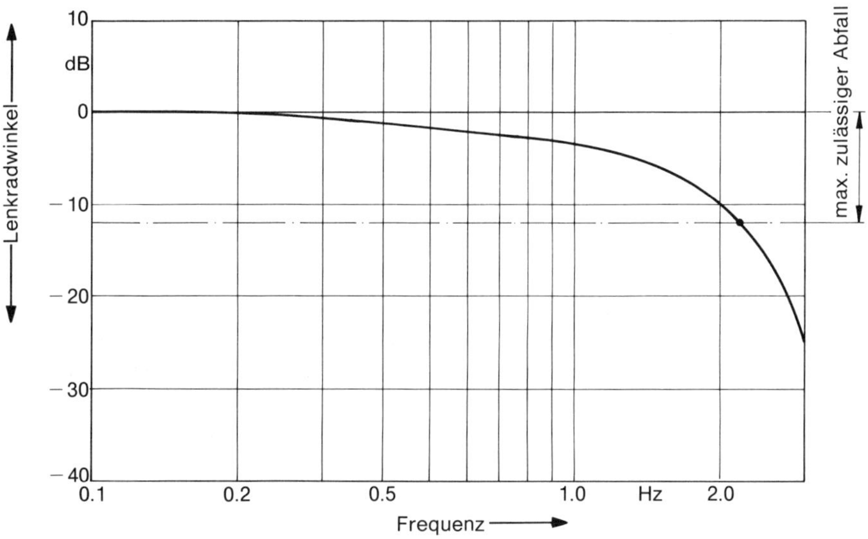

Bild 6.55 Frequenzanalyse der Lenkradwinkelzeitfunktion zur Kontrolle des Gültigkeitsbereichs der Messung

6.5.6 Doppelter Fahrspurwechsel

Wie der Kreisfahrtest im stationären Bereich, so gehört der doppelte Fahrspurwechsel im instationären Bereich zu den ältesten Testmethoden. Der Test dient zur Prüfung des Fahrverhaltens im geschlossenen Regelkreis in einer verkehrsbezogenen Situation. Es wird ein plötzlich notwendiges Ausweichmanöver mit schnellem Zurücklenken auf die rechte Fahrspur simuliert. Der doppelte Fahrspurwechsel war das erste Testverfahren, das in der ISO seit 1970 bearbeitet wurde. Bereits 1975 erschien der technische Bericht ISO/TR 3888, der dieses Verfahren beschreibt. Es wurde nicht genormt, weil die Versuche zeigten, daß ein Verfahren im geschlossenen Regelkreis wegen der starken Fahrereinflüsse hierfür nicht geeignet ist. Trotzdem ist dieses – auch unter dem Namen ISO-Wedeltest bekannte – Verfahren aus dem Testprogramm der Automobilfirmen nicht mehr wegzudenken,

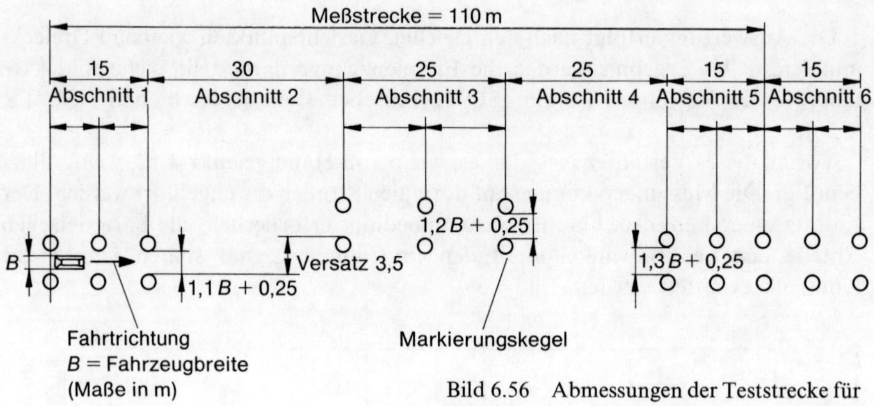

Bild 6.56 Abmessungen der Teststrecke für den doppelten Fahrspurwechsel nach ISO/TR 3888

so daß eine *Normung*, wenn auch nicht des *Verfahrens*, aber der Maße der *Wedelgasse*, zweckmäßig erscheint.

Die Abmessungen sind mit einer Länge der Meßstrecke von 110 m und einem seitlichen Versatz von 3,5 m festgelegt (Bild 6.56). Die Breite ist fahrzeugabhängig. Gemessen wird die Durchfahrzeit mit Lichtschranken am Anfang und Ende der Meßstrecke. Beurteilungskriterium ist der Mittelwert der Durchfahrzeiten aus mindestens drei fehlerfreien Fahrten (ohne Berührung der Markierungskegel). Der Test soll mit geübten Fahrern durchgeführt werden. Zur Untersuchung der instationären Fahreigenschaften werden oft neben der Zeitmessung auch andere fahrdynamische Größen aufgenommen. Solche Meßgrößen sind:

☐ Lenkradwinkel,
☐ Lenkradmoment,
☐ Querbeschleunigung,
☐ Giergeschwindigkeit,
☐ Fahrgeschwindigkeit,
☐ Schwimmwinkel,
☐ Wankwinkel.

Bild 6.57 zeigt den typischen Zeitverlauf der Meßgrößen beim Durchfahren der Teststrecke mit $v = 80$ km/h.

Mehrere Vergleichsmessungen und subjektive Beurteilungen zeigten, daß die Güte der Fahrzeuge beim Spurwechsel hauptsächlich nach den erforderlichen Lenkradbewegungen und der aufgetretenen Querbeschleunigung bewertet wird.

Eine Abwandlung des doppelten Fahrspurwechsels ist der *Slalomtest*. Hierbei werden Markierungskegel (Pylonen) auf einer geraden Linie in gleichen Abständen – meistens 30 m – aufgestellt. Es sollten mindestens sieben Pylonen aufgestellt werden. Die Strecke wird in einer Richtung oder hin und zurück so schnell wie möglich, ohne Berührung der Pylonen, durchfahren. Einziges Beurteilungskriterium ist die Durchfahrzeit, die mit einer Stoppuhr gemessen wird.

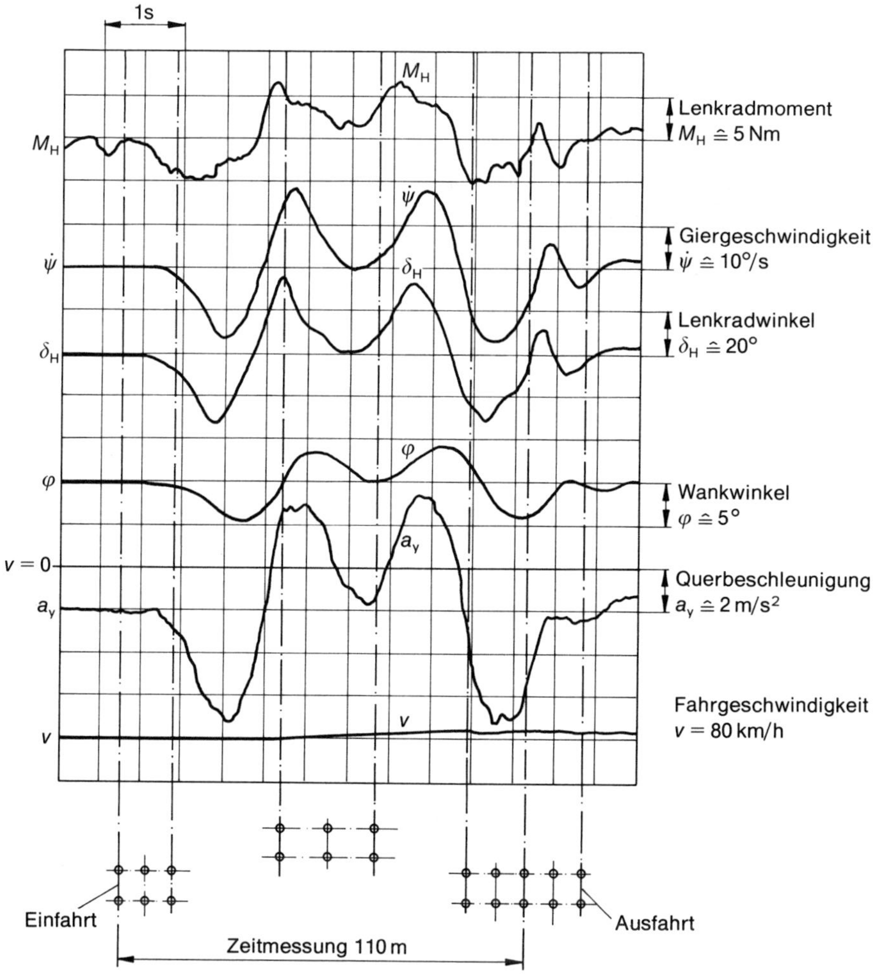

Bild 6.57 Verlauf der wichtigsten fahrdynamischen Größen über der Zeit und Teststrecke beim ISO-doppelten Fahrspurwechsel

6.5.7 Seitenwindempfindlichkeit

Für die Messung der Seitenwindempfindlichkeit von Fahrzeugen gibt es zwei Möglichkeiten:

1. Messung bei Vorbeifahrt an einer stationären Seitenwindanlage.
2. Messung auf der Straße bei natürlichem, regellosem Seitenwind.

Vorteile der ersten Methode sind, daß der Wind jederzeit zur Verfügung steht, reproduzierbar ist und der Test einfach durchgeführt werden kann. Die meisten Automobilfirmen und auch einige Institute haben eigene Seitenwindanlagen. Der

Bild 6.58 Stationäre Seitenwindanlage der Fa. Mercedes-Benz AG. Sechzehn durch Elektromotoren angetriebene Ventilatoren erzeugen einen Seitenwind mit der Geschwindigkeit von $w = 80$ km/h. Die Anlage ist 32 m lang.

Bild 6.59 Mobile Seitenwindanlage des Forschungsinstituts für Straßenfahrzeuge, TNO in Holland. Die Einheiten können beliebig aufgestellt werden. Sechs von Benzinmotoren angetriebene Propeller erzeugen eine Windgeschwindigkeit bis 120 km/h.

Wind wird bei diesen Anlagen – mit wenigen Ausnahmen – durch Propeller erzeugt, die mit Elektro- oder Benzinmotoren angetrieben werden. Die Anlagen bestehen aus mehreren Windgeneratoren, deren Größe etwa 2 × 2 m beträgt. Für die Messung wird eine Windstrecke von 20 m bis 50 m benötigt. Bild 6.58 zeigt die Seitenwindanlage der Fa. Mercedes-Benz. Die Windgeschwindigkeit ist 70 km/h bis 80 km/h entsprechend einer Windstärke 8 bis 9 nach der Beaufortskala. Das Forschungsinstitut für Straßenfahrzeuge TNO in Holland verwendet für Seitenwinduntersuchungen einzeln aufstellbare, transportierbare Windmaschinen mit Benzinmotoren. Windstärken bis 12 Beaufort können erzeugt werden (Bild 6.59).

Folgende Größen werden gemessen:

- □ Lenkradwinkel,
- □ Querbeschleunigung,
- □ Giergeschwindigkeit,
- □ Fahrgeschwindigkeit,
- □ seitliche Abweichung nach einem bestimmten Abstand vom Anfang der Windstrecke.

Das Fahrzeug fährt mit der vorgegebenen Geschwindigkeit an der Seitenwindanlage vorbei. Das Lenkrad wird in den meisten Fällen festgehalten, aber es kann auch mit freigelassenem Lenkrad gemessen werden. Es ist zweckmäßig, bei verschiedenen Fahrgeschwindigkeiten zu messen. Einerseits wird dadurch die Anströmrichtung variiert, andererseits kann das Fahrzeug bei höheren Geschwindigkeiten ein anderes Verhalten zeigen. Durch die Windeinwirkung beschreibt der Fahrzeugschwerpunkt eine *vom Wind wegbiegende Kurvenbahn.* Die dadurch entstehende Fliehkraft wirkt entgegen der Windkraft, und sie kann ab einer bestimmten Geschwindigkeit überwiegen. Die *Seitenkraft* an der *Vorderachse* wechselt in diesem Punkt ihre Richtung. Damit bleibt die Vorderachsseitenkraft während der Seitenwindwirkung sehr klein, Spiel und Elastizität in der Radaufhängung und Lenkung können die Kurshaltung stark beeinflussen. Bild 6.60 zeigt diese Wirkung aus einer Modellrechnung.

Alle Meßwerte sollten mindestens 20 m vor bis 50 m nach der Windstrecke aufgenommen werden. Der seitliche Abstand von der Anlage wird je nach gewünschtem Windprofil gewählt. Zur Beurteilung der Seitenwindempfindlichkeit können folgende Kriterien dienen (siehe hierzu Bild 4.21):

- □ Zeitfunktionen der Giergeschwindigkeit und der Querbeschleunigung.
- □ Gierbeschleunigung bei Eintritt in den Wind. Diese Größe wird vom Fahrer besonders gespürt und bewertet. Aus der Zeitfunktion der Giergeschwindigkeit wird dieser Wert als Anfangssteigung entnommen. Die Gierbeschleunigung bei Austritt aus dem Wind kann auch als Kriterium dienen.
- □ Maximalwert und Stationärwert der Giergeschwindigkeit während der Vorbeifahrt.

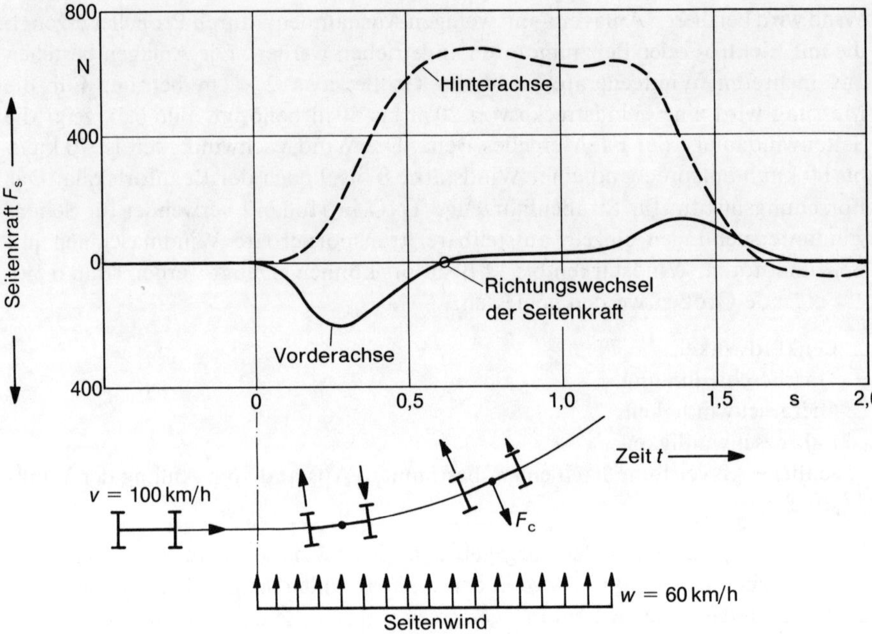

Bild 6.60 Verlauf der Achsseitenkräfte über der Zeit während der Vorbeifahrt an einer Seitenwindanlage. Fahrzeugmasse $m_g = 1480$ kg, $l_v/l = 0{,}5$, Reifen 195/70 R 14 89 H.

☐ Ein bei Vergleichstests oft verwendetes Kriterium ist die seitliche Abweichung, z. B. nach 50 m nach Windstreckenanfang. Die Bahn des Fahrzeugschwerpunkts wird durch Wasserspritzen auf der Fahrbahn festgehalten und ausgemessen oder durch Doppelintegration aus der gemessenen Querbeschleunigung erhalten. Hierzu ist eine kreiselstabilisierte Plattform erforderlich. Die seitliche Abweichung ist jedoch nur ein ungefähres Maß für grobe Abschätzungen, weil sie mit großer Streuung behaftet ist. Bereits kleine Richtungsabweichungen beim Einfahren in die Strecke verursachen große Fehler der Meßwerte.

Messungen an Seitenwindanlagen im geschlossenen Regelkreis sind auch möglich. Dabei versucht der Fahrer den Kurs durch Lenkbewegungen zu halten. Es muß hier gewährleistet sein, daß der Fahrer nicht bereits vor dem Eintritt in den Wind lenken kann (weil sonst die Ergebnisse nicht reproduzierbar sind), z. B. durch eine Klemmvorrichtung, die das Lenkrad erst am Anfangspunkt der Windstrecke freigibt.

Die zweite Methode, d. h. Messung bei natürlichem Seitenwind, hat den Vorteil, daß sie wirklichkeitsnah ist und einen weiten Frequenzbereich erfaßt. Nachteilig ist, daß nur selten entsprechende Windverhältnisse zu finden sind.

Bei dieser Messung wird das Fahrzeug auf einer normalen, geraden Straße, z. B. auf der Autobahn, gefahren. Die Fahrgeschwindigkeit wird je nach Windstärke und -richtung gewählt; sie muß während der Messung konstant gehalten werden.

Bild 6.61 Prandtl-Staurohr, am Fahrzeugdach drehbar gelagert, mit Windfahne zur Messung der Anströmrichtung und Anströmgeschwindigkeit bei natürlichem Seitenwind.

Folgende Größen werden gemessen:

- ☐ Lenkradwinkel,
- ☐ Querbeschleunigung,
- ☐ Giergeschwindigkeit,
- ☐ Fahrgeschwindigkeit,
- ☐ resultierende Anströmgeschwindigkeit
- ☐ Anströmrichtung.

Die Windstörung wird durch den Ausdruck $\tau \cdot v_{\mathrm{res}}^2$ beschrieben (Abschnitt 4.4).

Es gibt mehrere Möglichkeiten, Richtung und Größe der Anströmgeschwindigkeit zu messen. Bild 6.61 zeigt ein Prandtl-Staurohr, das am Fahrzeugdach drehbar befestigt ist. Das Staurohr stellt sich mit Hilfe einer Windfahne in die aus Wind- und Fahrgeschwindigkeit resultierende Anströmrichtung ein. Die Anströmgeschwindigkeit ergibt sich aus dem gemessenen Staudruck.

Die Zeitfunktionen werden mit einem Analysator ausgewertet und als Vergrößerungsfunktion über der Frequenz aufgetragen. Für die Beurteilung der Empfindlichkeit bei natürlichem Seitenwind können z.B. folgende Kriterien herangezogen werden:

- ☐ Verlauf der auf die Windstörung bezogenen Giergeschwindigkeit $\dot{\psi}/(\tau \cdot v_{\mathrm{res}}^2)$ über der Frequenz,
- ☐ Maximalwert von $\dot{\psi}/(\tau \cdot v_{\mathrm{res}}^2)$,
- ☐ Giereigenfrequenz ν
- ☐ Lenkradwinkel, bezogen auf die Windstörung $\delta_H/(\tau \cdot v_{\mathrm{res}}^2)$,
- ☐ Maximalwert von $\delta_H/(\tau \cdot v_{\mathrm{res}}^2)$,
- ☐ Lenkeigenfrequenz $\omega_{\delta H}$.

Im Bild 4.25 sind als Beispiel Meßergebnisse von einem Fahrzeug mit zwei verschiedenen Reifen gezeigt.

Im ISO-Subkomitee SC9 wird an einem Normvorschlag gearbeitet.

6.5.8 Testverfahren für Pkw-Züge

Das Ziel des Testverfahrens ist die Ermittlung der kritischen Geschwindigkeit v_{krit} des Pkw-Zuges. v_{krit} ist die Fahrgeschwindigkeit, bei der eine angeregte Pendelschwingung des Systems Zugfahrzeug-Anhänger nicht mehr abklingt; die Dämpfung ist gleich null. Über dieser Geschwindigkeit wird die Schwingung angefacht und führt zur Instabilität des Zuges (Abschnitt 5.4.1). Weil dieser Zustand im Straßenverkehr oft Unfälle verursacht, ist eine Prüfung von Pkw-Zügen in dieser Disziplin sehr wichtig. In der ISO wurde das Testverfahren genormt, siehe Bild 1.1.

Der zu untersuchende Pkw-Zug wird mit konstanter Geschwindigkeit auf einer geraden Strecke gefahren. Um den Zug in Pendelschwingungen zu versetzen, wird am Lenkrad ein nadelförmiger Lenkimpuls (ein sehr schneller Halbsinus) von etwa 0,5 s Dauer eingeleitet. Unmittelbar nach dem Lenkimpuls wird eine kleine Korrektur in die andere Richtung durchgeführt, um den Zug auf der Geraden zu halten. Dann wird das Lenkrad in der Mittelstellung festgehalten. Während der Messung dürfen keine Lenkkorrekturen mehr erfolgen. Um den zu erwartenden Bereich der kritischen Geschwindigkeit zu ermitteln, werden vor der eigentlichen Messung Probefahrten durchgeführt. Hierbei wird das Abklingen der Pendelschwingungen nach dem Lenkimpuls bei stufenweise gesteigerter Geschwindigkeit beobachtet. Auf diese Weise wird die kritische Geschwindigkeit subjektiv geschätzt.

Die kleinste Geschwindigkeit für die nachfolgenden Messungen wird um 50 km/h niedriger gewählt als die geschätzte kritische Geschwindigkeit. In mindestens fünf Geschwindigkeitsstufen wird dann die Messung bis in die Nähe der kritischen Geschwindigkeit durchgeführt. Mindestens $0{,}9 \cdot v_{krit}$ sollte erreicht werden. Die Lenkimpulse müssen so groß sein, daß eine Querbeschleunigung im Anhängerschwerpunkt von $4\,m/s^2$ auftritt.

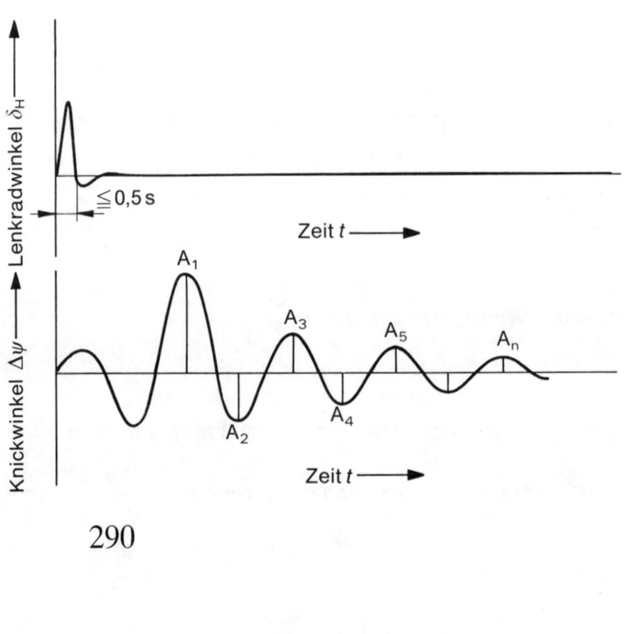

Bild 6.62
Bestimmung der Amplituden der Knickwinkelschwingung für einen Pendelversuch mit einem Pkw-Zug

Folgende Größen werden gemessen:

- □ Lenkradwinkel,
- □ Fahrgeschwindigkeit,
- □ Knickwinkel zwischen Zugfahrzeug und Anhänger.

Wenn der Knickwinkel $\Delta\psi$ nicht direkt gemessen werden kann, wird die Giergeschwindigkeit im Anhänger gemessen.

Nach Bild 6.62 wird der Mittelwert der Amplitudenverhältnisse gebildet, angefangen bei der dritten Amplitude.

$$r = \frac{1}{n-1} \cdot \left(\frac{A_1}{A_2} + \frac{A_2}{A_3} + \cdots + \frac{A_{n-1}}{A_n} \right) \qquad \text{(Gl. 6.24)}$$

Wenn die Schwingung nicht symmetrisch zur Nullinie verläuft, kann folgende Auswerteformel benutzt werden:

$$r = \frac{1}{n-2} \left(\frac{A_2 + A_1}{A_3 + A_2} + \frac{A_3 + A_2}{A_4 + A_3} + \cdots + \frac{A_{n-1} + A_{n-2}}{A_n + A_{n-1}} \right) \qquad \text{(Gl. 6.25)}$$

A_n sollte mindestens 10 % von A_1 sein.

Daraus wird die Dämpfung berechnet:

$$D = \frac{\ln r}{\sqrt{\pi^2 + (\ln r)^2}} \qquad \text{(Gl. 6.26)}$$

Die so berechneten Dämpfungswerte werden in einem Diagramm nach Bild 6.63 über der Geschwindigkeit eingezeichnet. An die Meßpunkte wird durch eine lineare Regression eine Gerade nach der Gleichung $D = C_1 + C_2 \cdot v$ angepaßt. C_1 und C_2 sind die Regressionskoeffizienten. Der Schnittpunkt der Geraden mit der Abszisse ergibt die kritische Geschwindigkeit. Wenn bei der Messung $0{,}9 \cdot v_{\text{krit}}$ z. B. wegen fehlender Motorleistung nicht erreicht werden kann, dann sollen für die Beurteilung nicht v_{krit}, sondern andere Kriterien verwendet werden. Solche Kriterien sind:

- □ die Geschwindigkeit, die bei einer Dämpfung von 0,05 erreicht wird:

$$v_{0,05} = \frac{0{,}05 - C_1}{C_2}$$

- □ die Dämpfung, die bei einer Geschwindigkeit von 80 km/h vorhanden ist:

$$D_{80} = C_1 + 80 \cdot C_2$$

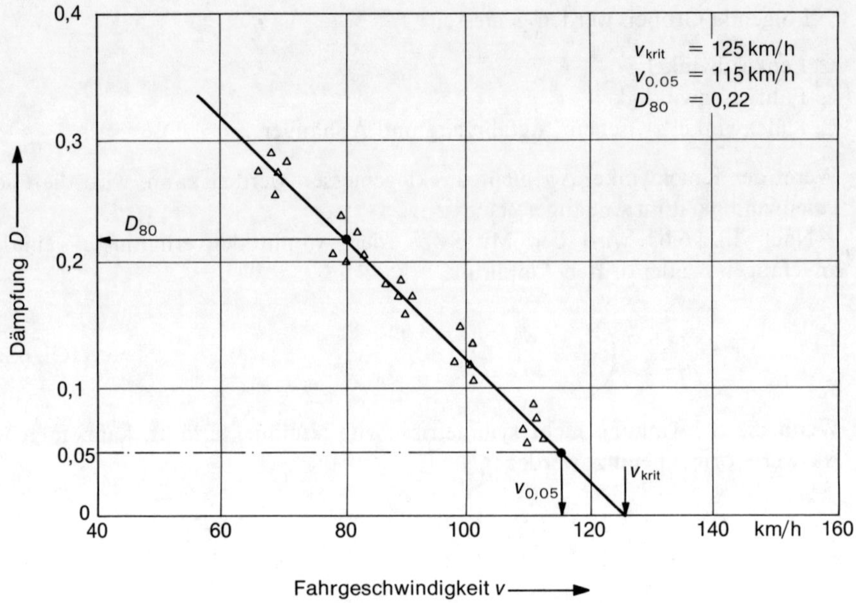

Bild 6.63 Verlauf der Dämpfung der Pendelschwingung eines Pkw-Zuges über der Fahrgeschwindigkeit. Bestimmung der kritischen Geschwindigkeit des Zuges v_{krit} und der Referenzdämpfungs-Geschwindigkeit $v_{0,05}$ sowie der Referenzgeschwindigkeits-Dämpfung D_{80}. In diesem Beispiel sind die Konstanten $C_1 = 0{,}605$ und $C_2 = -0{,}00482$.

6.6 Anwendbarkeit der Testverfahren bei Nutzkraftwagen

Die Testverfahren wurden für Personenwagen entwickelt. Bei der Anwendung auf schwere Nutzkraftwagen müssen die systematischen Unterschiede im Fahrverhalten und die niedrigeren fahrdynamischen Grenzwerte berücksichtigt werden. Anfangsbedingungen und Beurteilungskriterien bei den einzelnen Testverfahren müssen an die Besonderheiten von Nutzkraftwagen angepaßt werden.

Die grundlegenden Unterschiede zum Pkw ergeben sich aus folgenden Merkmalen:

- ☐ größere Masse,
- ☐ größere Trägheitsmomente,
- ☐ höherliegender Schwerpunkt,
- ☐ größerer Radstand,
- ☐ unterschiedliche Beladungsverhältnisse,
- ☐ relativ schwächere Motorisierung.

Ein wesentlicher Unterschied zum Pkw liegt darin, daß die maximal erreichbare Querbeschleunigung beim Nkw neben der Grenze der Kraftübertragung auch

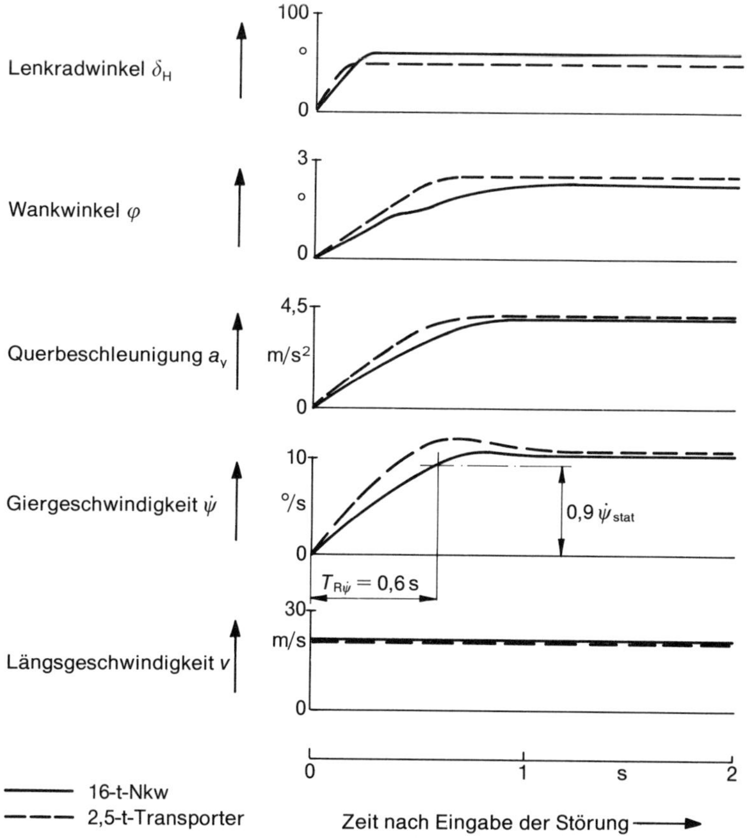

Bild 6.64 Lenkwinkelsprung beim 16-t-Nkw (leer) und 2,5-t-Transporter (leer) und zugehörige Fahrzeugreaktionen. Ein schwerer Nkw reagiert wesentlich träger als ein Pkw. 90%-Ansprechzeit der Giergeschwindigkeit $T_{R\dot{\psi}} = 0,6$ s (bei Pkw max. 0,3 s, siehe Bild 6.52).

durch die Querneigung zusammen mit der Kippgrenze bestimmt wird. Wegen der *Verwindung* des torsionsweichen *Rahmens* ergeben sich bei Nutzkraftwagen unter Einwirkung der Querbeschleunigung vorn und hinten unterschiedliche *Wankwinkel.* Durch die elastische Aufhängung neigt sich die Fahrerkabine zusätzlich zum Rahmen. Im allgemeinen ist der Wankwinkel an der Vorderachse größer als an der Hinterachse, und die Fahrerkabine hat eine etwas größere Neigung als der Rahmen über der Vorderachse. Dies bewirkt, daß der Fahrer die Größe des Wankwinkels viel stärker empfindet als die Größe der Querbeschleunigung oder des Schwimmwinkels.

Einen wichtigen Einfluß auf das Verhalten bei Kreisfahrt haben u.a. Art und *Befestigung* des *Aufbaus.* Bei der Vielzahl der Aufbauten ist es praktisch nicht möglich, deren Einfluß ausschließlich durch Versuche systematisch zu erfassen. Deshalb gewinnen in der Nkw-Entwicklung neben den Fahrmessungen fahrdynamische Simulationsrechnungen immer mehr an Bedeutung.

Mit den aus Messungen ermittelten Fahrwerks- und Reifendaten werden die Einflüsse verschiedener Auslegungen auf das Fahrverhalten untersucht und Stabilitätsbetrachtungen durchgeführt.

Bei der Messung und Beurteilung des *Schwimmwinkels* muß bei Nkw darauf geachtet werden, daß wegen der größeren Radstände am Fahrerplatz ein wesentlich größerer Schwimmwinkel auftritt als im Schwerpunkt. Bei einem Omnibus sitzt der Fahrer z.B. um 5 bis 6 m vor dem Fahrzeugschwerpunkt. Dieser Abstand entspricht einem Unterschied im Schwimmwinkel am 40-m-Kreis von 7° bis 8°. Deshalb sollte der Schwimmwinkel auch am Fahrerplatz angegeben werden.

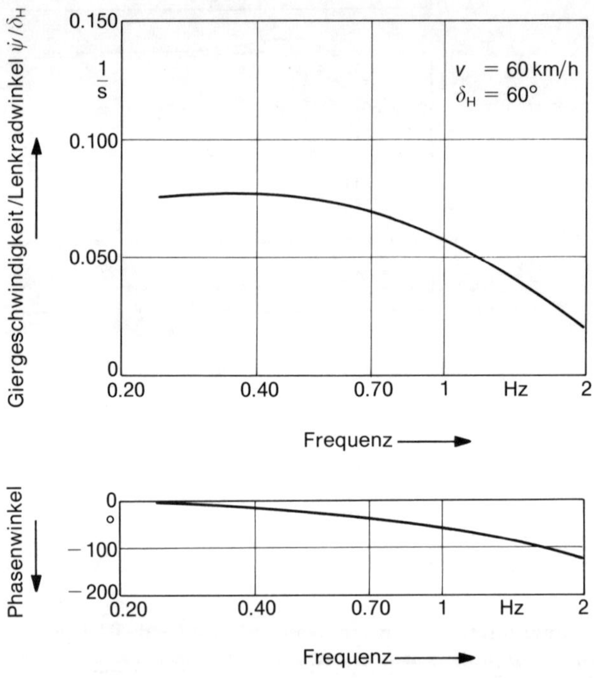

Bild 6.65
Frequenzgang eines 16-t-Nkw bei sinusförmiger Lenkwinkeleingabe. Der Amplitudengang des Gierverstärkungsfaktors $\dot{\psi}/\delta_H$ zeigt im Gegensatz zu Pkw keine Überhöhung (siehe Bild 4.16).

Bei der Prüfung des instationären Verhaltens ergeben sich Unterschiede zum Pkw vor allem durch die größere Masse und Trägheit des Nkw. Der Einfluß von Zwillingsbereifung muß ebenfalls berücksichtigt werden. Meßergebnisse zeigen, daß z.B. bei einem Lenkwinkelsprung ein schwerer Nkw sehr träge und ohne Überschwingen reagiert (Bild 6.64). Auch bei der Frequenzgangmessung mit Dauersinus-Lenkradwinkeleingabe zeigen Nkw im Gegensatz zu Pkw keine ausgeprägte Überhöhung der Gierverstärkung (Bild 6.65). Diese Besonderheiten erfordern andere Maßstäbe beim Deuten und Beurteilen von Meßergebnissen.

Untersuchungen mit schweren Nkw beim Bremsen in der Kurve zeigten, daß auch bei diesem Testmanöver eine Änderung der für Pkw definierten Ausgangsbedingungen notwendig ist. Bei beladenen Fahrzeugen sollte die Ausgangsquerbeschleunigung aus Sicherheitsgründen 2 m/s^2 betragen. Höhere Querbeschleunigungen bis maximal 3 m/s^2 sollten nur mit Kippschutzvorrichtungen, bei Nkw-Zügen zusätzlich mit Knickschutz durchgeführt werden. Wegen der niedrigeren Querbeschleunigung sollte der Ausgangsradius nicht kleiner als 100 m sein, sonst zeigen sich nur kaum meßbare Fahrzeugreaktionen. Der Auswertezeitpunkt der gemessenen Zeitfunktionen – bei Pkw 1 s nach Bremsbeginn – muß bei Nkw wegen längerer Ansprechzeiten des Bremskraftaufbaus und der fahrdynamischen Reaktion mindestens auf 1,5 s für Solofahrzeuge und auf 2 s für Fahrzeugzüge festgelegt werden.

Auch die anderen für Pkw erprobten Testverfahren, z. B. Lastwechselreaktion oder doppelter Fahrspurwechsel, sind bei entsprechender Anpassung der Ausgangsbedingungen auch für Nkw verwendbar. Nach wie vor wird der Vergleich von Meßergebnissen mit der subjektiven Beurteilung geübter Versuchsfahrer bei der Gestaltung von Testverfahren für Nkw eine wichtige Hilfe sein.

6.7 Versuchseinrichtungen

6.7.1 Versuchsbahnen und Teststrecken

Für die Erprobung der Fahrzeuge und für Messungen während der Entwicklung haben die Autofirmen eigene Versuchsbahnen. Die Versuchsbahnen enthalten im allgemeinen folgende Strecken:

Kreisfahrstrecken, Rutschplatten oder *Fahrdynamikflächen* für fahrdynamische Untersuchungen und für den Einsatz von Versuchsfahrzeugen mit programmierbaren Fahrmaschinen.

Schnellfahrbahnen, die meistens als Ovale ausgelegt sind, für längsdynamische Untersuchungen.

Handlingkurse mit unterschiedlichen Kurvenradien zur subjektiven und meßtechnischen Untersuchung des Fahrverhaltens.

Fahrkomfort-Prüfstrecken mit verschiedenen Unebenheitsprofilen und Fahrbahnbelägen.

Seitenwindstrecken mit einer Seitenwindanlage zur Untersuchung der Seitenwindempfindlichkeit.

Bremsstrecken, breite gerade Strecken zu Bremsuntersuchungen.

Die im Firmengelände angesiedelten Versuchsbahnen sind meistens nicht groß genug, um alle Untersuchungen durchführen zu können. Deshalb sind die Automobilhersteller gezwungen, auf öffentlichen Straßen und auf Rennstrecken – z. B. Hockenheimring oder Nürburgring – auszuweichen. Die Firmen BMW, Opel, Ford und VW haben in einem jeweils vom Werk getrennten, aber naheliegenden Gebiet Versuchsbahnen gebaut. Das größte Versuchsgelände besitzt die Firma

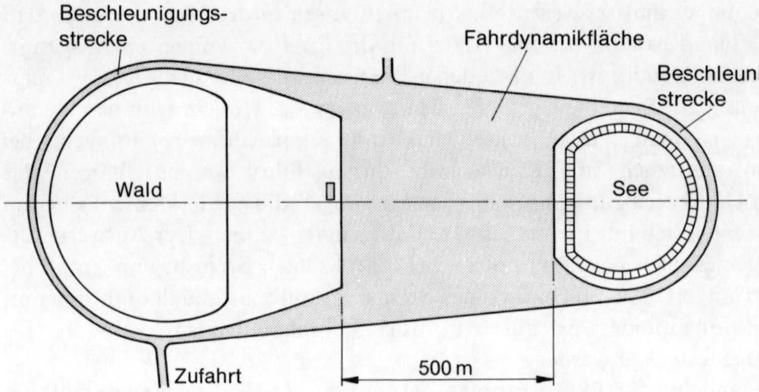

Bild 6.66 Fahrdynamikfläche im Testgelände der Volkswagen AG in Ehra-Lessien. Die Abmessungen sind gleich mit denen der Teststrecke von General Motors in Milford, USA.

Volkswagen AG in Ehra-Lessien. Auch die anderen Firmen und Institute führen dort Versuche durch. Das VW-Gelände ist etwa 10 km lang und 1 km breit. Für fahrdynamische Untersuchungen wichtig ist eine 500 m × 500 m große ebene Fahrdynamikfläche mit halbkreisförmig anschließenden Beschleunigungsstrecken (Bild 6.66).

Neben den Automobilfirmen haben auch einige Reifenfirmen größere Versuchsbahnen für Reifenuntersuchungen gebaut. So hat z.B. die Fa. Continental die Versuchsstrecke Contidrom bei Jeversen, nördlich von Hannover. Die Fa. Michelin baute in Frankreich auf der Strecke nach Paris bei Ladoux ihre Testbahn. Diese Versuchsgelände enthalten hauptsächlich Hochgeschwindigkeitsstrecken, Handlingkurse und Rundkurse zur Lebensdauererprobung von Reifen. Außerdem ist bei beiden Firmen eine Aquaplaningstrecke vorhanden.

Auch einige Institute haben große Versuchsstrecken gebaut, die sie an verschiedene Benutzer vermieten. Eine wichtige Versuchsstrecke in Europa ist in Nardo/Süditalien von SASN (Societa Autopiste Sperimentali di Nardo) gebaut worden. Sie hat eine große Kreisbahn von 2 km Radius als Schnellstrecke und eine Fahrdynamikfläche von 280 m × 280 m mit Anlaufstrecken. In den USA ist als größte Teststrecke die von General Motors in Milford bei Detroit bekannt. Die Maße der Fahrdynamikfläche sind identisch mit denen von VW. Hauptsächlich für Vermietzwecke unterhält TRC (Transportation Research Center) in Ohio ein Versuchsgelände. Neben einem Hochgeschwindigkeitsoval ist auch hier eine Fahrdynamikfläche 550 m × 365 m mit Beschleunigungsbögen vorhanden. Bei den Testbahnen stehen den Mietern auch Werkstatt und Auswerteräume zur Verfügung.

Das Transportministerium in Kanada hat 1979 für die Überprüfung der Sicherheit von Fahrzeugen eine große Prüfstrecke, das Motor Vehicle Test Centre in Blainville bei Montreal, gebaut. Sie steht sowohl der Regierung als auch der

Industrie und privaten Forschung zur Verfügung. Das Testgelände beinhaltet ein Hochgeschwindigkeitsoval mit einer Gesamtlänge von 6,5 km, eine Dauerlaufstrecke, eine 670 m lange und 27 m breite Bremsstrecke und eine fächerförmige Fahrdynamikfläche, die an der breitesten Stelle 450 m groß ist.

In Japan besitzt JARI (Japan Automobile Research Institute) 70 km nördlich von Tokio bei Yatabe Tsukuba eine große Teststrecke. Die Strecke wird hauptsächlich an die Industrie vermietet. Neben einem Hochgeschwindigkeitsoval von 5,5 km Länge mit Radien von 400 m an beiden Enden sind eine Rutschplatte mit 100 m Durchmesser und eine kreissegmentförmige Fahrdynamikfläche als Ausbuchtung der Schnellbahn auf einer Seite von etwa 800 m Länge und 200 m Breite vorhanden. Eine Seitenwindstrecke von 15 m Länge mit Windgeschwindigkeiten bis zu 30 m/s steht ebenfalls zur Verfügung.

6.7.2 Versuchsfahrzeuge und spezielle Vorrichtungen

6.7.2.1 Versuchsfahrzeuge

Während der Entwicklung eines neuen Autotyps werden von den Automobilwerken Versuchsfahrzeuge eingesetzt. Die für Versuche verwendeten Wagen haben mehrere Ausbaustufen.

Erprobungsträger oder Komponententräger gehören zur ersten Stufe in der Entwicklung. Sie dienen zur ersten Erprobung neuer Aggregate, wie Achse, Lenkung, Motor usw. Erprobungsträger haben noch die Karosserieform der laufenden Serie mit kleinen, von außen nicht sichtbaren Änderungen für die Aufnahme der neuen Teile. Oft wird eine große Anzahl von Varianten erprobt, von denen später im neuen Typ nur die bestbewährte Lösung verwendet wird. Erprobungsträger sind die typischen Versuchsfahrzeuge für fahrdynamische Messungen. Änderungen an Einzelteilen sind noch möglich.

Vorprototypen sind der nächste Schritt in der Entwicklung. Diese Versuchsfahrzeuge haben bereits die wesentlichen Teile der neuen Karosserie, sind allerdings im Aussehen noch etwas verändert. Im Vorprototyp wird das Zusammenwirken der verschiedenen Aggregate mit der Karosserie geprüft, wobei noch entscheidende Änderungen gemacht werden können. Diese Versuchswagen werden deshalb oft für Messungen eingesetzt.

Im *Prototyp* werden weitgehend schon die endgültigen Teile verwendet. Die Karosserie ist für Straßenversuche etwas verändert. In diesen Fahrzeugen werden die letzten Abstimmungen des Fahrwerks getroffen, größere Änderungen sind nicht mehr möglich. Eine wichtige Rolle spielt hier die subjektive Beurteilung des Fahrverhaltens. Bei auftretenden Problemen werden detaillierte Messungen durchgeführt.

Die nächste Stufe ist die sogenannte *Pilotserie*, die bereits der Vorläufer der kommenden Hauptserie ist. Diese Fahrzeuge werden für eine breitere Erprobung des neuen Typs und für die Einstellung der Serienfertigung verwendet. Außerdem wird eine größere Anzahl von Fahrzeugen für Testzwecke und für Pressevorführungen benötigt. Die Karosserie hat bereits das endgültige Aussehen, der neue Typ ist bereits der Öffentlichkeit vorgestellt.

Erst nach diesen Vorbereitungen kann die *Serienproduktion* beginnen. Für weitere Versuche und serienbegleitende Messungen werden dann Fahrzeuge aus der Serienproduktion für Versuchszwecke entnommen. Die Durchlaufzeit für die einzelnen Phasen der Versuchswagen ist bei den verschiedenen Autofirmen unterschiedlich. Die gesamte Entwicklungszeit eines neuen Typs kann bis zu sieben oder acht Jahre dauern.

6.7.2.2 Fahrdynamikfahrzeug

Für Untersuchungen des Fahrverhaltens werden neben den Versuchswagen verschiedene Hilfseinrichtungen benutzt. Ein solches Hilfsmittel ist das sogenannte Fahrdynamikfahrzeug.

Bild 6.67 zeigt ein von Mercedes-Benz für Prinzipuntersuchungen gebautes Fahrdynamikauto. An diesem variablen Fahrzeug können Radstand, Schwerpunkthöhe, Masse und Gierträgheitsmoment schnell und unabhängig von anderen Parametern geändert werden. Das Fahrzeug ist nach dem Baukastenprinzip aufgebaut (Bild 6.68). Das Mittelstück als Grundzelle enthält Fahrersitz, Lenkrad, Pedale, Motor und Getriebe. Das Vorderteil nimmt Vorderachse und Lenkgetriebe, das

Bild 6.67 Fahrdynamikauto für Untersuchung des Fahrverhaltens verschiedener Fahrzeugkonzepte (Mercedes-Benz)

Bild 6.68
Baukastensystem des Fahrdynamikautos (Bild 6.67). Verschiedene Fahrzeugkonzepte sind schnell darstellbar durch Änderungsmöglichkeiten von Radstand, Masse, Schwerpunkthöhe und Gierträgheitsmoment.

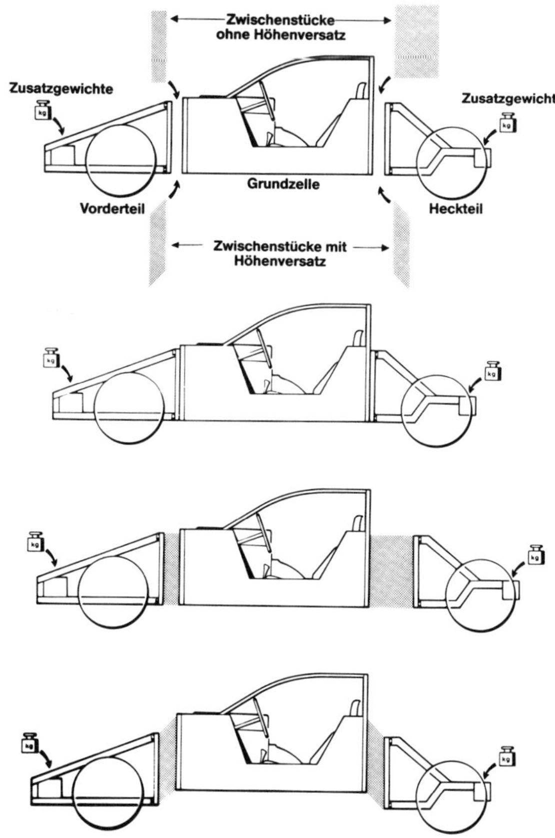

Heckteil die Hinterachse auf. Diese drei Teile werden an den Trennstellen mit Schrauben zusammengebaut. Durch diese einfache Montierbarkeit kann der Einfluß verschiedener Achsbauarten und Antriebskonzepte ohne langwierige Änderungen am Fahrzeug untersucht werden. Durch die fehlende Karosserie sind die wichtigen Meßorte an Radaufhängung und Lenkung leicht zugänglich. Dadurch eignet sich das Fahrzeug ganz besonders für fahrdynamische Messungen.

6.7.2.3 Variable Lenkung

Variable Lenkungen sind wichtige Hilfsmittel zur Untersuchung verschiedener Fahreigenschaften an einem Versuchsfahrzeug. Durch gezielte Änderung der Lenkeigenschaften können Bewertungskriterien erarbeitet und die optimale Einstellung für ein gegebenes System gefunden werden.

Bild 6.69 Ausführung einer variablen Lenkung. Lenkradmoment und Lenkübersetzung können in Abhängigkeit von fahrdynamischen Meßgrößen beliebig geändert werden (Mercedes-Benz).

1 Elektrischer Momentenmotor für Simulierung des Lenkradmoments
2 Mechanische Entriegelung
3 Trennstelle der Lenkspindel mit Lagerung der Spindelhälften und Sollwertgeber-Lenkradwinkel
4 Elektrischer Stellmotor für Radeinschlag
5 Istwertgeber Radeinschlagwinkel
6 Anschluß an Servolenkgetriebe mit 100 % Unterstützung
7 Meßkabel zum Sollwertgeber-Lenkradwinkel

Bei einer variablen Lenkung müssen Lenkradmomentcharakteristik und Lenkübersetzung beliebig veränderbar sein. Bei solchen Lenkungen ist zwischen Lenkrad und Vorderrad keine mechanische Verbindung mehr (Bild 6.69). Die Vorderräder werden durch einen elektrischen oder hydraulischen Stellmotor gesteuert. Unter dem Lenkrad ist ein Momentenmotor angebracht, mit dem das Lenkradmoment simuliert wird. Es besteht damit die Möglichkeit, die Lenkübersetzung und das Lenkradmoment in einem weiten Bereich als Funktion beliebiger Parameter zu ändern. Damit ist eine bessere Anpassung des Fahrzeugs an den Menschen möglich. Wichtige Parameter sind die Fahrgeschwindigkeit und die Querbeschleunigung. Mit der variablen Lenkung ist auch ein Vorhalt darstellbar, d.h., daß der Radeinschlag um einen der Lenkgeschwindigkeit proportionalen Betrag vergrößert werden kann.

Der Fahrer reagiert auf eine Störung mit einem Lenkeinschlag. Für die Störungskorrektur ist die Zeit maßgebend, die zwischen der Reaktion des Fahrers und dem

Seitenkraftaufbau am Reifen vergeht. Diese Verzugszeit wird bei der Vorhaltelenkung durch ein dynamisches Voreilen des Vorderradeinschlags gegenüber dem Lenkeinschlag verkürzt.

Nach der Gleichung:

$$\delta = \frac{1}{i_S} \cdot (\delta_H + T_v \cdot \dot{\delta}_H)$$

wird der Lenkwinkel am Vorderrad in Abhängigkeit von der Lenkgeschwindigkeit vergrößert (Bild 6.70). T_v ist hierbei die Vorhaltezeitkonstante, i_S die Lenkübersetzung.

Besonders bei schnellen Ausweichmanövern, z.B. beim doppelten Fahrspurwechsel, ist das Beherrschen des Fahrzeugs mit der Vorhaltelenkung sicherer. Dies wurde durch subjektive Beurteilung und durch Messung der Durchfahrzeiten beim ISO-Wedeln (Abschnitt 6.5.6) bestätigt. Die Versuche zeigten, daß die Vorhaltezeitkonstante T_v zwischen 0,05 und 0,1 s gewählt werden muß.

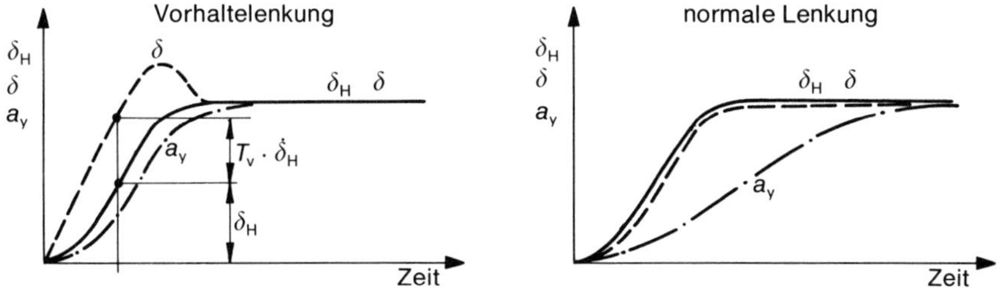

Bild 6.70 Vergleich der Zeitfunktionen bei normaler Lenkung und bei Vorhaltelenkung. Durch den Vorhalt baut sich die Querbeschleunigung beim Einlenken in die Kurve schneller auf. T_v = Vorhaltezeitkonstante.

——— δ_H Lenkradwinkel
– – – – δ Lenkwinkel (am Rad)
—·—· a_y Querbeschleunigung

6.7.2.4 Lenk- und Bremsmaschine

Für fahrdynamische Untersuchungen, bei denen es auf eine genaue reproduzierbare Lenkwinkeleingabe ankommt, wird eine *Lenkmaschine* eingesetzt. Die Drehbewegungen der Lenkspindel können durch einen elektrischen oder hydraulischen Stellmotor erzeugt werden. Lenkwinkelamplitude und Lenkgeschwindigkeit sind einstellbar. Es ist auch möglich, beliebige Lenkradbewegungsfunktionen zu programmieren. Ein wichtiger Einsatzbereich von Lenkmaschinen ist die Frequenzgangmessung, wobei eine exakt sinusförmige Lenkradbewegung mit verschiedenen Frequenzen erzeugt werden muß. Bild 6.71 zeigt eine im Fahrzeug eingebaute Lenkmaschine mit einem Hydromotor am Lenkrad (Mercedes-Benz). Der Versuchsfahrer kann bei abgeschalteter Lenkmaschine selber lenken. Er muß

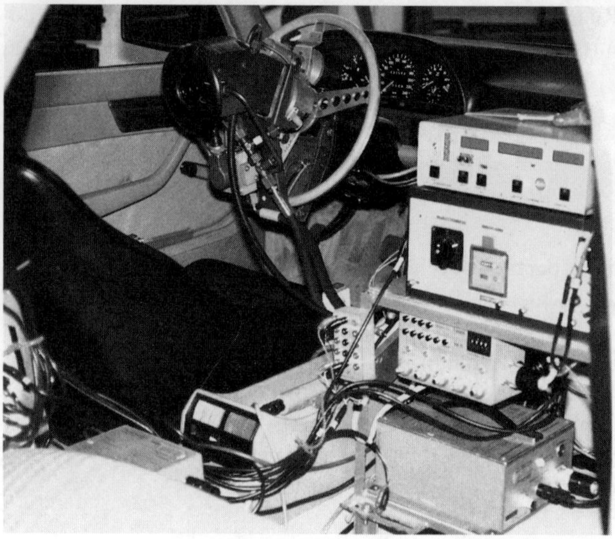

Bild 6.71
Elektrohydraulisch arbeitende, programmierbare Lenkmaschine im Fahrzeug eingebaut (Mercedes-Benz). Verwendung hauptsächlich bei Frequenzgangmessungen

während des Versuchs Gaspedal und Bremse betätigen. Den automatischen Lenkprogrammablauf schaltet er durch gleichzeitiges Drücken von zwei Knöpfen links und rechts neben dem Fahrersitz. Damit ist es aus Sicherheitsgründen gewährleistet, daß seine Hände bei Betrieb der Lenkmaschine vom Lenkrad entfernt sind. Nimmt er die Hände von den Schaltknöpfen, wird die Lenkmaschine ausgeschaltet, und er kann weiterlenken.

Bild 6.72
Programmierbare Bremsmaschine, im Fahrzeug eingebaut (Adam Opel AG)

Bild 6.73
Programmierbare elektrohydraulische Fahrmaschine mit Fernsteuerung der Funktionen Lenkrad-, Gaspedal- und Bremspedalbetätigung (Volkswagen AG)

Für Bremsuntersuchungen werden bei verschiedenen Automobilfirmen *Bremsmaschinen* verwendet (Bild 6.72). Die Bremsmaschine wird im Fußraum vor dem Bremspedal befestigt. Der Betätigungsmechanismus wirkt direkt auf das Bremspedal. Ähnlich wie bei der Lenkmaschine wird der Bremsvorgang vom Fahrer ausgelöst. Er kann den Vorgang auch jederzeit unterbrechen. Die Bremsmaschine ermöglicht stufenlos einstellbare Abbremsungen.

Bild 6.74
Programmierbare elektrische Fahrmaschine mit Fernsteuerung der Funktionen Lenkrad-, Gaspedal- und Bremspedalbetätigung (Mercedes-Benz)

Für die Größen «Verzögerung», «Bremsdruck» und «Bremspedalkraft» können mit der Bremsmaschine beliebige Funktionen eingegeben oder während der Bremsung konstant gehalten werden.

6.7.2.5 Fahrmaschine

Für schwierige Fahrmanöver wurden von einigen Firmen *Fahrmaschinen* entwickelt. Die Fahrmaschine ist so ausgelegt, daß sie anstelle des Fahrers in verschiedenen Fahrzeugtypen eingesetzt werden kann. Die Fahrmaschine übernimmt die wichtigsten Betätigungsfunktionen des Fahrers. Lenkung, Bremse und Fahrpedal werden automatisch von Stellmotoren betätigt. Alle drei Funktionen sind programmierbar. Es gibt hydraulisch oder elektrisch betätigte Fahrmaschinen. Die Bilder 6.73 und 6.74 zeigen Beispiele für Fahrmaschinen von den Firmen Volkswagen und Mercedes-Benz.

Die Programmierbarkeit ermöglicht den Einsatz der Fahrmaschine für solche Untersuchungen, bei denen der Fahrereinfluß ausgeschlossen sein muß oder wenn eine gute Reproduzierbarkeit bei schwierigen kombinierten Lenk- und Bremsmanövern gefordert wird.

Außerdem können Versuche in extremen Situationen ohne Gefährdung des Fahrers durchgeführt werden. Das Versuchsfahrzeug mit der Fahrmaschine wird durch Telemetrie gesteuert. Die Steuerung kann zunächst von Hand geschehen, z.B. zur Einstellung des Fahrzeugs in die Ausgangsposition für die Messung. Danach läuft ein bestimmtes Fahrprogramm automatisch ab.

Für solche Versuche ist eine sehr große Fahrdynamikfläche erforderlich. Bei modernen Versuchsstrecken sind entsprechende Flächen vorgesehen (Abschnitt 6.7.1).

6.7.2.6 Bremsanhänger

Der Bremsanhänger ist eine Versuchsvorrichtung zur Simulation von Fahrwiderständen. Er wird an den zu prüfenden Wagen angehängt und nach vorwählbaren Programmen geregelt gebremst. Damit ist es möglich, verschiedene Fahrwiderstände, insbesondere die Steigungswiderstände an Bergstrecken, in der Ebene nachzubilden.

Bild 6.75 zeigt einen von Mercedes-Benz entwickelten Bremsanhänger. Die Räder des Anhängers treiben über das Ausgleichsgetriebe einer Pkw-Hinterachse und eine elektromagnetisch betätigte Zahnkupplung eine regelbare Hydropumpe an. Das von der Hydropumpe geförderte Öl fließt durch ein Druckregelventil, mit dem der Förderdruck variiert werden kann. Abhängig vom Förderdruck ergibt sich an der Welle der Hydropumpe ein Drehmoment, das auf das ziehende Fahrzeug bremsend wirkt. Der Druck im Hydrauliksystem kann maximal 315 bar erreichen. Das durch das Bremsen aufgeheizte Öl gibt seine Wärme über einen Öl-Luft-Kühler an die Umgebungsluft ab.

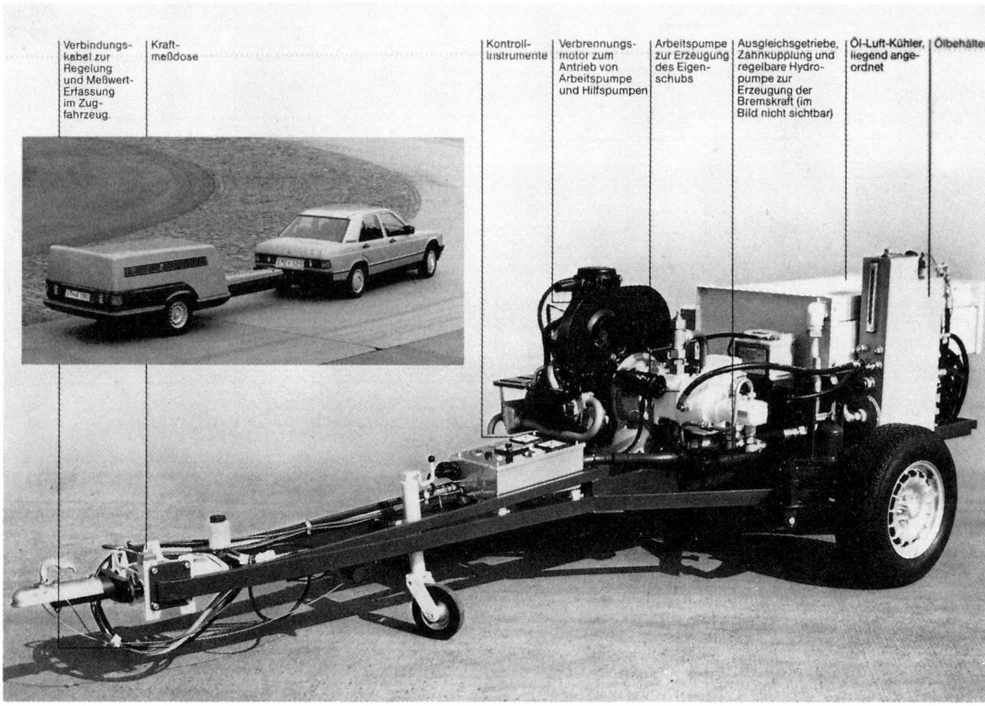

Bild 6.75 Elektrohydraulischer, programmierbarer Bremsanhänger für die Simulation von Fahrwiderständen (Mercedes-Benz)

Im unteren Geschwindigkeitsbereich bis 70 km/h kann der Fahrwiderstand des Anhängers durch Eigenschub ausgeglichen werden. Dazu wird das Druckventil am Pumpenausgang geöffnet, und der Druck in der Zulaufleitung wird durch eine von einem Verbrennungsmotor angetriebene zusätzliche Arbeitspumpe erhöht. Die Hydropumpe wird dann zum Hydromotor. Dadurch kann auch eine zugkraftfreie Fahrt in der Ebene simuliert werden.

Die Zugkraft zwischen Versuchswagen und Bremsanhänger wird von einer in die Deichsel eingebaute Kraftmeßdose gemessen. Ein Drehzahlmesser erfaßt über die Räder des Anhängers die Geschwindigkeit. Der Funktionsablauf wird über die Elektronik vom Zugfahrzeug aus geregelt. Es können Zugkraft und Geschwindigkeit getrennt oder auch kombiniert geregelt werden.

Bei der Kraftregelung wird die gewünschte Zugkraft vorgewählt, die bei allen Geschwindigkeiten durch die Anhängerbremsregelung konstant gehalten wird.

Bei der Geschwindigkeitsregelung wird im Zugfahrzeug eine bestimmte Fahrgeschwindigkeit vorgegeben, die durch die geregelte Bremsung des Anhängers

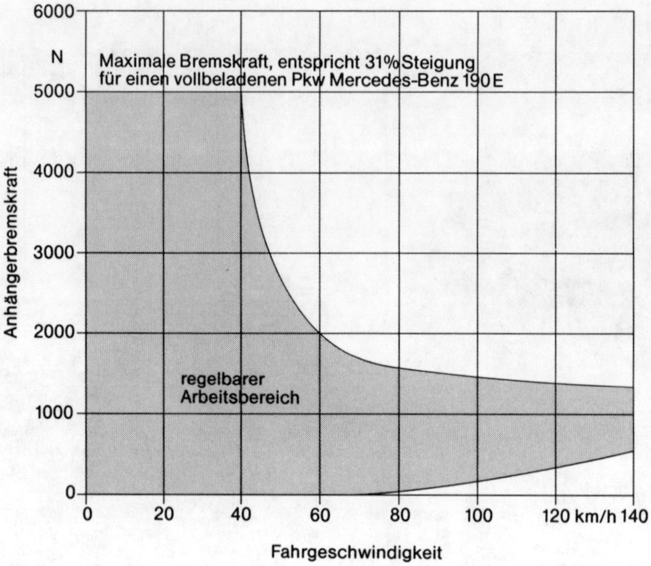

Bild 6.76
Lastkennlinie des Bremsanhängers (Bild 6.75) in der Ebene (Mercedes-Benz)

automatisch bei allen Gaspedalstellungen konstant bleibt. Die regelbaren Lastverhältnisse am Anhänger ermöglichen auch die Nachbildung von Bergstrecken mit beliebiger Steigung auf einer ebenen Versuchsbahn. Die einmal beim Befahren einer charakteristischen Bergstrecke – z. B. der Großglocknerstraße – auf Magnetband gespeicherten Daten wie Geschwindigkeit und Zugkraft können dem Bremsanhänger als Steuersignal eingegeben werden. Dieser wirkt auf den ziehenden Versuchswagen, als würde er die Bergstrecke ohne Anhänger allein befahren. Bild 6.76 zeigt die Lastkennlinie des Bremsanhängers in der Ebene.

6.7.2.7 Seilwinde für Traktionsmessungen

Eine stationäre Vorrichtung zur Messung des Traktionsvermögens, insbesondere auf winterlichen Fahrbahnen, ist die abbremsbare Seilwinde. Anstatt eines Bremsanhängers wird das Ende des auf eine Trommel gewickelten Seiles über eine Kraftmeßdose an der Anhängekupplung des Meßfahrzeugs befestigt. Bei der Meßfahrt wird das Seil von der feststehenden Trommel abgerollt. Die Zugkraft wird durch geregelte Bremsung der Trommel mit einer Scheibenbremse eingestellt. Bei der einfachsten Ausführung der Seilwinde wird die Bremse von Hand betätigt. Genauere Messungen erlaubt die elektronisch regelbare Seilwinde.

Eine solche von Mercedes-Benz entwickelte Vorrichtung zeigt Bild 6.77. Auf der Trommel ist ein 120 m langes Drahtseil mit einem Durchmesser von 6 mm aufgewickelt. Zum Abbremsen der Seiltrommel dient eine mit ihr verbundene Pkw-Scheibenbremse. Der Bremsdruck und damit das Bremsmoment bzw. die Seilkraft

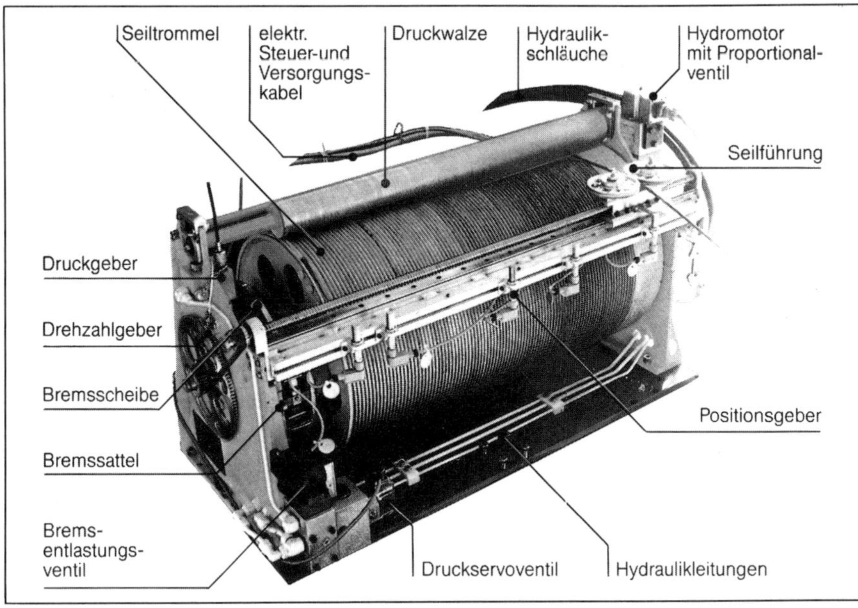

Bild 6.77 Elektronisch regelbare Seilwinde mit Scheibenbremse für Traktionsmessungen (Mercedes-Benz)

können über ein Programm geregelt werden. Ein integrierter Hydraulikmotor sorgt für das Aufwickeln des Seils. Er ist über eine elektromagnetisch betätigte Zahnkupplung zuschaltbar. Der Hydraulikmotor ist so ausgelegt, daß das Meßfahrzeug nach Beendigung der Meßfahrt zurückgezogen werden kann. Die Anordnung der Vorrichtung ist in Bild 6.78 zu sehen.

Die Seilwinde wird für Untersuchungen des Zugkraft-Schlupf-Verhaltens von Pkw und deren Bereifung, vor allem auf Schnee und Eis, verwendet.

Folgende Größen werden gemessen:

- □ Fahrgeschwindigkeit, entweder direkt am Fahrzeug oder über die Trommeldrehzahl,
- □ Drehzahlen der angetriebenen Räder,
- □ Seilkraft mit einer Kraftmeßdose,
- □ Fahrzeuglängsbeschleunigung.

Zur Durchführung der Messung wird das Fahrzeug auf die Meßgeschwindigkeit von etwa 20 km/h beschleunigt. Dabei wird das Seil zunächst kraftfrei von der Trommel gezogen. Der Fahrer hat die Aufgabe, die Fahrgeschwindigkeit während der Messung möglichst lange konstant zu halten. Die steigende Abbremsung des Seils muß durch gleichmäßiges Niedertreten des Fahrpedals ausgeglichen werden. Mit zunehmender Antriebskraft nimmt auch der Schlupf der Antriebsräder zu. Nach Erreichen der maximalen Zugkraft muß der Fahrer bei Konstanthaltung der

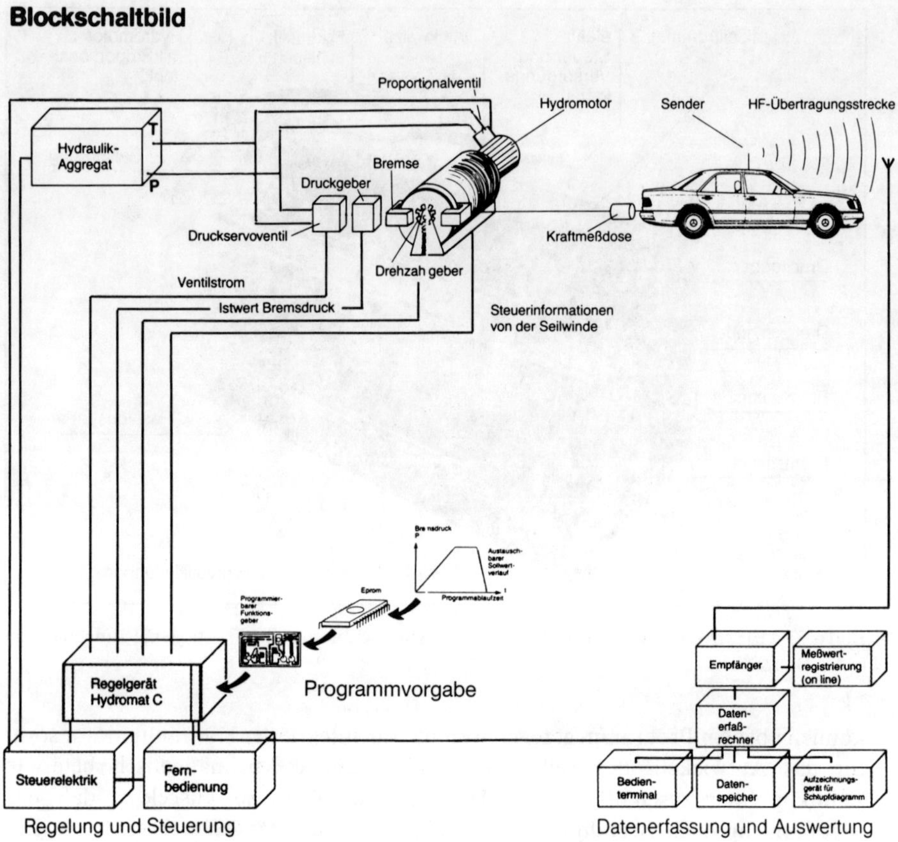

Bild 6.78 Blockschaltbild der Traktionsmeßeinrichtung mit einer elektronisch regelbaren Seilwinde (Mercedes-Benz)

Motordrehzahl durch dosiertes Gasgeben den Schlupf möglichst langsam bis zum Stillstand des Fahrzeugs (100% Schlupf) ansteigen lassen. Somit kann der gesamte Schlupfbereich bei einer Meßfahrt erfaßt werden. Aus den Meßgrößen wird in einem Rechner die μ-Schlupfkurve berechnet und aufgezeichnet (Abschnitt 2.2.2). Zur Berechnung des Schlupfs wird die mittlere Drehzahl der angetriebenen Räder verwendet. Weil das Fahrzeug während der Messung verzögert wird, muß die gemessene Zugkraft um den Verzögerungseinfluß korrigiert werden; $F_x = F_{x\text{gem}} - m_g \cdot a_x$. Diese Korrektur erfolgt ebenfalls im Rechenprogramm.

Bild 6.79 (rechte Seite) Achskinematik-Prüfstand zur Untersuchung kinematischer und elastokinematischer Einflüsse auf das Fahrverhalten (Mercedes-Benz)
Oben: Prüfstand mit elektrohydraulischen Zylindern und Festspannvorrichtung
Unten: Steuer- und Auswerteelektronik mit Rechner

2
1

HYDROMAT

6.7.3 Prüfstände zur Auslegung des Fahrverhaltens

6.7.3.1 Achskinematikprüfstände

Achs- und Elastokinematik sind wesentliche Einflußgrößen für das Fahrverhalten. Deshalb müssen diese Größen bei der Entwicklung von Fahrzeugen auf Prüfständen ermittelt werden. Die Achskinematik beschreibt die beim Ein- und Ausfedern von der Radaufhängung erzwungenen Bewegungen eines Rades, insbesondere die Radstellungsänderungen. Die Elastokinematik umfaßt die Radstellungsänderungen durch Elastizität in den Radaufhängungselementen, hervorgerufen durch die Kräfte zwischen Reifen und Fahrbahn und deren Momente (Abschnitt 5.2.2 und 5.2.3). Ein Achskinematikprüfstand muß also die Möglichkeit bieten, die Bewegungen des Rades und der Radaufhängungselemente beim Ein- und Ausfedern sowie unter Wirkung von Kräften und Momenten zu messen. Hierzu muß der Prüfstand folgende Einrichtungen haben:

Spannvorrichtung zum Festhalten der Karosserie in der horizontalen Lage.

4-Stempel-Anlage für Ein- und Ausfederung der Räder. Geeignet sind servohydraulische Zylinder oder von Elektromotoren angetriebene Spindeln.

Schwimmende Radaufstandsplatten zum Ausschalten der Reibung. Die Platten können auf Rollen oder auf Luftkissen gelagert sein. Eine Arretiervorrichtung muß vorhanden sein.

Vorrichtung zur Krafteinleitung in die Radaufstandsfläche und in Radmitte in Längs- und Querrichtung. Die Krafteinleitung kann mit Hydraulikzylinder oder elektrisch angetriebener Spindel erfolgen. Die Stelle der Krafteinleitung in die Radaufstandsfläche muß in Längs- und Querrichtung verschiebbar sein.

Folgende Meßwertaufnehmer sollen im Prüfstand integriert sein:

Kraftmeßdose und Wegaufnehmer zur Messung der Hochkraft in der Radaufstandsfläche und der Ein- und Ausfederwege.

Induktiver Winkelgeber in der Radaufstandsplatte zur Messung des Radeinschlagwinkels.

Kraftmeßdosen und Wegaufnehmer zur Messung von Seiten- und Längskräften sowie der Verschiebungen des Rades infolge dieser Kräfte.

Außer den im Prüfstand integrierten Meßwertaufnehmern müssen Meßgeräte für die Radstellungsmessung vorhanden sein. Vorspur-, Sturz- und Nachlaufwinkel werden mit Tastgeber oder berührungslos mit optischen Aufnehmern erfaßt. Es ist vorteilhaft, wenn die Änderungen dieser Größen in Abhängigkeit von Federweg oder Kräften am Bedienpult des Prüfstands direkt mit einem x-y-Schreiber oder Plotter aufgezeichnet werden können.

Bild 6.79 zeigt einen Achskinematikprüfstand von Mercedes-Benz. Die Anlage ist zweckmäßigerweise in einer Grube untergebracht. Das Fahrzeug kann auf die Stempel gefahren werden. Die servohydraulischen Zylinder sind in Längs- und Querrichtung verschiebbar, um Radstand und Spurweite einstellen zu können. Die Karosserie kann mit einem Spindel-Hebemechanismus in beliebiger Lage festgespannt werden. Das Bedienpult ist tiefer angeordnet, damit der Bediener die Achsen besser beobachten kann.

Die aufgenommenen Meßwerte werden in einem angeschlossenen Rechner gespeichert. Vom Rechner können die gewünschten Diagramme abgerufen und am Bedienpult ausgegeben werden. Sollwerte sind für die verschiedenen Fahrzeugtypen im Rechner gespeichert und können auf Wunsch in die Meßdiagramme mit eingezeichnet werden.

In die Radaufstandsplatten sind Servohydraulikzylinder mit Kraft- und Wegaufnehmern integriert (Bild 6.80). Quer- und Längskräfte sowie Momente um die Radhochachse können vom Pult aus automatisch gesteuert werden. Über ein Handfernsteuergerät kann der Versuchsingenieur auch unter dem Auto stehend den Prüfstand bedienen.

Bild 6.80 Elektrohydraulisch regelbare Radaufstandsplatten zur Einleitung von Wegen, Kräften und Momenten am Rad. Die Vorrichtung gehört zur Ausrüstung des Achskinematik-Prüfstands (Bild 6.79).

An einem Achskinematikprüfstand können auch stationäre fahrdynamische Zustände simuliert werden. Hierzu werden die bei Kreisfahrt für verschiedene Querbeschleunigungen gemessenen Einfederungen und Radkräfte am Prüfstand genau eingestellt. Die dabei auftretenden Verschiebungen in den Radaufhängungselementen werden gemessen. Die Meßwerte am Prüfstand dienen als Grundlage für eine gezielte Änderung von Radaufhängungsteilen, z.B. von Gummilagern. Auf diese Weise hilft der wiederholte Wechsel zwischen Straßen- und Prüfstandsmessungen, das Fahrverhalten zu optimieren. Die parallele subjektive Beurteilung der einzelnen Varianten gehört zu diesem Prozeß.

Bild 6.81 Rollenprüfstand mit Schwerpunktfesselung für fahrdynamische Untersuchungen (Valeo, Frankreich)

6.7.3.2 Fahrdynamikprüfstände

Unter Fahrdynamikprüfständen werden im Gegensatz zu Achskinematikprüfständen solche Versuchseinrichtungen verstanden, bei denen sich die Räder des Fahrzeugs drehen können. Grundsätzlich sind zwei Typen möglich: Rollenprüfstände oder Flachbahnprüfstände, auch Stahlbandstraße genannt. Solche Prüfstände dienen im allgemeinen auch für andere Zwecke, z. B. Reifenuntersuchungen, Leistungs- oder Abgasmessungen und Schwingungsuntersuchungen.

Ein wesentliches Merkmal eines Fahrdynamikprüfstands ist die Art der Fesselung der Karosserie. Das Fahrzeug sollte für längs- und querdynamische Untersuchungen möglichst im Schwerpunkt gehalten werden. Diese Forderung ist schwer zu verwirklichen; deshalb werden meistens einfachere Fahrzeughalterungen am vorderen und hinteren Stoßfänger angebracht.

Rollenprüfstände mit zwei oder vier Rollen eignen sich hauptsächlich für längsdynamische Untersuchungen. Die Rollen werden von Elektromotoren angetrieben. Bremsenmessungen, Ermittlung der Bremskraftverteilung und Messung der Schlupfverhältnisse an den Rädern sind typische Aufgaben auf Rollenprüfständen. Dabei muß berücksichtigt werden, daß der Reifen durch die Krümmung der Aufstandsfläche anders deformiert wird als auf der Straße.

Für querdynamische Untersuchungen muß das Fahrzeug seitlich bewegt werden. Für diesen Zweck müssen die Rollen breiter ausgeführt sein. Bild 6.81 zeigt den Rollenprüfstand der Fa. Valeo bei Paris (früherer Ferodo-Prüfstand), der auch für

Querdynamik ausgelegt ist. Auf die Rollen ist ein Stahlband gewickelt, das die Krümmung der Rolle durch Luftdruckunterstützung kompensiert. Damit entsteht ein scheinbarer Rollendurchmesser von 3 m (tatsächlicher Durchmesser 1,8 m), der eine nahezu ebene Reifenaufstandsfläche ergibt. Die Schwerpunktfesselung ist mit einem Hebelmechanismus verwirklicht. Bei Lenkbewegungen kann das Fahrzeug auf der insgesamt 3 m breiten Rollfläche seitlich ausweichen.

Flachbahnprüfstände werden hauptsächlich für Reifenuntersuchungen benutzt. Obwohl durch die ebene Auflagefläche solche Prüfstände für fahrdynamische Untersuchungen besser geeignet wären als Rollen, gibt es heute keine ausgeführte Fahrdynamik-Flachbahnstraße, die das ganze Fahrzeug aufnehmen kann. Für die Ermittlung fahrdynamischer Kennwerte ist die «*Stahlbandstraße*» von Mercedes-Benz geeignet, auf der sich eine Achse untersuchen läßt (Bild 6.82). Das Stahlband ist 1 mm dick und 300 mm breit; es läuft über zwei Rollen. Die Reifenhochkraft wird unter dem Band durch ein Luftkissenlager abgestützt. Der Antrieb der Rollen, über die das Stahlband läuft, erfolgt durch einen Hydromotor. Auf dem Prüfstand können Fahrgeschwindigkeiten bis 200 km/h erreicht werden.

Ein wichtiger Punkt ist die seitliche Stabilisierung des Bandes. Es darf unter der Wirkung der Seitenkräfte nicht seitlich von den Rollen weglaufen. Dies wird durch Schwenken der auflaufenden Rolle um eine längsliegende Achse verhindert. Die

Bild 6.82 Stahlbandstraße für fahrdynamische und schwingungstechnische Untersuchungen an einer Achse des Fahrzeugs. Fahrgeschwindigkeiten bis 200 km/h sind möglich (Mercedes-Benz)

Stabilisierung, d.h. das Schwenken der Rolle, kann aktiv oder passiv erfolgen. Bei der aktiven Stabilisierung wird die Seitenkraft in der Fahrzeugradnabe gemessen, und davon abhängig wird die Schwenkbewegung der Rolle eingeleitet. Bei dem Mercedes-Benz-Prüfstand wurde die passive Stabilisierung gewählt, wobei das Schwenken durch die wirkende Seitenkraft über das Band selbst erfolgt.

Ein wichtiger Anwendungsbereich der Stahlbandstraße neben Schwingungsuntersuchungen ist die Ermittlung der Achsseitenkraftbeiwerte. Hierzu wird die Seitenkraft unter definierter Schrägstellung des Fahrzeugs gemessen. Außerdem können Rollwiderstandsmessungen durchgeführt werden. Für die Messung wird das Fahrzeug an der vorderen Stoßfängeraufhängung kardanisch so festgehalten, daß die Wank- und Nickbewegungen nicht gehindert werden. Längs- und Querkräfte werden im Aufhängemechanismus mit Kraftmeßdosen erfaßt.

6.7.4 Fahrsimulatoren

Der Fahrsimulator ist eine Versuchseinrichtung zur Untersuchung der Zusammenhänge im geschlossenen Regelkreis Fahrer–Fahrzeug–Umwelt unter nachgebildeten Verkehrsbedingungen.

Im Gegensatz zu den bekannten Flugsimulatoren, die zur Ausbildung und zum Training von Betriebspersonal dienen (Trainingssimulator), werden Fahrsimulatoren zur Entwicklung von Fahrzeugen verwendet (Entwicklungssimulator). Die Anforderungen an die Wirklichkeitstreue sind damit sehr hoch.

Das Fahrzeugverhalten und die Umwelt werden durch mathematische Modelle simuliert. Das nicht simulierbare Glied des Regelkreises, der Fahrer, wird in Person eingesetzt. Er muß im Simulator die gleichen Informationen erhalten wie im realen Fahrzeug. Die Fahrt wird mit allen Bewegungen und Beschleunigungen zusammen mit einem wirklichkeitstreuen Umfeld des Fahrzeugs simuliert. Damit werden dem Fahrer die gleichen Eindrücke für Sicht, Gleichgewichtssinn, Tastsinn und Gehör wie bei einer Fahrt auf der Straße vermittelt.

Die Versuchsbedingungen können, im Gegensatz zu der realen Fahrt, im Simulator beliebig verändert oder konstant gehalten werden. Das hat den Vorteil, daß die Wirkung einzelner Änderungen am Fahrzeug bis in den Grenzbereich ohne Gefährdung der Versuchsperson erfaßt werden kann. Dadurch ist allerdings auch eine gewisse Einschränkung der Übertragbarkeit auf reale, kritische Situationen vor Unfällen gegeben. Es ist heute noch nicht bekannt, ob der Mensch in einer Streßsituation bei unmittelbarer Gefährdung von Gesundheit und Leben dieselben Reaktionen zeigt wie in der gleichen Situation ohne Gefährdung. Der Fahrsimulator bietet außerdem die Möglichkeit, psychologisch orientierte Untersuchungen des Verhaltens von Verkehrsteilnehmern zur Wahrnehmung, Informationsverarbeitung und Reaktionssicherheit durchzuführen.

Ein Fahrsimulator besteht grundsätzlich aus drei Teilen:

- ☐ Prüfstand mit Bewegungssystem,
- ☐ Rechnersystem und
- ☐ Kontrollstation.

Der *Prüfstand* nimmt die Fahrerkabine (oder das ganze Fahrzeug) auf, die entsprechend den Beschleunigungsinformationen bewegt wird. Das Bewegungssystem arbeitet servohydraulisch. Dem Fahrer werden rotatorische und translatorische Beschleunigungs- und Verzögerungsgefühle in allen Richtungen vermittelt. Stationäre Beschleunigungen werden durch Neigen der Kabine simuliert. Außerdem enthält der Prüfstand das Bildsystem mit Bildschirm und Videoprojektoren sowie die Lautsprecher für die Geräuscherzeugung.

An das *Rechnersystem* werden sehr hohe Anforderungen gestellt. Um die Betätigungsfunktionen des Fahrers, die Fahrzeugbewegung, Bildsystem und Geräusche naturgetreu wiederzugeben, ist ein Rechnen in Echtzeit erforderlich. Dies setzt einen sehr schnellen und leistungsfähigen Rechner voraus. Das Fahrzeug wird durch ein komplexes mathematisches Modell mit seinen Bewegungsgleichungen nachgebildet. Das Modell ist aus Teilsystemen aufgebaut, damit Änderungen einfach und schnell durchführbar sind. Ganze Teilsysteme (Module), z.B. Hinterachse oder Lenkung, können beliebig und schnell ausgetauscht werden.

Von der *Kontrollstation* kann die Anlage gesteuert werden. Hier ist auch das Sicherheitssystem untergebracht, das die Funktion sämtlicher Teilsysteme überwacht. Dazu gehört auch ein Kommunikationssystem, das die Verbindung zwischen Fahrer und Bedienungspersonal herstellt.

Der erste Fahrsimulator in Deutschland für Fahrzeugentwicklung wurde von VW in Wolfsburg Anfang der 70er Jahre gebaut (Bild 6.83). Die Simulation der Beschleunigungen erfolgt durch Neigen der Kabine.

Bild 6.83
Dynamischer Fahrsimulator der Volkswagen-Forschung. Die Fahrerkabine ist zur Simulation der Beschleunigung um drei Achsen drehbar.

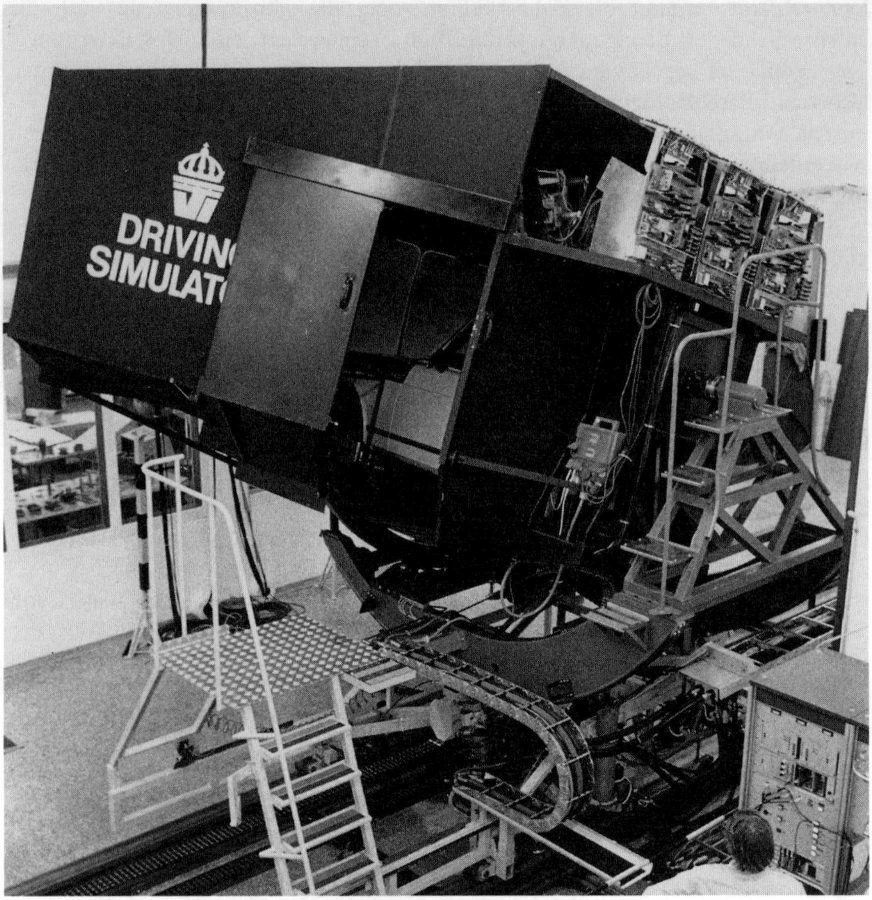

Bild 6.84 Fahrsimulator des Schwedischen Straßen- und Verkehrs-Forschungsinstituts VTI in Linköping. Die zusätzliche Querbewegung auf Schienen ermöglicht die Simulation dynamischer Querbeschleunigungen bis $\pm 4\,m/s^2$.

Der Prüfstand arbeitet mit Servohydraulikmotoren. Die maximalen Neigungswinkel um die Längs- und Querachse betragen jeweils $\pm 25°$ entsprechend einer Beschleunigung von $4{,}2\,m/s^2$. Die maximale Gierbewegung beträgt $\pm 120°$. Der Fahrer sieht auf einem Schwarzweiß-Monitor ein synthetisches, perspektivisches Bild der Straße, dargestellt durch Konturlinien und eine unterbrochene Mittellinie. Hindernisse sind einblendbar. Die Maße der Bildfläche sind $54\,cm \times 41\,cm$. Durch eine vorgesetzte Kollimatorlinse wird optisch eine Vergrößerung und eine entsprechende Tiefenwirkung des Bildes erreicht. 1984 wurde im Zuge einer Modernisierung die Anlage vom Analogrechner auf digitalen Echtzeitbetrieb umgestellt.

Nach einem ähnlichen Prinzip arbeitet der 1983 fertiggestellte Simulator des schwedischen Straßen- und Verkehrsforschungsinstituts VTI in Linköping (Bild 6.84). Im Simulator ist das Vorderteil eines Originalfahrzeugs eingebaut, so daß der Fahrer reale Verhältnisse vorfindet. Die Kabine kann um die Quer- und Längsachse jeweils $\pm 24^\circ$ geneigt werden. Eine zusätzliche Querbewegung auf Schienen von ± 3 m ermöglicht die Simulation dynamischer Querbeschleunigungen bis $\pm 4\,m/s^2$. Das Bewegungssystem arbeitet servohydraulisch. Der VTI-Simulator hat ein digitales Bildsystem mit drei Farbvideoprojektoren und eine Bildfläche mit 120° horizontalem und 30° vertikalem Sichtwinkel.

Für den 1984 fertiggestellten Daimler-Benz-Fahrsimulator in Berlin (Bild 6.85) wurde das aus der Flugsimulation her bekannte 6-Freiheitsgrade-Bewegungssystem weiterentwickelt (Bild 6.86). Es besteht aus sechs Hydraulikzylindern mit 1,7 m Hub, die eine Plattform mit einem ganzen Fahrzeug und Projektionsdom in alle Richtungen bewegen und neigen können. Die maximal möglichen reinen

Bild 6.86
Bewegungssystem des Daimler-Benz-Fahrsimulators

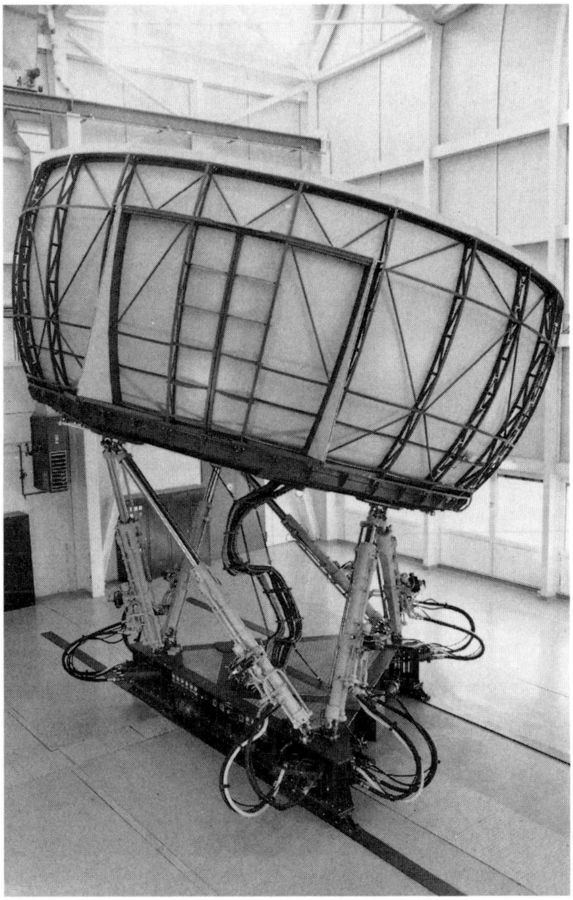

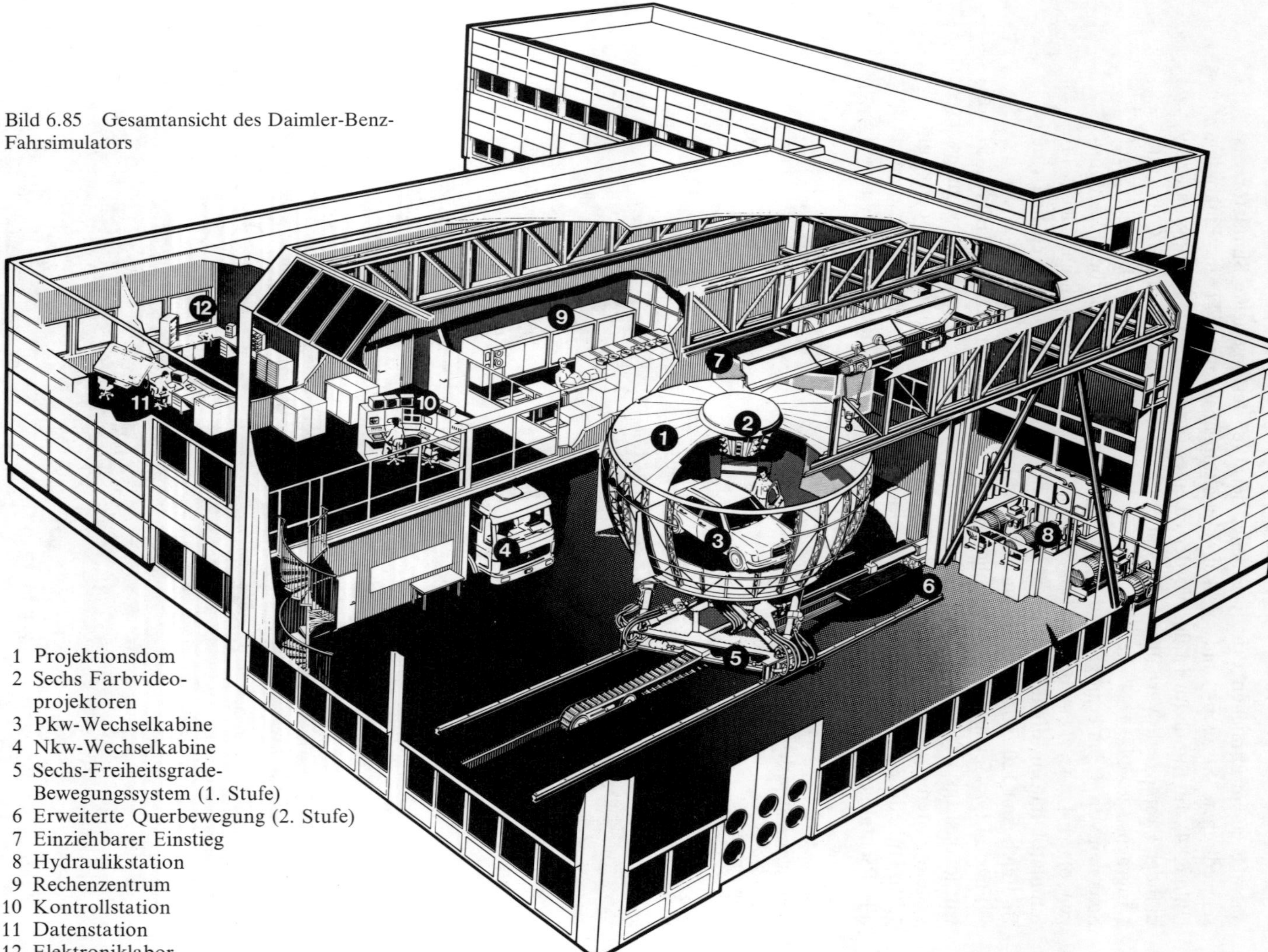

Bild 6.85 Gesamtansicht des Daimler-Benz-Fahrsimulators

1 Projektionsdom
2 Sechs Farbvideoprojektoren
3 Pkw-Wechselkabine
4 Nkw-Wechselkabine
5 Sechs-Freiheitsgrade-Bewegungssystem (1. Stufe)
6 Erweiterte Querbewegung (2. Stufe)
7 Einziehbarer Einstieg
8 Hydraulikstation
9 Rechenzentrum
10 Kontrollstation
11 Datenstation
12 Elektroniklabor

Bewegungen betragen in Längsrichtung $\pm 1{,}6$ m, in Querrichtung $\pm 1{,}5$ m, in vertikaler Richtung $\pm 1{,}1$ m. Maximale Winkelbewegungen: Gieren $\pm 47°$, Nicken $\pm 30°$ und Wanken $\pm 30°$. In einer weiteren Ausbaustufe ist zusätzlich eine seitliche Linearbewegung des ganzen Systems von ± 6 m vorgesehen. Eine kurzzeitige dynamische Querbeschleunigung von $\pm 10\ m/s^2$ ist dadurch erreichbar.

Die Umwelt wird mit 6×3 Farbvideoprojektoren auf einer Kugelschale von $180° \times 30°$ Blickwinkel dargestellt. Durch ein leistungsfähiges digitales Bildprogramm können die Sichtbedingungen kontinuierlich vom hellen Sonnenschein über Nebel bis zur Nachtfahrt mit sichtbaren Scheinwerferkegeln und anderen künstlichen Lichtquellen simuliert werden (Bilder 6.87 und 6.88). Der Bewegungsablauf anderer Verkehrsteilnehmer kann sowohl vorher programmiert und während einer simulierten Fahrt eingespielt als auch direkt gesteuert werden. Bild 6.89 zeigt das Blockdiagramm des Daimler-Benz-Fahrsimulators.

Bild 6.87 Digitale Bildsimulation: Landstraßenszene bei Tag im Fahrsimulator

Bild 6.88 Verkehrsszene bei Nacht im Fahrsimulator.

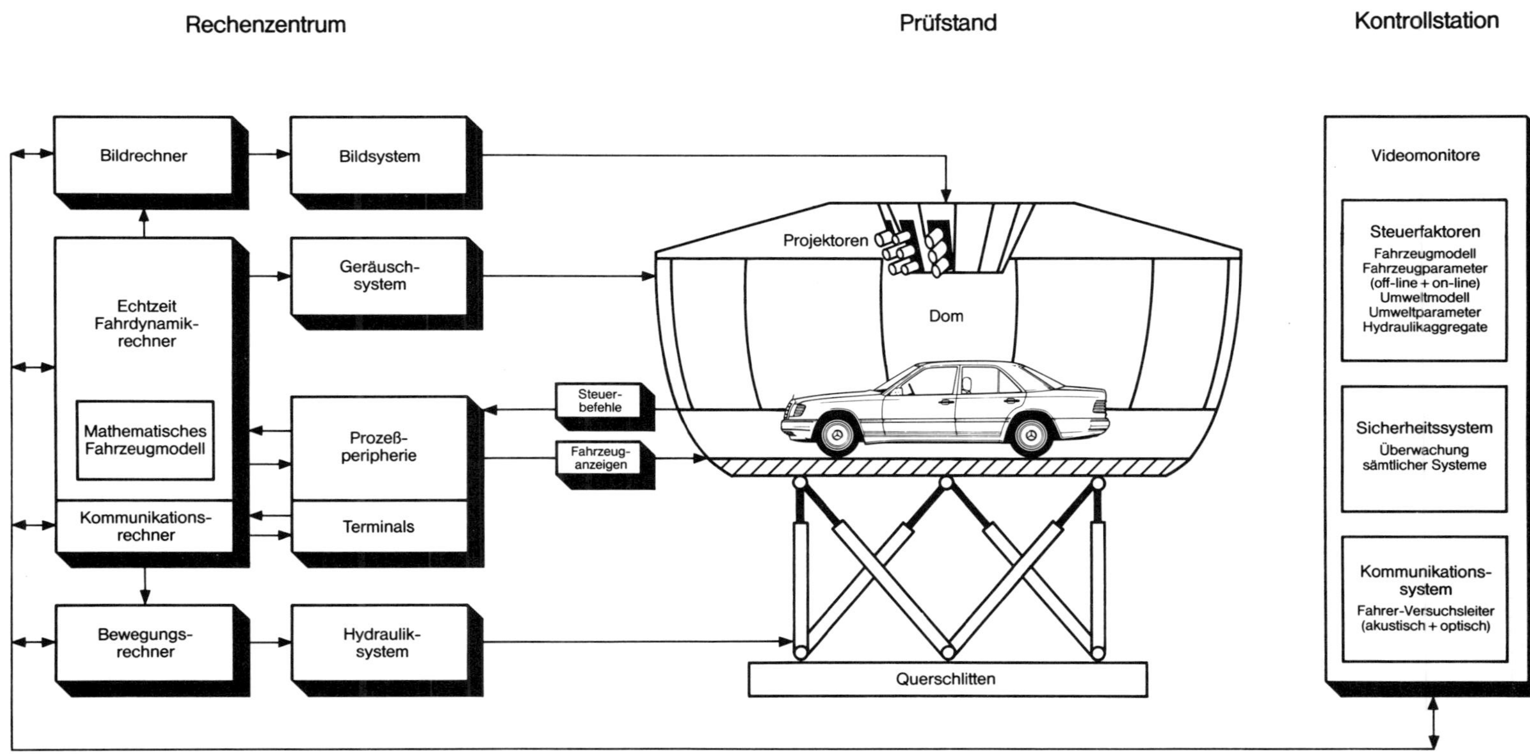

Bild 6.89 Blockdiagramm des Daimler-Benz-Fahrsimulators

7 Aktive Sicherheit und Unfallverhütung

7.1 Entwicklung der Sicherheit im Straßenverkehr

Während der Entwicklung des Automobils wurde mit dem technischen Fortschritt auch die Gefährdung des Menschen immer größer. Durch höhere Geschwindigkeiten und die stark zunehmende Verkehrsdichte stieg das Gefahrenniveau im Straßenverkehr ständig an. Es war erforderlich, sich mehr Gedanken über die Sicherheit zu machen. Bereits in den 50er Jahren fingen die Fahrzeughersteller an, das Verhalten der Karosserie in Aufprallversuchen zu testen und die Ergebnisse bei der Gestaltung neuer Karosserien zu verwerten. Durch die energieabsorbierende Knautschzone an der Front- und Heckpartie des Fahrzeugs sowie die feste Fahrgastzelle sollten die Insassen bei einem Zusammenstoß so gut wie möglich vor Verletzungen geschützt werden. Auch dem Fahrverhalten wurde immer mehr Aufmerksamkeit gewidmet. Zur Prüfung entstanden sehr früh die Testmethoden «stationäre Kreisfahrt» und «Wedeltest». Mitte der 60er Jahre wurden die Sicherheitsfragen in zwei große Gruppen eingeteilt, in «aktive Sicherheit» und «passive Sicherheit».

7.1.1 Aktive Sicherheit

Unter aktiver Sicherheit werden diejenigen Merkmale eines Kraftfahrzeugs verstanden, die dem Fahrer helfen, bei allen Verkehrssituationen so sicher wie möglich Unfälle zu vermeiden. Zur aktiven Sicherheit gehören folgende Teilbereiche:

Fahrsicherheit – Fahrverhalten. Hierzu zählen alle Maßnahmen und Einrichtungen am Fahrzeug zur Verhinderung von Unfällen, die als Folge von technischen Mägeln, dem Menschen nicht angepaßten Fahreigenschaften oder von Fehlern des Fahrers bei der Handhabung des Fahrzeugs auftreten. Ein gutes Fahrverhalten ist der wichtigste Beitrag zur aktiven Sicherheit.

Konditionssicherheit umfaßt Maßnahmen und Einrichtungen, die dazu dienen, die physiologische Belastung des Fahrers und damit die Wahrscheinlichkeit von Fehlhandlungen wegen Ermüdung klein zu halten. Hierzu gehören der Fahrkomfort, Isolierung von spürbaren und hörbaren Schwingungen, Sitzgestaltung und Klimatisierung.

Wahrnehmungssicherheit umfaßt die Sicht aus dem Fahrzeug, Ausbildung von Glasscheiben, Wischerfeld und möglichst kleine nicht einsehbare Bereiche in der Umgebung des Fahrzeugs. Der Auffälligkeitsgrad der *Lackierung* soll hoch sein, um von anderen Verkehrsteilnehmern gesehen zu werden. Die weißähnlichen Farben sind in dieser Beziehung am günstigsten.

Bedienungssicherheit bedeutet die richtige Anordnung der Bedienelemente aus ergonomischer Sicht und Maßnahmen gegen Fehlbedienung.

7.1.2 Passive Sicherheit

Unter passiver Sicherheit werden diejenigen Merkmale eines Kraftfahrzeugs verstanden, die bei einem nicht mehr vermeidbaren Unfall die Folgen – insbesondere Verletzungen der beteiligten Menschen – so gering wie möglich halten. Die passive Sicherheit hat folgende Teilbereiche:

Äußere Sicherheit verlangt eine Gestaltung der äußeren Oberfläche des Fahrzeugs derart, daß die Wahrscheinlichkeit der Verletzung von Verkehrsteilnehmern außerhalb des Fahrzeugs, wie z. B. Radfahrer und Fußgänger, bei einer Kollision mit dem Fahrzeug möglichst gering bleibt.

Innere Sicherheit umfaßt die Maßnahmen und Einrichtungen, die dazu dienen, Verletzungen von Fahrzeuginsassen bei einem Unfall zu verhindern. Die Entwicklung der inneren Sicherheit stützt sich auf die Erkenntnisse aus der Unfall- und Verletzungsstatistik, der Unfallursachenforschung, der Biomechanik und der Unfallmechanik.

7.2 Zusammenhang zwischen Fahrverhalten und Unfallverhütung

Ein gutes Fahrverhalten ist der wichtigste Beitrag zur Unfallverhütung. In der amtlichen Unfallstatistik vom Statistischen Bundesamt, Wiesbaden, wird in 90 % der Straßenverkehrsunfälle der Mensch als Unfallverursacher herausgestellt. In etwa 80 % der Fälle führt ein «falsches Verhalten der Fahrzeugführer» zum Unfall. Straßenverhältnisse und Witterungsbedingungen sind in 8 % der Fälle die Unfallursache.

Die Frage nach dem Grund des hohen Prozentsatzes menschlichen Versagens im Straßenverkehr kann durch die Statistik nicht beantwortet werden. Die vorrangige Aufgabe der Unfallursachenforschung ist es festzustellen, welche dem Fahrer zugeschriebenen Unfälle durch die dem Menschen nicht richtig angepaßte Technik oder Verkehrssysteme entstanden sind. Zur Verbesserung der Straßenverkehrssicherheit müssen demnach zwei Wege verfolgt werden:

Der Mensch sollte so beeinflußt werden, daß er sich im bestehenden Verkehrssystem sicher verhält, z. B. durch Schulung und Verkehrserziehung.

Das Verkehrssystem, das Fahrzeug inbegriffen, muß besser den menschlichen Verhaltensweisen angepaßt werden, damit der Mensch durch die Technik nicht überfordert wird.

Eine wichtige Rolle spielt in diesem Zusammenhang das Fahrverhalten, weil es das Gesamtsystem Fahrer–Fahrzeug–Straße umfaßt und damit auch die dynamischen Fähigkeiten und Grenzen des Menschen berücksichtigt. Die Bemühungen zur Verbesserung des Fahrverhaltens sind nur dann als erfolgreich anzusehen, wenn die Verbesserungen tatsächlich eine Senkung der Unfallfolgen bewirken. Demnach muß sich die Auslegung des Fahrzeugs am realen Unfallgeschehen orientieren. Für die Prüfung des Fahrzeugs während der Entwicklung sollten solche Fahrmanöver gewählt werden, die häufig in kritischen Situationen vor Unfällen zu beobachten sind. Die Kenntnisse über die Zusammenhänge zwischen Fahrverhalten und Unfallgeschehen müssen ständig erweitert werden.

7.2.1 Theoretische Fahrermodelle

Das System Fahrer–Fahrzeug–Umwelt kann mit den Methoden der Regelungstechnik mathematisch beschrieben werden. Der Einfluß von Änderungen verschiedener Regelkreisparameter läßt sich damit untersuchen.

Die einfachste Darstellung des geschlossenen Regelkreises zeigt Bild 7.1. Die Sollbahn ist durch die Straßenführung gegeben. Der Fahrer ist bestrebt, diese Sollbahn durch entsprechende Lenkradbetätigung einzuhalten. Das Fahrzeug reagiert auf die Lenkeinschläge und stellt sich auf eine Istbahn ein. Stimmen Ist- und Sollbahn nicht überein, wird der Fahrer seine Lenkeinschläge so lange korrigieren müssen, bis das Fahrzeug der Sollbahn folgt. Gleichzeitig kann auf das Fahrzeug eine Störung einwirken, die im Bild 7.1 durch Seitenwind dargestellt ist.

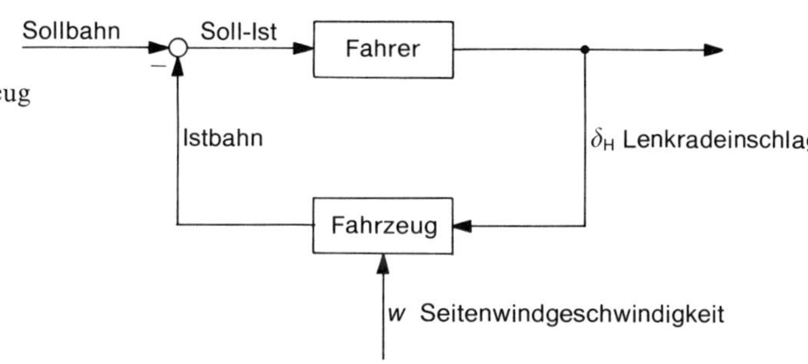

Bild 7.1
Einfacher, geschlossener Regelkreis Fahrer – Fahrzeug für die Querabweichung

Um das Verhalten dieses Regelkreises untersuchen zu können, müssen Fahrzeug mit Fahrer mathematisch beschrieben werden. Für das Fahrzeug wurde in Abschnitt 4.1 ein Ersatzmodell angegeben. Für das Verhalten des Fahrers sind verschiedene Fahrergleichungen entwickelt worden. Zur Einführung in die Problematik werden im folgenden anhand zwei anschaulicher Fahrermodelle die Zusammenhänge erklärt.

Für die Beschreibung des Fahrerverhaltens bei normaler Fahrt eignet sich besonders das *2-Ebenen-Modell des menschlichen Lenkverhaltens* nach DONGES (Bild 7.2).

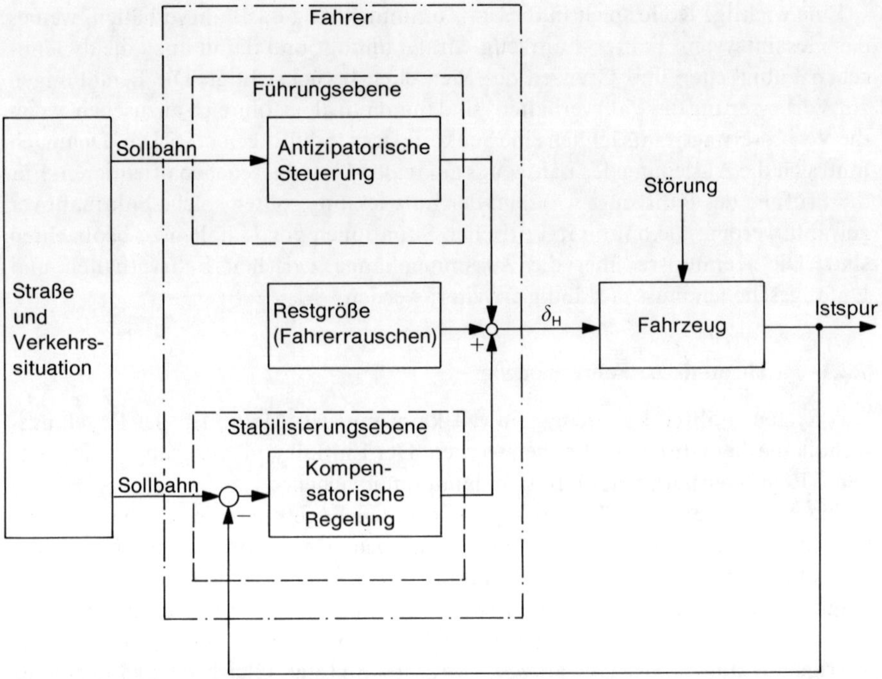

Bild 7.2 Blockschaltbild des Systems Fahrer–Fahrzeug–Straße; Zwei-Ebenen-Modell des menschlichen Lenkverhaltens (nach DONGES)

Das Modell geht davon aus, daß sich das Lenken eines Kraftfahrzeugs in zwei Ebenen, in der Führungs- und Stabilisierungsebene, abspielt.

Die Funktion der *Führungsebene* besteht darin, die Geschwindigkeit und den Istkurs des Fahrzeugs auf den vorgesehenen Reiseplan abzustimmen. Sie umfaßt die Wahrnehmung des momentanen und zukünftigen Straßenverlaufs als Führungsgröße für den Fahrvorgang und die zugehörigen Lenkreaktionen. Diese Fahrertätigkeit ist eine *vorausschauende* (antizipatorische) *Steuerung*. Der Vorgang, das Lenkrad vorausschauend auf den einsehbaren Straßenverlauf (z. B. vor einer Rechtskurve nach rechts) einzuschlagen, wird *Steuerung* (im Gegensatz zu Regelung) genannt, weil der Wirkungssinn nur in eine Richtung, in diesem Fall nach rechts, geht.

In der *Stabilisierungsebene* wird die momentane Fahrzeugbewegung relativ zur Straßenführung beobachtet und dafür gesorgt, daß sich das Fahrzeug trotz der einwirkenden Störung mit möglichst geringen Abweichungen auf dem vorgegebenen Kurs bewegt. Abweichungen werden im geschlossenen Regelkreis durch Lenkkorrekturen kompensiert. Diese Fahrertätigkeit, bei der eine Fehlergröße ausgeregelt werden soll, heißt *kompensatorische Regelung*.

Neben den aus diesen beiden Ebenen stammenden Lenkwinkelanteilen ist noch ein kleiner Anteil am Ist-Lenkwinkel durch unmotiviertes Lenken (Fahrerrauschen) beteiligt. Im Modell wird dieser Teil durch den Block «Restgröße» berücksichtigt, dessen Einfluß jedoch hier nicht weiter behandelt werden soll. Auf das Fahrzeug kann außerdem eine äußere Störung z.B. in Form von Seitenwind wirken, die im Modell ebenfalls dargestellt wird.

Die einzelnen Blöcke werden durch ihre Übertragungsfunktionen (Ausgangsgröße/Eingangsgröße) charakterisiert (Bild 7.3). Die Übertragungsfunktionen des Menschen M_S und M_R können aus Fahrversuchen oder aus Simulationsversuchen mit Hilfe entsprechender Identifikationsmethoden bestimmt werden.

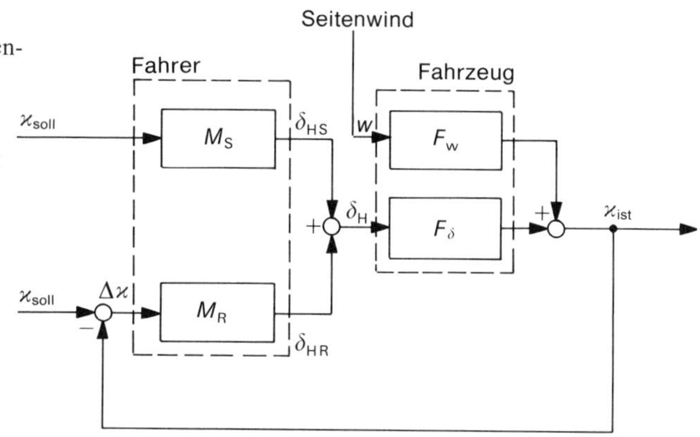

Bild 7.3
Blockschaltbild des Zwei-Ebenen-Modells nach DONGES mit Übertragungsfunktionen von Mensch M_S (Steuerung) und M_R (Regelung) sowie Fahrzeug F_w und F_δ, Fahrspurkrümmung $\varkappa$, Lenkradwinkelanteil δ_{HS} (Steuerung), δ_{HR} (Regelung)

Die Übertragungsfunktionen des Fahrzeugs F_δ und F_w sind aus der Ersatzmodellrechnung (Abschnitt 4.1) bekannt. Die Eingangsgröße für das Teilmodell «Antizipatorische Steuerung» ist die Krümmung des Sollspurverlaufs $\varkappa_{Soll}$, die der Fahrer durch Vorausschauen auf die vor ihm liegende Teile der Straße erkennen kann. Durch seinen Lenkeinschlag versucht er, die Istkrümmung der Fahrspur dem Sollkrümmungsverlauf möglichst gut anzunähern. Für die kompensatorische Regelung kann der Fahrer mehrere Eingangsgrößen verwerten. Er sieht die momentane Querabweichung vom Straßenrand, den Gierwinkelfehler zur Sollrichtung, und er kann auch die Krümmungsdifferenz $\Delta\varkappa$ wahrnehmen.

Es läßt sich zeigen, daß bei alleiniger Rückführung der Regelgröße Querabweichung das System instabil werden kann. Zur Stabilisierung muß der Regler einen Vorhalt haben. Deshalb ist das Fahrzeug im dichten Nebel, wobei sich der Fahrer nur nach der Querabweichung zum Straßenrand orientieren kann, sehr schwer auf Kurs zu halten. In solchen Fällen hilft nur eine starke Reduzierung der Fahrgeschwindigkeit, die natürlich auch wegen der zu spät erkennbaren Hindernisse erforderlich ist.

Werden Soll- und Istspur durch die Krümmung $\varkappa$ dargestellt, gilt für den Lenkradwinkel aus den beiden Teilmodellen nach Bild 7.3:

$$\delta_H = \delta_{HS} + \delta_{HR} = \varkappa_{Soll} \cdot M_S + \Delta\varkappa \cdot M_R \qquad \text{(Gl. 7.1)}$$

Dabei ist:

$$\Delta\varkappa = \varkappa_{Soll} - \varkappa_{Ist}$$

Für die Istspur gilt mit der Seitenwindgeschwindigkeit w:

$$\varkappa_{Ist} = \delta_H \cdot F_\delta + w \cdot F_w \qquad \text{(Gl. 7.2)}$$

aus Gleichung 7.1, und Gleichung 7.2 wird der für die Sollfahrspur erforderliche Lenkwinkel:

$$\delta_H = \frac{1}{1 + M_R \cdot F_\delta} \cdot [\varkappa_{Soll} \cdot (M_S + M_R) - w \cdot F_w \cdot M_R] \qquad \text{(Gl. 7.3)}$$

Das im Bild 7.2 dargestellte lineare 2-Ebenen-Fahrermodell ist gut geeignet, das menschliche Lenkverhalten beim Führen eines Kraftfahrzeugs gemäß Gleichung 7.3 zu beschreiben. Stabilitätsuntersuchungen mit dem Modell zeigten, daß der Mensch sein Übertragungsverhalten im normalen Fahrbereich, wo er die Eigenschaften seines Fahrzeugs gut kennt, dem Übertragungsverhalten des Fahrzeugs sehr genau anpassen kann. Der Regelkreis bleibt in normalen Fahrsituationen stabil, d.h., daß der Fahrer sein Fahrzeug ohne Schwierigkeiten von einem Ort zu einem anderen führen kann, wenn keine unerwarteten kritischen Situationen auftreten (Abschnitt 7.2.2).

In kritischen Situationen, die meistens einem Unfall vorausgehen, ändern sich plötzlich die dynamischen Fahrzeugeigenschaften. Die Übertragungsfunktion des Fahrzeugs kann in solchen Fällen stark vom bekannten und erwarteten Verhalten abweichen. Der Fahrer wird überrascht, er kann nicht optimal reagieren, der Unfall ist vorprogrammiert. Die Änderung der Fahrzeugübertragungsfunktion in kritischen Situationen ist zur Beurteilung der Fahrsicherheit von großer Bedeutung. Um das Fahrzeug dem Menschen anpassen zu können, muß die Änderung der querdynamischen Übertragungseigenschaften bekannt sein, die jedoch mit dem beschriebenen Modell nicht ermittelt werden kann.

Zu diesem Zweck war die Entwicklung eines *adaptiven* (*selbsteinstellenden*) *Fahrermodells* notwendig. Die Wirkungsweise eines solchen Reglers wird am adaptiven Fahrermodell nach REICHELT veranschaulicht (Bild 7.4). Es setzt sich ebenfalls aus zwei Ebenen zusammen: aus einer nicht adaptiven (stark ausgezogen) und einer adaptiven (dünne Linie) Regelungsebene. Der stark ausgezogene, sogenannte ständige Regelkreis ähnelt dem nach Bild 7.3 mit dem Unterschied, daß hier anstatt der Krümmung $\varkappa$ die Querabweichung y über ein Vorschauglied (Prediction) eingeführt wird. Dieser ständige Regelkreis ist in normalen Fahrsituationen in Funktion. Im Block «Prediction» bestimmt der Fahrer die voraussichtlich

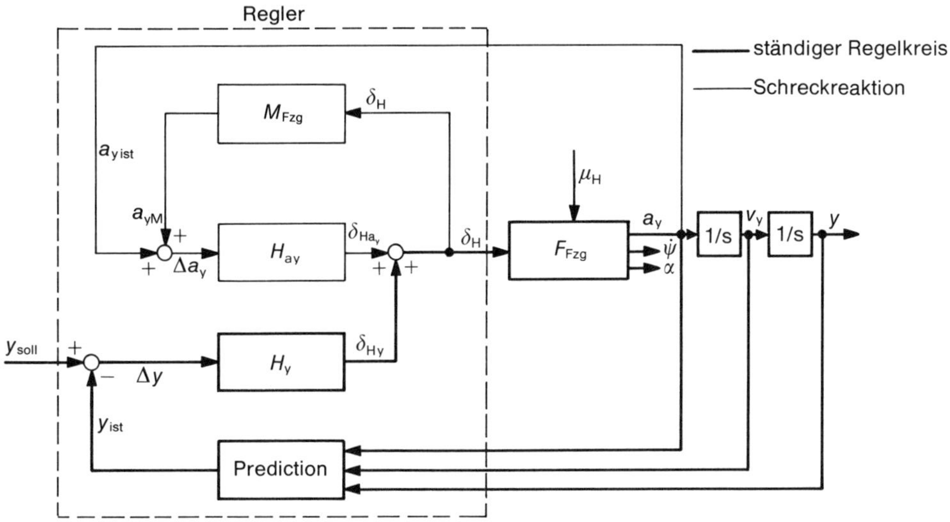

Bild 7.4 Blockschaltbild eines adaptiven Fahrermodells für kritische Situationen (nach Reichelt)

auftretende Querabweichung y aus der beobachteten Querbeschleunigung a_y und der Quergeschwindigkeit v_y nach einer vorgegebenen Vorschauzeit T_p:

$$\underbrace{y(t+T_p)}_{\text{Sollwert}} = \underbrace{y(t) + T_p \cdot v_y(t) + \tfrac{1}{2} \cdot T_p^2 \cdot a_y(t)}_{\text{Istwert}} \qquad \text{(Gl. 7.4)}$$

Sein Übertragungsverhalten wird durch die Übertragungsfunktion:

$$H_y = \frac{\delta_{Hy}}{\Delta y} \quad \text{beschrieben.}$$

Mit diesem ständigen Regelkreis sind die normalen Fahrsituationen abgedeckt; der Regelkreis bleibt in solchen Fällen stabil.

Für die Nachbildung der in kritischen Situationen wichtigen Schreckreaktion des Fahrers wurde die adaptive Regelungsebene (dünne Linie im Bild 7.4) eingeführt. Sie besteht aus einem rückgekoppelten Querbeschleunigungsregelkreis mit einem Fahrer- und Fahrzeugmodell mit den Übertragungsfunktionen H_{ay} und M_{Fzg}.

Fährt das Fahrzeug z. B. auf einer trockenen Kreisbahn mit der Querbeschleunigung a_y, dann sind Modell und Fahrzeug gleich, $M_{Fzg} = F_{Fzg}$, weil der Fahrer das Fahrverhalten seines Fahrzeugs auf trockener Straße kennt. In diesem Fall kompensieren sich a_{yist} und a_{yM}, d.h., daß Δa_y und auch δ_{Hay} gleich null sind. Der Querbeschleunigungsregelkreis kommt also hier nicht zum Tragen. Er tritt erst dann in Funktion, wenn sich die dynamischen Fahrzeugeigenschaften F_{Fzg} ändern.

Dies geschieht z. B., wenn das Fahrzeug plötzlich auf eine Eisplatte kommt. Der Fahrer hat im ersten Moment noch das Fahrzeugverhalten M_{Fzg} auf trockener Straße in Erinnerung. Das Modell im Regler und das Fahrzeug stimmen nicht mehr überein, der Querbeschleunigungsregelkreis beginnt zu arbeiten. Es unterscheiden sich a_{yIst} und a_{yM}, d.h. $\Delta a_y \neq 0$, und der Fahrer verändert den Lenkradwinkel um:

$$\delta_{Hay} = \Delta a_y \cdot H_{ay}$$

und damit wird:

$$\delta_H = \delta_{Hy} + \delta_{Hay}$$

Je größer Δa_y ist, um so größer wird auch die Lenkradwinkelkorrektur. Nach dem Übergang von der vereisten Stelle wieder auf die trockene Straße stimmt das rückgekoppelte Modell wieder mit dem Fahrzeug überein, und der Zusatzlenkradwinkel δ_{Hay} wird über H_{ay} zu null. Damit keine unrealistische Lenkradwinkelgeschwindigkeiten auftreten, wurde $\dot{\delta}_H$ auf einen Maximalwert begrenzt.

Dieses adaptive Fahrermodell ist geeignet, den Einfluß verschiedener Fahrzeugparameter auf das Verhalten des Regelkreises Fahrer–Fahrzeug zu untersuchen. Damit können wichtige Hinweise zur besseren Anpassung der Fahrzeugeigenschaften auf das menschliche Verhalten in kritischen Situationen gewonnen werden.

7.2.2 Fahrer- und Fahrzeugverhalten in kritischen Situationen

Kritische Situationen im Straßenverkehr führen oft zu Unfällen. Zur Verbesserung der Unfallverhütung müssen deshalb häufig auftretende kritische Situationen ermittelt und die dabei typischen Vorgänge analysiert werden. Eine Projektgruppe der Bundesanstalt für Straßenwesen (BASt) hatte die Aufgabe, Grundlagen zur Aufklärung von kritischen Verkehrssituationen und Unfallabläufen zu erarbeiten und Forschungsansätze zu Abhilfemöglichkeiten zu entwickeln. Für die Untersuchung muß der Regelkreis Fahrer–Fahrzeug–Umwelt betrachtet werden. Unfälle sind die Folgen von Versagen einer oder mehrerer Regelkreiskomponenten. Die kritische Situation wurde in diesem Zusammenhang wie folgt definiert:

«Kritische Fahrsituationen sind Situationen, bei denen die Abweichungen zwischen Führungs- und Regelgrößen örtlich und zeitlich veränderliche und/oder subjektiv vorgegebene Toleranzen überschreiten – bzw. bei denen sich die Fahrer unangepaßte Führungsgrößen vorgeben.» (Projektgruppenbericht der BASt: «Fahrer- und Fahrzeugverhalten in kritischen Situationen», 1979.)

In einem ebenfalls im Auftrag der BASt von der TU Braunschweig bearbeiteten Pilotstudie wurden die einzelnen Regelkreiskomponenten, gestützt auf verschiedene Unfalldatensammlungen, untersucht. («Definition kritischer Situationen im Kraftfahrzeugverkehr», 1981.) Aus dieser Arbeit stammt der im Bild 7.5 wiedergegebene Handlungsablauf für ein kritisches Fahrmanöver, der die Zusammenhänge sehr anschaulich darstellt.

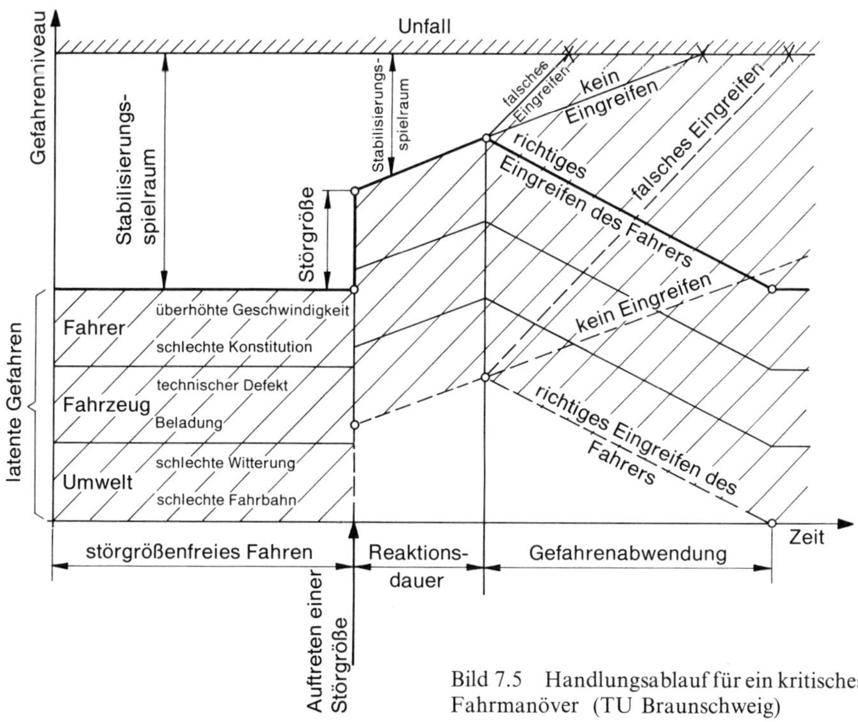

Bild 7.5 Handlungsablauf für ein kritisches Fahrmanöver (TU Braunschweig)

Jede Teilnahme am Straßenverkehr ist mit Gefahren verbunden. Sie können schon bei normaler, störungsfreier Fahrt bei allen drei Regelkreiskomponenten latent vorhanden sein. Das Gefahrenniveau, Ordinate im Diagramm nach Bild 7.5, ist von der Disposition der Regelkreiselemente abhängig. Negative Disposition erhöht das latente Gefahrenniveau. Negative Disposition bedeutet z.B. für den Fahrer wenig Fahrpraxis, Ermüdung, Alkoholeinfluß, für das Fahrzeug z.B. schlechte Reifen, falsche Beladung usw. und für die Umwelt schlechte Witterung, vereiste Fahrbahn, Nebel usw.

Von diesen latenten Gefahren hängt der Stabilisierungsspielraum, d.h. der Abstand zur Unfallschwelle, ab. Bei Auftreten einer Störung wird der Fahrer versuchen, durch Eingreifen das System zu stabilisieren. Der Erfolg, d.h. die Vermeidung eines Unfalls, hängt weitgehend vom bereits vorhandenen latenten Gefahrenniveau und von der Richtigkeit der Fahrerreaktion ab. In den meisten Fällen wird die Störgröße das Gefahrenniveau nicht sofort bis zur Unfallschwelle anheben. Solange der Fahrer nichts unternimmt, verringert sich jedoch der Stabilisierungsspielraum, z.B. während der Reaktionsdauer. Durch rechtzeitiges und richtiges Eingreifen des Fahrers kann ein Unfall vermieden werden, und das System kehrt auf das Anfangsniveau zurück. Falsches Eingreifen kann dagegen noch schneller zum Unfall führen als kein Eingreifen.

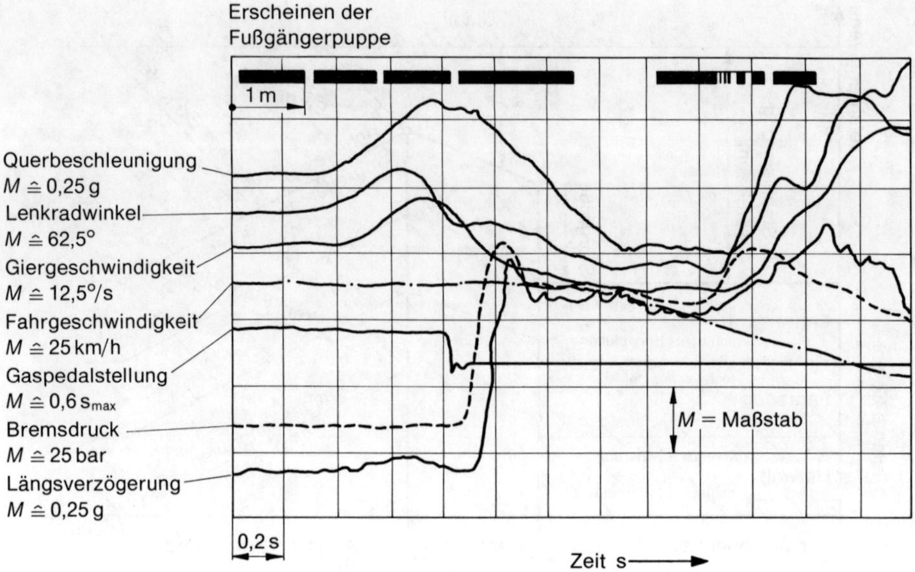

Bild 7.6 Zeitfunktion von gemessenen fahrdynamischen Größen in einer kritischen Situation: Fußgänger von rechts. Versuche von Mercedes-Benz und DEKRA.

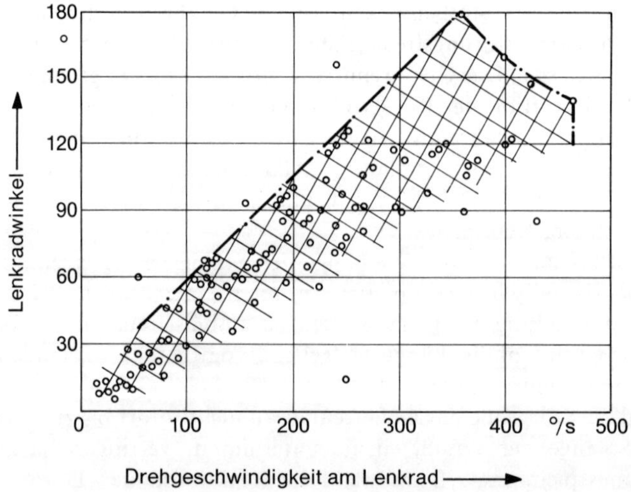

Bild 7.7 Zusammenhang zwischen Lenkradwinkeln und Lenkraddrehgeschwindigkeiten in kritischen Situationen: Ausweichen vor Fußgängern. Versuche bei Mercedes-Benz.

Anhaltspunkte zum Verhalten von Fahrern und Fahrzeug in kritischen Situationen gab eine Untersuchung von Mercedes-Benz zusammen mit dem DEKRA (Deutscher Kraftfahrzeug-Überwachungsverein). Auf einer Teststrecke wurde eine Vorrichtung aufgebaut, die nach vorwählbaren Programmen Fußgängerattrappen aus Schaumgummi in die Bahn des fahrenden Fahrzeugs schleuderte.

50 Personen wurden in verschiedenen Versuchsserien auf ihr Verhalten in unerwarteten kritischen Situationen – Fußgänger betraten die Fahrbahn von links oder rechts – getestet. Gemessen wurden für die Rekonstruktion des Verhaltens des Fahrers Lenkradwinkel, Bremsdruck und Gaspedalweg und zur Erfassung der Fahrzeugbewegung Längs- und Querbeschleunigung, Giergeschwindigkeit und Fahrgeschwindigkeit. Im Bild 7.6 sind die Zeitfunktionen einer Meßfahrt bei der Situation «Fußgänger von rechts» aufgezeichnet. Bild 7.7 zeigt den Zusammenhang zwischen den maximal erreichten Lenkradwinkeln und dazugehörigen Drehgeschwindigkeiten bei 100 Ausweichmanövern in kritischen Situationen von verschiedenen Fahrern. Die folgenden Maximalwerte zeigen die Grenzen der Möglichkeiten des Fahrereingriffs in Notsituationen:

- Maximal erreichte Bremspedalkraft 870 N.
- Maximal erreichte Lenkradwinkel 180° bei 360°/s Drehgeschwindigkeit am Lenkrad.
- Maximale Lenkgeschwindigkeit 465°/s bei einem Lenkradwinkel von 140°.
- Größte Lenkfrequenz beim Ausweichen (gemessen für eine Periode) 1,25 Hz.

Typische Bremsdruckverläufe über der Zeit zeigt Bild 7.8. Ungeübte Fahrer neigen dazu, 0,1 s bis 0,2 s nach Bremsbeginn in einer kritischen Situation mit dem Druck auf das Pedal etwas nachzulassen und erst, wenn das Hindernis drohend näher kommt, die Bremskraft weiter zu erhöhen (z.B. Kurve 6 im Bild 7.8). Damit wird kostbarer Bremsweg verschenkt. Bei geübten Fahrern ist dieses Verhalten nicht vorgekommen (Kurve 1 im Bild 7.8).

Bild 7.9 zeigt Lenkwinkel- und Giergeschwindigkeitsverläufe bei einem erfolgreichen (obere Kurven) und einem mißlungenen (untere Kurven) Ausweichmanöver. Im ersten Fall ist beim Nulldurchgang eine typische Stabilisierungsphase zu erkennen. Im zweiten Fall wurde das Fahrzeug auf der Überholspur nicht richtig stabilisiert, es schleuderte, und der Fahrer verlor die Kontrolle über das Fahrzeug, obwohl gerade dieser Fahrer eine extrem kurze Reaktionszeit von 0,3 s hatte. Diese Beispiele zeigen, daß zur Vermeidung von Unfällen die richtige Reaktion wesentlich wichtiger ist als eine kurze Reaktionszeit (siehe auch Abschnitt 7.2.3).

Die Versuche haben gezeigt, daß ein Durchschnittsfahrer als Abwehrmaßnahme in einer kritischen Situation fast in allen Fällen das Bremsen wählt, auch dann, wenn es aussichtslos ist und der Unfall durch eine Ausweichbewegung mühelos vermieden werden könnte. Eine solche Fehlreaktion endet besonders bei Fußgängerunfällen meistens tödlich. Auch hier zeigt sich die Wichtigkeit der Reaktionssicherheit.

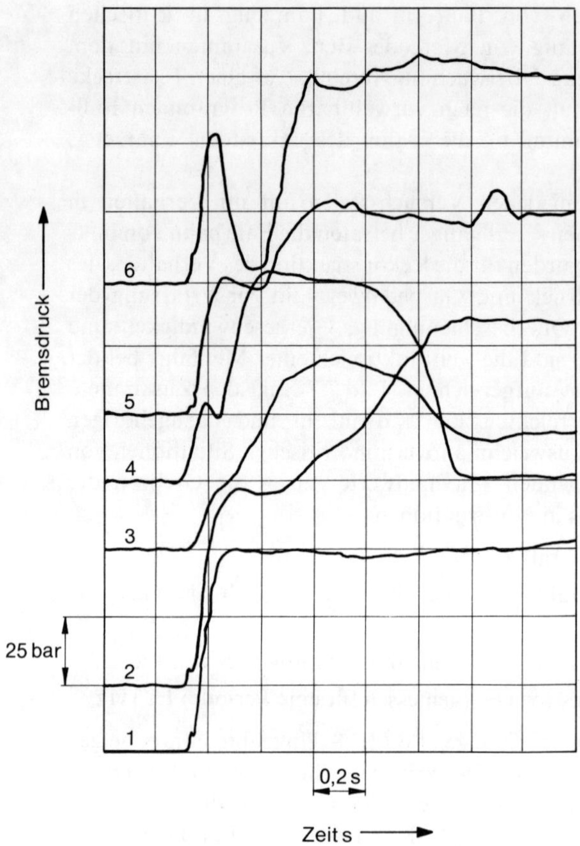

Bild 7.8
Typische Bremsdruckverläufe verschiedener Fahrer in einer kritischen Situation

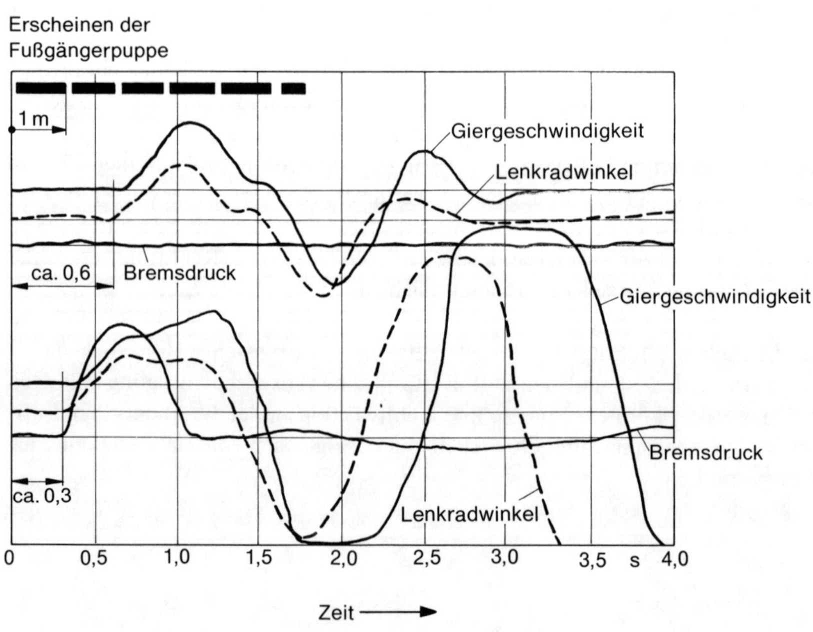

Bild 7.9
Vergleich der Zeitfunktionen von Lenkradwinkel und Giergeschwindigkeit bei einem erfolgreichen (obere Kurven) und einem mißlungenen Ausweichmanöver bei Versuchen mit Fußgängerpuppen (Mercedes-Benz/DEKRA). Der reaktionsschnellere Fahrer reagiert in diesem Fall nicht richtig und verliert die Kontrolle über sein Fahrzeug.

7.2.3 Fahrerreaktionszeiten

Es gibt verschiedene Definitionen für die Reaktionszeit. Im allgemeinen wird unter Reaktionszeit die Zeitspanne verstanden, die zwischen dem Auftreten einer Reaktionsaufforderung bis zu der ersten daraufgerichteten Handlung verstreicht. Zunächst muß zwischen der unter Laborbedingungen ermittelten *situationsunabhängigen*, für ein Individuum charakteristischen Reaktionsgeschwindigkeit und der *situationsabhängigen* Reaktionsgeschwindigkeit unter Realbedingungen unterschieden werden.

Die Reaktionszeit kann im Labor mit einem einfachen Gerät getestet werden, wobei z.B. beim Aufleuchten einer Lampe ein möglichst rasches Niederdrücken einer Taste verlangt wird. Diese Reaktionsform wird als Einfachreaktion bezeichnet, weil auf ein bestimmtes Signal nur eine Reaktion erfolgen kann. In diesem Fall sind Anfang und Ende der Reaktionszeitspanne exakt bestimmt. Sie wird auch Erwartungsreaktion genannt, weil die Testperson auf den Vorgang vorbereitet ist. Aus Untersuchungen ist bekannt, daß die so ermittelte, für ein Individuum charakteristische Reaktionsgeschwindigkeit mit dem verkehrsangepaßten Reaktionsverhalten im realen Straßenverkehr in überhaupt keinem gesicherten Zusammenhang steht. Ein Zusammenhang zwischen Labor-Reaktionszeitwerten und isolierten Reaktionsgeschwindigkeiten im Straßenverkehr ist zwar nicht auszuschließen, er ist aber weitgehend belanglos, weil das reale Reaktionsverhalten primär reaktionssicher, also richtig sein muß – und *nur wenn es sicher ist, auch schnell sein soll.* Anderenfalls ist bei Fehlreaktionen geringe Reaktionsgeschwindigkeit sogar besser (siehe hierzu auch Bild 7.9).

Im Straßenverkehr ist die Bestimmung des Anfangs der Reaktionsspanne sehr schwierig. Es ist oft nicht feststellbar, wann ein objektiv vorhandenes Signal vom Fahrer tatsächlich wahrgenommen und als Reaktionsaufforderung erkannt wurde. Um vergleichbare Ergebnisse zu bekommen, wurde bei den im Abschnitt 7.2.2 erwähnten Versuchen mit plötzlich erscheinenden Fußgängerattrappen die Reaktionszeit der Fahrer vom Zeitpunkt des Erscheinens des Signals (Fußgänger betritt die Straße) bis zum Beginn des Bremsdruck- bzw. Lenkradwinkelanstiegs gerechnet.

Die Gesamtzeit bis zum Ansprechen des Fahrzeugs kann in folgende Abschnitte unterteilt werden:

Wahrnehmungszeit: Vom Erscheinen des Signals bis zur optischen oder akustischen Wahrnehmung.

Erkennungszeit: Von der Wahrnehmung des Signals bis zur Erkennung als Reaktionsaufforderung.

Entscheidungszeit: Von der Erkennung der Reaktionsaufforderung bis zur Entscheidung über die Art der Handlung.

Bis hierher dauert die sogenannte Informationsverarbeitungszeit, die nach KLEBELSBERG auch als primäre Reaktionszeit bezeichnet wird. Daran schließen sich folgende Phasen an:

Motorische Phase: Reizleitung und Muskelaktivierung.

Umsetzzeit: Vom Beginn der Handlung (Wegnahme des Fußes vom Gaspedal) bis zum Berühren des Bremspedals (sekundäre Reaktionszeit).

Anlegezeit: Überwindung der Spiele und Elastizitäten im mechanischen Teil der Bremsanlage oder der Lenkung.

Schwellzeit: Vom Anfang des Bremsdruckanstiegs bis zum Erreichen des Maximaldrucks für die jeweilige Bremsung bzw. des notwendigen Lenkradwinkels (tertiäre Reaktionszeit).

Hier endet die Aktivität des Fahrers, und damit ist die Gesamtreaktionszeit abgeschlossen. Bis zum Eintritt der Wirkung auf die Fahreraktivität verstreicht die *Ansprechzeit* des Fahrzeugs, die im allgemeinen vom Anfang der Schwellzeit bzw. der Radwinkeleinschlagbewegung bis zum Beginn der Längsverzögerung bzw. Gierbewegung gerechnet wird.

Eine Trennung von *Wahrnehmungs- und Erkennungszeit* ist nicht möglich, weil diese Zeiten stark von der Aufmerksamkeit des Fahrers sowie von der Qualität und Intensität der Reaktionsaufforderung abhängen. Die Wahrnehmung kann foveal oder peripher stattfinden. *Fovea* heißt medizinisch der Netzhautort des schärfsten Sehens in der Mitte der Netzhaut, dies entspricht einem Sehwinkel von etwa 1,5°. *Peripher* heißt die Wahrnehmung, wenn das Signal außerhalb dieses 1,5°-Sehwinkels auftritt. Auf eine periphere Wahrnehmung kann keine direkte Reaktion (außer in extremen Schrecksituationen) erfolgen.

Vor dem Erkennen eines peripheren Signals als Reaktionsaufforderung muß eine Blickzuwendung erfolgen, die Zeit kostet. Alle peripher auftretenden Wahrnehmungen lösen erst mit einer Latenzzeit von etwa 0,2 s eine Einstellbewegung der Augen, auch *Saccade* genannt, aus (nach HARTMANN). Die Dauer der Einstellbewegung hängt vom erforderlichen Winkel ab. Für Objekte am Straßenrand beträgt sie im Mittel etwa 0,05 s. Hierzu kommt noch, daß während der Augenbewegung der Bildeindruck des Außenraums unterdrückt wird (saccadische Supression). Das Auge braucht zusätzlich rund 0,05 s nach Beendigung des Blicksprungs, bis die ursprüngliche Sehschärfe in der neuen Blickrichtung eingestellt ist. Zusammenfassend bedeutet diese Eigenschaft der Augen, daß sich die Informationsverarbeitungszeit bei peripherer Wahrnehmung wegen der Blickzuwendung um 0,3 s verlängert.

Die *Entscheidungszeit* hängt von der Anzahl der Alternativen ab, zwischen denen der Fahrer entscheiden muß. Sie steigt im allgemeinen logarithmisch mit der Anzahl der subjektiv möglichen Entscheidungsalternativen an, z. B. Lenken oder Bremsen. In dieser Phase kommt es neben der Reaktionsgeschwindigkeit besonders auf die Reaktionssicherheit an.

Für die *motorische Phase* wird im allgemeinen eine Größenordnung von 0,005 s bis 0,05 s angenommen.

Umsetz- und Anlegezeiten sind genau meßbar. Sie hängen von der Geübtheit der Fahrer und von der Konstruktion der Bremsanlage ab. Die Umsetzzeiten liegen im allgemeinen zwischen 0,15 s bis 0,3 s, die Anlegezeiten für die Bremse bei 0,015 s bis 0,05 s.

Ähnlich wie bei der Bremsenbetätigung kann auch bei der Lenkung eine Zeitspanne zwischen Betätigungsbeginn und Wirkungsbeginn definiert werden. Zuerst wird durch die Aktivierung der Muskelkraft das Lenkradmoment angelegt. Messungen ergaben Zeiten zwischen dem Anfang des Lenkradmomentenanstiegs und der Lenkradwinkelbewegung in Abhängigkeit von der Lenkgeschwindigkeit von 0,025 s bis 0,05 s. Etwa die gleiche Zeit ist anschließend erforderlich, um die Lenkradwinkelbewegung auf die Vorderräder zu übertragen. Für die Aktivierung der Lenkung sind also je nach Lenkungskonstruktion und Lenkgeschwindigkeit 0,05 s bis 0,1 s erforderlich.

Die *Ansprechzeit* des Fahrzeugs hängt stark von den Konstruktionsmerkmalen ab. Für das Bremsen kann eine Zeit zwischen 0,05 s bis 0,1 s, für das Lenken 0,07 s bis 0,2 s zugrunde gelegt werden.

An die Ansprechzeit schließt sich die *Schwellzeit* an, die vom Beginn des Bremsdruckanstiegs bis zum Erreichen der maximalen Verzögerung dauert. Sie kann mit 0,15 s bis 0,2 s angenommen werden.

Bild 7.10
Summenhäufigkeit der gemessenen Bremsreaktionszeiten eines Fahrerkollektivs bei verschiedenen Reaktionsaufforderungen:
——— stark,
– – – – – mittel,
–·–·–·– schwach
(Erklärung siehe Bild 7.11).
Die Reaktionszeit wurde vom Zeitpunkt des Erscheinens der Fußgängerpuppe bis zum Anfang des Bremsdruckanstiegs (Anfang Schwellzeit) gemessen.

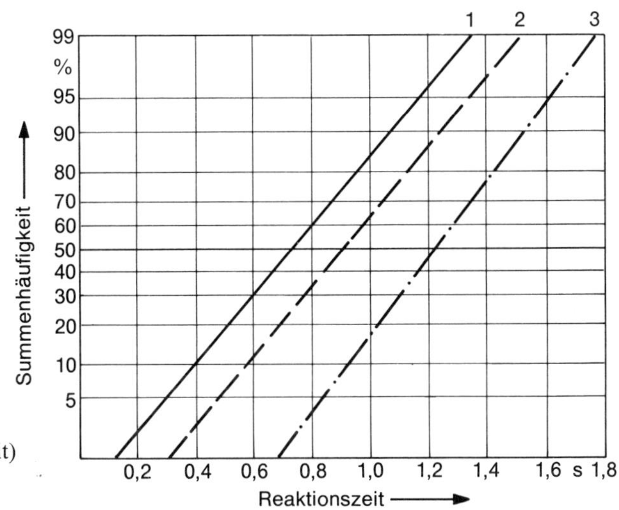

Bild 7.10 zeigt die Summenhäufigkeit der gemessenen Bremsreaktionszeiten (Zeit vom Erscheinen des Fußgängers bis Anfang Bremsdruckanstieg) bei verschiedenen Reaktionsaufforderungen. Wenn ein Fußgänger in auffälliger Kleidung (bei den Versuchen orange) von der rechten Seite hinter einem parkenden Auto plötzlich die Straße betritt, sind die Reaktionszeiten der Fahrer kürzer (Kurve 1 in Bild 7.10) als wenn er nicht so auffällig gekleidet (bei den Versuchen grau) von der linken Seite kommt (Kurve 3 in Bild 7.10). Offensichtlich verkürzt sich die Informationsverarbeitungszeit mit der Stärke der Reaktionsaufforderung. Im ersten Fall wurde die Reaktionsaufforderung bei den Versuchen als «stark», im

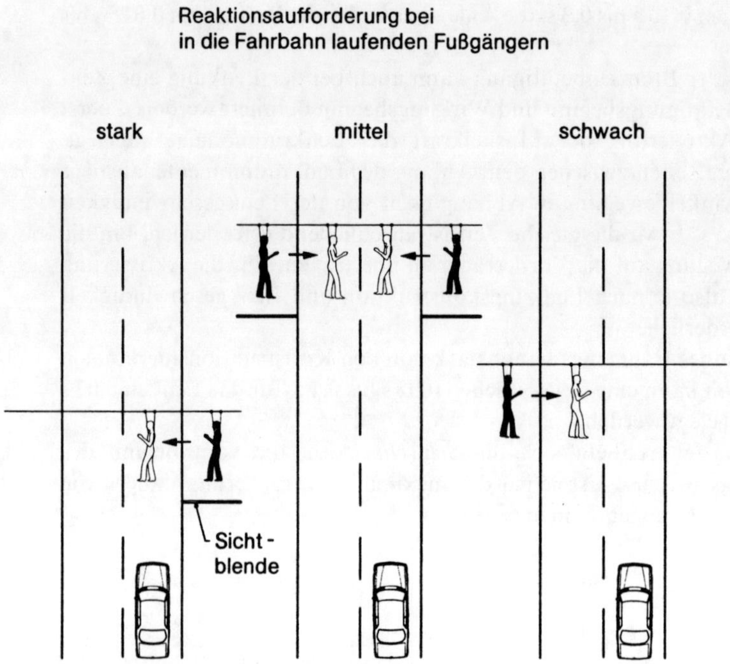

Bild 7.11 Definition der Stärke der Reaktionsaufforderung in drei verschiedenen kritischen Situationen bei den Versuchen von Mercedes-Benz/DEKRA mit Fußgängerpuppen

Reaktionszeiten vom Loslaufen des Fußgängers, Mittelwerte in s

	Lösen des Fußes vom Gaspedal	Berühren des Bremspedals	Umsetzzeit	Beginn Bremsdruckanstieg	Beginn Lenkradwinkelbewegung
Nur Lenken 8 Fahrer	nicht signifikant	–	–	–	1,31
Nur Bremsen 7 Fahrer	1,04	1,24	0,20	1,27	–
Lenken und Bremsen 7 Fahrer	0,99	1,32	0,33	1,36	1,19

Bild 7.12 Reaktion eines Fahrerkollektivs (22 Fahrer) bei einer «schwachen» Reaktionsaufforderung (s. Bild 7.11): «Sichtbarer Fußgänger betritt von links die Fahrbahn». In diesem Fall ist eine Blickzuwendung des Fahrers (ca. 0,3 s) erforderlich, die in der gemessenen Reaktionszeit mit enthalten ist. Versuche von Mercedes-Benz mit geübten Fahrern.

zweiten Fall als «schwach» bezeichnet (Bild 7.11). Bei dem von links kommenden Fußgänger hat auch die erforderliche Blickzuwendung einen Einfluß auf die Reaktionszeit.

Bei der Situation «Fußgänger von links» wurden die Fahrer nach ihrem Entscheidungsverhalten in Gruppen eingeteilt, je nachdem, ob sie nur gebremst, nur gelenkt oder gleichzeitig gebremst und gelenkt haben. Im Bild 7.12 sind die mittleren Reaktionszeiten für die verschiedenen Entscheidungen zusammengestellt. Die Reaktionszeiten sind für das Lenken um 0,2 s bis 0,25 s höher als beim Bremsen. Diese längere Zeit ist darauf zurückzuführen, daß der Fahrer nach seiner Entscheidung für das Lenken weitere Entscheidungen für die Richtung und Größe der Lenkbewegung treffen muß.

Im Bild 7.13 sind die gemessenen Gesamtreaktionszeiten den einzelnen Teilphasen zugeordnet (Mittelwerte von mehreren Testpersonen und Fahrten). Die Aufteilung stützt sich im Bereich der Informationsverarbeitungszeiten auf Annahmen, die jedoch als Anhaltspunkte bei *Unfallrekonstruktionen* dienen können.

7.2.4 Unfalldatensammlungen

Neben der mathematischen Behandlung und den Versuchen mit künstlich erzeugten kritischen Situationen ist die Unfallrekonstruktion eine weitere Methode zur Untersuchung des Zusammenhangs zwischen aktiver Sicherheit und Unfallgeschehen. Die Unfalluntersuchungen haben sich in der Vergangenheit vorwiegend mit der passiven Sicherheit befaßt.

Erst in den letzten Jahren wurde mit Unfalldatenerhebungen und Auswertungen im Hinblick auf das Fahrverhalten begonnen. Das Ziel dieser Untersuchungen ist, die Vorgänge im Regelkreis Fahrer–Fahrzeug–Umwelt, die vor einem Unfall ablaufen und schließlich zum Unfall führen, kennenzulernen und zu analysieren. Aus den Ergebnissen sollen Maßnahmen für die Unfallverhütung abgeleitet werden.

Die Grundlage für jede Unfallrekonstruktion sind die von einem Unfall erhobenen Daten. Die polizeiliche Unfallaufnahme beinhaltet im allgemeinen die Feststellung der beteiligten Personen und Fahrzeuge sowie die Sicherung der Unfallspuren. Diese Daten reichen für eine Unfallrekonstruktion nicht aus, so daß eine zusätzliche, gezielte Datenerhebung notwendig ist. Es gibt verschiedene Stellen, die eine Unfallstatistik führen. Diese Datensammlungen sind für die Auswertung des Einflusses der aktiven Sicherheit unterschiedlich geeignet.

Amtliche Statistik. Diese bezieht sich auf die polizeiliche Unfallmeldebögen, die hauptsächlich zur Klärung der Schuldfrage herangezogen werden. Es sind alle Unfälle erfaßt; die Bewertung unterliegt jedoch der vorläufigen Beurteilung des Verkehrspolizisten. Zur Untersuchung der Fragen zur aktiven Sicherheit ist diese Statistik wegen der beschränkten Datenmenge je Fall nur bedingt verwendbar. Weil alle Unfälle erfaßt sind, bietet sie einen repräsentativen Überblick über das

Stärke der Reaktionsaufforderung			schwach				mittel	stark
Art der Reaktion			Bremsen	Lenken	gleichzeitig Bremsen	gleichzeitig Lenken	Bremsen	Bremsen
Wahrnehmungszeit		Annahme	0,30	0,30	0,30	0,30	0,30	0,15
Erkennungszeit		Annahme	0,40	0,40	0,40	0,40		
Entscheidungszeit	für Bremsen	Annahme	0,31	–	0,27	–	0,31	0,31
	für Lenken und über Richtung und Größe	Annahme	–	0,55	–	0,43	–	–
Reizleitung		Annahme	0,03	0,03	0,03	0,03	0,03	0,03
Umsetzzeit		Messung	0,20	–	0,33	–	0,25	0,22
Anlegezeit		Messung	0,03	0,03	0,03	0,03	0,03	0,03
Reaktionszeit vom Erscheinen des Signals	bis Beginn Bremsdruckanstieg	Messung	**1,27**	–	**1,36**	–	**0,92**	**0,74**
	bis Beginn Lenkradwinkelbewegung	Messung	–	**1,31**	–	**1,19**	–	–
Ansprechzeit des Fahrzeugs		Messung	0,07	0,15	0,07	0,15	0,07	0,07
Gesamtzeit vom Erscheinen des Signals	bis Anfang Bremsverzögerung	Messung	1,34	–	1,43	–	0,99	0,83
	bis Anfang Giergeschwindigkeit	Messung	–	1,46	–	1,34	–	–

Zeiten in s

Bild 7.13 Aufteilung der Reaktionszeiten, zusammengestellt aus den Messungen mit Fußgängerpuppen (Mercedes-Benz/DEKRA) mit insgesamt 50 Fahrern. (Mittelwerte aus zwei Testreihen mit geübten Fahrern und Durchschnittsfahrern). Stärke der Reaktionsaufforderung siehe Bild 7.11. Die Zeiten gelten vom Loslaufen der Fußgängerpuppe.

Unfallgeschehen und kann deshalb als Vergleichsgrundlage für andere Statistiken, die nur eine bestimmte Unfallanzahl enthalten, herangezogen werden.

Statistik des Kraftfahrtbundesamts (KBA). Diese Statistik enthält Daten aus dem Fahrzeugbrief der am Unfall beteiligten Fahrzeuge und dem zu jedem Unfall angefertigten Polizeibericht. Es werden etwa 300000 Unfälle pro Jahr aufgenommen. Die KBA-Statistik kann wie auch die amtliche Statistik nur bedingt und nur als Vergleichsbasis zur Untersuchung der aktiven Sicherheit verwendet werden.

Statistik des HUK-Verbandes. Sie enthält Versicherungsfälle, bei denen Personenschäden oder schwere Sachschäden aufgetreten sind. Die Unfallakten eignen sich für eine Untersuchung der passiven und aktiven Sicherheit, weil im Rahmen der Schadensbearbeitung eine weitgehende Datensammlung durch Polizeiberichte, Arztgutachten und Sachverständigengutachten zu Unfallhergang und Unfallfolgen vorliegt. Diese Datensammlung enthält Angaben zu Fahrer, Fahrzeug, Umwelt, Unfallort, Unfallursache, Unfallablauf sowie auch zu Verhaltensweisen der Fahrer vor dem Unfall.

Unfalldatensammlung der Medizinischen Hochschule Hannover (MHH) und der TU Berlin. Sie enthält umfassende Erhebungen am Unfallort mit vielen Einzeldaten zu jedem Unfall, die eine tiefergehende Untersuchung bezüglich passiver und aktiver Sicherheit ermöglichen. Es handelt sich um Verkehrsunfälle mit Personenschäden, weil ein Hauptschwerpunkt des Forschungsprojektes auf dem medizinischen Sektor liegt.

Im Rahmen der Datenerfassung zur aktiven Sicherheit wird eine Befragung der Beteiligten und Zeugen am Unfallort, teilweise später im Krankenhaus, durchgeführt. Diese soll Aufschluß über die Persönlichkeit des Befragten, das Unfallgeschehen, den Ablauf der Fahrt, den Fahrtzweck sowie über die Reaktionen auf das Unfallgeschehen und die Vorgeschichte ergeben.

Unfalldatensammlung Mercedes-Benz/DEKRA. Die Fa. Mercedes-Benz hat zusammen mit dem Deutschen Kraftfahrzeug-Überwachungsverein (DEKRA) ein Unfallerfassungssystem mit Schwerpunkt aktive Sicherheit ausgearbeitet. Die Grundlage ist ein vierseitiger Fragebogen, der hauptsächlich Fragen zur aktiven Sicherheit enthält (Bilder 7.14 und 7.15). Die Fragebogen werden von DEKRA-Sachverständigen bei der Erstellung von Verkehrsunfallgutachten ausgefüllt. Es werden nur solche Unfälle erfaßt, bei denen ein Sachverständiger hinzugezogen wurde. Das sind meistens Unfälle mit Personenschaden oder hohem Sachschaden. Die Unfallerfassungsaktion ist zunächst mit 10000 Unfällen abgeschlossen. Die Daten sind an einer zentralen Stelle gespeichert, so daß ein rascher Zugriff für Auswertungen nach verschiedenen Gesichtspunkten möglich ist.

Unfallforschung Heidelberg. Die hier aufgenommenen Daten dienen medizinischen Zwecken im Bereich der passiven Sicherheit. Für Untersuchungen im Hinblick auf die aktive Sicherheit sind sie nicht geeignet.

Fragebogen zur Unfallauswertung

1 1

Prüfstelle	Prüfer	Unfallzeit Tag	Mon.	Jahr	Std.	Min.	Unfallort oder Stadt in der Nähe des Unfallortes	PLZ
7 9	10 12	13	15	17	19	21	23 38	39 42

Unfallbeteiligte

Anzahl der Beteiligten										Anzahl der Verletzten										Anzahl der Getöteten									
PKW	LKW	SZ/LZ	KOM	KRAD	Fahrrad	Fußgänger	Straßenb.	Eisenbahn	Zugmasch.	PKW	LKW	SZ/LZ	KOM	KRAD	Fahrrad	Fußgänger	Straßenb.	Eisenbahn	Zugmasch.	PKW	LKW	SZ/LZ	KOM	KRAD	Fahrrad	Fußgänger	Straßenb.	Eisenbahn	Zugmasch.
43	44	46		48		50		52		54		56		58		60		62	64	66		68		70		72		74	75

Unfallauslösende Ursache

76

1 Kritische Verkehrssituation
z. B. plötzliches Auftauchen von Hindernissen auf der Fahrbahn, fremdes Fahrzeug kreuzt die eigene Bahn, vorausfahrende Fahrzeuge stellen sich in den Weg, fremde Gegenstände auf der Fahrbahn usw.

2 Fahrfehler
Einleitung von Lenk- und Pedalmanöver durch den Fahrer ohne sichtbaren Grund, z. B. abruptes Lenken bzw. Bremsen, zu schnelles Fahren oder Bremsen in einer Kurve, Ermüdung, Einschlafen usw.

3 Fahrbahn- oder Windeinflüsse
z. B. Unebenheiten, Fahrbahnbelagwechsel, Seitenwind

4 Ausfall von Fahrzeugteilsystemen
Motor, Reifen, Bremsen, Lenkung, Achsen, Glasscheiben, Beleuchtung
(bitte Zutreffendes unterstreichen)
Andere :

Unfalltyp (Primär)

77

Auffahrunfall:

01 Fall-Fahrzeug gerät beim Überholen ins Schleudern und kollidiert mit überholtem Fahrzeug
02 Kollision zwischen Überholer und schleuderndem Fall-Fahrzeug
03 Kollision zwischen Fall-Fahrzeug und plötzlich spurwechselndem anderem Fahrzeug
04 Kollision zwischen Fall-Fahrzeug und plötzlich bremsendem vorausfahrendem Fahrzeug
05 Kollision zwischen Fall-Fahrzeug und stehendem Fahrzeug
06 Kollision zwischen bremsendem Fall-Fahrzeug und auffahrendem Fahrzeug
07 Kollision zwischen stehendem Fall-Fahrzeug und auffahrendem Fahrzeug
08 Andere*:

Kreuzungsunfall

11 Kollision des Fall-Fahrzeuges mit Fahrzeug von links
12 Kollision des Fall-Fahrzeuges mit Fahrzeug von rechts
13 Kollision des Fall-Fahrzeuges in BAB/Schnellstr. einfahrend mit anderem Fahrzeug auf BAB/Schnellstr.
14 Kollision des Fall-Fahrzeuges auf BAB/Schnellstr. mit einfahrendem Fahrzeug
15 Kollision des Fall-Fahrzeuges in Kreisverkehr einfahrend mit Fahrzeug von links
16 Kollision des Fall-Fahrzeuges in Kreisverkehr mit einfahrendem Fahrzeug
17 Andere*:

Gegenverkehrunfall

21 Fall-Fahrzeug mit unkontrolliert entgegenkommendem Fahrzeug
22 unkontrolliertes Fall-Fahrzeug mit entgegenkommendem Fahrzeug
23 linksabbiegendes Fall-Fahrzeug mit entgegenkommendem Fahrzeug
24 linksabbiegendes Fahrzeug mit entgegenkommendem Fall-Fahrzeug
25 Andere*:

Kollision mit anderem Objekt

31 bei Ausweichmanöver
32 Kontrolle verloren, abgekommen von der Straße
33 Kollision mit Hindernis auf der Straße
34 Andere*:

Kollision mit Fußgänger/Tier

41 Kollision mit Fußgänger/Tier, der/das die Straße überquert
42 Kollision mit Fußgänger/Tier auf Fußweg/ am Fahrbahnrand
43 Andere*:

* bitte beschreiben

Daimler-Benz/DEKRA

424.19.025.00 (50179) db-hd

2 1

Angaben zur Straße

Straßenart: (7)
1 Autobahn/Schnellstraße (4 und mehr Spuren)
2 Bundesstraße
3 Landstraße
4 Straße im Stadtgebiet
5 Andere:

Straßenführung: (8)
1 Gerade
2 Linkskurve
3 Rechtskurve
4 Kreuzung
5 Einmündung
6 Gabelung
7 Andere:

Straßendecke: (9)
1 Asphalt glatt
2 Asphalt rauh
3 Beton
4 Kopfsteinpflaster
5 Andere:

Straßenoberfläche: (10)
1 trocken
2 feucht
3 naß
4 zusammenhängender Wasserfilm
5 Schnee
6 Glatteis
7 Matsch
8 Rollsplitt
9 Öl
10 Erdmatsch
11 Andere:

Straßenzustand (12)
1 gut
2 Schlaglöcher
3 Querrillen
4 Spurrillen
5 unregelmäßig wechselnder Belag
6 Andere:

Angaben zu Umwelteinflüssen

Umgebung des Unfallortes: (13)
1 City, Industrieviertel
2 Vorort
3 ländliche Gegend
4 Andere:

Tageszeit: (14)
1 Tag
2 Nacht
3 Abenddämmerung
4 Morgengrauen

Niederschlag: (15)
1 keiner
2 Regen
3 Gewitter
4 Schnee
5 Hagel
6 Graupel
7 Nebel
8 Andere:

Seitenwind: (16)
1 keiner
2 von rechts
3 von links
Windstärke:

Angaben zu den Fahrern

Fahrer des Fall-Fahrzeuges						Fahrer des beteiligten Fahrzeuges					
Nationalität (Kennzahl)	Alter (Jahre)	Geschlecht (m=1,w=2)	Wieviel Jahre Führerscheinbesitz	Fahrpraxis in 1000 km	Blutalkohol (in Promille z. B. 1.2 od. 0.0)	Nationalität (Kennzahl)	Alter (Jahre)	Geschlecht (m=1,w=2)	Wieviel Jahre Führerscheinbesitz	Fahrpraxis in 1000 km	Blutalkohol (in Promille z. B. 1.2 od. 0.0)
17 18	20	22	24	26 28	30 32 34	36	38	40	42	44 46	48 50 52 54

Bild 7.15 Fragebogen zur Unfallerfassung mit Schwerpunkt «aktive Sicherheit» Seite 3 und 4 (Mercedes-Benz/DEKRA Unfalluntersuchungen)

Angaben zu den Fahrzeugen

3	1				
1					6

Fahrzeugtyp Fall-Fahrzeug: ______

beteiligtes Fahrzeug: ______

	Fahrzeuge: Hersteller (Kennzahl)	Typ (Kennzahl)	Antrieb (Kennzahl)	Baujahr	Leistung in PS (evtl. geschätzt)	Anzahl der Insassen	Dachträger vorhanden (ja = 1, nein = 2)	Anhänger vorhanden (ja = 1, nein = 2)	Beladung (leer = 3, halb = 4, voll = 5): im Kofferraum	auf Dachträger	im Anhänger	Reifen und Lenkung (nur Fall-Fahrzeug) (ja = 1, nein = 2): Hersteller (Kennzahl)	Breite (mm od. Zoll/100 z. B. 175 od. 560)	Felgendurchm. in Zoll	Typ Kennzahl	alle Reifen gleich?	Profiltiefe in mm (max. 8 mm): VL	VR	HL	HR	Servolenkung?
Fall-Fahrzg.	7 8	10	12	14	16	18		20		22		24	26	28	30	32	34		36		38
bet. Fahrzg.	39 40	42	44	46	48	50		52		54		56									

Angaben zum Unfallablauf

Geschwindigkeit in km/h (unbekannt 999)

Ausgangsgeschwindigkeit	57	☐	☐	☐
bei Kollision mit 1. Objekt	60	☐	☐	☐
Geschw.-änderung beim Anstoß	63	☐	☐	☐
Geschwindigkeitsbeschränkung km/h	66	☐	☐	☐

Vom Fahrzeug berührte Hindernisse in der zeitlichen Reihenfolge der Berührungen, jedoch maximal vier

(Kennziffern in der Reihenfolge der erfolgten Berührungen eintragen)

1 anderer PKW
2 Überschlag
3 Straßenrand, Grünstreifen
4 Bordstein
5 Leitplanke
6 Brückengeländer, Brückenpfeiler
7 Schild, Verkehrszeichen
8 Graben (längs hineingerutscht)
9 Graben (quer hineingerutscht)
10 Böschung
11 Zaun
12 Mast, Pfahl, Baum
13 Fußgänger
14 großes Tier
15 Fahrrad
16 Motorrad, Moped, Mofa
17 Kleinlastwagen (bis 7,5 t)
18 Lastzug
19 Omnibus
20 Bahn
21 Gebäude
22 Hindernis auf Fahrbahn
23 andere
99 unbekannt

69 ☐☐ 71 ☐☐ 73 ☐☐ 75 ☐☐

Angaben zur aktiven Sicherheit

Fahrerreaktion vor Crash

Bremsen — 77 ☐
1 nicht gebremst
2 gebremst ohne blockierte Räder
3 gebremst mit blockierten Rädern
4 gebremst mit blockierten Rädern, dann aufgehört zu bremsen
9 unbekannt

Lenken — 78 ☐
1 keine Ausweichversuche
2 vergebliche Ausweichversuche
3 erfolgreiche Ausweichversuche bezüglich unfallauslösendem Objekt
4 Aufschaukeln durch Lenkmanöver
9 unbekannt

Fahrzeugreaktion vor Crash

Schleudern — 79 ☐
1 nicht geschleudert
2 geradeaus weitergerutscht
3 seitwärts geschleudert
4 gedreht nach links
5 gedreht nach rechts
9 unbekannt

Spurhaltung — 80 ☐
1 Fall-Fahrzeug in Spur
2 Bewegung nach links
3 Bewegung nach rechts
9 unbekannt

Angaben zur passiven Sicherheit

4	1				
1					6

Verletzungen und Zerstörungen

Insassen (bitte alle Insassen angeben)

Bitte Kennzahlen eintragen

Position im Fzg.:	vorn links					vorn rechts					hinten links					hinten rechts				
Art der Verletzung kurz beschreiben (Fall-Fahrzeug)																				
	Alter	Geschlecht	Verletzung	Gurt angelegt?	aus Fzg. geschl.?	Alter	Geschlecht	Verletzung	Gurt angelegt?	aus Fzg. geschl.?	Alter	Geschlecht	Verletzung	Gurt angelegt?	aus Fzg. geschl.?	Alter	Geschlecht	Verletzung	Gurt angelegt?	aus Fzg. geschl.?
Fall-Fahrzeug	7				12	13				18	19				24	25				30
beteiligtes Fahrzeug, bzw. Fußgänger	37				42	43				48	49				54	55				60
Art der Verletzung kurz beschreiben (beteiligtes Fahrzeug, bzw. Fußgänger)																				

(Fortsetzung)	Alter	Geschlecht	Verletzung	Gurt angelegt?	aus Fzg. geschl.?
Fall-Fahrzeug	31				36
beteiligtes Fahrzeug, bzw. Fußgänger	61				66

(nur bei PKW)

Anstoßrichtung (Überschlag = 13)

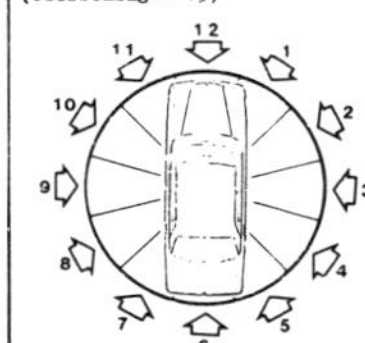

Seite:

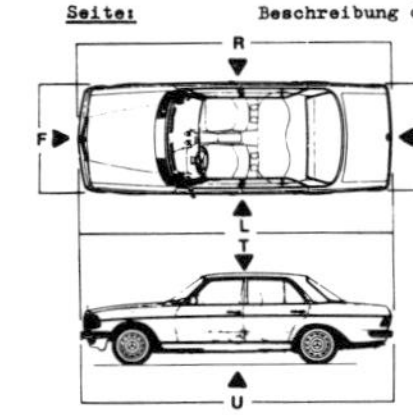

Deformation gemessen? ja = 1, nein = 2 — 69 ☐

Beschreibung der größten Deformationen

Fall-Fahrzeug:
Anstoßrichtung — 70 ☐☐
Seite — 72 ☐
Zone — 73 ☐

beteiligtes Fzg.:
Anstoßrichtung — 74 ☐☐
Seite — 76 ☐
Zone — 77 ☐

Zone: (die Bezeichnungen gelten auch für die jeweils gegenüberliegende Seite)

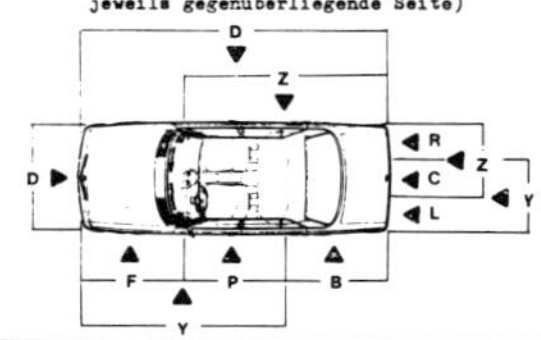

Feuer? ja = 1, nein = 2 — 78 ☐

Max. Eindringtiefe in den Fahrgastraum

keine = 2
- 10 cm = 3
10 - 30 cm = 4
über 30 cm = 5
Fahrzeug zerrissen = 6

Fall-Fahrzeug — 79 ☐

beteiligtes Fzg. — 80 ☐

Bemerkungen

Bild 7.14 Fragebogen zur Unfallerfassung mit Schwerpunkt «aktive Sicherheit» Seite 1 und 2 (Mercedes-Benz/DEKRA Unfalluntersuchungen)

7.2.5 Risikoverhalten im Straßenverkehr

Um die richtigen Maßnahmen zur Reduzierung der Unfälle zu finden, muß untersucht werden, wie es zu kritischen Situationen im Straßenverkehr kommt. Weil in den meisten Fällen der Mensch der Unfallverursacher ist, liegt es nahe, an diesem Glied des Regelkreises Fahrer–Fahrzeug–Umwelt anzuknüpfen.

Kritische Situationen entstehen vor allem durch falsches Einschätzen der Gefahren im Straßenverkehr. Der Fahrer selbst bestimmt das Risiko seiner Fahraufgabe und handelt danach, wieviel Risiko er auf sich zu nehmen bereit ist. Die moderne Verkehrspsychologie hat für die Erklärung des menschlichen Risikoverhaltens verschiedene Hypothesen aufgestellt, aus denen Maßnahmen zur Verbesserung der Verkehrssicherheit abgeleitet werden können. Die Verhaltensmodelle sind nicht als Alternativmodelle zu betrachten. Vielmehr ergänzen sie sich in wesentlichen Punkten dadurch, daß sie die verschiedenen Voraussetzungen des Verkehrsverhaltens betonen.

Im folgenden werden die wichtigsten Risikoverhaltenshypothesen erläutert:

7.2.5.1 Homogenitätshypothese

Die Homogenitätshypothese (STEFFEN 1963, KLEBELSBERG 1971) nimmt einen Zusammenhang zwischen Gleichartigkeit (Homogenität) subjektiver und objektiver Verkehrsbedingungen einerseits und der Verkehrssicherheit andererseits an. Sie sagt folgendes aus: «Je einheitlicher die Straßen und die Fahrzeuge gestaltet sind, je geringer motivations-, leistungs- und erfahrungsbedingte Unterschiede zwischen den Fahrern zu verschiedenen Zeitpunkten ausgeprägt sind, um so größer ist die Verkehrssicherheit. Je größer die Verschiedenartigkeit subjektiver und objektiver Verkehrsbedingungen ist, um so größer sind die Möglichkeiten für Überschneidungen und Konflikte verschiedener individueller Verhaltenstendenzen und Absichten.» Der Kraftfahrer bedarf jedoch eines gewissen Reizangebots, um seine Aufmerksamkeitsspannung aufrechtzuerhalten.

Die Homogenitätshypothese fordert eine einheitliche, einfache Verkehrsregelung, eindeutige und überall einheitliche Beschilderung und einen einheitlichen Straßenbau. In einem solchen übersichtlichen, aber nicht reizarmen Verkehrsraum findet der Kraftfahrer optimale Bedingungen für Automatisierung und Mechanisierung seiner Handlungsabläufe. Die Handlungsalternativen werden reduziert, und damit werden auch die Entscheidungsvorgänge erleichtert. Dieses Modell liefert einige Grundlagen zur Anpassung des Verkehrsumfeldes an die Fähigkeiten des Menschen zur Informationsaufnahme und -verarbeitung.

7.2.5.2 Straßenverkehr als Risikosituation

In diesem Modell (HOYOS 1964, KLEBELSBERG 1969) sind zwei dominierende Verhaltenstendenzen wirksam: eine Leistungstendenz und eine Sicherheitstendenz. Der Fahrer muß sich unter einem subjektiv stark erlebten Zeitdruck in jeder Situation entscheiden, ob er die Leistungstendenz (schnelle Zielerreichung) oder die

Sicherheitstendenz (Unfallvermeidung) bevorzugen will. Eine Situation wird um so weniger als Risikosituation erlebt, je einseitiger die Voraussetzungen für eine der beiden Verhaltenstendenzen gegeben sind. Zum Beispiel gerät beim Überholen ohne Gegenverkehr die Sicherheitstendenz nicht in Konflikt mit der hier überwiegenden Leistungstendenz. Auch die Entscheidung beim starken Gegenverkehr ist keinem Konflikt unterworfen, weil hier die Sicherheitstendenz eindeutig dominiert.

Beim *Verhalten in Risikosituationen* wird unter zwei Verhaltensstilen unterschieden: Der *vorgefaßte Risikoverhaltensstil* ist weitgehend situationsunabhängig. Beim Fahrer überwiegt, je nach seinen persönlichkeitsspezifischen Merkmalen, unabhängig von der Verkehrssituation, entweder die Leistungs- oder die Sicherheitstendenz. Bei dem *anpassenden Risikoverhaltensstil* hängt die Verhaltenssteuerung in stärkerem Maße von der jeweiligen Risikosituation ab. Möglichkeiten zur Verbesserung der Verkehrssicherheit werden im ersten Fall in Nachschulungsmaßnahmen, im zweiten Fall in einer Verbesserung der sachlichen Informationen über spezifische, situationsbedingte Risiken gesehen, z.B. technische Warnsysteme im Fahrzeug oder auf der Straße.

7.2.5.3 Subjektive und objektive Sicherheit

Das Modell (KLEBELSBERG 1971) geht davon aus, daß der Begriff der Gefahrensituation nicht nur die physikalischen Gegebenheiten, sondern auch das Verhalten gegenüber den äußeren Verhaltensbedingungen einschließt. Das heißt, daß eine gegebene Verkehrssituation auch dadurch bestimmt wird, wie die äußeren Bedingungen vom Fahrer interpretiert werden. Die subjektive Situationsinterpretation bildet in Risikosituationen die Grundlage für die weitere Verhaltenssteuerung. Die *subjektive Sicherheit* ist die erlebte, vom Verkehrsteilnehmer subjektiv wahrgenommene Sicherheit. Dagegen wird die *objektive Sicherheit* durch meßbare Sicherheitsbedingungen, wie Geschwindigkeit, Haftreibungszahl, Straßenzustand usw., bestimmt.

Für die Verkehrssicherheit ist entscheidend, in welcher Beziehung subjektive und objektive Sicherheit zueinander stehen. Der Sicherheitsgrad einer Situation hängt demnach nicht nur vom physikalischen Grenzwert, sondern auch vom subjektiv geschätzten oder wahrgenommenen Grenzwert ab. Zum Beispiel wird der Fahrer bei Annäherung an eine Kurve aufgrund seiner bisherigen Erfahrungen und seiner momentanen Motivation auf die Gefährlichkeit der bevorstehenden Straßenstrecke schließen und sein Verhalten danach einrichten. Das Fahrverhalten ist dann situationsangepaßt, wenn die objektive Sicherheit mindestens gleich groß oder größer als die subjektive Sicherheit ist. Dagegen kann ein Verhalten entsprechend einer überhöhten subjektiven Sicherheit leicht zur Überschreitung der physikalischen Grenzwerte führen.

Aus der Hypothese der subjektiven und objektiven Sicherheit ergibt sich, daß nur solche Maßnahmen zur Verbesserung der Verkehrssicherheit führen, die die positive Differenz zwischen objektiver und subjektiver Sicherheit vergrößern. Vor

Einführung von Sicherheitsmaßnahmen ist sorgfältig zu prüfen, ob damit nicht mehr die subjektive als die objektive Sicherheit erhöht wird. Ein Ausbau einer gefährlich aussehenden Kurve könnte z. B. dazu führen, daß die Fahrer ihre subjektive Sicherheit überproportional zur verbesserten objektiven Sicherheit erhöhen und diese Kurve mit unangepaßt höheren Geschwindigkeiten anfahren.

Ein Beispiel für eine richtige Sicherheitsmaßnahme ist die Einführung von Antiblockiersystemen. Es hat sich gezeigt, daß die Fahrer ihre subjektive Sicherheit an die erhöhte objektive Sicherheit nicht anpassen, weil sie während der Fahrt nicht ständig daran denken können, daß eine solche Vorrichtung eingebaut ist. Aus diesem Grund haben Fahrer von Fahrzeugen mit Antiblockiersystem nach bisherigen Erfahrungen ihre Risikobereitschaft nicht erhöht, obwohl die objektive Sicherheit wesentlich verbessert wurde.

7.2.5.4 Subjektive Risikokontrolle

Das Modell der subjektiven Risikokontrolle (NÄÄTÄNEN und SUMMALA 1976) stimmt im Prinzip mit dem Modell der subjektiven und objektiven Sicherheit überein. Es nimmt an, daß das Normalverhalten des Kraftfahrers dadurch gekennzeichnet ist, daß er nur solche Entscheidungen trifft, die nicht mit subjektivem Risiko verbunden sind. Die Risikokontrolle tritt bei Auftauchen von Gefahren sofort in Aktion und führt zu Entscheidungen, die das Verhalten so verändern, daß die Ursache für die Gefahrenwahrnehmung beseitigt wird. Weil die Kraftfahrer im allgemeinen eine zu hohe subjektive Risikoschwelle haben, sollte das Ziel sicherheitsfördernder Maßnahmen die Verringerung des Unterschieds zwischen subjektivem und objektivem Risiko sein.

7.2.5.5 Risikokompensation

Das von WILDE (1978) entwickelte Modell der Risikokompensation besagt, daß das eingegangene subjektive Risiko eines Fahrers unabhängig von den objektiven Verkehrssituationen im Durchschnitt konstant bleibt. Das bedeutet, daß das Verhältnis zwischen der wahrgenommenen Gefahr und der persönlichen Vorsicht eine bestimmte Größe, das akzeptierte bzw. *tolerierte Risiko* ist. Wenn das wahrgenommene Niveau des Risikos höher oder niedriger als das gewünschte (tolerierte) Risikoniveau ist, ergreift das Individuum Maßnahmen, um diesen Unterschied zu beseitigen. Dieses Korrekturverhalten führt zu einer bestimmten objektiven Unfallwahrscheinlichkeit.

Die Höhe des tolerierten Risikos ist fahrerspezifisch und wird von emotionalen Faktoren wie Eile, Motivation, sozialer Druck usw. beeinflußt. Die Handlung des Fahrers in einer Situation läuft in drei Phasen ab:

1. Einschätzung des Risikos aufgrund der Situationswahrnehmung.
2. Vergleich des wahrgenommenen Risikos mit dem tolerierten Risiko.
3. Anpassung der Vorsichtshaltung bei Feststellung eines Unterschieds in Phase 2 so, daß das wahrgenommene mit dem tolerierten Risiko gleich ist.

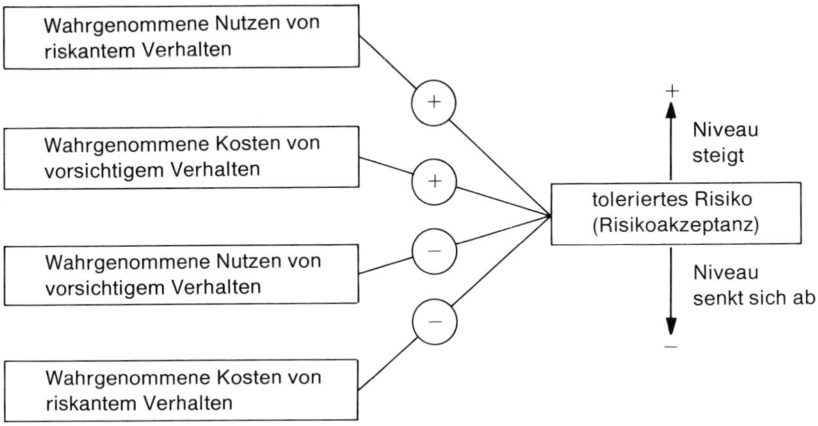

Bild 7.16 Einfluß von Einzelmaßnahmen auf das Niveau des tolerierten Risikos nach dem Modell der Risikokompensation nach WILDE

Eine Reduzierung der Unfallzahlen kann nach diesem Modell nur dann dauerhaft erreicht werden, wenn das tolerierte Risiko (Risikoakzeptanz) nicht nur für den Einzelfahrer, sondern für die Gesellschaft reduziert wird.

Die Wirkung von Einzelmaßnahmen, die nicht gleichzeitig die allgemeine Risikobereitschaft senken, kann nur von vorübergehender Dauer sein.

Das tolerierte Niveau des Risikos kann als Summe von vier Faktoren angesehen werden. Wahrgenommene Nutzen von riskantem Verhalten und wahrgenommene Kosten von vorsichtigem Verhalten erhöhen die Risikozielgröße, und die wahrgenommenen Nutzen von vorsichtigem Verhalten sowie die wahrgenommenen Kosten von riskantem Verhalten senken sie ab (Bild 7.16). Aus dieser Theorie folgt der Vorschlag zur Verbesserung der Verkehrssicherheit durch Senkung der kollektiven Risikotoleranz mit Maßnahmen, die folgendes bewirken:

- Abnahme des erwarteten Nutzens riskanten Verhaltens,
- Abnahme der erwarteten Kosten vorsichtigen Verhaltens,
- Zunahme des erwarteten Nutzens vorsichtigen Verhaltens,
- Zunahme der erwarteten Kosten riskanten Verhaltens.

Auf dieser Basis können Taktiken zur Unfallverhütungsstrategie entwickelt werden.

Beide Modelle, die Hypothese der subjektiven und objektiven Sicherheit und die Risikokompensationstheorie, haben als Grundlage die Wechselbeziehung zwischen objektiven Sicherheitsbedingungen und ihrer subjektiven Interpretation. Der Zusammenhang zur Hypothese «Straßenverkehr als Risikosituation» (Abschnitt 7.2.5.2) besteht darin, daß das Modell der subjektiven und objektiven Sicherheit in die Klasse des *anpassenden Risikoverhaltensstils* und die Risikokompensationstheorie des *vorgefaßten Risikoverhaltensstils* eingestuft werden können.

7.2.5.6 Informationsverarbeitungsmodell (Nullhypothese)

Das Informationsverarbeitungsmodell von MITTENECKER (1981) vertritt die Hypothese, daß das gewöhnliche Fahrverhalten ohne subjektives Risiko, d. h. ohne Inkaufnehmen von Gefährdung für sich und andere, abläuft (Nullhypothese). Es geht davon aus, daß nicht Risiko oder Gefahr als solche, sondern Informationsmängel registriert werden. Objektive und subjektive Informationsmängel sind die Ursachen für Fehlhandlungen. Vor allem die Annäherung an die Grenze oder die Überschreitung der Grenze der Informationsaufnahme- und Verarbeitungskapazität werden registriert, und sie bestimmen das Verhalten.

Nach diesem Modell ist eine Verbesserung der Verkehrssicherheit durch Herabsetzen der Informationsbelastung möglich durch Erhöhung der Ordnung im Verkehrsgeschehen. Dies gilt sowohl für die objektive Seite der Gestaltung der Verkehrsbedingungen, d.h. Reduzierung der Komplexität durch Organisation, als auch für die subjektive Seite, d.h. zum Beispiel, die Strategien zur Aufnahme und Verarbeitung der Information durch Schulung der Verkehrsteilnehmer zu verbessern.

7.3 Sicherheitsvorschriften

Im § 30(1) der Straßenverkehrs-Zulassungsordnung (StVZO) wird die geforderte Sicherheit von Fahrzeugen allgemein formuliert:

«Fahrzeuge müssen so gebaut und ausgerüstet sein, daß
1. ihr verkehrsüblicher Betrieb niemanden schädigt oder mehr als unvermeidbar gefährdet, behindert oder belästigt,
2. die Insassen, insbesondere bei Unfällen, vor Verletzungen möglichst geschützt sind und das Ausmaß und die Folgen von Verletzungen möglichst gering bleiben.»

Der Gesetzgeber legt in Form von technischen Vorschriften für Teile und Baugruppen des Fahrzeugs Mindestanforderungen als Voraussetzung für die Zulassung fest. Es gibt zu allen Sicherheitsbereichen einschlägige Vorschriften, deren Ziel es ist, ein dem Stand der Technik entsprechendes Maß an aktiver und passiver Sicherheit zu gewährleisten.

7.3.1 Vorschriftenblöcke

Obwohl weltweit im wesentlichen die gleichen Bauelemente des Automobils durch Vorschriften erfaßt werden, sind die spezifischen Anforderungen je nach Geltungsbereich unterschiedlich. Eine Harmonisierung der Vorschriften im europäischen Raum wird angestrebt, konnte aber bisher nur in kleineren Teilbereichen realisiert werden. Es gibt einige große Vorschriftenblöcke, die im Automobilbau berücksichtigt werden müssen.

Nationale, europäische Vorschriften

Jedes europäische Land hat ein eigenes Vorschriftenwerk, das die Zulassung von Automobilteilen für den Straßenverkehr regelt. In der Bundesrepublik ist es die Straßenverkehrs-Zulassungsordnung (StVZO). Sie enthält nicht nur Bau- und Betriebsvorschriften für Fahrzeuge aller Art zum Zweck der Zulassung, sondern regelt auch die Voraussetzungen zur Teilnahme am Straßenverkehr von Mensch und Gerät.

Ratsrichtlinien der Europäischen Gemeinschaft

Der Vertrag zur Gründung der Europäischen Wirtschaftsgemeinschaft besagt: «Der Rat erläßt einstimmig auf Vorschlag der Kommission Richtlinien für die Angleichung derjenigen Rechts- und Verwaltungsvorschriften der Mitgliedstaaten, die sich unmittelbar auf die Errichtung oder das Funktionieren des gemeinsamen Marktes auswirken.»

Der Rat der EG hat seit 1970 mehrere Richtlinien über den Bau und Ausrüstung von Personen- und Nutzkraftwagen erlassen. Die meisten davon sind als Sicherheitsvorschriften zu bezeichnen. Ziel der *EG-Richtlinien* ist eine EG-einheitliche und von den Mitgliedstaaten gegenseitig anerkannte Genehmigung eines Fahrzeugtyps. National kann ein Mitgliedstaat die Einhaltung einer solchen Vorschrift unmittelbar nach ihrer Bekanntgabe im Amtsblatt der EG nur dann fordern, wenn er sie in sein eigenes Regelwerk übernimmt. Er darf die Zulassung eines den Vorschriften entsprechenden Fahrzeugtyps jedoch nach einer Übergangszeit (18 Monate nach Bekanntgabe) nicht verweigern.

ECE-Regelungen

Die UN-Wirtschaftskommission für Europa, Economic Commission for Europe (ECE), hat 1958 ein «Übereinkommen für die Annahme einheitlicher Bedingungen für die Genehmigung der Ausrüstungsgegenstände und Teile von Kraftfahrzeugen und über die gegenseitige Anerkennung der Genehmigung» getroffen.

Dem Übereinkommen sind die meisten europäischen Staaten, darunter auch die EG-Länder, beigetreten. Das ECE-Vorschriftenwerk enthält vorwiegend Regelungen, die die Fahrzeugsicherheit betreffen. Ein Teil davon ist gleichlautend mit den entsprechenden EG-Richtlinien. Die Anforderungen der ECE gehen auf den Gebieten der äußeren und inneren Sicherheit über die der EG hinaus. Das Anwendungsschema der ECE läßt den Unterzeichnerstaaten die Möglichkeiten offen, die Erfüllung einer Vorschrift obligatorisch zu fordern, die Erfüllung zu akzeptieren oder die Vorschrift nicht anzuwenden und einen Erfüllungsnachweis nicht anzuerkennen.

Das Inkraftsetzungsverfahren der ECE-Regelungen läuft über das UN-Generalsekretariat in New York.

USA-Sicherheitsstandards

1968 traten in den USA die ersten, bundesweiten Kraftfahrzeug-Sicherheitsvorschriften (Federal Motor Vehicle Safety Standards, abgekürzt FMVSS) in

Kraft. Entsprechend der Systematik der US-Verkehrssicherheitsbehörde NHTSA (National Highway Traffic Safety Administration) werden die Vorschriften unterteilt in

Standards der 100er Serie: Aktive Sicherheit,
Standards der 200er Serie: Passive Sicherheit,
Standards der 300er Serie: Feuersicherheit.

Im Vergleich mit den europäischen Vorschriften ist in den USA die innere Sicherheit außerordentlich scharf reglementiert (Crash-Tests). In den meisten anderen Sicherheitskategorien sind die europäischen Vorschriften strenger.

Bauvorschriften Australien
Die australischen Sicherheitsbestimmungen (Australian Design Rules, ADR) orientieren sich an den Safety Standards der USA, sind aber bezüglich innerer Sicherheit nicht so streng. Neuere Vorschriften berücksichtigen auch die ECE-Regelungen, was darauf zurückzuführen ist, daß Australien in der UN-Wirtschaftskommission für Europa mitarbeitet.

Japan-Sicherheitsbestimmungen
Als großes selbständiges Regelwerk hat sich der japanische Vorschriftenblock unabhängig und unbeeinflußt von den anderen großen Vorschriftenblöcken entwickelt; deshalb weichen auch die reglementierten Disziplinen von diesen ab. Die meisten Vorschriften betreffen die Wahrnehmungssicherheit.

7.3.2 Experimentier-Sicherheitswagen, geschichtlicher Überblick

Ab 1968 wurde unter Federführung der US-Sicherheitsbehörde NHTSA ein Programm für die Entwicklung eines Experimentier-Sicherheitswagens ESV (Experimental Safety Vehicle) ausgearbeitet. 1969 erfolgte eine weltweite Ausschreibung für ein Sicherheitsauto in der Gewichtsklasse 4000 lbs. (1 lbs = 1 pound ≙ 0,454 kg).

Es wurde ein Lastenheft erstellt und veröffentlicht. Zum erstenmal wurden Fahrverhaltensdisziplinen mit genau angegebenen Grenzen vorgeschrieben. 1970 hat die US-Regierung DOT (Department of Transportation) drei Aufträge zur Entwicklung eines ESV an die Firmen Fairchild Hiller Corporation, American Machine and Foundry Corp. (AMF) und General Motors vergeben. Gleichzeitig hat die US-Regierung Verträge über Erfahrungsaustausch mit verschiedenen europäischen Ländern und Japan abgeschlossen.

Im Verband der Deutschen Automobilindustrie VDA wurde ein Arbeitskreis «Sicherheitsautomobil» (AKS) gebildet, der ein deutsches Lastenheft für einen Experimentier-Sicherheitswagen in der Gewichtsklasse von 1000 kg erstellt hatte. Mehrere deutsche Firmen hatten danach einen «Experimentier-Sicherheitswagen» auf der Basis von Serientypen aufgebaut.

Der kritische Punkt im US-Lastenheft war die Forderung nach Überlebensschutz beim 80-km/h-Frontalaufprall auf ein festes Hindernis. Dadurch wurden die Wagen zu schwer und für eine Serienfertigung nicht geeignet.

Für die aktive Sicherheit waren in das Lastenheft Untersuchungsergebnisse von verschiedenen Instituten in den USA eingearbeitet worden. Die Anforderungen wurden aufgrund von Messungen an mehreren US-Wagen von den Instituten DIGITEK und HSRI (Highway Safety Research Institute)* formuliert. Sie repräsentierten den damaligen Stand der Technik in den USA und waren nicht unverändert auf europäische Fahrzeuge übertragbar. So wird zum Beispiel im 4000-lbs-Lastenheft ein sehr stark untersteuerndes Eigenlenkverhalten verlangt, das für europäische Straßen- und Verkehrsverhältnisse nicht sinnvoll ist.

Im Januar 1971 wurde in Paris mit der 1. ESV-Konferenz eine Serie von Tagungen gestartet, um laufend über die Ergebnisse der internationalen Arbeit beraten zu können.

Im folgenden wird im Spiegel der ESV-Konferenzen die Entwicklung des ESV-Programms gezeigt.

1. *ESV-Konferenz, Paris, Jan. 1971:* Die Aufgabe wurde formuliert. Ziel des ESV-Programms ist, die Fahrzeugsicherheit wesentlich und möglichst schnell zu verbessern.

2. *ESV-Konferenz, Sindelfingen, Okt. 1971:* Vorführung der ersten Experimentier-Sicherheitswagen, Diskussion der Technologie und der Lösungsmöglichkeiten.

3. *ESV-Konferenz, Washington, Juni 1972:* Inzwischen sind 10 ESV-Prototypen in den USA, Europa und Japan gebaut worden. Es wurde festgestellt, daß die Erfüllung der Anforderungen technisch zwar möglich ist, jedoch sind diese Anforderungen nicht realistisch. Das wegen der 80-km/h-Aufprallforderung zu hohe Gewicht, großer Verbrauch und z.T. schlechtes Fahrverhalten zeigten, daß hier der falsche Weg eingeschlagen worden war.

4. *ESV-Konferenz, Kyoto, März 1973:* Die Unzulänglichkeiten der ersten ESV-Fahrzeuge führten dazu, daß das ESV-Konzept in der anfänglichen Form abgeschlossen wurde. Es wurde ein neues, realistischeres Programm, die RSV(Research Safety Vehicle)-Entwicklung gestartet. Demonstriert werden sollte, daß Sicherheit, Wirtschaftlichkeit und Umweltfreundlichkeit verbessert werden können und die Fahrzeuge dabei komfortabel, attraktiv und preislich erschwinglich bleiben.

Nach der Konferenz wurde dieses Projekt im Mai 1973 vom DOT weltweit ausgeschrieben. Das RSV-Programm umfaßte vier Phasen:

- ☐ RSV-Definition-Lastenheft und Konstruktionsentwurf bis Mitte 1975,
- ☐ komplette Konstruktion des RSV bis Ende 1976,
- ☐ Bau der Fahrzeuge bis Mitte 1978,
- ☐ Test und Überprüfung bis 1979.

---

* neuer Name: UMTRI (University of Michigan Transportation Research Institute)

Bild 7.17
Forschungs-Sicherheitswagen (RSV) von Minicars. Das letzte im Auftrag der US-Sicherheitsbehörde gebaute RSV. Die Fahrdynamikmessungen wurden von einem Arbeitskreis der deutschen Automobilhersteller durchgeführt (1980).

5. *ESV-Konferenz, London, Juni 1974:* Die erste Phase des RSV-Programms läuft seit Anfang 1974. Ein neues 3000-lbs-Lastenheft wurde erstellt. Mit den Firmen Calspan und Minicars wurden Verträge zum Bau je eines RSV abgeschlossen. Diese RSV sollten die Verkehrserfordernisse bis Mitte der 80er Jahre berücksichtigen. Dazu sollten neue Unfallanalysen erstellt werden.

6. *ESV-Konferenz, Washington, Okt. 1976:* Die erste Phase des RSV-Programms wurde bis Ende 1975 abgeschlossen. Die RSV von Calspan und Minicars werden konstruiert und gebaut.

7. *ESV-Konferenz, Paris, Juni 1979:* Die vierte Phase des RSV-Programms läuft. Der Calspan-RSV wurde in mehreren Ländern getestet. Die Fahreigenschaften wurden in der Bundesrepublik Deutschland gemessen. Die Ergebnisse dieser Messungen wurden in Paris vorgetragen. Die Versuche zeigten, daß der Calspan-RSV die gestellten Spezifikationen zwar allgemein erfüllt, aber ein sicheres Fahren im Verkehr trotzdem nicht möglich ist. Der Lenkkraftverlauf war unstetig und vermittelte kein Gefühl für den Fahrbahnkontakt.

8. *ESV-Konferenz, Wolfsburg, Okt. 1980:* Im Mittelpunkt standen die Ergebnisse der Tests mit dem inzwischen fertiggestellten Minicars-RSV (Bild 7.17). Die Fahreigenschaften wurden wieder in der Bundesrepublik Deutschland gemessen. Die Bilder 7.18 bis 7.20 zeigen einige wichtige Anforderungen an das Fahrverhalten nach dem 3000-lbs-Lastenheft am Beispiel der Meßergebnisse mit dem Minicars-RSV.

Für den Minicars-RSV galt das gleiche wie damals für den Calspan-RSV. Die Vorgaben wurden zwar erfüllt, das Fahrzeugverhalten war aber für den Fahrer mit Problemen verbunden, die nach dem Stand der Technik nicht gerechtfertigt waren. In der Diskussion auf der Konferenz wurde klar herausgestellt, daß es hier nicht darum geht, die vorgegebenen Spezifikationen durch andere – bessere – zu ersetzen.

Nach dem jetzigen Stand des Wissens ist es nicht möglich, das gesamte komplexe Gebiet der aktiven Sicherheit durch meßbare Größen abzustecken. Teilvorgaben nach Lastenheft können zu dem führen, was im RSV-Projekt bei beiden Fahr-

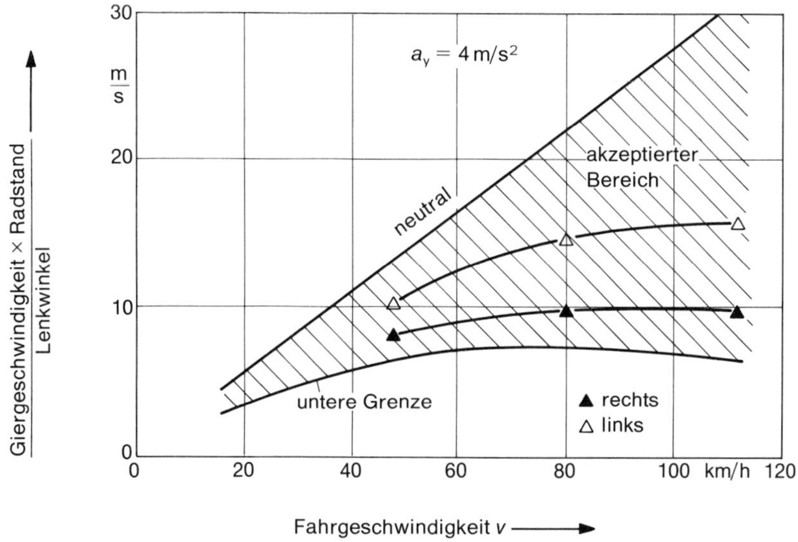

Bild 7.18 (oben) Gierreaktion des Minicars-RSV, akzeptierter Bereich der Gierreaktion nach dem US-Lastenheft für 3000-lbs-RSV

Bild 7.19 (unten) Lenkwinkelsprungmessung mit dem Minicars-RSV, akzeptierter Bereich der auf den Stationärwert bezogenen Gierreaktion nach dem US-Lastenheft für 3000-lbs-RSV

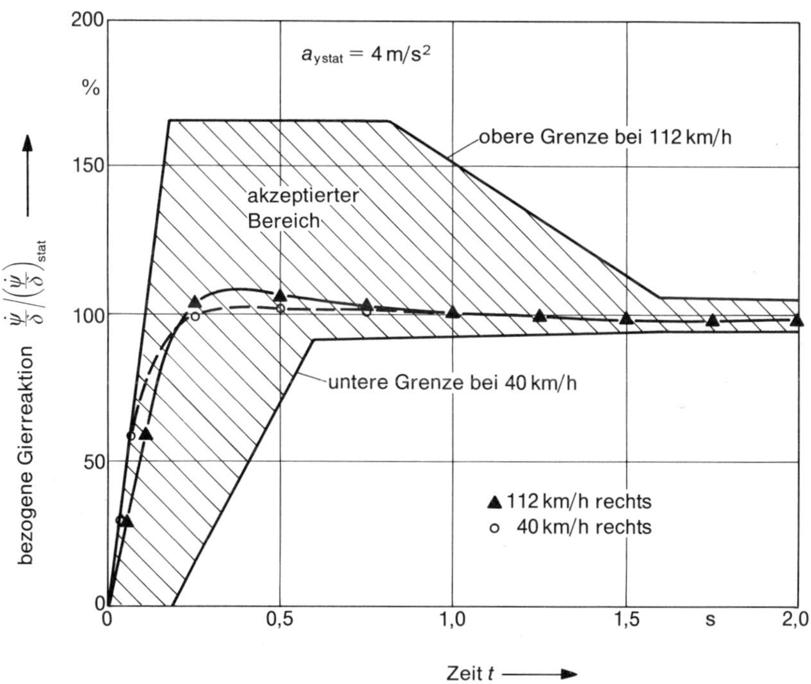

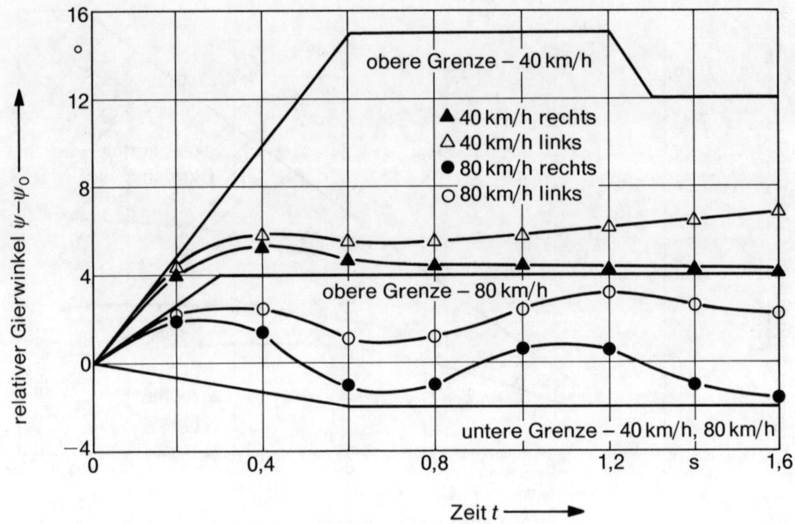

Bild 7.20 Rückstellverhalten nach Loslassen des Lenkrades bei Kreisfahrt mit $a_y = 4\,m/s^2$; Messungen mit dem Minicars-RSV. Vorgegebene Grenzen nach dem US-Lastenheft für 3000-lbs-RSV.

zeugen eingetreten ist. Die Beschränkung der Entwicklungsarbeiten auf die Erfüllung der Vorgaben hatte insgesamt ein Absinken des wirklichen Niveaus der aktiven Sicherheit zur Folge gehabt.

Diese Schlußfolgerungen aus der letzten RSV-Projektphase führten bei der Wolfsburger Tagung zu einer nochmaligen Umschreibung des Konzepts. Nach ESV und RSV nun IVS (Integrated Vehicle System) mit einer noch stärkeren Betonung der Wechselwirkungen zwischen einzelnen Zielsetzungen und einem Verzicht auf detaillierte Spezifikationen. Es wurden allgemeine Randbedingungen, Ziele und Anforderungen formuliert.

Mit dieser Wandlung verbunden war der Wunsch des NHTSA, die Industrie noch stärker einzubeziehen, um durch ihr Fachwissen «Stabilität und Praktikabilität» in das Programm zu bekommen.

9. *ESV-Konferenz, Kyoto, Nov. 1982:* Nach dem Wechsel in der US-Regierung und damit auch in der Führung des NHTSA wurde ein gemäßigteres und realistischeres Sicherheitsprogramm ins Auge gefaßt. Die Betonung lag weiterhin auf der passiven Sicherheit. Besonderes Anliegen war die internationale Harmonisierung der Sicherheitsvorschriften. Die Ergebnisse des RSV-Programms wurden abschließend zusammengefaßt und die ersten IVS-Typen gezeigt. Das in der Bundesrepublik Deutschland laufende Projekt «Forschungsauto» wurde an Beispielen vorgestellt. Es kann als Fortschreibung des IVS-Programms betrachtet werden. Das Forschungsprojekt wurde jedoch in der Bundesrepublik Deutschland wegen knapper Forschungsmittel frühzeitig abgebrochen, so daß nicht alle

geplanten Maßnahmen verwirklicht werden konnten. An verschiedenen Einzelmaßnahmen wird in der Automobilindustrie weitergearbeitet. Hierzu gehören u. a. eine kombinierte Brems- und Antriebsschlupfregelung, Abstandswarnsysteme, Reifendruckmessung und -regelung sowie elektronische Zielführungs- und Orientierungssysteme.

10. *ESV-Konferenz, Oxford, Juli 1985:* Die Vorträge befaßten sich schwerpunktmäßig mit der passiven Sicherheit, die aktive Sicherheit wurde kaum angesprochen. Es wurden vor allem neuere Forschungsergebnisse im Fußgängerschutz (äußere Sicherheit) und Insassenschutz (innere Sicherheit) diskutiert. Außerdem wurden Sicherheitsfragen bei schweren Nkw und bei Motorrädern behandelt.

In Oxford zeigte sich, daß die Ziele des ESV-Programms immer mehr in Realitätsnähe gerückt sind. Die anfänglichen, ehrgeizigen Pläne des NHTSA, der Automobilindustrie ein Sicherheitsauto vorschreiben zu wollen, gehören der Vergangenheit an. Die ständige Verbesserung der Sicherheit im Auto ist ohnehin seit einigen Jahren das erklärte Ziel aller Fahrzeughersteller. ESV-Konferenzen können jedoch auch in Zukunft durch intensiven Austausch der Forschungsergebnisse weltweit zur Verwirklichung dieses gemeinsamen Zieles beitragen.

Elastogran
Kunststoff-Technik (EKT)
Q 1: Preferred
Quality Award

Formelzeichen und Einheiten

1. Häufig vorkommende Indizes

a	kurvenaußen	v	vorn
dyn	dynamisch	x	Längsrichtung
h	hinten	y	Querrichtung
i	kurveninnen	z	Hochrichtung
Ref	Referenzwert	0	Ausgangsgröße, Ausgangszustand
sta	statisch		
stat	stationär		
t_n	Vergleichszeit bei Messungen (meistens 1 s)		

2. Strecken in mm oder m

b	Spurweite
e	Hebelarm der rollenden Reibung
e_s	Abstand des Druckmittelpunktes (Windangriffspunktes) vom Fahrzeugschwerpunkt
h_S	Schwerpunktshöhe
l	Radstand
l_v	Abstand des Fahrzeugschwerpunktes von der Vorderachse
l_h	Abstand des Fahrzeugschwerpunktes von der Hinterachse
l^*	scheinbar verlängerter Radstand bei Hinterachs-Zusatzlenkung
l_D	Deichsellänge eines Anhängers
l_K	Kupplungsüberhang: Abstand des Kupplungspunktes von der Hinterachse bei Anhängevorrichtungen
n_e	elastokinematischer Nachlauf
n_k	kinematischer (konstruktiver) Nachlauf
n_R	Reifennachlauf
$r_{v,h}$	mittlere, effektive Reibradien der Bremsbeläge
r_{dyn}	dynamischer Halbmesser des rollenden Reifens
r_{sta}	statischer Reifenhalbmesser bei stehendem Fahrzeug
r_R	Hebelarm der Brems- oder Antriebskraft in der Reifenaufstandsfläche
r_{Se}	elastokinematischer Lenkrollhalbmesser
R	Kurvenradius
R^*	Kurvenradius bei Hinterrad-Zusatzlenkung

R_g	Kurvengrenzradius bei Hinterads-Zusatzlenkung
s	Bremsweg, Anhalteweg (auch Abkürzung für d/d*t*)
s_E	Sicherheitsabstand bei Kolonnenfahrt
s_F	Folgeabstand bei Kolonnenfahrt
s_R	Ausrollweg
s_y	Querbewegung des Kupplungspunktes einer Anhängevorrichtung
y	Querabweichung von der Sollfahrspur

3. Massung und Gewichte in kg

m_{An}	Masse eines Aufhängers
m_g	Masse des Gesamtfahrzeugs

4. Kräfte in N

F_a	Antriebskraft in der Aufstandfläche eines Rades
F_A	Antriebskraft, Zugkraft, Gesamtfahrwiderstand
F_b	Bremskraft in der Aufstandsfläche eines Rades
$F_{Bv,h}$	Bremskraft in den Aufstandsflächen beider Vorder- oder Hinterräder
F_{Bg}	Bremskraft im Schwerpunkt des Fahrzeugs wirkend
F_{Bp}	Bremspedalkraft
F_c	Fliehkraft
F_D	Antriebskraftanteil an einem Rad durch ein gesperrtes Differential
$F_{Gv,h}$	dynamische Vorder- oder Hinterachskraft ($F_{Gv,h} = G_{v,h} + \Delta G$)
F_L	Luftwiderstand
F_n	Normal-(Hoch-)kraft am Radaufstandpunkt
F_R	Rollwiderstand
F_{RK}	Kurvenwiderstand
F_s	Seitenkraft in der Radaufstandfläche
F_{sV}	Vorspurseitenkraft
F_{St}	Steigungswiderstand
F_{sw}	Windseitenkraft
$F_{Ü}$	Beschleunigungswiderstand, Überschußkraft
F_V	Vorspurwiderstand
F_x	Kraft in Längsrichtung allgemein
F_{xG}	Längskraft am blockierten, gleitenden Rad
$F_{x\,max}$	maximal übertragbare Längskraft
F_y	Kraft in Querrichtung allgemein
F_z	Kraft in Hochrichtung allgemein
F_γ	Sturzseitenkraft
G_g	Gewichtskraft des Gesamtfahrzeugs
$G_{v,h}$	Achskraft vorn oder hinten
ΔG	dynamischer Achskraftanteil beim Beschleunigen oder Bremsen

5. Momente in Nm

M_{ab}	Moment an der Antriebswelle (Abtriebsmoment)
M_A	Antriebsmoment an der Gelenkwelle
M_D	Giermomentanteil durch ein gesperrtes Differential
M_H	Lenkradmoment
M_M	Motordrehmoment
M_{Sperr}	Sperrmoment eines sperrbaren Differentials
M_{SR}	Reifenrückstellmoment
M_w	Windgiermoment

6. Massenträgheitsmomente in kgm²

J_i	Massenträgheitsmoment allgemein
J_{gz}	Massenträgheitsmoment des Gesamtfahrzeugs um die z-Achse (Gierträgheitsmoment)
J_M	Massenträgheitsmoment der sich drehenden Motorenteile
J_R	Massenträgheitsmoment des Rades um seine Drehachse
J_{red}	auf eine bestimmte Drehachse reduziertes Massenträgheitsmoment
J_T	Massenträgheitsmoment der sich drehenden Triebstrangteile
J_{Anz}	Gierträgheitsmoment eines Anhängers

7. Steifigkeit in N/rad oder Nm/rad

C_A	Radaufhängungssteifigkeit
C_{An}	Schräglaufsteifigkeit einer Anhängerachse (N/rad)
C_{AS}	resultierende Radaufhängungs- und Lenkungssteifigkeit
C_{MR}	Reifenschräglaufmomentsteifigkeit
C_R	Schräglaufsteifigkeit des Reifens (N/rad)
C_S	Lenkungssteifigkeit (Drehsteifigkeit um die Lenkachse bei blockiertem Lenkrad)
$C_{v,h}$	Schräglaufsteifigkeit der Achse (N/rad)

8. Winkel in Grad oder Radiant (rad)

α	Schräglaufwinkel
α_{St}	Steigungswinkel
β	Schwimmwinkel
β_0	Schwimmwinkel bei langsamer Fahrt
γ	Sturzwinkel
δ	Lenkwinkel allgemein
δ_A	Ackermannwinkel
δ_A^*	Ackermannwinkel bei Hinterrad-Zusatzlenkung
δ_e	Lenkwinkel infolge Elastizitäten
δ_H	Lenkradwinkel
δ_{v0}	Vorspurwinkel bei Geradeausfahrt
ψ	Gierwinkel
$\Delta\psi$	Knickwinkel zwischen Zugwagen und Anhänger

τ	Anströmwinkel
τ'	Winkel zwischen Windrichtung und Fahrzeuglängsachse
φ	Wankwinkel

9. Dimensionslose Verhältnis- und Kennzahlen

C_B	Bremsenkennwert
c_{Fs}	Windseitenkraftbeiwert
c'_{Fs}	Anstieg des Windseitenkraftbeiwerts über dem Anströmwinkel
c_M	Windgiermomentenbeiwert
c'_M	Anstieg des Windgiermomentenbeiwerts über dem Anströmwinkel
c_T	Tangentialkraftbeiwert
c_w	Luftwiderstandsbeiwert
DB	Bremskraftverteilungsfaktor
i_D	Übersetzung im Differentialgetriebe
i_G	Getriebeübersetzung
i_K	Bremskraftübersetzung bei Pkw mit Auflaufbremse
i_S	Lenkübersetzung
i_S^*	Gesamtlenkübersetzung bei Allradlenkung
i_{S_v} i_{S_h}	Lenkübersetzung der Vorder- bzw. Hinterachse
k_L	Verhältnis der Lenkwinkel hinten zu vorn bei Hinterachs-Zusatzlenkung
k_R	Rollwiderstandszahl
k_{RK}	Kurvenwiderstandszahl
k_m	Drehmassenfaktor
k_V	Vorspurwiderstandszahl
k_W	Seitenwindstörungsbeiwert
k_γ	Sturzfaktor
S	Sperrgrad in einem Sperrdifferential
q	Steigung in %
q_E	Ersatzsteigung
z	Abbremsung
$z_{bl,\,v}$ $z_{bl,\,h}$	Abbremsung bei Blockierungsbeginn der zuerst blockierenden Vorder- bzw. Hinterachse
z_{krit}	«kritische» Abbremsung
z_U	Abbremsung im Umschaltpunkt eines Bremskraftminderers
z_v, z_h	Abbremsung allein durch die Vorder- bzw. Hinterachse
λ	Schlupf allgemein
λ_x	Längsschlupf
λ_{xa}	Antriebsschlupf
λ_{xb}	Bremsschlupf
λ_y	Querschlupf
η_D	Wirkungsgrad des Differentials
η_T	Wirkungsgrad des Triebstrangs
μ	Reibungszahl, Kraftschlußbeanspruchung allgemein

μ_G	Gleitreibungszahl
μ_H	Haftreibungszahl
μ_s	seitliche Reibungszahl
μ_{sH}	seitliche Haftreibungszahl
μ_v	Reibungszahl an der Vorderachse
μ_h	Reibungszahl an der Hinterachse
ε	Haftwertausnutzung
χ	radstandbezogene Schwerpunktshöhe h_S/l
ψ	Hinterachslastanteil l_v/l (auch Gierwinkel in Grad oder rad)
ϕ	Hinterachsbremskraftanteil
ϕ_M	Hinterachsantriebsmomentenanteil

10. Bewegungsgrößen mit Angabe der Einheit

		Einheit
a_x	Längsbeschleunigung, Längsverzögerung	m/s^2
a_y	Querbeschleunigung	m/s^2
g	Erdbeschleunigung	9,81 m/s^2
v	Fahrgeschwindigkeit	m/s, km/h
v_0	Ausgangsfahrgeschwindigkeit beim Bremsen	m/s, km/h
v_{res}	resultierende Anströmgeschwindigkeit	m/s, km/h
v_{ch}	charakteristische Geschwindigkeit	m/s, km/h
v_{krit}	kritische Geschwindigkeit	m/s, km/h
w	Windgeschwindigkeit	m/s, km/h
$\dot{\psi}$	Giergeschwindigkeit	°/s, rad/s
ψ	Gierbeschleunigung	°/s^2, rad/s^2
$\dot{\beta}$	Schwimmwinkelgeschwindigkeit	°/s, rad/s
ω_M	Winkelgeschwindigkeit der sich drehenden Motorenteile	°/s, rad/s
ω_R	Drehgeschwindigkeit des Rades	°/s, rad/s
$\dot{\omega}_R$	Drehbeschleunigung des Rades	°s^2, rad/s^2
ω_T	Drehgeschwindigkeit der sich drehenden Triebstrangteile	°/s, rad/s

11. Sonstige Formelzeichen mit Angabe der Einheit

A	Querspantfläche (Stirnfläche des Fahrzeugs)	m^2
$A_{v,h}$	Kolbenflächen der Radbremszylinder vorn und hinten	mm^2
$A_{\delta H}$	Lenkradwinkelamplitude bei sinusförmiger Erregung	Grad, rad
$A_{\dot{\psi}}$	Giergeschwindigkeitsamplitude bei sinusförmiger Erregung	°/s, rad/s
b	atmosphärischer Luftdruck (1 bar = 10^5 Pascal)	bar
D	Dämpfungsmaß (Gierdämpfung)	–
EG	Eigenlenkgradient	rad · s^2/m
f	Frequenz (= $\omega/2\pi$)	Hertz, Hz
$F(s)$	Übertragungsfunktion allgemein (Ausgang/Eingang)	–
$F(i\omega)$	Komplexer Frequenzgang	–

F_{Fzg}	Übertragungsfunktion des Fahrzeugs allgemein	–
F_w	Übertragungsfunktion des Fahrzeugs bei Eingang Seitenwind	–
F_δ	Übertragungsfunktion des Fahrzeugs bei Eingang Lenkradwinkel	–
H_{ay}	Übertragungsfunktion des Menschen bei Eingang Querbeschleunigung	–
H_y	Übertragungsfunktion des Menschen bei Eingang Querabweichung	–
i	imaginäre Einheit $\sqrt{-1}$	–
$i\omega$	komplexe Frequenz	1/s
K	Verstärkungsfaktor allgemein	–
K_{ay}	Verstärkungsfaktor der Querbeschleunigung	(m/s²)/Grad
$K_{\dot\psi}$	Verstärkungsfaktor der Giergeschwindigkeit	(Grad/s)/ Grad
M_{Fzg}	Übertragungsfunktion des Fahrzeugmodells	–
M_R	Übertragungsfunktion des Menschen (Regelung)	–
M_S	Übertragungsfunktion des Menschen (Steuerung)	–
n	Raddrehzahl allgemein	min^{-1}
n_{vm}	Mittlere Drehzahl der Vorderräder	min^{-1}
n_i	Drehzahl eines bestimmten Rades	min^{-1}
p_B	Bremsdruck	bar
p_R	Reifenluftdruck	bar
P_{Rad}	Radnabenleistung	kW
$P_{Verlust}$	Verlustleistung im Sperrdifferential	Nm/s
s	Abkürzung für zeitliche Ableitung (= d/dt)	–
t	Zeit allgemein	s
T_0	Reaktionszeit beim Bremsen	s
T_1	Umsetz- + Anlege- + Ansprechzeit beim Bremsen	s
T_2	Schwellzeit beim Bremsen	s
T_3	Vollbremszeit	s
T_A	Anhaltezeit	s
T_R	Reaktionszeit allgemein	s
T_{eq}	äquivalente Verzögerungszeit	s
T_p	Vorschauzeit	s
T_v	Vorhaltezeitkonstante	s
T_Z	Zählerzeitkonstante	s
$T_{R\,63,2}$	63,2%-Ansprechzeit (rise Time, Lenkwinkelsprung)	s
$T_{R\,100}$	100%-Ansprechzeit (Lenkwinkelsprung)	s
$T_{R\dot\psi}$	90%-Ansprechzeit der Querbeschleunigung (Lenkwinkelsprung)	s
$T_{\dot\psi\,max}$	Zeit bis zum ersten Maximum der Giergeschwindigkeit (Lenkwinkelsprung)	s

T_{Ray}	90%-Ansprechzeit der Querbeschleunigung (Lenkwinkelsprung)	s
U	Abrollumfang des Reifens	m
$U_{\dot{\psi}}$	auf den Stationärwert bezogene Überschwingweite der Giergeschwindigkeit beim Lenkwinkelsprung	–
ϑ	Lufttemperatur	°C
ϱ	Luftdichte	kg/m^3
κ	Krümmung der Bahnkurve (= 1/R)	m^{-1}
ν_0	ungedämpfte Giereigenfrequenz	s^{-1}
ν	gedämpfte Giereigenfrequenz	s^{-1}
$\varphi_{\dot{\psi}}$	Phasenwinkel zwischen Lenkradwinkel und Giergeschwindigkeit	Grad
ω	Erregerkreisfrequenz bei harmonischer Erregung am Lenkrad	$s^{-1}h$

Im Text genannte Firmen und Institute

Recht neben dem Namen steht die Seite, auf der die Firma oder das Institut genannt ist; handelt es sich um ein Bild, erscheint die Zahl in *kursiver* Schrift. Die in der Einführung (Kap. 1) und in der Tabelle auf den Seiten 26 und 27 genannten Firmen werden hier nicht aufgeführt. Die Seite, auf der Firmenanschrift und Produkthinweise zu finden sind, ist durch einen Stern * gekennzeichnet.

1. Automobilfirmen

2. Zulieferer der Automobilindustrie

3. Meßgerätehersteller

4. Sonstige Firmen und Institute

Literaturverzeichnis

Fachbuchgruppe Fahrwerktechnik

1. Reimpell, Jörnsen: *Grundlagen*. Würzburg: Vogel Buchverlag, 2. Aufl., 1988.
2. Stoll, Helmut: *Lenkanlagen und Hilfskraftlenkungen*. Würzburg: Vogel Buchverlag, 1992.
3. Reimpell, Jörnsen: *Radaufhängungen*. Würzburg: Vogel Buchverlag, 2. Aufl., 1988.
4. Reimpell, Jörnsen/Hoseus, Karlheinz: *Fahrzeugmechanik*. Würzburg: Vogel Buchverlag, 1989.
5. Reimpell, Jörnsen/Sponagel, Peter: *Reifen und Räder*. Würzburg: Vogel Buchverlag, 2. Aufl., 1988.
6. Reimpell, Jörnsen/Stoll, Helmut: *Stoß- und Schwingungsdämpfer*. Würzburg: Vogel Buchverlag, 2. Aufl., 1989.
7. Burckhardt, Manfred: *Bremsdynamik und Pkw-Bremsanlagen*. Würzburg: Vogel Buchverlag, 1991.
8. Burckhardt, Manfred: *Radschlupf-Regelsysteme*. Würzburg: Vogel Buchverlag, 1992.
9. Preukschat, Alfred: *Antriebsarten*. Würzburg: Vogel Buchverlag, 2. Aufl., 1988.

Einzelheiten über die Fachbuchgruppe Fahrwerktechnik sind auf der Seite 6 zu finden.

In dem folgenden Verzeichnis sind die Quellen aufgeführt, die bei der Bearbeitung dieses Buches benutzt wurden und dem Leser zum Vertiefen des Stoffes dienen können. Um das Suchen zu erleichtern, wurden sie kapitelweise zusammengestellt; manche Arbeiten können jedoch mehrere Kapitel betreffen. In solchen Fällen stehen sie bei dem Kapitel, das ihrem Hauptthema am besten entspricht.

Zu Kapitel 1:

1.1 Der Motorwagen, VII–X Jahrgang (1904–1907).

1.2 Barter, N. F.: Analysis and Interpretation of Steady-State and Transient Vehicle Response Measurements. *Vehicle System Dynamics 5*, S. 79–103 (1975/76).

1.3 Hales, F. D.: The Handling and Stability of Motor Vehicles, *MIRA Report*, 1965/1, 1967/6.

1.4 Hales, F. D.: Automobile Stability. Techn. Memorandum, 151. Stevens Inst. of Technology, 1968.

1.5 Kamm, W.: Beobachtungen und Erfahrungen aus 40jähriger Tätigkeit für das Kraftfahrzeug. *ATZ 63*, S. 181–189 (1961).

1.6 Kraus, L.: Über die Entwicklung des Mercedes-Benz-Rennwagenfahrgestells. *ATZ 63*, S. 199–205 (1961).

1.7 Lanchester, F. W.: Some Problems Peculiar to the Design of the Automobile. Proceedings Institution of Automobile Engineers Vol. II, S. 187–249 (1907).

1.8 MILLIKEN, W.F., WHITCOMB, W., SEGEL, L.: Research in Automobile Stability and Control and in Tyre Performance. The Institution of Mechanical Engineers, London (1956).

1.9 MITSCHKE, M.: *Dynamik der Kraftfahrzeuge.* Berlin, Heidelberg: Springer-Verlag, 1972.

1.10 NORDEEN, D.L.: Vehicle Handling – Its Dependence Upon Vehicle Parameters. SAE paper, S. 405 (Febr. 1964).

1.11 OLLEY, M.: Road Manners of the Modern Car. Proceedings of the Institution of Automobile-Engineers, S. 147ff. (1947).

1.12 PORSCHE, F.: Professor Porsche, 50 Jahre Arbeit für das Kraftfahrzeug. *ATZ 63*, S. 172–181 (1961).

1.13 RAUCK, M.J.B.: Über die konstruktive Entwicklung der Personenwagen von 1886 bis 1930. *ATZ 63*, S. 164–172 u. S. 205–213 (1961).

1.14 RIEKERT, P., SCHUNCK, T.E.: Zur Fahrmechanik des gummibereiften Kraftfahrzeugs. Ing.-Archiv, 1940.

1.15 STONEX, K.A.: Car Control Factors and Their Measurements. SAE-Trans, Vol. 48 (1941).

1.16 STROBEL, W.K.: Die Entwicklung der starren Treibachse von Personenwagen. *ATZ 65*, S. 272–276 (1963).

1.17 WEBER, G., ZOEPPRITZ, H.P.: Zur Entwicklungsgeschichte des Kraftfahrzeugreifens. *ATZ 64*, S. 257–265 (1962).

Zu Kapitel 2:

2.1 BATHELT, H.: Die Berechnung des Aquaplaningverhaltens von glatten und profilierten Reifen. *ATZ 75*, S. 368–374 (1973).

2.2 BURG, H., RAU, H.: *Handbuch der Verkehrsunfallrekonstruktion.* Kippenheim: Verlag INFORMATION Ambs GmbH, 1981.

2.3 DESOYER, K., SLIBAR, A.: Kraftschlußbeanspruchung und Schräglauf der Räder eines Kraftfahrzeugs bei stationärer Kurvenfahrt. *ATZ 72*, S. 206–212 (1970).

2.4 FRITZ, W.: Federhärte von Pkw-Reifen, Einfluß von Fahrgeschwindigkeit, Reifeninnendruck, Schräglauf- und Sturzwinkel. *Automobil-Industrie*, Heft 3, S. 25–34 (1978).

2.5 GENGENBACH, W.: Experimentelle Untersuchung von Reifen auf nasser Fahrbahn. *ATZ 70*, S. 83–89, S. 288–293, S. 310–316 (1968).

2.6 GENGENBACH, W., WEBER, R.: Das Rückstellmoment von Kraftfahrzeugreifen beim Zusammenwirken von Umfangs- und Seitenkräften. *Automobil-Industrie*, Heft 3, S. 85–96 (1970).

2.7 GENGENBACH, W.: Das Verhalten von Kraftfahrzeugreifen auf trockener und insbesondere nasser Fahrbahn. Dissertation, Universität Karlsruhe (1977).

2.8 GRANDEL, J., HÖRZ, E.: Gleitbeiwert, maximaler Kraftschlußbeiwert und Bremsschlupf in Abhängigkeit vom Reifenprofil, Fahrbahnbelag und Fahrbahnzustand. *DFK*, Heft 242 (1974).

2.9 HACKENBERG, U., MIKSCH, H., SCHIFFER, W.: Die Kraftübertragungseigenschaften von Nutzfahrzeugreifen und deren Anwendung auf die mathematische Simulation. *ATZ 85*, S. 735–740 (1983).

2.10 KREMPEL, G.: Untersuchungen an Kraftfahrzeugreifen. *ATZ 69*, S. 1–8, S. 262–268 (1967).

2.11 KUMMER, H.W., Meyer, W.E.: Verbesserter Kraftschluß zwischen Reifen und Fahrbahn-Ergebnisse einer neuen Reibungstheorie. *ATZ 69*, S. 245–251, S. 382–386 (1967).

2.12 LUGNER, P.: Numerische Erfassung von Reifenkennfeldern zur Berechnung von Fahrzeugbewegungen. *ATZ 74*, S. 17–23 (1972).

2.13 MITSCHKE, M.: *Dynamik der Kraftfahrzeuge*, Band A: *Antrieb und Bremsung.* Berlin, Heidelberg: Springer-Verlag, 1982.

2.14 PFLUG, H.C., WEBER, R.: Seitenführungskräfte von Nutzfahrzeugreifen. *Automobil-Industrie,* Heft 4, S. 475–483 (1984).

2.15 SCHURING, D.J., BIRD, K.D., MARTIN, J.F.: Power Requirements of Tires and Fuel Economy. *Tire Science and Technology, TSTCA,* Vol. 2, No. 2 (1974).

2.16 SCHURING, D.J.: Energy Loss of Pneumatic Tires Under Freely Rolling, Braking and Driving Conditions. *Tire Science and Technology, TSTCA,* Vol. 4, N. 1 (1976).

2.17 Schuring, D. J.: The Rolling Loss of Pneumatic Tires. *Rubber Chemistry and Technology*, Vol. 53, No. 3 (1980).
2.18 Weber, R.: Reifen auf Glatteis. *ATZ 74*, S. 1–9, S. 146–150 (1972).
2.19 Weber, R.: Beitrag zum Übertragungsverhalten zwischen Schlupf- und Reifenführungskräften. *Automobil-Industrie*, Heft 4, S. 449–457 (1981).
2.20 Zomotor, A., Leiber, H.: *Schlupfregelung – ein Weg zur Erhöhung der aktiven Sicherheit.* Fachtagung der VDI-Ges. Fahrzeugtechnik Reifen Fahrwerk Fahrbahn, Hannover (1987).

Zu Kapitel 3:

3.1 Burckhardt, M., Kruse, W.: Beiträge zur Frage der Zweikreisbremse. *ATZ 71*, S. 231–238 (1969).
3.2 Burckhardt, M., v. Glasner, E. C.: Beitrag zur Beurteilung des Beschleunigungs- und Bremsverhaltens eines Kraftfahrzeugs. *ATZ 76*, S. 103–107 (1974).
3.3 Burckhardt, M., v. Glasner, E. C.: Bremsdynamische Untersuchung von Fahrzeugen mit fester und abgeknickter Bremskraftverteilung. *ATZ 76*, S. 230–235 (1974).
3.4 Burckhardt, M., v. Glasner, E. C., Krohn, H.: Möglichkeiten und Grenzen von Antiblockiersystemen. *ATZ 77*, S. 13–18 (1975).
3.5 Burckhardt, M.: Geschwindigkeitsbegrenzung, Sicherheit und Straßenkapazität. *ATZ 78*, S. 23–27 und S. 175–180 (1976).
3.6 Burckhardt, M.: Fahrer, Fahrzeug, Verkehrsfluß und Verkehrssicherheit. *Der Verkehrsunfall*, Heft 2, S. 25–32 und Heft 3, S. 55–58 (1977).
3.7 Burckhardt, M.: Zur Theorie der Bremstechnik. *Der Verkehrsunfall*, Heft 5, S. 94–100 (1979).
3.8 Burckhardt, M.: Erfahrungen bei der Konzeption und Entwicklung des Mercedes-Benz/Bosch-Anti-Blockier-Systems (ABS). *ATZ 81*, S. 201–208 (1979).
3.9 Czinczel, A.: Antiblockiersysteme für Pkw – Stand und Aussichten. *Verkehrstechnik,* Heft 5, S. 206–209 (1984).
3.10 Engels, K.: Das Notbremsvermögen von Pkw mit automatischen Blockierverhinderern (ABV) unterschiedlicher Bauart. *Verkehrsunfall und Fahrzeugtechnik,* Heft 7/8, S. 221–228 (1984).
3.11 Fuchs, D.: ABS für Nutzfahrzeuge. *ATZ 83*, S. 429–434 (1981).
3.12 v. Glasner, E. C.: Beitrag zur Auslegung von Kraftfahrzeugbremsanlagen. Dissertation, Universität Stuttgart (1973).
3.13 Grunow, D., Heissing, B.: Testverfahren für Personenkraftwagen mit automatischen Blockierverhinderern beim Bremsen. *DKF,* Heft 280 (1983).
3.14 Klein, H. C.: Bewertungskriterien zur Optimierung der Auslegung von Bremskraftverteilungen für Personenkraftwagen. *ATZ 86*, S. 445–449 (1984).
3.15 Leiber, H., Czinczel, A.: Antiblockiersystem für Personenwagen mit digitaler Elektronik, Aufbau und Funktion. *ATZ 81*, S. 569–583 (1979).
3.16 Leiber, H.: Bremskreisaufteilungen und mögliche Antiblockiersysteme. XIX FISITA-Kongreß Melbourne (1982).
3.17 Leiber, H., Czinczel, A.: Potential und Probleme bei integrierten Antiblockiersystemen. *ATZ 87, S. 461–467 (1985).*
3.18 Mischke, A.: Aufbau und Wirkungsweise des Antiblockiersystems ABS für Nutzfahrzeuge. *ATZ 83*, S. 439–446 (1981).
3.19 Riesenberg, K.-O., Czinczel, A., Leiber, H.: Automatischer Blockier-Verhinderer. In Bussien, *Automobiltechnisches Handbuch*, Ergänzungsband zur 18. Auflage, Kap 2.16, S. 697–713. Berlin: de Gruyter & Co, 1979.
3.20 Rompe, K., Wiegner, P.: Bremsanlagen. In Bussien, *Automobiltechnisches Handbuch*, Ergänzungsband zur 18. Auflage, Kap. 2.15, S. 649–695. Berlin: de Gruyter & Co, 1979.
3.21 Schramm, H.: Stand und Aussichten des ABS für Nutzfahrzeuge. *Verkehrstechnik*, Heft 5, S. 210–214 (1984).
3.22 Slibar, A., Desoyer, K., Lugner, P.: Kritische Bremsverzögerungen bei Kurvenfahrt auf trockener und nasser ebener Fahrbahn. *ATZ 76*, S. 107–113 (1974).

Zu Kapitel 4:

4.1 Bergman, W.: The Basic Nature of Vehicle Understeer-Oversteer. SAE paper 650085.

4.2 Bergman, W.: Grundlagen der Unter- und Übersteuerung des Kraftfahrzeugs. *ATZ 69*, S. 77–81, S. 268–271 (1967).

4.3 Braess, H. H.: Beitrag zur Fahrtrichtungshaltung der Kraftwagen bei Geradeausfahrt. *ATZ 67*, S. 218–221 (1965).

4.4 Braess, H. H.: Beitrag zur Stabilität des Lenkverhaltens von Kraftfahrzeugen. *ATZ 69*, S. 81–84 (1967).

4.5 Braess, H. H.: Beitrag zum Fahrverhalten des frontgetriebenen Kraftwagens bei Gaswechsel in Kurven. *ATZ 71*, S. 385–389 (1969).

4.6 Bundorf, R. T.: The Influence of Vehicle Design Parameters on Characteristic Speed and Understeer. SAE paper 670078.

4.7 Gnadler, R.: Beitrag zum Problem Fahrer-Fahrzeug-Seitenwind. *Automobil-Industrie*, Heft 3, S. 109–136 (1973).

4.8 Hucho, W. H.: *Aerodynamik des Automobils*. Würzburg: Vogel-Buchverlag, 1981.

4.9 Lugner, P.: Horizontal Motion of Automobiles-Theoretical and Practical Investigations. CISM-Course «Dynamik of High Speed Vehicles», Udine (Sept. 1981).

4.10 Maretzke, J., Richter, B.: Einfluß von Spoilern auf die Spurhaltung bei Geradeausfahrt. *Verkehrsunfall und Fahrzeugtechnik*, Heft 3, S. 85–90 (1984).

4.11 Mitschke, M.: Fahrtrichtungshaltung – Analyse der Theorien. *ATZ 70*, S. 157–162 (1968).

4.12 Mitschke, M.: Wichtige Daten für die Kurshaltung von Kraftfahrzeugen. *ATZ 80*, S. 263–270 (1978).

4.13 Mitschke, M.: *Dynamik der Kraftfahrzeuge*, Band C: Fahrverhalten. Springer-Verlag Berlin Heidelberg (1990).

4.14 Sorgatz, U., Ammesdörfer, F.: Die Lastwechselreaktion von Personenkraftfahrzeugen bei Kurvenfahrt mit größeren Querbeschleunigungen. VDI-Z 116, Nr. 8, S. 605–610 (1974).

4.15 Sorgatz, U., Buchheim, R.: Untersuchung zum Seitenwindverhalten zukünftiger Fahrzeuge. *ATZ 84,* S. 11–18 (1982).

4.16 Uffelmann, F.: Lastwechselreaktion des frontgetriebenen Pkw Bei Kurvenfahrt. VDI-Berichte, Nr. 418, S. 259–264 (1981).

4.17 Uffelmann, F.: Das Seitenwindverhalten bei Personenkraftwagen. *Verkehrsunfall und Fahrzeugtechnik*, Heft 12, S. 319–335 (1986).

4.18 Wallentowitz, H.: Zusammenwirken von Fahrer und Fahrzeug bei normaler Straßenfahrt unter natürlichem Seitenwind. XVIII FISITA-Kongreß, Hamburg (1980).

4.19 Wallentowitz, H.: Seitenwindverhalten von Kraftfahrzeugen. *ATZ 82*, S. 435–442 (1980).

4.20 Weir, H. D., DiMarco, R. J.: Correlation and Evaluation of Driver/Vehicle Directional Handling Data. SAE paper 780010.

Zu Kapitel 5:

5.1 Bantle, M., Braess, H. H.: Fahrwerksauslegung und Fahrverhalten des Porsche 928. *ATZ 79,* S. 369–378 (1977).

5.2 Braess, H. H., Ruf, G.: Ideeller negativer Lenkrollhalbmesser. *ATZ 77,* S. 203–207 (1975).

5.3 Burckhardt, M.: Zur Bremsdynamik eines Personenwagenzuges mit auflaufgebremstem Anhänger. *ATZ 84*, S. 285–288 (1982).

5.4 Burckhardt, M.: Die Mercedes-Benz/Bosch-Antriebs-Schlupf-Regelung (ASR). *Verkehrsunfall und Fahrzeugtechnik*, Heft 10, S. 285–290 (1986).

5.5 Dettinger, J., Richter, K.-H.: Bremsverhalten von Pkw-Anhänger-Zügen in Notsituationen. *Verkehrsunfall und Fahrzeugtechnik*, Heft 1, S. 19–27 (1983).

5.6 Duckstein, H., Leinfellner, H., Sommer, H.-D.: Der VW-Transporter Syncro. *ATZ 87*, S. 405–417 (1985).

5.7 Erzi, A. I.: Einfluß von Kraftfahrzeugdaten auf die stationäre Kreisfahrt und deren Beurteilung. Dissertation TU Braunschweig (1974).

5.8 Flegl, H., Földi, Th., Ruf, G.: Beitrag zum Einfluß von Vorder- und Hinterachsantrieb auf das Brems-, Traktions- und Querbeschleunigungsvermögen eines Pkw. VDI-Berichte Nr. 418, S. 281–289 (1981).

5.9 FLEGL, H., FÖLDI, Th., WITTE, L.: Handling Characteristic of Four-Wheel Drive Vehicles. Proc. 8th IAVSD-Symposium, Cambridge (1983).

5.10 GAUS, H., SCHÖPF, H.-J.: ASD, ASR und 4MATIC: Drei Systeme im «Konzept Aktive Sicherheit» von Daimler-Benz. *ATZ 88*, S. 273–284, S. 345–349 (1986).

5.11 GÖHRING, E.: Grundsätzliche Gedanken zur Fahrdynamik moderner Nahverkehrsfahrzeuge und zu erreichten Fortschritten im Fahrverhalten. *Verkehrsunfall und Fahrzeugtechnik*, Heft 9, S. 245–250; Heft 10, S. 257–260.

5.12 GÖHRING, E.: Das Fahrdynamikkonzept ABS/ASR für Mercedes-Benz-Nutzfahrzeuge. *Verkehrsunfall und Fahrzeugtechnik*, Heft 9, S. 255–259 (1986).

5.13 HEISSING, B., GRUNOW, D., ROMPE, K.: Fahrverhalten und Antriebskonzept – Vergleichende Messungen der Fahreigenschaften von Pkw mit Front-, Heck- und Allradantrieb. VDI-Berichte Nr. 418, S. 107–115 (1981).

5.14 HEISSING, B., GRUNOW, D., ROMPE, K.: Vergleichende Messungen zum Fahrverhalten von Pkw mit Front-, Heck- und Allradantrieb. *Automobil-Industrie*, Heft 3, S. 319–327 (1982).

5.15 KRISPER, G., REICHWEGER, J., PÜHRINGER, P.: Einfluß von Fahrzeugparametern auf die Fahrdynamik von Lastkraftwagen. VDI-Berichte Nr. 367 (1980).

5.16 LORENZ, K., DIETRICH, C., DONGES, E.: Einfluß des Sperrdifferentials auf Traktion und Fahrverhalten von Fahrzeugen in Standardbauweise. *ATZ 88*, S. 95–100, S. 149–153 (1986).

5.17 MARETZKE, J., RICHTER, B.: Directional Control of 4WD Passenger Cars – A Study by Computer Simulation. SAE paper 861370.

5.18 MARETZKE, J., RICHTER, B.: Traktion und Fahrdynamik bei allradgetriebenen Personenwagen. *ATZ 88*, S. 463–470, S. 581–583 (1986).

5.19 MITSCHKE, M., SAGAN, E., ROMPE, K.: Fahrverhalten von Pkw-Wohnanhängerzügen beim Bremsen in der Kurve. *DKF*, Heft 263 (1980).

5.20 VON DER OHE, M.: Sieben Prinzipien fielen durch. *Automobil Revue*, Nr. 25, S. 43–44 (1983).

5.21 VON DER OHE, M.: Konstruktionsprinzipien, technische Ausführung und elastokinematisches Verhalten der Daimler-Benz-Raumlenkerachse mit ihrer Vermessungs- und Reparaturtechnik. *Verkehrsunfall und Fahrzeugtechnik*, Heft 11, S. 299–304 (1985).

5.22 PAULY, A.: Untersuchung des Einflusses von Fahrzeugparametern auf das instationäre Fahrverhalten von Kraftfahrzeugen. *DKF*, Heft 248 (1975).

5.23 PFLUGHAUPT, R.: Einfluß der dynamischen Radgeometrie auf Fahrverhalten und Reifenverschleiß am Beispiel des Opel Corsa. XX FISITA-Kongreß, Wien (1984).

5.24 REIMPELL, J.: Elastokinematisches Kurvenverhalten der Toyota-Hinterachsen. *Verkehrsunfall und Fahrzeugtechnik*, Heft 6, S. 161–163 (1984).

5.25 ROMPE, K.: Fahrverhalten von Personenwagenzügen. *ATZ 84*, S. 273–280, S. 381–384 (1982).

5.26 ROMPE, K.: Allradantrieb und Fahrsicherheit. *Verkehrsunfall und Fahrzeugtechnik*, Heft 11, S. 305–309 (1985).

5.27 SCHÖPF, H.-J., PAUL, J.: ASR Acceleration Skid Control – A further Contribution Towards Increasing The Active Safety Of Daimler-Benz Vehicles. XXII FISITA-Kongreß, Detroit (1988)

5.28 SEIBERT, W., BREUER, B.: Über den Einfluß von Bereifung, Federung und Dämpfung eines einachsigen Caravans auf die Fahreigenschaften eines Personenwagenzuges. *ATZ 83*, S. 303–306 (1981).

5.29 SHEIRKO, F.: Einfluß der Achsparameter und Reifen auf den Geradeauslauf von Straßenfahrzeugen unter besonderer Berücksichtigung der Querkräfte. *Automobil-Industrie*, Heft 1, S. 51–65 (1973).

5.30 STORK, W., DIETRICH, C., RITTINGHAUS, H.: BMW 325 i-4 – die Allradvariante der 3er-Baureihe. *ATZ 87*, S. 395–400 (1985).

5.31 ZOMOTOR, A.: Radaufhängung, Federung und Dämpfung, Lenkung. In Bussien, *Automobiltechnisches Handbuch*, Ergänzungsband zur 18. Auflage, Kap. 2.13 und 2.14, S. 523–648. Berlin: de Gruyter & Co, 1979.

5.32 Zomotor, A., Richter, K.-H., Kuhn, W.: Untersuchungen über die Stabilität und das aerodynamische Störverhalten von Pkw-Wohnanhängerzügen. *Automobil-Industrie*, Heft 3, S. 331–340 (1982).

5.33 Zomotor, A., Kuhn, W.: Beitrag zur Verbesserung der Aktiven Sicherheit von Personenwagen-Caravan-Zügen. *ATZ 84*, S. 565–570 (1982).

5.34 Zomotor, A., Leiber, H., Neundorf, S., Richter, K.-H., Bückle, K.-H.: Ein elektronisch geregeltes 4-Rad-Antriebssystem zur Steigerung der aktiven Sicherheit. XXI FISITA-Kongreß, Belgrad (1986).

Zu Kapitel 6:

6.1 Auch, W.: Optische Rotationssensoren. *Technisches Messen tm,* 52. Jahrgang, Heft 5, S. 199–207 (1985).

6.2 Autorengemeinschaft: Technologien für die Sicherheit im Straßenverkehr. Studie. Frankfurt/Main: Umschau-Verlag, 1976.

6.3 Bergman, W.: Anforderung an die Fahreigenschaften eines Kraftfahrzeugs. *ATZ 73,* S. 37–41, S. 255–259 (1971).

6.4 Bergman, W.: Measurement and Subjective Evaluation of Vehicle Handling. SAE paper 730492.

6.5 Bergman, W.: Relationship of Certain Vehicle Handling Parameters to Subjective Ratings of Ease of Vehicle Control. XVI. FISITA-Kongreß, Tokyo (1976).

6.6 Bisimis, E., Wallentowitz, H.: Kurshaltungsmessungen bei regellosem Lenkwinkel. *Automobil-Industrie*, Heft 3, S. 33–40 (1976).

6.7 Bisimis, E., Beckmann, H. D., Rönitz, R., Zomotor, A.: Lenkwinkelsprung und Übergangsverhalten von Kraftfahrzeugen. *ATZ 79*, S. 577–586 (1977).

6.8 Blumenfeld, W., Schneider, W.: Optoelektronisches Verfahren zur Spur- und Sturzwinkelmessung am fahrenden Fahrzeug. *ATZ 87*, S. 17–21 (1985).

6.9 Dugoff, H., Ervin, R. D., Segel, L.: Vehicle Handling Test Procedure, DOT/HS 800-375, HSRI Report Nr. PF 100 (1970).

6.10 Dugoff, H., Segel, L., Ervin, R. D.: Measurement of Vehicle Response in Severe Braking and Steering Maneuvers. SAE paper 710080.

6.11 Ervin, R. D., Fancher, P. S., Segel, L.: Refinement and Application of Open-Loop Limit-Maneuver Response Methods. SAE paper 730491.

6.12 v. Glasner, E. C.: Einbeziehung von Prüfstandsergebnissen in die Simulation des Fahrverhaltens von Nutzfahrzeugen. Habilitationsschrift, Universität Stuttgart (1987).

6.13 Göhring, E., Wolsdorf, P., von Glasner, E. C.: Beitrag zur Entwicklung eines fahrmechanischen Konzepts für Nutzfahrzeuge. *Automobil-Industrie*, Heft 4, S. 79–86 (1980).

6.14 Göhring, E., Krämer, W., Bühler, F.: Eignung fahrdynamischer Prozeduren nach ISO TC22/SC9 zur Beurteilung des Fahrverhaltens von Nutzfahrzeugen – Standortbestimmung. *ATZ 88*, S. 627–631, S. 661–665 (1986).

6.15 Grunow, D., Heissing, B., Otto, H.: Testverfahren für Personenkraftwagen mit automatischen Blockierverhinderern beim Bremsen. *DKF*, Heft 280 (1983).

6.16 Grunow, D., Heissing, B., Hinze, P.: Fahrverhalten von Pkw bei Seitenwind. *Verkehrsunfall und Fahrzeugtechnik*, Heft 6, S. 169–174 (1985).

6.17 Hackenberg, U.: Kombiniertes Lastwechsel-Lenkverhalten von Pkw. *Automobil-Industrie*, Heft 3, S. 325–342 (1984).

6.18 Hannes, R.: Messungen zur Ermittlung von Fahreigenschaften des Kraftfahrzeugs. *Verkehrsunfall und Fahrzeugtechnik*, Heft 4, S. 118–126 (1984).

6.19 Heissing, B., Ehlich, J.: Fahrverhalten von schweren Nutzfahrzeugen und Zügen beim Bremsen in der Kurve. *DKF*, Heft 281 (1983).

6.20 Krisper, G., Reichweger, J.: Die stationäre Kreisfahrt von Lastkraftwagen. *Automobil-Industrie*, Heft 1, S. 89–98 (1981).

6.21 Krügel, M., Hoffmann, H.: Untersuchungen über Prüfverfahren zur Beurteilung des Fahrverhaltens. *DKF*, Heft 244 (1974).

6.22 Kuhn, W., Richter, K.-H.: Praktische Methode zur Bestimmung der Fahrwiderstände von Pkw. *Automobil-Industrie*, Heft 5, S. 643–649 (1985).

6.23 Lincke, W., Richter, B., Schmidt, R.: Simulation and Measurement of Driver Vehicle Handling Performance. SAE paper 730489.

6.24 Lücke, H. U., Renz, W.: Mobiles rechnergesteuertes Meßdatenerfassungs- und -auswertesystem für den Fahrzeugeinsatz. *messen + prüfen/automatik,* Heft 7/8, S. 472–475 (1981).

6.25 Nedley, A. L., Wilson, W. J.: A New Laboratory Facility for Measuring Vehicle Parameters Affecting Understeer and Brake Steer. SAE paper 720473.

6.26 Norman, K. D.: Objective Evaluation of On-Center Handling Performance. SAE paper 840069.

6.27 Richter, B.: Simulation des Fahrer-Fahrzeugverhaltens im Projektstadium. XVI FISITA-Kongreß, Paris (1974).

6.28 Rompe, K., Grunow, D.: Testverfahren für das Bremsen in der Kurve. *ATZ 81,* S. 93–98 (1979).

6.29 Rompe, K.: Möglichkeiten und Grenzen objektiver Fahrverhaltens-Tests von Kraftfahrzeugen. *Automobil-Industrie,* Heft 1, S. 91–97 (1982).

6.30 Rompe, K., Donges, D.: Variationsbereiche der Fahreigenschaften heutiger Personenkraftwagen. *Automobil-Industrie*, Heft 2, S. 203–211 (1983).

6.31 Rompe, K., Heissing, B.: Objektive Testverfahren für die Fahreigenschaften von Kraftfahrzeugen. Köln: Verlag TÜV Rheinland, 1984.

6.32 Rönitz, R., Braess, H. H., Zomotor, A.: Verfahren und Kriterien zur Beurteilung des Fahrverhaltens von Personenkraftwagen – Stand und Problematik. *Automobil-Industrie*, Heft 1, S. 29–39; Heft 3, S. 39–47 (1977).

6.33 Rönitz, R.: Objektive Prüfverfahren zum Fahrverhalten von Kraftfahrzeugen und ihre internationale Normung. *Automobil-Industrie*, Heft 3, S. 263–273 (1986).

6.34 Schubert, K.: Möglichkeiten und Grenzen einer theoretischen Bewertung der Eigenschaften schwerer Nutzfahrzeuge. VDI-Berichte, Nr. 367, S. 21–29 (1980).

6.35 Sheirko, F.: Experimentelle Untersuchung des Geradeauslaufs von Straßenfahrzeugen unter dem Einfluß von Seitenwind und Straßenunebenheiten. *Automobil-Industrie*, Heft 1, S. 51–57 (1972).

6.36 Sievert, W.: Ein Meß- und Auswerteverfahren zur experimentellen Ermittlung von Fahreigenschaften eines Pkw bei instationären Fahrzuständen am Beispiel des Wedeltests. Dissertation TH Aachen (1973).

6.37 Staska, G.: Bestimmung der Fahrwiderstände im Fahrversuch. *ATZ 86*, S. 175–180 (1984).

6.38 Waldmann, D.: Untersuchungen zum Lenkverhalten von Kraftfahrzeugen. *DFK*, Heft 218 (1971).

6.39 Waldmann, D.: Korrelation Fahrer-Lenkung-Fahrzeug (Theorie und Versuche). XV. FISITA-Kongreß, Paris (1974).

6.40 Zomotor, A.: Testmethoden zur Untersuchung der Fahreigenschaften von Kraftfahrzeugen im instationären Betrieb. *ATZ 76*, S. 223–229 (1974).

6.41 Zomotor, A., Braess, H.-H., Rönitz, R.: Doppelter Fahrspurwechsel – eine Möglichkeit zur Beurteilung des Fahrverhaltens von Kraftfahrzeugen? *ATZ 76*, S. 258–263 (1974).

6.42 Zomotor, A.: Ein korrelationsoptisches Verfahren zur direkten Messung von instationären Schwimm- und Schräglaufwinkeln an Kraftfahrzeugen. *ATZ 77,* S. 213–218 (1975).

6.43 Zomotor, A.: Meßverfahren bei der Auslegung des Fahrverhaltens. *Automobil-Industrie*, Heft 2, S. 45–51 (1978).

6.44 Zomotor, A., Horn, A., Rompe, K.: Bremsen in der Kurve – Untersuchung eines Testverfahrens. *ATZ 82*, S. 423–432 (1980).

6.45 Zomotor, A.: Horizontalbewegung von Automobilen. Fahrverhalten, Meßmethoden und Versuchsergebnisse. CISM-Course «Dynamik of High Speed Vehicles», Udine (Sept. 1981).

Zu Kapitel 7:

7.1 Autorengemeinschaft: Fahrer-Fahrzeugverhalten in kritischen Situationen. Projektgruppe der Bundesanstalt für Straßenwesen, Bereich Unfallforschung, Köln (1979).

7.2 Bisimis, E., Wanschura, Th.: Simulation Fahrer-Fahrzeug-Straße. *Computer Magazin*, Heft 10 (1984).

7.3 Braun, H., Ihme, J.: Definitionen kritischer Situationen im Kraftfahrzeugverkehr – Eine Pilotstudie. *Automobil-Industrie*, Heft 3, S. 367–376 (1983).

7.4 Brenken, G.: Der Weg zum Sicherheitsautomobil. *ATZ 73,* S. 170–178 (1971).

7.5 Burckhardt, M.: Zur Analyse und Synthese von Reaktionszeiten. *Der Verkehrsunfall* Heft 7/8, S. 161–168 (1980).

7.6 Burckhardt, M.: Reaktionszeiten bei Notbremsvorgängen. Fahrzeugtechnische Schriftenreihe. Köln: Verlag TÜV Rheinland, 1985.

7.7 Dobbeck, R., Lincke, W.: Der VW-Fahrsimulator. *ATZ 76*, S. 37–41 (1974).

7.8 Donges, E.: Experimentelle Untersuchung des menschlichen Lenkverhaltens bei simulierter Straßenfahrt. *ATZ 77*, S. 141–146 (1975).

7.9 Donges, E.: Experimentelle Untersuchung des menschlichen Lenkverhaltens von Kraftfahrzeugen bei simulierter Straßenfahrt. Dissertation, TH Darmstadt (1977).

7.10 Donges, E.: Ein-Zwei-Ebenen-Modell des menschlichen Lenkverhaltens im Kraftfahrzeug. Meckenheim: Forschungsinstitut für Anthropotechnik, Bericht Nr. 27 (1977).

7.11 Donges, E.: Ein regelungstechnisches Zwei-Ebenen-Modell des menschlichen Lenkverhaltens im Kraftfahrzeug. *Zeitschrift für Verkehrssicherheit 24*, Heft 3, S. 98–112 (1978).

7.12 Donges, E.: Beitrag der Kraftfahrzeugtechnik zur aktiven Sicherheit des Straßenverkehrssystems. *Verkehrsunfall und Fahrzeugtechnik*, Heft 9, S. 251–256 (1985).

7.13 Drosdol, J., Panik, F.: The Daimler-Benz Driving Simulator – A Tool for Vehicle Development. SAE paper 850334.

7.14 Engels, K.: Die neuen Erkenntnisse über die Reaktionszeiten des Kraftfahrers. Die wissenschaftlichen Grundlagen und ihre Bemessung. *Verkehrsunfall und Fahrzeugtechnik*, Heft 7/8, S. 190–195 (1983).

7.15 Fink, W.: Verzugsdauer beim Bremsen. *ATZ 70*, S. 307–310 (1968).

7.16 Grandel, J.: Über den Vergleich verschiedener Reaktionszeitmessungen und den Einfluß der Reaktionszeit auf die Berechnung der Vermeidbarkeit von Verkehrsunfällen. *Verkehrsunfall und Fahrzeugtechnik*, Heft 7/8, S. 169–175 (1980).

7.17 Hartmann, E.: Die Reaktionszeit im Straßenverkehr. «Reaktionszeit von Kraftfahrern». Institut für Lichttechnik der TU Berlin (1979).

7.18 Hontschik, H.: Forschung am Sicherheitsauto. *ATZ 74,* S. 365–372 (1972).

7.19 Hontschik, H.: Europäische Experimentier-Sicherheitsfahrzeuge (ESV) 1974. *ATZ 75*, S. 369–373 (1974).

7.20 Hoyos, C. Graf: Über das Risikoverhalten im Verkehr. *Zeitschrift für Verkehrssicherheit*, Heft 10, S. 14–30 (1964).

7.21 Klebelsberg, D.: Risikoverhalten als Persönlichkeitsmerkmal. Bern und Stuttgart: Huber, 1969.

7.22 Klebelsberg, D.: Homogenität und Sicherheit. Bericht über den Int. Kongr. für angew. Psychologie, Lüttich, S. 1469–1474 (1971).

7.23 Klebelsberg, D.: Subjektive und objektive Sicherheit im Straßenverkehr als Aufgabe der Verkehrssicherheit. Schriftenreihe der Deutschen Verkehrswacht 51, S. 9–12 (1971).

7.24 Klebelsberg, D.: Das Modell der subjektiven und objektiven Sicherheit. Schweiz: *Zeitschrift für Psychologie und ihre Anwendung*, Heft 36, S. 285–294 (1977).

7.25 Klebelsberg, D.: Neue Gesichtspunkte zur Beurteilung der Reaktionszeit. *Verkehrsunfall und Fahrzeugtechnik*, Heft 7/8, S. 195–197 (1983).

7.26 Mitschke, M.: Betrachtungen zum heutigen Stand des Regelkreises Fahrer-Fahrzeug. VDI-Berichte, Nr. 546, S. 85–99 (1984).

7.27 Mittenecker, E.: Die Wirkung der Risi-

kowahrnehmung auf die Informationsverarbeitung des Fahrers. Daimler-Benz-Seminar: Verkehrssicherheit, Berlin (1981).
7.28 NÄÄTÄNEN, R., SUMMALA, H.: Roaduser behavior and traffic accidents. North-Holland Publishing Company. Amsterdam (1976).
7.29 NAGAI, M., MITSCHKE, M.: Adaptive Behaviours of Driver-Car Systems in critical situations. 9. IFAC-Kongreß, Budapest (1984) (International Federation of Autombolie Control).
7.30 PANIK, F., SCHMID, W.: Die 7. ESV-Konferenz – Überblick. *ATZ 82*, S. 19–22 (1980).
7.31 PANIK, F.: Die VIII. ESV-Konferenz – Überblick. *ATZ 83*, S. 199–206, S. 307–309 (1981).
7.32 REICHELT, W.: Ein adaptiver Regler als Fahrermodell in kritischen Situationen. V. IfF-Tagung, TU Braunschweig (1984).
7.33 RIXMANN, W.: Deutsche Experimentier-Sicherheitsfahrzeuge 1972. *ATZ 74*, S. 373–377 (1972).
7.34 RIXMANN, W.: Deutsche Experimentier-Sicherheitsfahrzeuge (ESV) 1974. *ATZ 76* S. 333–339 (1974).
7.35 ROMPE, K.: Entwicklungsstand der US-Experimentier-Sicherheits-Fahrzeuge (ESV). *ATZ 79*, S. 227–231 (1977).
7.36 SEIFFERT, U., BECKMANN, H.-D.: Die Bedeutung der ESV-Konferenzen, dargestellt mit Beispielen aus der Volkswagen-Entwicklung. *ATZ 82*, S. 493–498 (1980).
7.37 SORSCHE, J. H., FRIELINGSDORF, W. R.: Produktsicherheit – Produzentenhaftung. *Automobil-Industrie*, Heft 1, S. 63–68; Heft 2, S. 185–188 (1983).
7.38 STEFFEN, G.: Die Straße – erlebte Umwelt des Verkehrsteilnehmers. Zentralblatt für Verkehrsmedizin, Verkehrspsychologie, Luft- und Raumfahrmedizin, 9 S. 139–148 (1963).
7.39 WALDMANN, D.: Untersuchungen zum Einfluß der Eigenschaften des Lenksystems auf das Verhalten des Regelkreises Fahrer-Fahrzeug. *DKF*, Heft 247 (1975).
7.40 WILDE, G. J. S.: Theorie der Risikokompensation der Unfallverursachung und praktische Folgerungen für die Unfallverhütung. Hefte zur Unfallheilkunde, 130 S. 134–156 (1978).
7.41 WILFERT, K.: Sicherheitsprobleme bei der Entwicklung von Personenwagen. *ATZ 69*, S. 48–53 (1967).
7.42 WILFERT, K.: Entwicklungsmöglichkeiten im Automobilbau. *ATZ 75*, S. 273–278 (1973).
7.43 ZOMOTOR, A.: Untersuchung über den Zusammenhang zwischen aktiver Sicherheit und Unfallverhütung. XVII. FISITA-Kongreß, Budapest (1978).
7.44 ZOMOTOR, A., NITZ, J., RÖNITZ, R., RUF, G.: Calspan-RSV-Results of Handling Tests. VII. ESV-Konferenz, Paris (1979).
7.45 ZOMOTOR, A., BURG, H., RICHTER, K.-H.: Ein Unfallerfassungssystem mit Schwerpunkt «Aktive Sicherheit». *Automobil-Industrie*, Heft 3, S. 37–44 (1979).
7.46 ZOMOTOR, A.: Verhalten eines Fahrerkollektivs in Notsituationen. *Der Verkehrsunfall*, Heft 12, S. 246–250 (1979), und *Polizei/Technik/Verkehr*, Heft 3, S. 103–104 (1980).
7.47 ZOMOTOR, A., NITZ, J., RUF, G.: Results of Handling, Stability and Braking Tests of the Minicars RSV. 8. ESV-Konferenz, Wolfsburg (1980).

Stichwortverzeichnis

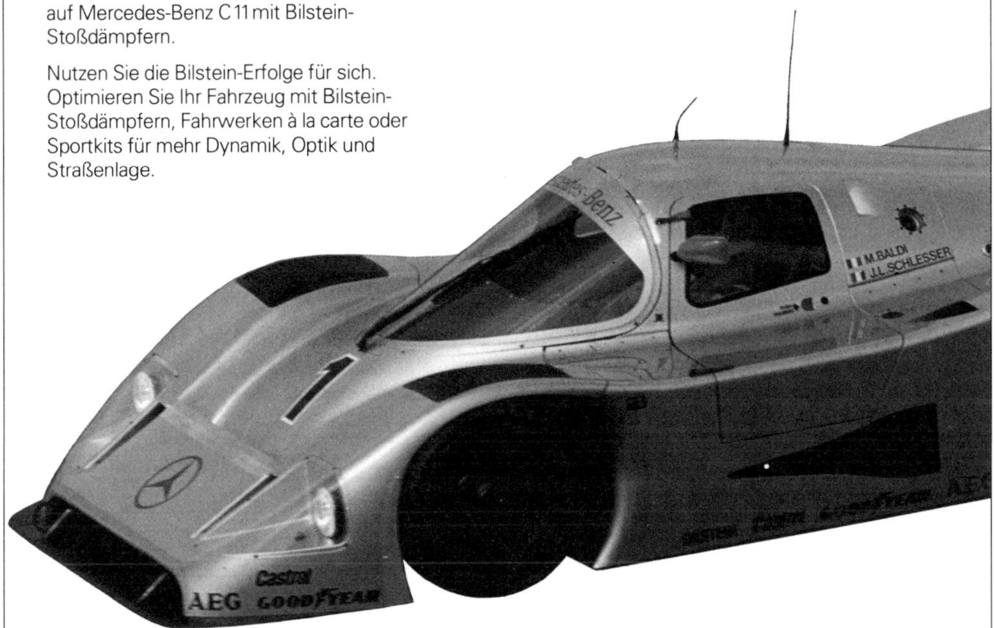
M.BALDI
J.L.SCHLESSER
Castrol
AEG GOODYEAR

Dunlop SP Sport D8/M2
DAMIT SIE SO WENIG WIE MÖGLICH ZU HÖREN BEKOMMEN.
Der Dunlop SP Sport D8/M2 tut seine Arbeit im Stillen: Durch die Anzahl, Anordnung und Auslegung der Profilblöcke und durch die ausgewogene Verteilung der Längs- und Querrillen läuft er sehr leise. Was nicht nur umweltbewußte Menschen als sehr angenehm empfinden. Denn für einen wirklich guten Reifen gehört es zum guten Ton, daß er nicht lautstark auf sich aufmerksam macht.
Dunlop. Die Reifen-Erfinder.
DUNLOP
HAFTBREITREIFEN

INA-Federbeinlager: Einfach gut!

Eine leichte und kompakte Baueinheit:
Das einbaufertige INA-Federbeinlager

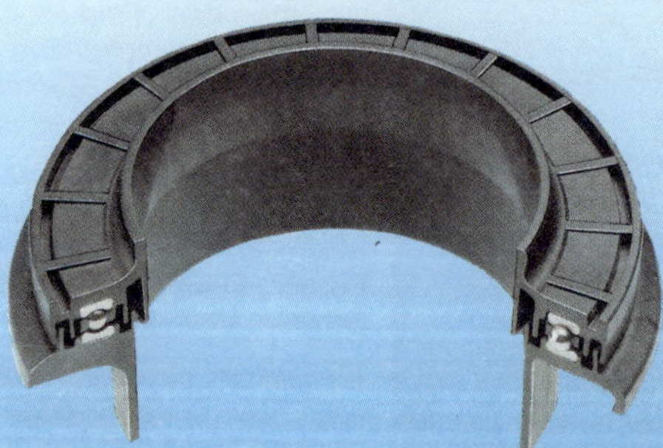

Die enge Zusammenarbeit mit der Automobil-Industrie hat bei INA Tradition. Das führt heute oft zu Lösungen die morgen Standard werden. Wälzlager und andere Präzisionselemente von INA sorgen dafür, daß alles läuft. Im Motor. Im Antriebsstrang. Im Fahrwerk.

Zum Beispiel die Federbeinlagerung. Ein axial geteiltes Kunststoffgehäuse mit integriertem Kugellager bildet eine Lagereinheit. Die Laufbahnen sind in gehärtete Stahlscheiben eingeprägt.

Ein einbaufertiges Bauelement mit vielen Vorteilen: Kostengünstig, unempfindlich gegen Korrossion und besonders leicht. Pluspunkte für den Automobilbau von heute. Klar, daß sich diese Kompletteinheit besonders gut für die Robotermontage eignet.

Ein Beispiel für die kreative Entwicklungsarbeit der INA-Ingenieure.

Fragen Sie uns. Die Leute von INA.

INA Wälzlager Schaeffler KG · Postfach 1220
D-8522 Herzogenaurach · Tel. 09132/820

INA *Technik kreativ*